사례중심
공동주택 건설공사

설계·시공·검사(시험) 품질관리

박하용 편저

사마출판
booksama.com

머리말

우리나라는 38개국의 OECD 회원국으로 경제성장 등 선진국으로 향하고 있지만, 최근에도 광주 화정아파트 붕괴(2022.1.), 인천 검단아파트 붕괴(2023.4.) 등 시공 중인 아파트 붕괴가 있었고, 서울 강동구 아파트에서 입주 후 균열 등이 발생(2025.7.)되어 부실시공으로 국민들의 불안감이 극에 달하고 있다고 언론에서 집중 조명하고 있다.

이처럼 건축물의 붕괴 등은 정부의 사고조사위원회의 조사 결과를 보더라도 동바리 조기철거, 콘크리트 허용강도 범위 미달 및 강도 부족 등 품질관리 미흡과 설계·감리·시공 부실을 지적하고 있다. 설계자, 시공자, 감리원 또는 건설사업관리기술인 중 누구 하나라도 사전에 잘 검토하고 품질관리를 위하여 노력하였다면 아파트 붕괴 및 부실시공 등을 막을 수 있었을 것으로 생각됩니다.

이번에 「사례중심 공동주택 건설공사 설계·시공·검사(시험) 품질관리」를 펴내게 된 것도 일선 공동주택 건설공사 현장에서 공사를 시행하는 설계자, 시공자, 감리원 및 건설사업관리기술인, 각 행정기관에서 품질관리를 시행하는데 다소나마 도움을 드리고자 하는 목적에서 이 책을 펴내게 되었습니다.

이 책은 품질관리 개요, 설계 품질관리, 시공 품질관리, 검사(시험) 품질관리로 구성하였습니다. 설계 품질관리는 기본 및 실시설계도면 작성내용, 실시설계도면에서 누락되기 쉬운 사항들 등을 담았습니다. 시공 품질관리는 일반사항과 공정별 시공 품질관리로 구분하고 공정별에서는 시방서, 하자판단기준, 시공계획서, 감리원 또는 건설사업관리기술인·공동주택 품질점검단·입주자의 지적사항을 분석하였습니다. 검사(시험) 품질관리는 공정별로 자재의 검사(시험) 품질기준, 주요내용, 시공자·감리원·건설사업관리기술인의 조치사항을 이해하기 쉽게 설명하였습니다. 법령 등이 개정되는 경우에는 개정된 규정을 적용하여야 할 것입니다.

책 내용의 오류나 부족한 부분에 대해서는 앞으로 지속해서 보완해 나갈 것을 약속드리면서, 공동주택의 붕괴 및 부실시공 등 품질관리 저하로 인한 문제가 되지 않도록 시공 단계부터 꼼꼼하게 점검 등을 하여 국민들의 삶이 한 단계 향상되길 기대하여 봅니다.

저자 박하용

CONTENTS

CONTENTS

CONTENTS

CONTENTS

CONTENTS

제 1 장

품질관리 개요

제1장 품질관리 개요

제1절 일반사항

1.1.1 품질관리의 정의

○ **품질관리**란 품질요구 사항을 충족시키는데 사용되는 운영상의 기법 및 활동이라고 KS A 8402(품질경영 및 품질보증 용어집)에 광의적이고 포괄적으로 정의하고 있음

○ **광의적 품질관리**란 계획 · 조사 · 설계 · 시공 등 모든 단계에서 품질관리기법을 도입하여 품질을 관리하는 것을 뜻하며, **협의적 품질관리**는 시공단계에서 적용된다. 즉 시공 현장에서 사용되는 자재와 시공 상태에 대한 검사 및 점검 등을 통하여 실시되는 시공 성과에 대한 품질관리 활동을 의미하고 있음

○ **품질**이란 어떤 실체가 지니고 있는 명시적 요구 및 묵시적 요구를 만족시키는 능력에 관계되는 특성의 총체라고 KS A 8402(2002.8.20. 폐지)에 규정하고 있다. 여기서 실체란 개별적으로 기술할 수 있고 고려할 수 있는 것을 말하며 여기에는 공정 · 조직 · 사람 등도 포함하고 있음

○ **건축공사에서의 품질관리**는 발주자의 요구에 맞는 품질의 제품을 경제적으로 만들어 내기 위한 모든 수단과 체계를 총칭하는 것으로 시방서나 도면 등 설계서에 명시되어 있는 품질 및 규격을 충족시키기 위하여 모든 공정의 단계마다 검사 및 시험을 실시하고 문제점을 조기에 발견 그 원인을 규명하고 목표한 대로 공사가 진행되도록 유도하여 공사에 대한 신뢰성을 높이고 있음

○ **적합한 품질관리**를 위하여 설계서 및 시방서에 표기되어 있는 기준에 적합한 구조물을 경제적으로 만들기 위한 수단으로 재료나 제품의 샘플 또는 시편에 대해 그

특성을 시험 조사하여 데이터를 내는 것으로, 공사의 품질을 객관적으로 평가하여 부실공사 방지 등 견실 시공을 유도하고 있음

○ **건축물 및 공동주택의 품질관리**는 발주자 및 입주자가 만족할 수 있도록 시공 시 공정별 및 시험 등의 시험 · 확인 등을 하고 있다. 그 만큼 **법령에서는 시험 품질관리에 중점을 두고 있음**을 알 수 있음

1.1.2 품질관리의 범위

○ **품질관리**는 건축공사의 계획단계, 설계단계, 시공단계, 사후관리단계 등 모든 단계별로 중요하다. 건축 품질관리 관련 법령 등을 살펴보면 **시험 품질관리에 중점**을 두고 관리하고 있음을 알 수 있음

○ 건설기술진흥법에서 규정하고 있는 품질관리를 살펴보자, 법 제55조(건설공사의 품질관리) 제2항 및 같은 법 시행령 제91조(품질시험 및 검사) 제3항에 따라 품질관리 계획 및 품질시험계획에 따라 품질시험 및 품질검사를 하도록 하고 있다. 아울러 품질관리 업무를 수행하는 건설기술인(**품질관리기술인**)은 "**품질관리계획** 또는 **품질시험계획에 따라 그 업무를 수행**하여야 한다." 라고 규정하고 있음

○ 품질관리기술인과 건축업무 등 건설기술인 등의 업무 구분에 대하여 알아봄

업무별	시공자의 담당자
• 시공계획서	공무업무 건설기술인
• 시공상세도	건축업무 건설기술인
• 자재공급원 승인 요청	건축업무 건설기술인
• 자재 검수 및 수불부	건축업무 건설기술인
• 불합격자재 처리	품질관리기술인(품질관리자)
• 품질관리계획서 및 시험계획서	품질관리기술인(품질관리자)
• 균열대장작성	건축업무 건설기술인
• 균열보수	품질관리기술인(품질관리자)
• 레미콘 및 기타 자재 사전·정기점검	품질관리기술인(품질관리자)
• 공장점검	품질관리기술인(품질관리자)
• 자재의 품질관리	품질관리기술인(품질관리자)

※ 각 현장의 사정에 따라 다를 수 있음

○ **공동주택 품질관리**를 살펴보면 주택법과 건설기술진흥법의 품질관리 규정과 차이가 있음을 알 수가 있다. 주택법 제48조의2(사전방문 등) 및 제48조의3(품질점검단의

설치 및 운영 등)에 따라 하고 있음

- **입주예정자**가 사용검사를 받기 전에 입주예정자가 해당 주택을 방문하여 공사 상태를 사전 점검하여 공사상 잘못으로 인하여 균열·침하(沈下)·파손·들뜸·누수 등이 발생하여 안전상·기능상 또는 미관상의 지장을 초래할 정도의 결함 등 하자가 있다고 판단하는 경우 사업주체에게 보수공사 등 적절한 조치를 해 달라고 요청할 수 있도록 하고 있음
- 또한, **시·도지사**는 「주택법」 제48조의2에 따른 사전방문을 실시하고 법 제49조제1항에 따른 사용검사를 신청하기 전에 공동주택의 품질을 점검하여 사업계획의 내용에 적합한 공동주택이 건설되도록 할 목적으로 주택 관련 분야 등의 전문가로 구성된 **공동주택 품질점검단을 설치·운영**하여 공동주택의 건축·구조·안전·품질관리 등에 대한 시공품질을 점검하여 그 결과를 시·도지사와 사용검사권자(시장 · 군수 · 구청장)에게 제출하도록 하고 있음

○ **입주예정자의 사전점검**은 주택공급계약에 따라 정한 **입주지정기간 시작일 45일 전까지 2일 이상 실시**하도록 하고 있음

- 사업주체는 사전방문계획을 수립하여 사용검사권자에게 제출하고, 입주예정자에게 그 내용을 서면으로 **사전방문기간 시작일 1개월 전**까지 알리도록 하고 있음
- 사업주체로부터 사전방문계획을 제출받은 사용검사권자는 지체 없이 **시·도지사에게 공동주택 품질점검단의 점검을 요청**하여야 하고, 요청받은 시·도지사는 **사전방문기간 종료일부터 10일 이내에 품질점검단이 해당 공동주택의 품질을 점검**하도록 하고 있음

○ **공동주택의 입주자의 사전점검 및 시 · 도자시의 공동주택 품질점검단의 점검**은 위에서 살펴본 바와 같이 공동주택의 공사가 마무리되어 사용검사를 받기 전에 시행하고 있음을 알 수 있다. 따라서 **건설기술진흥법의 시험 품질관리와 주택법의 품질관리는 입주자 및 공동주택 품질점검단의 공사의 마무리 상태에 대하여 점검**을 하고 있어 차이가 있음

○ 이에 따라, **저자는 품질관리를 하면서 검사(시험) 품질관리도 중요하지만, 공동주택과 같이 품질점검단 점검 및 입주자의 입주 후 품질관리에 중점을 두고 다루고자 함**

1.1.3 품질관리의 용어정리

○ 건설공사 품질관리 업무지침의 용어정리를 살펴보면 시험품질에 중점을 두고 용어를 정리하였음을 알 수가 있다. **건설공사 품질관리 업무지침 제2조에서 정의**하고 있음

○ "**발주자**"란 「건설기술진흥법」(이하 "법"이라 한다) 제2조제6호의 발주청과 자재에 대한 공급원 승인 권한을 갖는 자 등 **건설공사를 시공자에게 도급하는 자**를 말함

○ "**품질관리**"란 법 제53조부터 제61조까지의 품질과 관련된 법령, 설계도서 등의 요구사항을 충족시키기 위한 활동으로서, 시공 및 사용자재에 대한 품질시험·검사활동뿐 아니라 설계도서와 불일치된 부적합공사를 사전 예방하기 위한 활동을 포함

○ "**시공자**"란 「건설산업기본법」 제2조제7호 또는 「주택법」 제9조에 따라 면허를 받거나 등록을 하고 건설업 또는 주택건설업을 영위하는 **건설사업자 또는 주택건설등록업자**를 말함

○ "**공사감독자**"란 법 제49조에 따라 **발주청의 장이 임명한 자**, 법 제39조에 따라 **건설사업관리업무를 수행하는 자**, 「주택법」 제24조 또는 「건축법」 제25조에 따라 **건설공사의 감리업무를 수행하는 자**를 말함

※ 이 책자에서 사용하는 아래사항에 대하여 용어 통일

- 건설사업관리업무를 수행하는 자 : 건설사업관리기술인

- 건설공사의 감리업무를 수행하는 자 : 감리원

○ "**검사**"란 측정, 시험 또는 계측 등을 활용한 관찰 및 판정에 따른 적합 여부 평가를 말함

○ "**시험**"이란 하나 또는 그 이상의 특성을 결정하는 것을 말함

○ "**중점 품질관리**(특별 프로세스)"란 품질관리가 소홀해지기 쉽거나 하자 발생빈도가

높으며, 부적합 공사로 판명될 경우 시정이 어렵고 많은 노력과 경비가 소요되는 공종 또는 부위에 대한 품질관리 활동을 말함

○ "**프로세스**"란 건설공사 수행 과정에서 발생되는 다양한 종류의 업무 또는 작업의 시작과 종료에 맞물려 의도된 결과를 만들어 내기 위해 입력을 사용하여 상호 관련되거나 상호 작용하는 활동의 집합을 말함

○ "**품질관리규정**"이란 케이에스 큐 아이에스오(KS Q ISO) 17025에 따라 시험업무 처리 요령 및 인력·장비의 관리·운영에 필요한 방법 및 절차를 정한 문서를 말함

○ "**품질검사의 적정성 평가**"란 품질검사를 대행하는 건설기술용역사업자로 등록한 자에 대하여 평가기관이 「건설기술진흥법 시행령」(이하 "영"이라 한다) 별표 5(등록요건 및 업무범위) 및 시험·검사 실시에 따른 관련 자료를 법 제61조에 따른 평가기관이 조사하고 적합 또는 부적합을 판정하는 것을 말함

○ "**적절성 확인**"이란 발주청 또는 인·허가기관의 장 등이 건설사업자 또는 주택건설등록업자가 법 제55조에 따라 수립한 품질관리계획서 또는 품질시험계획서에 규정된 품질관리를 적절하게 수행하고 있는지 여부를 확인하는 것을 말함

○ "**시험관리인력**"이라 함은 「건설기술진흥법 시행규칙」(이하 "규칙"이라 한다) 별표5에 따라 건설공사 품질관리를 위해 배치되는 건설기술인 중에 최하위 등급자 또는 품질검사를 대행하는 건설기술용역사업자 및 국립·공립시험기관에서 품질시험·검사를 총괄 관리하는 사람을 말함

○ "**시험인력**"이라 함은 규칙 제50조에 따른 품질시험 및 검사를 실시하는 자를 말하며, 시험인력의 등급은 특급, 고급, 중급, 초급품질관리원으로 구분함

○ "**공급원 승인권자**"란 자재를 공급받아 사용하는 수요자가 신청한 자재공급원 승인요청에 대하여 승인 권한을 갖는 **발주청 또는 공사감독자**를 말함

○ "**혼화재**"란 혼화재료 중 사용량이 비교적 많아서 그 자체의 부피가 콘크리트 등의 비비기 용적에 계산되는 재료를 말하며, 이 지침에서는 플라이애시 또는 고로슬래그 미분말을 말함

○ "**주변의 레미콘전문제조업자의 출하능력 여유분**"이란 **콘크리트를 비비기 시작하고 나서 90분 이내에 트럭믹서로 해당 건설공사 현장의 배출지점까지 운반이 가능한 거리** 내에 있는 레미콘전문제조업자의 평균출하능력에서 평상시의 가동율을 뺀 나머지 출하능력을 말한다. 다만, 평상시의 가동율을 산출하기 곤란한 경우에는 전년도 3월부터 6월까지의 전국 레미콘전문제조업자의 평균가동율을 이용할 수 있음

○ "**레미콘 수요성수기**"란 해당 건설공사의 착공시 신규 소요되는 레미콘의 일간(1일은 8시간으로 한다) 최대소요량이 주변의 레미콘전문제조업자의 출하능력 여유분으로 생산될 수 있는 일간 최대생산량을 초과하는 기간이 1주일이상 지속되는 경우를 말함

○ "**공사시방서**"란 **표준시방서 및 전문시방서를 기본**으로 하여 작성한 것으로, 공사의 특수성, 지역여건 및 공사방법 등을 고려하여 기본설계 및 실시설계도면에 구체적으로 표시할 수 없는 내용과 공사수행을 위한 시공방법, 자재의 성능·규격 및 공법, 품질시험 및 검사 등 품질관리, 안전관리, 환경관리 등에 관한 사항을 기술한 시공기준을 말함

○ "**설계도서**"란 규칙 제40조의 규정에 따라 건설공사의 설계 등 용역사업자가 작성한 **설계도면, 설계명세서, 공사시방서** 및 발주자가 특히 필요하다고 인정하여 요구한 부대도면 및 그 밖의 관련 서류를 말함

○ "**수요자**"란 **건설사업자 또는 주택건설등록업자**로서 건설공사를 시공하면서 건설자재·부재를 사용하는 자를 말함

1.1.4 역할

1.1.4.1 발주자

○ 「건설공사 품질관리 업무지침」 제4조제1항에서 시험품질관리에 따른 역할을 규정하고 있다. 이 경우 공사계약문서에 품질관리계획서의 내용, 제출시기 및 수량 등을 정하고 있음

- 품질관리계획서 및 품질관리절차서, 지침서 등 품질관련 문서의 제출시기 및 수량
- 품질관리계획서 등 품질관련 문서의 검토, 승인 시기
- 하도급자의 품질관리계획 이행에 관한 시공자의 책임사항
- 공사감독자 또는 건설사업관리기술인이 실시하는 품질관리계획 이행상태 확인의 시기 및 방법
- 품질관리계획 이행의 부적합 사항의 처리 및 기록

1.1.4.2 공사감독자 또는 건설사업관리기술인/ 감리원

○ 「건설공사 품질관리 업무지침」 제5조에서 시험품질관리에 따른 역할을 규정하고 있음

- 시공자가 수립한 품질관리계획서의 적정여부를 별지 제1호 서식의 **품질관리계획서 검토·승인서에 따라 검토·확인**
- 품질관리계획서와 절차서, 지침서 등 이에 수반된 문서를 검토·확인하고 그 결과를 시공자에게 통보
- 검토·확인결과에 따라 시공자에게 시정 및 시정조치를 요구할 수 있으며, 조치를 요구받은 시공자는 이를 지체 없이 이행하여야 함
- 발주자가 달리 지정하지 않는 한 품질관리계획이 승인되기 전까지는 시공자로 하여금 해당업무를 수행하게 하여서는 안 됨
- 시공자가 품질관리계획서를 변경하는 경우 변경된 품질관리계획서에 대하여

검토 · 승인, 시공자 통보 등의 조치를 하여야 함

- 「건설공사 사업관리 방식 검토기준 및 업무수행지침서(국토교통부 고시)」 제60조 및 제90조, 제139조제4항에 따라 시행하는 품질관리계획의 이행실태 확인을 체계적으로 수행하기 위해 다음 각의 사항을 포함한 이행상태 확인계획을 수립하고 이행
  - 점검기준, 범위, 점검자 선정을 포함한 점검계획
  - 품질관리계획의 이행확인에 중점을 둔 점검표 및 점검 수행방법
  - 관련법령, 서류명 등 객관적인 증거의 기술을 포함한 품질관리계획의 이행 여부 확인결과에 대한 기록 방법
  - 필요한 경우 시정 및 시정조치의 요구, 취해진 조치결과의 검증 방법
  - 재료의 규격, 공사의 품질 등이 설계서 및 계약서 등과 부합하는지의 확인 방법
  - 규칙 제50조에 따라 **건설사업자 및 주택건설등록업자가 작성한 품질검사 실시대장의 확인 방법**
  - 규칙 제56조에 따라 건설엔지니어링사업자가 발급한 품질검사 성적서 등이 **건설공사 안전관리 종합정보망(CSI)에 입력되었는지 여부 및 그 입력 내용의 확인 방법**

1.1.4.3 시공자

○ 「건설공사 품질관리 업무지침」 제6조에서 시험품질관리에 따른 역할을 규정하고 있음

- 건설기술진흥법령 및 이 지침에서 정한 바에 따라 해당 건설공사의 여건을 종합적으로 고려한 **품질관리계획을 수립하고 공사감독자 또는 건설사업관리기술인의 검토 · 확인을 받아 발주자의 승인**을 받아야 함
- 품질관리계획서의 문서구성과 내용을 결정
  - 건설공사의 규모 및 활동의 형태
  - 프로세스의 복잡성 및 그 상호작용

- 조직 구성원의 학력, 교육훈련, 숙련도, 경험 등을 고려한 업무 수행능력

– **품질관리계획서를 변경**하는 경우에도 공**사감독자 또는 건설사업관리기술인의 검토·확인을 받아 발주자의 승인**을 받아야 함

1.1.4.4 품질관리기술인(품질관리자)

○ 「건설기술진흥법 시행령」 제91조(품질시험 및 검사) 제3항에서 법 제55조제2항 후단에 따른 **품질관리 업무를 수행하는 건설기술인은 품질관리계획 또는 품질시험계획에 따라 업무를 수행**해야 한다. 다만, **다음 외의 업무**(제4항 각 호 외의 부분 후단에 따라 수행하는 업무는 제외한다)**를 수행하려는 경우에는 발주청 또는 인·허가기관의 장의 승인**을 받아야 함

– 품질관리계획 또는 품질시험계획의 수립 및 시행

– 건설자재·부재 등 주요 사용자재의 적격품 사용 여부 확인

– 공사현장에 설치된 시험실 및 시험·검사 장비의 관리

– 공사현장 근로자에 대한 품질교육

– 공사현장에 대한 자체 품질점검 및 조치

– 부적합한 제품 및 공정에 대한 지도·관리

○ 「건설기술진흥법 시행령」 제91조제4항에 따라 **건설사업자 또는 주택건설등록업자**는 법 제55조제3항에 따라 다음의 내용 및 자료를 **정보망(CSI)에 입력**해야 한다. 이 경우 건설사업자 또는 주택건설등록업자는 법 제55조제2항 후단에 따른 **품질관리 업무를 수행하는 건설기술인**(품질관리기술인, 품질관리자)**으로 하여금 해당 내용 및 자료를 정보망에 입력**하도록 할 수 있음

– 품질검사의 종목·기준·결과 등 **품질검사 결과**에 관한 내용

– 법 제55조제2항 후단에 따른 품질관리 업무를 수행하는 건**설기술인의 성명·서명, 품질검사 완료일 등 품질검사 실시대장에 기재**해야 하는 내용

– 품질검사의 실시 여부를 확인할 수 있는 **사진 등 증빙자료**

품질관리기술인의 겸직 가능한지 여부

품질관리기술인의 업무 범위를 명확하게 규정하고 있어 겸직 불가능하며, 업무 범위 외의 업무를 수행하려는 경우에는 발주청 또는 인·허가기관 장의 승인 필요

제2절 건설공사 안전관리 종합정보망(CSI)

1.2.1 법적근거 및 주요내용

○ 법적근거

- 「건설기술진흥법」 제55조(건설공사의 품질관리) 제3항
- 「건설기술진흥법 시행령」 제91조(품질시험 및 검사) 제4항

○ 주요내용

- 건설사업자 또는 주택건설등록업자는 **품질시험 및 검사를 완료한 날부터 7일 이내**에 그 결과 및 실시대장 등 증빙자료를 열람이 가능하도록 **건설공사 안전관리 종합정보망**(CSI)에 입력
- 국토교통부장관은 건설사고 통계 등 건설안전에 필요한 자료를 효율적으로 관리하고 공동 활용을 촉진하기 위하여 건설공사 안전관리 종합정보망을 구축·운영할 있음

○ 건설사업자 또는 주택건설등록업자는 「건설기술진흥법 시행령」 제91조제4항에 따라 **건설공사 안전관리 종합정보망**(CSI)**에 입력**

- 품질검사의 종목·기준·결과 등 **품질검사 결과**에 관한 내용
- 법 제55조제2항 후단에 따른 품질관리 업무를 수행하는 **건설기술인의 성명·서명, 품질검사 완료일 등 품질검사 실시대장에 기재**해야 하는 내용
- 품질검사의 실시 여부를 확인할 수 있는 **사진 등 증빙자료**

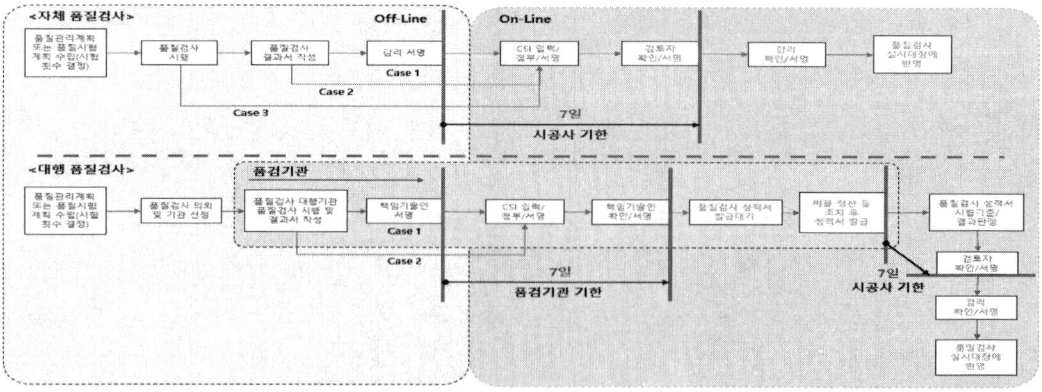

1.2.2 건설공사 안전관리 종합정보망(CSI) 사용자 등록 및 처리방법

1.2.2.1 건설공사 안전관리 종합정보망(CSI) 사용자 등록

○ 발주자, 공사감독자, 건설관리기술인, 감리원, 시공자의 품질관리업무 건설기술인(품질관리기술인, 품질관리자)은 **품질시험 및 검사 관련 업무를 담당**하는 경우에는 **건설공사 안전관리 종합정보망(CSI)에 등록하여야 업무를 처리**할 수 있음

○ **건설사업관리기술인, 감리원 등의 건설공사 안전관리 종합정보망(CSI) 회원가입 절차**

- 건설공사 안전관리 종합정보망(CSI) 회원가입 클릭(www.csi.go.kr)
- 사용자 등록-본인인증에서 이용약관, 개인정보 수집 · 이용안내, 성실의무 이행에 대한 동의 안내를 첵크
- 휴대폰 인증하고 가입신청하기 클릭
- 인증방법 선택
- 개인정보 입력, 본인 소속기관(회사) 정보 입력, 담당업무 정보 입력
- 등록신청 클릭
- 본인 소속기관(회사) 담당자에게 시스템에서 핸드폰으로 문자 알림
- 본인 소속기관(회사) 담당자 승인
- [Web발신] 건설공사안전관리종합정보망의 사용자 0000에 대한 등록 신청을 관리자가 승인하였습니다.

1.2.2.2 건설공사 안전관리 종합정보망(CSI) 사업정보관리

○ **품질관리 건설기술인 작성내용**

- 공사명, 현장소재지
- 공공/민간 구분, 대상공사 구분
- 품질관리계획서 수립 대상공사, 품질시험계획서 수립 대상공사
- 공사비, 연면적, 공사구분/종류, 사업승인일, 국가중요시설, 시험실 규모, 착공일, 준공일, 현장특이사항, 감리 대행 여부
- 시공사, 현장대리인, 책임품질관리자, 품질관리자
- 인 · 허가기관 및 발주청, 담당자
- 발주자, 담당자
- 건설사업관리/공사감독자, 책임감리원, 품질관리감독(감리)
- 상태

○ **건설공사 안전관리 종합정보망 사업정보관리 절차**

- 기준정보관리 → 사업정보관리(사업정보관리)
- 시공자 CSI 자료 입력–품질관리자 서명 확인– 품질관리감독(감리) 확인

○ **건설사업관리기술인, 감리원 등의 건설공사 안전관리 종합정보망(CSI) 사업정보관리 절차**

- 건설공사 안전관리 종합정보망 홈페이지 로그인
- 기준정보관리–사업정보관리 클릭
- 사업정보관리 내용확인 후 승인 버튼 클릭
- 별도의 배너에 www.csi.go.kr의 메시지, 사업정보관리를 처리하시겠습니까, 확인 버튼 클릭
- www.csi.go.kr의 메시지, 사업정보관리 처리되었습니다, 확인 버튼 클릭

1.2.2.3 건설공사 안전관리 종합정보망(CSI) 품질검사 연간단가관리

○ 품질관리 건설기술인 작성내용

- 사업정보
  - 공사명, 현장소재지, 공공/민간 구분, 대상공사 구분,
  - 공사비, 연면적, 시험실 규모, 착공일, 준공일, 현장특이사항, 감리 대행 여
  - 국가중요시설, 사업승인일, 착공일, 준공일, 시공사
- 연간단가계약 정보
  - 연간단가계약번호, 시험실, 품질검사 대행 계약일, 품질검사 대행 종료일
  - 비고, 확인자, 확인일자, 납부/영수증빙, 최초작성자
- 세부 계약내용
  - 분류, 종별, 고유번호, 종목, 시험방법, 시험계약단가, 진행시험횟수

○ 건설공사 안전관리 종합정보망 품질검사 연간단가관리 절차

- 기준정보관리 → 품질관리 연간 단가관리(품질관리 연간단가 계약)
- 시공자 CSI 자료 입력–품질관리자 서명 확인– 품질관리감독(감리) 확인

○ 건설사업관리기술인, 감리원 등의 건설공사 안전관리 종합정보망(CSI) 품질검사 연간단가관리 절차

- 건설공사 안전관리 종합정보망 홈페이지 로그인
- 기준정보관리–품질검사 연간 단가관리(품질검사 연간단가 계약) 클릭
- 품질검사 연간단가 계약 내용확인 후 확인 버튼 클릭
- 별도의 배너에 www.csi.go.kr의 메시지, 품질검사 연간단가 계약을 처리하시겠습니까, 확인 버튼 클릭
- www.csi.go.kr의 메시지, 품질검사 연간단가 계약이 처리되었습니다, 확인 버튼 클릭

1.2.2.4 건설공사 안전관리 종합정보망(CSI) 봉인의뢰

○ 품질관리 건설기술인 작성내용

- 시료봉인 상세 조회
  - 시료봉인 번호, 시료봉인 상태, 성과이용 목적, 등록기관
- 사업정보
  - 공사명, 착공일, 준공예정일, 발주자, 시공자
- 시료봉인 정보
  - 시료봉인명, 봉인일, 채취자, 봉인자, 참관자
- 품질시험 기준 정보
  - 시험분류, 시험종별
  - 고유번호, 시험 · 검사종목, 시험 · 검사방법
- 시료정보
  - 시료명, 시료구분, 생산국, 제조사, 규격, 채취장소, 채취일, 시료설명
- 시료봉인 이미지
  - 파일이름, 파일크기, 찍은 날짜, 위도, 경보, 카메라 모델

○ 건설공사 안전관리 종합정보망 봉인의뢰 절차

- 품질검사의뢰 → 시료봉인
- 시공자 CSI 자료 입력－채취자 서명 확인－ 참관자 서명 확인

○ 건설사업관리기술인, 감리원의 건설공사 안전관리 종합정보망(CSI) 봉인의뢰 절차

- 핸드폰 문자 Web발신, 건설공사 안전관리종합정보망(http://www.csi.go.kr) 에서 알려드립니다. 시료봉인명 : 000, 시료봉인이 등록되었습니다. 내용을 확인하시고, 참관자의 서명을 확인해 주세요.
- 건설공사 안전관리 종합정보망 홈페이지 로그인
- 시료봉인 의뢰 클릭
- 시료봉인 의뢰 내용확인 후 의뢰확인 버튼 클릭

- 별도의 배너에 www.csi.go.kr의 메시지, 의뢰서를 처리하시겠습니까, 확인 버튼 클릭
- www.csi.go.kr의 메시지, 해당의뢰서가 제출되었습니다, 확인 버튼 클릭

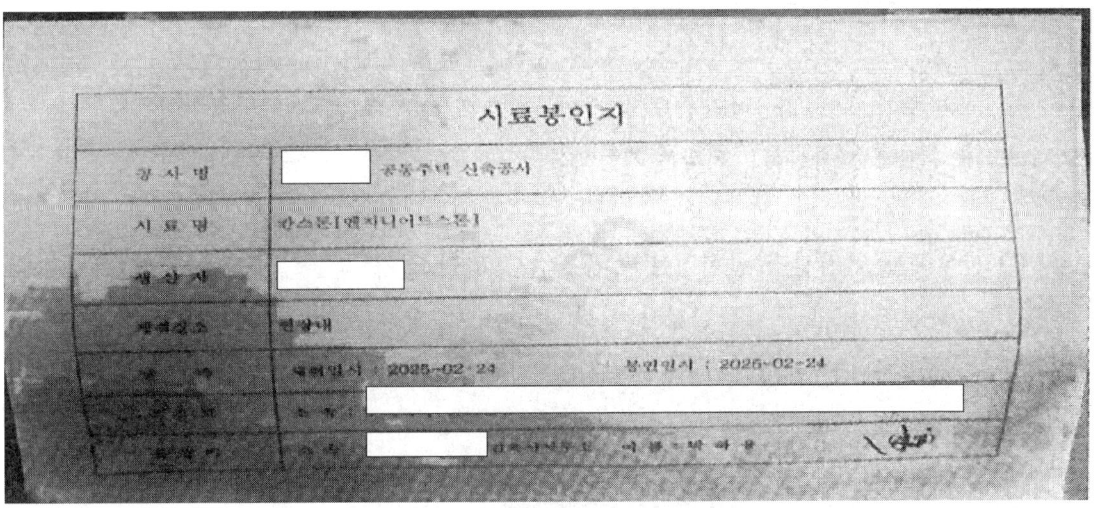

▲ 시료봉인지 작성 사례

1.2.2.5 건설공사 안전관리 종합정보망(CSI) 품질검사 의뢰

○ 품질관리 건설기술인 작성내용

- **의뢰서 작성 구분(연간단가계약/일반계약)** 클릭
- 의뢰번호, 접수번호, 최종진행상태
- 품질검사대행기관, 시험실명 및 주소, 시험실 연락처, 의뢰기관, 의뢰인, 의뢰일자, 연간단가 계약번호, 의뢰 확인자, 의뢰확인일시, 접수일시, 시험 · 검사진행 확정일시, 성적서발급 예정일자, **봉인명**
- **시료정보(봉인상태 클릭**, 시료명, 시료량, 채취량, 채취장소, 규격, 가공상태, **운송방법/ 택배, 기관방문, 방문수거 중 클릭**)
- 시험 · 검사종목 시험 및 시방기준
- **채취자, 봉인자, 확인자**(소속, 담당업무, 성명)
- **성과이용 목적**
- **공사개요(공사명**, 현장소재지, **착공일, 준공예정일**)
- **발주자, 시공자, 국가중요시설 여부, 비고, 첨부파일**

※ 볼트체만 작성하고 기타는 자동생성

○ 건설공사 안전관리 종합정보망 품질검사 의뢰 절차

- 품질검사의뢰 → 품질검사 의뢰 작성 및 신청
- 시공자 CSI 자료 입력-의뢰신청 채취자 서명 완료- 의뢰서 제출 참관자 서명완료

○ 건설사업관리기술인, 감리원의 건설공사 안전관리 종합정보망(CSI) 품질검사 의뢰 절차

- 핸드폰 문자 Web발신, 건설공사 안전관리종합정보망(http://www.csi.go.kr)에서 알려드립니다. 의뢰번호:RG-2024-0000의 품질검사 의뢰서 내용을 확인 바랍니다. 감리(독)자 혹은 발주자의 확인을 통해 품질검사 대행기관에 의뢰서가 정상 제출됩니다.
- 건설공사 안전관리 종합정보망 홈페이지 로그인

- 품질검사의뢰 클릭
- 품질검사의뢰 내용확인 후 의뢰확인 버튼 클릭
- 별도의 배너에 www.csi.go.kr의 메시지, 의뢰서를 처리하시겠습니까, 확인 버튼 클릭
- www.csi.go.kr의 메시지, 해당의뢰서가 제출되었습니다, 확인 버튼 클릭

1.2.2.6 건설공사 안전관리 종합정보망(CSI) 자체품질시험·검사

○ 품질관리 건설기술인 작성내용

- 사업정보
  - 공사명, 현장소재지, 공공/민간 구분, 대상공사 구분, 공사구분/종류, 공사비, 연면적, 시험실 규모, 국가중요시설, 시업승인일, 착공일, 준공일, 시공사
- 시험정보
  - 구분번호, 재료명, 생산자, 시험 · 검사장소, 최초작성자, 최초작성일자, 비고, 시험검사자, 제출여부, 검토자, 검토여부, 확인자, 확인여부
  - 시험완료일, 재료/시험 · 검사종목, 시험기준, 시험결과, 시험판정
- 증빙자료
  - 증빙자료

○ 건설공사 안전관리 종합정보망 자체품질시험 · 검사 절차

- 품질시험 · 검사 → 자체품질시험 · 검사
- 시공자 CSI 자료 입력-시험검사자 제출완료-검토자 검토완료- 확인자 완료 확인

○ 건설사업관리기술인, 감리원의 건설공사 안전관리 종합정보망(CSI) 자체품질시험 · 검사 절차

- 로그인
- 품질시험 · 검사-자체품질시험 · 검사 클릭
- 품질시험 완료일, 시험 · 검사종목, 시험기준, 시험결과, 시험판정의 품질관리기술인의 기재사항 확인 후 아래 배너 승인 클릭
- 별도 배너에서 www.csi.go.kr의 메시지, 승인하십니까. 확인 클릭
- 별도 배너에서 www.csi.go.kr의 메시지, 승인되었습니다. 확인 클릭

※ 핸드폰 문자 Web발신 되지 않음

1.2.2.7 건설공사 안전관리 종합정보망(CSI) 품질검사 성적서 관리

○ 품질관리 건설기술인 작성내용

- 품질검사 성적서 열람 상세
  - 진행상태, 처리일자, 시험실, 성적서 번호, 발급차수, 발급일자
- 품질시험성적서 내역
  - 시료명(생산국), 시료채취 장소, 규격, 성과이용 목적, 공사명, 발주사, 시공자, 의뢰인, 국가중요시설 여부, 시험완료일
  - 연번, 시험 · 검사(종목, 방법, 결과, 비고), 책임기술인, 시험 · 검사자, 시험 · 검사일정, 시험 · 검사자 서명, 책임기술인 서명
- 성과물
  - 첨부파일

※ **시험성적서 출력 클릭하여 인쇄**

○ 건설공사 안전관리 종합정보망 품질검사 성적서 관리 절차

- 품질검사 성적서 → 품질검사 성적서 관리 → 성적서 시험기준/ 결과 판정
- 시공자 CSI 자료 입력–품질관리자 검토요청–검토자 검토완료 및 확인 요청 – 확인자 확인완료 승인

○ 건설사업관리기술인, 감리원의 건설공사 안전관리 종합정보망(CSI) 품질검사 성적서 관리 절차

- 로그인
- 품질검사성적서–품질검사 성적서 관리 - 좌측목록에서 성적서 시험기준/결과 판정 클릭
- 시험·검사종목, 시험방법, 시험기준, 시험결과를 확인 후 아래 배너 승인 클릭
- 별도 배너에서 www.csi.go.kr의 메시지, 승인시, 수정발급 요청 불가합니다. 승인하시겠습니까? 확인 클릭
- 별도 배너에서 www.csi.go.kr의 메시지, 승인되었습니다. 확인 클릭

※ 핸드폰 문자 Web 발신되지 않음

제 2 장

설계 품질관리

제2장 설계 품질관리

제1절 일반사항

2.1.1 설계 품질관리 필요성

건설현장에서 설계도서를 검토하고 공사를 추진하는 것은 시공자 및 감리원 또는 건살사업관리기술인의 입장에서는 매우 중요하다고 할 것이다. 그렇지만 건설현장에서 건축사가 제출한 설계도서를 검토하여 보면 우리나라의 설계도서 작성의 수준을 알 수가 있음

건축사가 작성한 설계도서는 차이가 많이 있다. 「건설기술진흥법」 제2조제6호의 발주청에서 발주하여 검토한 설계도서와 「주택법」 제2조제7호 · 제8호 · 제11호의 민영주택, 임대주택 중 민간임대주택, 주택조합에서 건축사에게 발주하여 작성한 설계도서의 질적 차이는 너무도 크다는 것을 알 수가 있다. 왜 그럴까 의문을 가질 수가 있다. 단순하게는 설계비의 차이에서 올 수가 있을 것이다. 발주청에서는 정상적인 설계비를 받을 수 있지만 민영주택 등은 설계비가 정상금액에서 비교적 적게 계약되어 결국은 미흡한 설계도서가 작성되었을 것으로 추정하고 있음

또한, 건축사가 제출한 설계도서에 대하여 「주택법」 제2조제10호의 사업주체 중에서 에서 국가·지방자치단체, 한국토지주택공사 또는 지방공사 등은 분야별로 담당자가 지정되어 면밀한 검토가 이루어진 후 공사를 발주하고 있으나, 민영주택은 검토가 되지 않고 발주가 되고 있다. 일례로 민영주택의 경우 주택건설사업자별로 회사의 특성을 반영한 기준이 마련되어 있으나, 회사의 기준도 검토가 되지 않아 공사과정에서 경미한 설계변경 등이 이루어지는 것이 많이 있음

설계도서에 대하여 주택건설사업이 착공되면 시공자의 현장대리인 및 주택건설사업자는 공정별로 하도급자를 선정하고 계약 체결하는 과정에서 설계도서의 문제점이 들어남에

도 실시설계도면에 반영하지 않고 최종 준공도면에 반영할 생각을 가지고 공사를 추진하고 있어, 감리원 또는 건설사업관리기술인과 마찰이 빚어질 수가 있는 실정임

감리원 또는 건설사업관리기술인은 공사의 착공계가 제출되면 시공자가 제출한 설계도서 및 실시설계도면에 대하여 「주택건설공사 감리업무 세부기준」 제8조, 「건설공사 사업관리방식 검토기준 및 업무수행지침」 제81조, 「건축공사 감리업무 세부기준」 제2.4.2에 따라 설계도서 및 실시설계도면을 검토하여 시공자에게 통보하고 있다. 이때 건설현장에 상주하는 분야별 감리원 또는 분야별 건설사업관리기술인은 설계도서 및 실시설계도면에 대하여 세부적으로 검토하여 사용검사에 이르기까지 설계도서 및 실시설계도면에 대하여 분쟁이 발생하지 않도록 검토를 철저히 하여야 할 것임

공동주택의 설계도서에 대하여는 「주택 설계도서 작성기준」 제4조에 따라 주택건설사업계획승인을 얻고자 하는 자가 **주택건설사업계획승인을 신청하는 때**에는 **기본설계도면을 착공신고를 하는 때**에는 **실시설계도면 및 시방서 · 구조계산서 · 수량산출서 및 품질관리계획서를 사업계획승인권자에게 각각 제출**하여야 함

감리자 또는 건설사업관리용역사업자는 착수계를 제출할 때 설계도서 검토 결과를 제출하면서 제출된 설계도서에 대하여 최소한이라도 「주택 설계도서 작성기준」 제5조에 따라 제출된 설계도서 및 실시설계도면에 대하여 목차라도 확인하여 미제출된 설계도면이 없는지 확인하고, 의견서에 기재하여 차후 분쟁 발생시 문제가 되지 않게 하여야 할 것임

사업계획승인권자는 주택건설사업자가 제출된 착공관련 설계도서에 대하여 「주택 설계도서 작성기준」 제5조에 따라 제출된 설계도서 및 실시설계도면에 대하여 시공자와 감리원 또는 건설사업관리기술인 간 분쟁이 발생하지 않도록 규정에서 정한 설계도서 및 설계도면이 제출되었는지를 세부적으로 확인하여 미비한 경우에는 착공승인을 하지 않아야 할 것이다. 민영주택의 실시설계도면에 대하여 검토하여 보면 「주택 설계도서 작성기준」 제5조제2호의 실시설계도면이 많이 누락된 경우를 볼 수가 있다. 민영주택 주택건설사업자의 경우 건축사가 작성한 기본설계도면에 실시설계도면 일부를 보완하여 제출하는 것으로 생각되며, 이후 공사과정 및 사용검사 단계에서 준공도면에 반영할 생각으로 도면을 작성하고 있지 않나 할 정도로 도면이 미비한 경우가 있음

실시설계도면이 미비한 경우에는 경미한 설계변경을 위한 감리원 또는 건설사업관리기술인의 사전 검토 및 관리가 빈번하게 이루어지고 있고 이마져도 이행하지 않아 시공자와 감리원 또는 건설사업관리기술인 간 분쟁이 생길 수 있음

이에 따라 주택건설사업자가 제출하는 설계도서 및 실시설계도면은 매우 중요하며 이후 하자의 판단 기준이 될 수가 있음

Tip

기본설계, 실시설계

기본설계

건축주와 건축사가 논의한 결과인 계획 설계를 더욱 심화하는 과정이다. 기본설계도면은 관련 행정기관과 관련 집단의 판단을 수렴한 것이다.

실시설계

건축물을 정확히 시공하기 위하여 모든 건축요소를 결정하여 도면으로 작성하는 과정이다. 건축사의 계획과 함께 다양한 건축 관련 분야의 계획을 종합한다. 구조, 설비, 냉난방, 배관, 방화계획 등을 도면에 반영한다. 도면으로 표기하기 어려운 내용과 필요한 내용을 구체적으로 제시한 시방서, 구조계산서 및 협력업체가 작성한 기타 관계도서를 종합한다.

※ 출처 : 대한건축사협회 건축설계 과정

2.1.2 공동주택 하자의 기준 및 판례

설계도서 및 실시설계도면의 부실로 인하여 발생하는 것이 최종적으로 하자가 발생할 수가 있다. 하자로 인하여 주택건설사업자, 시공자와 공동주택의 입주민과의 법적 분쟁으로 발생할 수가 있다. **하자의 기준을 설계도서 및 실시설계도면(준공도면)**임을 알 수가 있음

설계도서 적용기준은「공동주택 하자의 조사, 보수비용 산정 및 하자판정기준」제4조에 따라 **건축물 또는 시설물의 하자 여부는 사용검사를 받은 설계도서를 기준으로 판정**하고, 위의 내용에도 불구하고 **내장재료 및 외장재료 등 마감자재의 품질은 입주자 모집공고 및 주택공급계약 체결 당시의 기준으로 하자 여부를 판정**한다. 다만, 사업주체가 내장재료 및 외장재료의 변경사항을 명시하여 해당 사업계획승인권자(감리자지정권자를 포함한다)로부터 변경승인을 받았거나, 입주예정자의 동의나 이를 사전에 고지하고 입주예정자가 이의를 제기하지 아니한 경우에는 그러하지 아니함

공동주택 하자판정의 기준은 **공동주택 하자의 조사, 보수비용 산정 및 하자판정기준**에서 정하고 있다. 대법원 판례에서도 대법원 2014.10.15. 선고 2012다18762 판결에서 **'하자판정의 기준이 되는 도면은 준공도면'** 이라고 판시하였음

경미한 변경이 아니라면 시행사는 결국 사업계획 변경승인 절차를 거쳐야 한다. 이와 관련한 판결이 있다. 법원은 **'분양계약이 체결된 이후 주택법령상 사업계획 변경승인의 대상임에도 절차를 거치지 않고 임의로 하향시공 또는 미시공의 설계변경이 이뤄진 항목'**은 **준공도면을 하자판정의 기준으로 삼을 수 없다고 하면서 준공도면이 아닌 착공도면등을 기준으로 하자를 판단**했음(서울고등법원 2016. 2. 4. 선고 2014나46015 판결).

공동주택의 경우 「공동주택관리법」제36조제4항에 따라 **하자담보책임의 하자**는 공**사상 잘못으로 인하여 균열·침하(沈下)·파손·들뜸·누수 등이 발생하여 건축물 또는 시설물의 안전상·기능상 또는 미관상의 지장을 초래할 정도의 결함**을 말하며, 그 구체적인 범위는 대통령령으로 정한다. 또한 「공동주택관리법」제37조에 따라 하자의 범위는 내력구조부별 하자는 공동주택 구조체의 일부 또는 전부가 붕괴된 경우, 공동주택의 구조

안전상 위험을 초래하거나 그 위험을 초래할 우려가 있는 정도의 균열·침하(沈下) 등의 결함이 발생한 경우이며, 시설공사별 하자는 공사상의 잘못으로 인한 균열·처짐·비틀림·들뜸·침하·파손·붕괴·누수·누출·탈락, 작동 또는 기능불량, 부착·접지 또는 전선 연결 불량, 고사(枯死) 및 입상(서 있는 상태) 불량 등이 발생하여 건축물 또는 시설물의 안전상·기능상 또는 미관상의 지장을 초래할 정도의 결함이 발생한 경우임

담보책임기간은 「집합건물의 소유 및 관리에 관한 법률 (약칭: 집합건물법)」제9조의2 및 같은 법 시행령 제5조에 따라, 「건축법」 제2조제1항제7호에 따른 **건물의 주요구조부 및 지반공사의 하자는 10년**, 기산일 전에 발생한 하자는 5년, 기산일 이후에 발생한 하자 중 대지조성공사, 철근콘크리트공사, 철골공사, 조적(組積)공사, 지붕 및 방수공사의 하자 등 **건물의 구조상 또는 안전상의 하자는 5년**, 「건축법」 제2조제1항제4호에 따른 건축설비 공사(이와 유사한 설비공사를 포함한다), 목공사, 창호공사 및 조경공사의 하자 등 **건물의 기능상 또는 미관상의 하자는 3년**, 마감공사의 하자 등 **하자의 발견·교체 및 보수가 용이한 하자는 2년임**

담보책임기간의 기산일은 「집합건물의 소유 및 관리에 관한 법률 (약칭: 집합건물법)」제9조의2 제2항에 따라 **전유부분은 구분소유자에게 인도한 날**, **공용부분**은 「주택법」 제49조에 따른 **사용검사일**(집합건물 전부에 대하여 임시 사용승인을 받은 경우에는 그 임시 사용승인일을 말하고, 「주택법」 제49조제1항 단서에 따라 분할 사용검사나 동별 사용검사를 받은 경우에는 분할 사용검사일 또는 동별 사용검사일을 말한다) 또는 「건축법」 제22조에 따른 사용승인일, 하자로 인하여 건물이 멸실되거나 훼손된 경우에는 그 멸실되거나 훼손된 날부터 1년 이내에 권리를 행사하여야 함

공사상 잘못으로 인한 하자의 범위는 법제처 해석[법제처 12-0287, 2012. 6. 1]에서는 「주택법」 제46조의 입주자대표회의등의 청구에 따라 사업주체가 보수하여야 하는 "공사상 잘못으로 인한 균열·침하(沈下)·파손 등 대통령령으로 정하는 하자"에는 같은 법 제22조제2항을 위반하여 설계도서와 다르게 시공하여 발생하는 하자 외에 설계도서가 같은 조 제1항의 설계도서 작성기준과 다르게 설계됨에 따라 설계도서대로 시공했음에도 발생하는 하자도 포함된다고 할 것임

사용검사 전에 발생한 하자의 경우 대법원 [대법원 2007.1.26.선고 2002다73333 판결] 판결에서는 피고의 보증대상이 되는 하자는 **사용검사일 이후 하자보수책임기간이 종료되기 이전에 발생한 하자에 한정**되고 사용검사가 완료되기 전에 이미 발생한 하자는 그것이 사용검사일 이후까지 존속한다고 할지라도 피고의 보증대상이 아니라고 할 것인데, 사용검사 전에 발생한 하자라 함은 건설회사가 설계도면에 따라 시공하여야 할 부분을 시공하지 아니하였거나 부실시공 또는 설계도면과 다르게 변경 시공하는 등의 공사상 잘못으로 사용검사 이전에 이미 주택에 나타난 균열, 처짐, 비틀림, 들뜸, 침하, 파손, 붕괴, 누수, 누출, 작동 또는 기능불량, 부착 또는 접지불량 및 결선불량, 조경수의 고사 및 입상불량 등을 지칭하는 것이고, 미시공, 부실시공 또는 변경시공 등의 공사상 잘못이 사용검사 이전에 이미 있었다고 하더라도 그로 인한 균열 등이나 작동 또는 기능불량 등으로 인한 주택의 기능상, 미관상 또는 안전상 지장이 사용검사 후에 나타나는 경우는 사용검사가 완료되기 전에 발생한 하자에 해당하지 아니함

2.1.3 공동주택 설계도서 작성 관련 법령

○ **주택의 설계 및 시공**은 「주택법」 제33조 및 같은 법 시행령 제43조에 따라 사업계획승인을 받아 건설되는 주택(부대시설과 복리시설을 포함한다. 이하 이 조, 제49조, 제54조 및 제61조에서 같다)을 설계하는 자는 "대통령령으로 정하는 설계도서 작성기준" 에 맞게 설계하여야 하고, 주택을 시공하는 자(이하 "시공자"라 한다)와 사업주체는 설계도서에 맞게 시공하여야 함

"**대통령령으로 정하는 설계도서 작성기준**"이란

- 설계도서는 설계도 · 시방서(示方書) · 구조계산서 · 수량산출서 · 품질관리계획서 등으로 구분하여 작성할 것
- 설계도 및 시방서에는 건축물의 규모와 설비 · 재료 · 공사방법 등을 적을 것
- 설계도 · 시방서 · 구조계산서는 상호 보완관계를 유지할 수 있도록 작성할 것
- 품질관리계획서에는 설계도 및 시방서에 따른 품질 확보를 위하여 필요한 사항을 정할 것

○ **설계도서**란 「주택의 설계도서 작성기준」 제2조제1호에 따라 설계도면 · 시방서 · 구조계산서 · 수량산출서 및 품질관리계획서를 말함

○ **설계도서의 제출**은 「주택의 설계도서 작성기준」 제4조에 따라 주택법 제15조제1항에 따라 주택건설사업계획승인을 얻고자 하는 자가 **주택건설사업계획승인을 신청하는 때에는 기본설계도면**을, 주택법 제16조제2항에 따라 **착공신고를 하는 때에는 실시설계도면** 및 주택법 시행령 제43조제1항제1호에서 정하는 **시방서 · 구조계산서 · 수량산출서 및 품질관리계획서를 사업계획승인권자에게 각각 제출**하여야 함

- 건축법령에 따라 표준설계도서로 건설하고자 하는 경우에는 건축법시행규칙 제6조제1항에 따른 설계도서를 주택법령에 따라 표본설계도서로 건설하고자 하는 경우에는 시행령 제29조에 따른 설계도서를 제출하여야 함

○ **설계도서의 작성**은 「주택의 설계도서 작성기준」 제5조에 따라 설계도면은 기본설계도면과 실시설계도면으로 구분하여 작성한다. **기본설계도면 및 실시설계도면**의 **종류와 축적 및 작성내용**은 **별표 1 및 별표 2**와 같다. 또한, **건축물에 사용하는 건**

축재료는 품명 및 규격 등을 설계도면에 표기하여야 한다. 다만, 설계도면에 표기할 수 없는 재료의 성능 및 재질 등에 관한 사항은 시방서에 표기할 수 있다. 규정에 의하여 표기하는 건축재료의 규격은 산업표준화법에 의한 한국산업규격을 적용하는 것을 원칙으로 함

○ **시방서 작성**은 「주택의 설계도서 작성기준」 제6조에 따라 당해 공사의 수행을 위한 재료·공법·시험 및 검사 등에 관한 사항을 기술하여야 한다. 시방서는 당해 공사의 특수성·지역여건·층수 및 공사방법 등을 고려하여 공사별·공종별로 작성하며, 표준시방서의 내용을 인용하는 경우에는 그 인용내용을 상세히 기술하여야 함

○ **구조계산서**는 「주택의 설계도서 작성기준」 제7조에 따라 건축법 제48조 및 동법 시행령 제32조의 규정에 적합하게 작성하여야 한다. 구조계산서를 작성하는 때에는 당해 주택단지에 대한 지질조사를 실시하고 그 결과를 첨부하여야 함

○ **흙막이등 도서**는 「주택의 설계도서 작성기준」 제8조에 따라 지하층의 설치 등을 위하여 토지를 굴착하는 경우에는 지하흙막이등 경사면 안정공법에 관한 설계도면 및 시방서를 작성하여 착공신고시에 제출하여야 함

○ **수량산출조서 작성**은 「주택의 설계도서 작성기준」 제9조에 따라 설계도서를 작성·완료한 후에는 공종별로 재료의 수량산출서를 작성하여야 함

○ **설계도서의 해석**은 「주택의 설계도서 작성기준」 제10조에 따라 설계도서의 내용이 서로 일치하지 아니하는 경우에는 관계법령의 규정에 적합한 범위내에서 감리자의 지시에 따라야 하며, 그 내용이 설계상 주요한 사항인 경우에 감리자는 설계자와 협의하여 지시내용을 결정하여야 한다. 감리자 및 설계자의 해석이 곤란한 경우에는 당해 공사계약의 내용에 따라 적용의 우선순위 등을 결정하여야 하며, 계약으로 그 적용의 우선순위를 정하지 아니한 경우에는 다음의 순서를 원칙으로 함

- 특별시방서
- 설계도면
- 일반시방서·표준시방서

- 수량산출서
- 승인된 시공도면

○ **품질관리계획서 작성**은 「주택의 설계도서 작성기준」 제11조에 따라 건설기술진흥법 제55조에 적합하게 품질관리계획 또는 품질시험계획을 수립 작성하여야 함

○ **건축제도 통칙의 적용**은 「주택의 설계도서 작성기준」 제12조에 따라 이 기준에서 규정한 사항 외에 설계도서의 작성에 필요한 사항은 한국산업규격 KSF 1501이 정하는 바에 따름

2.1.4 공동주택 기본설계도면 작성내용

○ 법적근거

- 「주택법」 제33조(주택의 설계 및 시공) 및 같은 법 시행령 제43조(주택의 설계 및 시공)
- 「주택의 설계도서 작성 기준」 제5조(설계도서의 작성 등)

○ **기본설계도면의 종류와 축적 및 작성내용**은 주택의 설계도서 작성기준 제5조 제2항, 별표 1와 같음

- **건축물에 사용하는 건축재료는 품명 및 규격 등을 설계도면에 표기**하여야 한다. 다만, 설계도면에 표기할 수 없는 재료의 성능 및 재질 등에 관한 사항은 시방서에 표기할 수 있음
- **건축재료의 규격은 산업표준화법에 의한 한국산업규격을 적용하는 것을 원칙**으로 함

○ **기본설계도면 작성내용**(별표1)

구 분	작성도서	축 척	작 성 내 용
목록	타이틀	-	공사명, 공사구분, 작성년월, 설계사무소명
	도면 목록표	-	도면목차, 도면번호
개요	설계 개요서	-	설계 및 공사개요, 부대 및 복리시설개요, 대지위치, 대지면적, 지역지구, 건축면적, 연면적, 지하층면적, 건폐율, 용적률, 구조, 층수 및 규모, 평형별세대수, 주차장
	면적표	-	대지지분별면적, 분양면적, 동별면적, 부대 및 복리시설면적
	구적표	1/100~ 1/600	구적도, 구적표 및 산출근거
	배치도	1/300~ 1/1,200	축척 및 방위, 대지면적, 건축선, 대지경계선 및 대지가 접하는 도로의 위치와 폭, 건축선 및 대지경계선으로부터 건축물의 거리, 허가신청에 관계되는 건축물과 다른 건축물과의 구별, 옹벽, 우물, 배수시설, 오수정화시설, 분뇨정화조, 기타 건축물에 부수되는 시설 및 공작물의 위치, 공사용 가설건축물의 축조위치, 공사기간중의 도로점용범위, 조경계획, 주출입구, 쓰레기분리수거용기 위치

	주차계획도	〃	법정 주차면적 대비 주차공간 계산표, 옥외 및 지하 주차장 도면, 주차 배치도
	단지조감도	-	단지 전체의 조감도
안내도	부근안내도	1/500~ 1/3,000	지적도, 위치도
	단지밖 교통체계도	〃	진입도로 표시, 대중교통정류장 위치 단지 주변의 교통흐름과 교통체계, 차량 및 보행자 도로계획
	단지안 교통체계도	1/500~ 1/1,000	단지내 교통체계, 택시승강장 위치, 소방도로 확보상황
	토지이용계획도	〃	기존 나대지의 현황 및 수목상태 등을 최대로 이용할 수 있는 토지이용계획

구 분	작성도서	축 척	작 성 내 용
평면도	지하층 평면도	1/100 ~1/200	각층별 평면, 각실의 용도 및 면적, 기둥.벽.창문의 위치, 방화구획 및 방화문의 위치, 복도, 직통계단. 피난계단 또는 특별피난계단의 위치 및 치수, 비상용승강기·승용승강기의 위치 및 치수, 파이프닥트 단위세대구획, 건축물의 중심선 및 외곽선, 출입구의 위치, 발코니, 창문위치 등
	1층 평면도	〃	〃
	2층 평면도	〃	〃
	기준층 평면도	〃	〃
	지붕층 평면도	〃	〃
	옥탑층 평면도	〃	〃
	단위세대 평면도	1/30 ~1/60	기준격자, 중심선치수, 안목치수, 창호크기·재질 및 개폐방향, 가구설치위치 및 크기(신발장·욕실장·주방가구·거실장 등), 실명, 세대에 면하는 복도 탈출구 위치 및 규격, 선홈통드레인 위치 및 구배방향, 소화전·방수구함 등의 위치 등
	지하층 코아평면도	〃	옹벽두께, 방수한계, 트렌치, 집수정 등
	1층 코아평면도	〃	관리인실, 부속실, 주현관, 진입계단 및 경사로, 우편물수취함, 부착시설물 등
	기준층 코아평면도	〃	엘리베이터, 규모 및 크기, 방화문 위치, 방화구획 (변화되는 층마다 작성)
	옥탑층 코아평면도	〃	물탱크규격·기계실·바닥마감·옥상 수평피트·루프드레인 위치 및 크기·사다리 등
	지하주차장 평면도	〃	재료마감, 각종설비(집수정·트렌치·배기설비 등), 주차구획, 경사로 등
	열교환실·전기실·기계실 평면도	〃	각종 설비기기 위치, 점검구 위치 및 크기

구 분	작성도서	축 척	작 성 내 용
입면도	정면도	1/100 ~1/200	외벽 마감재료, 층수 및 층바닥위치, 창호 개구부 형상 및 위치, 외벽시설물(사다리·난간·경사로·홈통 등), 굴뚝 및 옥상돌출부 등
	배면도	〃	〃
	좌측면도	〃	〃
	우측면도	〃	〃
단면도	주단면도	1/30 ~1/100	지표면위치·기준격자·중심선치수·안목치수·창호 및 개구부위치, 실명, 바닥마감, 층고 및 천정고 최고높이
	횡단면도	1/100 ~1/200	〃
	종단면도	〃	〃
	코아 단면도	1/10 ~1/50	〃
	계단 단면도	〃	디딤판·챌판·벽 및 기둥·출입구 등과 관계, 층고·계단참 크기 등
구조도	기둥·보 일람표 (필요시 옹벽일람표)	1/30 ~1/50	단부 및 중앙부에서의 보의 크기, 배근형식 (상단 및 하단), 전단보강근의 종류 및 간격, 기둥의 크기, 주근의 배치형태 및 개수, 대근의 종류 및 간격
	주심도 (이중스케일 사용)	1/30 ~1/200	기둥 및 벽체의 정확한 위치표기, 기둥 또는 수평·수직 단면의 변화관계 상세 표시
마감 상세도	실내·외 재료 마감표	-	천정·벽·걸레받이·바닥부위의 바탕 및 마감
창호도	창호 일람표	1/30 ~1/60	모듈치수, 개구부의 수, 제작치수, 명칭, 적용위치, 부속틀재의 재질 및 규격, 개폐방향, 유리종류 및 두께

2.1.5 공동주택 실시설계도면 작성내용

○ 법적근거

- 「주택법」 제33조(주택의 설계 및 시공) 및 같은 법 시행령 제43조(주택의 설계 및 시공)
- 「주택의 설계도서 작성 기준」 제5조(설계도서의 작성 등)

○ **실시설계도면의 종류와 축적 및 작성내용**은 「주택의 설계도서 작성기준」 제5조 제2항, 별표 2와 같음

- **건축물에 사용하는 건축재료는 품명 및 규격 등을 설계도면에 표기**하여야 한다. 다만, 설계도면에 표기할 수 없는 재료의 성능 및 재질 등에 관한 사항은 시방서에 표기할 수 있음
- **건축재료의 규격은 산업표준화법에 의한 한국산업규격을 적용하는 것을 원칙**으로 함

○ **실시설계도면 작성내용**(별표2)

구 분	작성도서	축 척	작 성 내 용
단면도	주단면 상세도	1/10 ~1/50	디딤판·챌판·벽 및 기둥·출입구 등과 관계, 층고·계단참 크기 등
상세도	욕실평면·입면 상세도	1/10 ~1/50	위생기구배치, 드레인위치, AD.PD위치, 방수방법, 구배 및 마감재 등
	주방 상세도	〃	주방기구 평면도, 입면 전개도, 주방벽 마감재 등
	주현관 상세도	〃	평면도, 단면도, 지표면과의 출입관계, 1층 바닥높이.보도와의 관계, 계단, 경사로 등
	복도 상세도	〃	입면도, 단면도, 벽체부착물 위치, 선홈통 등
	반침·선반 상세도	〃	평면도, 단면도, 선반재료 및 규격, 설치 높이 및 선반 고정방법 등
	침실·거실천정틀 상세도	〃	재질, 규격, 천정 마감재 등
	익스펜션죠인트 상세도	〃	죠인트 마감재, 충진재 간격 등
	MC 중심선도	〃	중심선치수, 골조치수, 개구부치수 등

구 분	작성도서	축 척	작 성 내 용
상세도	램프평면·단면 상세도	1/10 ~1/50	경사로의 노면처리, 난간.지표면과의 관계등
	옥외계단 상세도	〃	층별 평면도, 단면도, 논슬립 재질, 바닥마감 선홈통, 난간 등
	방수 및 결로보완 상세도	〃	방수재료·결로 방지재 등의 설치부위 및 상세 등
구조도	구조개요도	-	구조계산서 일반사항 요약, 건물규모, 층수, 구조방식, 철근 및 콘크리트 강도, 설계근거 및 해석방법, 지내력
	바닥구조 평면도 (지하, 기준층, 지붕단위세대, 옥탑층)	1/50 ~1/100	각층의 구조평면도, 철근의 이음 및 정착거리, 기둥 또는 옹벽의 위치, 보의 위치, 개구부의 위치, 기둥·옹벽·슬라브·계단·보의 기호표시, 보강근표기, 슬라브 요철표기, 열부호 표기, 드라이 에어리어 표기
	바닥구조 평면도 (코아부)	〃	옹벽·피트·계단부분의 확대표시, 각종기호, 주호, 치수표기, 중심선으로부터 거리 및 두께 등
	슬라브 배근도 (평면도 또는 표형식)	1/30 ~1/50	슬라브 두께, 배근위치 및 형식, 철근의 종류 및 간격, 상부·하부·장변·단변별 표시, 개구부의 보강, 배근간격이 다른 경우 철근의 위치, 세대간 거리 등
	계단 배근도	〃	철근의 종류 및 배근형식, 캔틸레버 또는 2변고정 계단 명기, 보강근의 위치
	기초일람표	1/50 ~1/100	기초의 크기·폭·두께·배근방법, 철근종류, 보강근의 위치, 파일의 위치·크기·간격
	잡배근도(현관램프, 파라펫, 공동구, 맨홀 등)	1/5 ~1/30	상세도에 준함
	라멘도	1/30 ~1/200	종횡구조 단면도, 골조의 철근배근형식 기입, 철근의 종류, 배근방법, 벤트위치, 보강근 표시, 늑근 및 대근의 종류.간격
	각부 구조 및 평면의 단면 상세도	1/5 ~1/30	철근종류 및 배근방법, 각종보강근의 종류 및 배근방법, 각종 부재의 위치.거리 표시, 중요부분의 단면 접합 방식을 상세표시

구 분	작성도서	축 척	작 성 내 용
부품도	우편함 상세도	1/1 ~1/20	규격·부착방법 등
	신발장 상세도	1/2 ~1/20	폭, 높이, 평면, 단면, 입면, 재료마감, 조립도, 부착철물, 문양 등
	욕실장 상세도	〃	〃
	주방기구 상세도	〃	〃
	세대 현관문 상세도	〃	개구부 치수, 설치부위 상세, 골구의 형태, 재료, 부착물(도어뷰·차임벨·수취함 등)의 위치·규격, 충진재의 종류 등
	철문(방화문) 상세도	〃	〃
	창고 상세도	〃	창고규격, 선반규격 및 재질 등
	발코니 세대칸막이 상세도	〃	재료, 접합상세, 규격, 접합철물 등
	점검구 상세도	〃	규격, 철물, 재료, 충진재의 종류
	지하 대피창 상세도	〃	규격, 개폐방법 등
	주계단 난간 상세도	〃	난간.간살의 재질, 규격, 손스침 재료 및 규격
	지하철재 사다리 상세도	〃	재질, 규격, 철물 등
	폐건전지 수거함 상세도	〃	규격, 부착방법, 명칭의 표기에 관한 사항
	층 및 세대별 표시판 상세도	〃	서체, 규격, 처리방법, 부착방법 등
	옥상 익스팬션죠인트	1/10 ~1/60	죠인트 간격·폭·깊이·재질 및 상세도 등
	비상계단 난간 상세도	〃	난간, 간살의 규격·형상·고정상태 등
	옥탑층 내부계단 난간 상세도	〃	〃

구 분	작성도서	축 척	작 성 내 용
마감 상세도	천정마감 상세도	1/2 ~ 1/20	바탕면, 마감재 등
	벽체마감 상세도	〃	〃
	측벽 및 코아벽틀 상세도	〃	틀재의 규격, 마감재두께, 적용부위
	바닥상세도(세대내)	〃	바탕면, 마감재두께, 적용부위 등
	바닥상세도(세대외)	〃	〃
	지붕층 파라펫 신축줄눈 상세도	〃	줄눈재의 재질, 상세 등
	수장 상세도	〃	수장부분 상세, 마감부위에 포함되지 않는 상세
	석고판붙이기 상세도	〃	틀재의 규격.간격.부착방법 등
	단열재 이음상세도	〃	바탕재처리, 단열재 이음부위 및 이음 방법 등
창호도	외부 이중창호 입면도	1/30 ~1/60	바탕재처리·단열 이음부위 및 이음방법
	외부 단창 입면도	〃	〃
	내부창호 입면도	〃	〃
	철재창호 입면도	〃	〃
	알미늄창호 입면도	〃	〃
	합성수지창호 입면도	〃	〃
	외부창호 상세도	1/10 ~1/30	상틀·선틀·밑틀과 개구부와의 접합상태 등
	알미늄문 상세도	〃	〃
	합성수지창호 상세도	〃	〃
	내부창호 상세도	〃	〃
	환기구 상세도	-	환기구의 재질·규격·부착상태·틀재의 형상 및 치수
	압축성형 시멘트문 ·창틀 상세도	1/10 ~1/30	틀재의 형상 및 치수

※ **토목공사, 조경공사, 건축설비공사, 전기설비, 통신·방송·화재경보설비의 기본설계도면 및 실시설계도면 작성내용**은 주택설계도서 작성기준 제5조제2항 별표1, 별표2 참조

제2절 실시설계도면에서 누락되기 쉬운 사항들

2.2.1 설계도서 등 검토

<주택법>

○ **설계도서 등의 검토**는 「주택건설공사 감리업무 세부기준」 제8조제1항에 따라 **감리자는 해당 공사착수 전에 설계도서, 공사계약 문서, 현장 실정 등을 종합적으로 검토**하여야 한다. 이 경우 검토내용에는 다음의 사항이 포함되어야 하며, **비상주감리원은 기술적인 검토가 필요한 사항과 상주감리원이 요청한 사항에 대하여 세부적으로 검토**하여야 함

- 설계도서와 공사 계약문서와의 부합 여부
- 설계도서와 현장 실정과의 부합 여부
- 설계도면, 시방서, 구조계산서 등 설계도서 간의 상호 일치 여부
- 설계도서 상의 누락, 오류 등 불명확한 부분의 존재 여부
- 시공 시 예상되는 문제점 등

○ **감리자**는 「주택건설공사 감리업무 세부기준」 제8조제2항에 따라 위 사항에 따라 **검토한 결과 불명확한 내용 또는 오류가 있거나 관계법령 위반 등의 내용이 확인된 경우에는 그 내용과 사유를 사업주체에게 통보**하여야 하며, 사업주체는 그에 대한 조치계획을 수립하여 감리자의 확인을 받아야 한다. 이 경우 사업주체의 조치가 이행되지 아니한 경우에는 즉시 사업계획승인권자에게 보고하여야 함

○ 「주택건설공사 감리업무 세부기준」 제4조(감리자의 업무) 및 제8조(설계도서 등의 검토)에 따라 설계도서 검토의견서를 작성함

○ **설계도서 검토의견서**에는 검토의견서 양식의 의견서만 기록관리하는 것이 아니며, 여기는 설계도서 검토에 관한 모든 문서가 철하여 기록관리하는 곳이다. 그리고 설계검토 회의하여 회의록으로 남길 시에도 사업관리의 회의록에 관리하지 않고 회

의록이지만 설계도서 검토의견서 철에 기록 관리함

○ **설**계도서검토의견서의 기본양식은 감리단이 검토하여 작성하여 통보 또는 제출하는 것이며, 양식을 약간씩 변형하여 감리자의 의견을 설계자로 하여금 의견을 확인하는 확인서로도 사용하고, 회의 시에는 설계자의 의견을 함께 각 항목마다 기록하기도 함

○ **설계도서를 검토하여 검토의견서를 작성하여 공문으로 사업주체와 시공자에게 통보**하고, 의견서에 대한 의견을 제출하도록 하고 의견이 제출되면 시공자와(사업주체 참석 여부 확인) 필요 시 설계자나 구조기술자와 설계검토 회의하고 회의록을 작성하고 본 파일철에 기록관리 하고, 결정된 사항을 반드시 사업주체에 공문으로 통보하여야 함

<건설기술진흥법>

○ **설계도서 등 검토업무**는「건설공사 사업관리방식 검토기준 및 업무수행지침」제81조제1항에 따라 **건설사업관리기술인은 설계도면, 시방서, 구조계산서, 산출내역서, 공사계약서 등의 계약내용**과 **해당 공사의 조사설계보고서 등의 내용을 숙지하여 새로운 방향의 공법개선 및 예산 절감을 기하도록 노력**하여야 함

○ **건설사업관리기술인은** 「건설공사 사업관리방식 검토기준 및 업무수행지침」제81조제2항에 따라 **설계서 등의 공사 계약문서 상호 간의 모순되는 사항, 현장 실정과의 부합 여부 등 현장시공을 중심으로 하여 해당 건설공사 시공 이전에 적정성을 검토**하여야 하며, 특히 기술지원기술인은 주요구조부(가시설물을 포함한다)를 포함한 기술적 검토사항과 상주기술인이 요청한 사항을 검토하여야 한다. 이 경우, 검토내용에는 다음의 사항 등이 포함되어야 함

- 현장조건에 부합 여부
- 시공의 실제 가능 여부
- 공사착수 전, 공사 시행 중, 준공 및 인계 · 인수단계에서 다른 사업 또는 다른 공

정과의 상호 부합 여부

- 설계도면, 시방서, 구조계산서, 산출내역서 등의 내용에 대한 상호 일치 여부
- 설계도서에 누락, 오류 등 불명확한 부분의 존재 여부
- 발주청에서 제공한 공종별 목적물의 물량내역서와 시공자가 제출한 산출내역서 수량과의 일치 여부
- 시공 시 예상 문제점 등
- 사업비 절감을 위한 구체적인 검토

○ **건설사업관리기술인**은 「건설공사 사업관리방식 검토기준 및 업무수행지침」 제81조제3항에 따라 위 내용의 **검토 결**과 **불합리한 부분, 착오, 불명확하거나 의문 사항이 있을 시는 그 내용과 의견을 발주청에 보고**하여야 한다. 또한, 시공자에게도 설계도서 및 산출내역서 등을 검토하도록 하여 검토 결과를 보고 받아야 함

<건축법>

○ **설계도서 검토**는 「건축공사 감리업무 세부기준」 2.4.2에 따라 다음과 같음

- 설계도면, 시방서, 구조계산서, 각종 부하계산서 등 설계도서 상호 간에 불일치한 사항, 관계법령에 의거하여 설계도서 중 누락, 오류 등의 사항은 건축주에게 보고함
- 구조도와 관련된 설계도서 검토
  - ▸ 건물 층고의 확인
  - ▸ 보의 위치 및 크기의 확인(특히, 창호 크기와의 관계)
  - ▸ 벽체의 위치 및 두께의 확인, 바닥의 고저와 마감두께 확인
  - ▸ 구조도면과 구조계산서의 대조
- 특기시방서 검토
- 공사여건 확인
- 공법 확인
- 관련설비공사의 내용 확인
- 설계도서에 사용 재료 및 자재 명기 여부 확인·검토
- 관련 별도공사 확인

효율적인 설계도서 검토

효율적인 실시설계도면 검토방법?

- 시공자가 제출한 실시설계도면의 도면 목차와 주택의 설계도서 작성기준의 기본설계도면 작성내용+실시설계도면 작성내용을 대조하여 누락된 도면 확인

※ 2.1.4 공동주택의 기본설계도면 작성내용(별표 1), 2.1.5 공동주택의 실시설계도면 작성내용(별표 2)

- 건축물에 사용하는 건축재료의 품명 및 규격 등이 설계도면에 명확하게 표기하지 않는 사항 확인 ※ 주택의 설계도서 작성기준 제5조제3항·제4항
- 설계도면의 평면도, 입면도, 단면도, 단면상세도를 확인하여 건축재료의 품명 및 규격, 단면도, 단면상세도 등 누락사항 확인
- 평면도, 입면도, 단면도, 단면상세도 등에 대하여 기본설계도면 및 실시설계도면에 표기하여야 할 사항 등 누락사항 확인
- 건축재료의 품명 및 규격 등 사업주체, 발주청의 기본사양 포함 여부 확인(시공자 협의)

⇒ 대법원 판례에서 "**하자 판정의 기준이 되는 도면은 준공도면**"으로 판시하고 있어, 발주청을 제외한 **민영주택의 경우 착공계 제출된 실시설계도면을 기준으로 준공도면을 비교하여 작성**하고 있어, **착공 시 제출된 실시설계도면에서 기본설계도면 작성내용 및 실시설계도면 작성내용의 도면이 누락되는 경우가 많이 발견**되고 있어 **사업계획승인권자 및 감리원·건설사업관리기술인의 면밀한 검토 필요**

시방서 검토는?

- 시공자가 제출한 시방서의 목록과 수량산출서를 비교하여 누락된 공종 확인

※ 주택의 설계도서 작성기준 제6조에 따른 당해 공사의 수행을 위한 재료・공법・시험 및 검사 등에 관한 사항을 기술 확인

구조계산서 검토는?

- 시공자가 제출한 구조계산서와 구조도의 부호 일치 여부 확인
- 구도도면에서 누락된 부위 존재 여부 확인

2.2.2 공통사항

- 주택설계도서 작성기준에 따른 실시설계도면 제출 여부
- 세대 호 및 계단실 등의 디자인 표시는 적정한가
- 단지 내 건축에서 시공하는 옹벽 등에 대한 마감은(견출, 도장 등) 적정한가
- 옥외계단의 바닥 측면, 난간위의 마감은(석재 등) 적정한가
- 옥외계단의 난간 기둥, 간살, 핸드레일의 재질, 규격, 마감은(상세도 포함), 핸드레일은 양측에 설치하였는가
- 외부에 승강기를 설치하는 경우 벽 마감 및 지붕방수는
- 외부 승강기에 빗물침투 방지를 위한 캐노피를 설치하였는가
- 1층 필로티 통행로 상부 낙하물로 인한 안전사고가 우려됨으로 캐노피를 설치하였는가
- 승강기에 인승이 표기되었는가(13인용, 16인용 등)
- 탑라이트의 벽 및 상부의 마감재는(석재 등, 상세도 포함) 적정한가
- 탑라이트는 안전을 위해 1.2m이상 확보하였는가
- DA의 벽 및 상부의 마감재는(석재 등, 상세도 포함) 적정한가
- 제연휀룸 DA에 바람막이를 설치하였는가
- 옥상의 방수공법을 명확하게 표시하였는가
- 설계도면에 도장, 미장, 뿜칠, 석재, 방수 두께 등 규격을 표시하여야 하나 미표시한 경우 시방서에 표시하였는가
- 산출조서, 내역서 등에 있는 항목에 대하여 시방서가 있는지 여부
- 바닥 및 벽면 마감자재의 표시를 불명확하게 표시는 하지 않았는가(지정마감 등)
- 부대시설, 근린생활시설, 주출입구 내외 등에 점자블록을 설치하였는가.
  (외여닫이문 3개, 쌍여닫이문 5개, 주출입구 계단 밑과 위 6개 등)

2.2.3 평면도

○ 옥탑 및 옥상

- 옥상의 루프드레인의 이중망(거름망) 및 분실방지를 위한 고정은 하였는가
- 옥상 및 주차장의 익스팬션죠인트 도면은(상세도 포함) 제출하였는가
- 난간의 흔들림 방지를 위한 버팀대는 설치하였는가
- 옥상 청소용 고리의 철근에 고정하였는가(상세도 포함)
- 무동력 흡출기의 높이를 구조체 보다 높게 설치 및 시공(건축, 기계) 하였는가
- 옥상바닥에 통신패드는 설치하였는가(길이, 폭, 두께 및 철근배근은)
- 옥상에 출입을 위한 계단은 표시하였는가
- 옥상 출입문 위 캐노피의 재질은(철근콘크리트, 금속제품/유지보수 성능 향상)
- 옥상의 난간 높이는 난간 턱부터 1.2m 이상을 확보하였는가(상세도 포함)
- 욕실의 바닥은 슬리퍼가 걸리지 않게 거실보다 8cm 낮게 반영하였는가

○ 옥탑 승강기 기계실

- 옥탑 승강기 기계실의 바닥구조에서 데크플레이트가 반영되었는가
- 권상기 거치를 위한 벽면의 절단부위는 도면에 표기하였는가
- 승강기 기계실의 천정에 설치하는 후크의 시공 시 철근 보강은 하였는가(철근도 포함). 또한, 구조검토 반영 여부 확인
- 옥탑 승강기 기계실의 출입문은 대피방향으로 설치하였는가
- 각 동 승강기 기계실 바닥 마감은 하였는가(에폭시 코팅 등)
- 옥탑 승강기 기계실의 벽과 천정은 소음 저감을 위한 흡음패널(단열재)은 설치하였는가

○ EV홀

- EV실의 제연댐퍼 안전망을 도면에 표기하였는가
- EV실의 천장을 경량철골천정틀위 석고보드 마감을 하였는가, 지하층의 경우는 경량철골천정틀위 금속 천장재 마감과 경량철골천정틀의 1.5m 이상인 경우 보강하였는가
- EV실의 바닥마감은(테라죠판 등) 또한 벽면 마감은(다체무늬 등) 적정한가

- 지하층 EV실 바닥 마감재는(타일, 석재 등) 적정한가

  ※ 석재의 경우 습윤 시 처리는 하였는가

- 지하층~1층 EV의 잠의 마감(석재 등)은 하였는가
- 지하층~1층 승강기 출입구 위 천정마감부위에 조명박스를 설치하였는가(필요시)
- 지하층의 EV홀 출입문을 포켓도어로 설치하였는가(필요시)
- 지하층 EV홀 결로방지를 위한 바닥 난방(전기난방기) 및 제습기는 설치하였는가
- 승강기 버튼 및 인터폰 위치에 맞게 점자블록 2개 배치하였는가

○ **계단실**

- 계단실의 벽면 마감을 다채무늬로 하였는가
- 계단실의 바닥 마감은(테라죠 타일(지하~1층), 타일 등) 적정한가
- 옥상의 계단실의 출입문은 설치하였는가
- 계단실 최하층 계단실 밑은 벽돌마감 및 환기창 설치하였는가
- 피난계단 또는 특별피난계단의 논슬립 패드는 눈에 잘 띄도록 밝은 색상이나 형광색으로 반영하였는가(실내건축의 구조·시공방법 등에 관한 기준 제5조제3호)
- 계단실에 연창을 설치하는 경우 오염방지턱을 설치하였는가

○ **1층 출입구 및 필로티**

- 주출입구 및 필로티 천정의 마감은(금속제 등) 적정한가
- 필로티 벽면의 마감은(석면 뿜칠, 스타코 뿜칠 등) 적정한가
- 1층의 전부 또는 일부를 필로티 구조로 설치하여 주차장으로 쓰는 건축물(건축법 시행령 제62조제2항제4호)에 해당하는 건축물의 외벽[필로티 구조의 외기에 면하는 천장 및 벽체를 포함한다] 중 1층과 2층 부분에는 불연재료 또는 준불연재료를 마감재료로 사용하였는가(건축물의 피난·방화구조 등의 기준에 관한 규칙 제24조 제10항)
- 필로티의 오픈 벽면 하부에 방수턱은 설치하였는가
- 주출입구 계단의 재질은(석재 등) 적정한가
- 장애인램프는 처짐을 고려하여 헬리컬 파일 등을 반영하였는가
- 장애인램프의 기초는 온통기초(매트기초)로 하였는가
- 장애인램프의 바닥 및 난간벽과 상부의 마감은 표시하였는가
- 장애인램프의 난간의 기둥, 간살, 핸드레일의 제품, 규격, 간격, 마감은

○ **세대 내부**

- 세대 내 발코니(세탁기실) 외벽면의 결로방지를 위한 단열재(압출법 보온판 13t 이상) 처리를 하였는가
- 실내재료마감표에서 거실과 주방의 벽면을 구분하였는가
- 세대 내 방 등의 난간높이는 적정한가
- 욕실에 설치하는 샤워부스의 재료가 유리인 경우에는 안전유리로 하였는가(실내건축의 구조·시공방법 등에 관한 기준 제7조제2항제2호)
- 욕실바닥에 단열재는 반영하였는가
- 대피공간(하향식)을 실외기실로 사용하는 경우 루버 창호를 실외기의 작동 시 발생하는 열로 인하여 화재가 발생할 수 있으므로 자동개폐장치를 설치하였는가
- 현관과 PD사이 단열재 배치를 PD에 설치하였는가

○ **지하층(주차장, 기계실 등)**

- 주차장 및 전기실, 발전기실, 기계실, 저수조실, 지열기계실 등의 외벽면은 금속 건식벽체로 하였는가, 이 경우 환기를 위한 환기창 설치를 하였는가
- 주차장, 기계실, 저수조실, 지열기계실의 트렌치(규격, 단면도 등) 표기하였는가
- 트렌치 설치부분 중 출입문의 통로에 대하여 폐쇄형으로 하였는가
- 기계실, 지열기계실, 전기실, 발전기실은 침수방지를 위하여 출입문을 올렸는가(15cm정도)
- 지하층 평면도 및 단면도에 방화셔터는 표기하였는가
- 배치도 및 지하주차장 출입구 평면도에 차수판은 설치하였는가
- 지하주차장의 천정 뿜칠의 범위는 (콘크리트, PC구조 등) 및 두께는 도면에 표기하였는가(10mm)
- 지하주차장의 주차면에는 에폭시 코팅, 통로에는 에폭시 엠보싱으로 반영되었는가, 또한 두께는 표시하였는가
- 지하주차장 차선에서 보행자를 위한 차선에 "마크 및 보행자용" 표시하였는가 또한 색상을 다르게 하였는가
- 각 동 동통신실, 제연휀룸실, 유수검지장치실의 바닥(에폭시 코팅 등), 벽, 천정 마감은 적정한가
- 기계실, 저수조실, 전기실, 발전기실, 지열기계실 등 계단 난간의 기둥, 간살

등의 제질, 규격, 간격, 마감은 표시하였는가

- 지하주차장 경사로 측면의 마감은(지하1층 PVC건식제품, 지하2층 금속 건식 제품 등) 적정한가
- 주차장, 근린생활시설 등 계단실 및 주차장 경사로 지붕은(상세도 포함), 배치도 등 표시하였는가
- 지하주차장에 빗물처리를 위한 배수펌프 설치 시 방호울은 설치하였는가
- 주차장 출입구에 충돌방지를 위한 차량 진입높이 제한봉(높이 제한 바)을 설치하였는가
- 지하주차장 출입구 인근에 어린이 놀이터 등이 있는 경우 차단을 할 수 있는 수목 또는 울타리를 설치하였는가
- 기계실, 저수조실 바닥 패드는 지진설계를 반영하였는가
- 지하주차장에서 각 동 출입구의 주차장 부분의 천장에 미관을 고려하여 격자형 마감을 반영하였는가
- 지하주차장의 조적식(벽돌, 콘크리트블록 등) 구조의 경계 칸막이 두께를 건물높이 5m이상 11m미만인 경우 190mm 반영하였는가(벽돌 1.0B, 콘크리트블록 8 ")(건축물 구조기준 규칙 제33조(경계벽 등의 두께) 제3항)
- 공간벽 보호블럭 상 · 하 환기구 설치하였는가

○ **부대시설**

- 공동주택 옥탑 및 어린이집, 관리사무소 등 부대시설의 옥상에 오를 수 있는 등받이울 사다리 설치는(상세도 포함), 단지 내 차량통로에 있는 경우 충돌은 되지 않는가
- 문주의 중간에 미관을 저해하는 기둥이 배치되었는가
- 문주의 기초에 헬리컬파일 등은 반영되었는가(필요시)
- 경비실은 3면이 막히지 않았는가
- 경로당, 어린이집, 관리사무소 등 출입구의 상부에 빗물 침투 방지를 위한 캐노피를 설치하였는가
- 어린이집, 경로당, 관리사무소 등의 주출입구와 공동주택 주출입구 상부에 AL 시트 패널을 설치하였는가
- 어린이집, 경로당 등 출입문과 각동 지하 및 1층 주출입구 자동문은 안전유리

로 하고, 출입 시 유리를 식별할 수 있는 형태로 시공하거나 표시 등을 설치하였는가(실내건축의 구조 · 시공방법 등에 관한 기준 제7조제2항제1호)

- 숙직실, 탈의실 등 바닥 마감은(전기패널 등) 적정한가
- 부대시설의 실내계단이 현장과 일치하는지 여부
- 부대시설의 실내계단의 난간 기둥, 간살, 핸드레일은 적정한가
- 부대시설의 실내계단의 바닥(타일, 석재 등), 벽(도장 등) 도면에 표시하였는가
- 어린이집 벽지, 스크린골프장 및 골프연습장의 카페트 등은 방염표지를 사용하였는가

2.2.4 입면도

- 옥탑 및 주출입구 선홈통의 제질, 규격 및 잡이쇠의 간격은 또한 옥탑 선홈통 하부에 빗물받이 표시하였는가
- 공동주택 EV실에 접합유리를 사용한 경우 유리창에 표시하였는가
- 1층을 필로티로 설치하는 경우 미관을 고려하여 외벽 필로티 상부에 AL시트 패널과 캐노피를 설치하였는가

2.2.5 단면도

- 지하주차장, 동통신실, 제연휀룸실, 유수검지장치실 등의 바닥, 천정, 벽의 마감재는 표시하였는가
- 층 변화구산 PS, EPS 등의 천성에 난열재 설치하였는가
- 옥상 출입구 위 캐노피가 금속제인 경우 도면에 표기하였는가
- 절단부위 및 벽면의 주요 마감을 표기하였는가

2.2.6 구조도

- 구조안전 및 내진설계 확인서는 제출하였는가
- 구조도서에 설계자와 구조기술의 날인이 되었는가
- 특수구조건축물, 고층 건축물의 경우 원구조기술사와의 감리협력계약서 유무 확인은

2.2.7 창호도

- 거실 내부에 설치하는 출입문의 고정부 모서리면에는 손 끼임 방지장치를 표시하였는가(실내건축의 구조 · 시공방법 등에 관한 기준 제8조제2항제4호)
- 방화문(계단실문, 세대출입문, 대피공간문)에 도어클로우저는 반영되었는가
- 공동주택 EV실 유리창 하부에 난간을 설치하지 않은 경우 유리를 안전유리(접합유리)를 사용하였는가
- 승강기 기계실의 창문에 방충방 설치는 하였는가
- 계단실 제연창에 해충 유입방지 및 원활한 환기를 위한 롤 방충망을 설치하였는가
- 자동문 출입문에 대하여 건축, 전기 소관 구분은(틀 및 고정유리는 건축분으로 생각되나 자동문은 건축분인가 또는 전기분인가 도면에 표기)
- 지하실의 피트 등에 시설물 유지관리를 위한 점검구의 규격은 적당한가(0.8m×1.2m 정도)

2.2.8 부품도

- 욕실의 욕실장의 도면은(상세도 포함) 제출하였는가
- 주방의 상부장의 시공목은 도면에 표기하였는가
- 주방의 장식장 도면은 제출하였는가
- 세대 내 현관에 신발장 설치 도면은(상세도 포함) 제출하였는가
- 현관의 신발장은 30cm 높게 설치하였는가
- 계단실문, 세대출입문, 대피공간문은 국토교통부장관이 인정하는 규정에 적합한가(상세도 포함)
- 세대출입문에 차압봉 설치는, 시험간격은(상세도 포함) 표기하였는가
  ※ 차압봉 설치 및 시험은 건축, 소방 구분 필요/설치 : 건축, 시험 : 소방 등
- 우편함은 현재 사용되고 있는 제품을 설계에 반영되었는가
- 옥상 신축줄눈 및 죠인터 필러에는 물 침투방지를 위한 실런트(코킹) 처리하였는가
- 옥상 무동력 흡출기 높이가 승강기 기계실, 옥상 구조물에 가리지 않도록 높이가 낮거나 위치가 부적합하지 않게 반영되었는가

2.2.9 상세도 및 마감상세도

- 내장공사 단열재 나누기 상세도는 반영 되었는가
- 옥상 및 발코니 난간 상세도는 반영 되었는가
- 목창호 상세도는 반영 되었는가
- 단위세대 타일 나누기 상세도는 반영 되었는가
- 석공사 나누기 상세도는 반영 되었는가
- 내장목공사 단위세대 천정 상세도는 반영 되었는가
- 지하 주차장 벽 칼라강판 상세도는 반영 되었는가
- 제연댐퍼 안전망 상세도는 반영 되었는가
- 일반가구, 주방가구, 시스템가구 상세도는 반영 되었는가
- 주차장 램프 지붕 상세도는 반영 되었는가

- 주차장 채광창 상세도는 반영 되었는가
- EV홀 기준층 천정 상세도는 반영 되었는가
- 외벽 루버 상세도는 반영 되었는가
- EV잠 석재 상세도는 반영 되었는가
- EV홀 테라죠 타일 또는 타일 등 상세도는 반영 되었는가
- EV홀 벽체 타일 또는 석재 나누기 상세도는 반영 되었는가
- 이중 바닥(액세스플로어) 상세도는 반영 되었는가
- 외부계단 석재 상세도는 반영 되었는가
- 계단실 타일 나누기 상세도는 반영 되었는가
- 지하 출입구 석재 상세도는 반영 되었는가
- 단위세대 주방 상판 상세도는 반영 되었는가
- 각 동 지상 주출입구 바닥 석재 나누기 상세도는 반영 되었는가
- 욕실 천정 상세도는 반영 되었는가
- 샤워부스 상세도는 반영 되었는가
- 마루공사 상세도는 반영 되었는가
- 욕실장 상세도는 반영 되었는가
- 목창호 문짝 상세도는 반영 되었는가
- 램프 지붕 상세도는 반영 되었는가
- 문주 철골 상세도는 반영 되었는가
- 문주 트러스 및 석재 나누기 상세도는 반영 되었는가
- 방화문 상세도는 반영 되었는가
- 옥상 출입구 캐노피 상세도는 반영 되었는가
- 차수판 상세도는 반영 되었는가
- 속빈 콘크리트 블록 상세도는 반영 되었는가
- AL 및 PL창호 상세도는 반영 되었는가
- 내장(단열, 경량 등) 상세도는 반영 되었는가
- 각 동 출입구 SSD 상세도는 반영 되었는가
- 건식 PD 상세도는 반영 되었는가
- 필로티 트러스 및 석재 나누기 상세도는 반영 되었는가
- 주방가구 상부장 시공목 상세도는 반영 되었는가

제 3 장

시공 품질관리

제3장 시공 품질관리

제1절 일반사항

3.1.1 견본주택(모델하우스)

○ **법적근거**

- 「주택법」 제60조(견본주택의 건축기준)
- 「주택공급에 관한 규칙」 제22조(견본주택 건축기준 등)

○ **목적 및 필요성**

- 사업주체가 공동주택의 판매를 위하여 일반인에게 홍보하기 위하여 건축
- 사업주체가 설계에 반영된 자재 등을 공동주택 매수자(입주예정자)가 선택할 수 있도록 건축한 이곳에서 마감자재의 품질관리 상태를 확인할 수 있음
- 견본주택(모델하우스)에 시공·설치된 마감자재에 대하여는 리스트를 관리하여야 하고 자재공급원 승인 시 건설사업관리기술인 또는 감리원은 확인하여야 함

○ **주요내용**

- 사업주체가 주택의 판매촉진을 위하여 견본주택을 건설하려는 경우 **견본주택의 내부에 사용하는 마감자재 및 가구**는 「주택법」 제15조에 따른 **사업계획승인의 내용과 같은 것으로 시공·설치**하여야 함
- 사업주체는 **견본주택의 내부에 사용하는 마감자재**를 「주택법」 제15조에 따른 **사업계획승인 또는 마감자재 목록표와 다른 마감자재로 설치하는 경우**로서 다음의 어느 하나에 해당하는 경우에는 일반인이 그 해당 사항을 알 수 있도록 국토교통부령으로 정하는 바에 따라 그 공급가격을 표시하여야 함
  - 분양가격에 포함되지 아니하는 품목을 견본주택에 전시하는 경우

- 마감자재 생산업체의 부도 등으로 인한 제품의 품귀 등 부득이한 경우

- **견본주택**에는 마감자재 목록표와 「주택법」 제15조에 따라 사업계획승인을 받은 서류 중 **평면도와 시방서(示方書)를 갖춰 두어야 하며, 견본주택의 배치·구조 및 유지관리** 등은 국토교통부령으로 정하는 기준에 맞아야 함

- **사업계획승인 또는 마감자재 목록표와 다른 마감자재로 설치하는 경우**
  - 「주택법 시행규칙」 제22조제1항에 따라 법 제60조제2항에 따라 **마감자재의 공급가격을 표시**하는 경우에는 **해당 자재 등에 공급가격 및 가격표시 사유를 기재한 가로 25㎝ 세로 15㎝ 이상의 표지를 설치**하여야 함

- **발코니를 거실 등 확장하는 경우**
  - 「주택법 시행규칙」 제22조제3항에 따라 견본주택의 각 세대에 설치하는 발코니를 거실 등으로 확장하여 설치하는 경우에는 **일반인이 알 수 있도록 발코니 부분을 표시**하여야 함

- **사이버 견본주**택은 「주택법 시행규칙」 제22조제5항에 따라 **국토교통부장관은 필요하다고 인정되면 사업주체에게 국토교통부장관이 정하여 고시하는 기준에 따른 사이버 견본주택**(인터넷을 활용하여 운영하는 견본주택을 말한다. 이하 같다)을 **전시**하게 할 수 있음

○ **건설사업관리기술인, 감리원 검토 및 관리**

- 검측 및 관리(거실, 방, 주방 등 너비 및 높이 등 안목치수 검측, 사진 및 동영상 촬영, 마감자재리스트 관리, 입주자 모집공고 및 안내서(카탈로그) 관리)
- 감리보고서(견본주택 건설) 사업주체에게 제출

3.1.2 공종별 시공계획서

○ **법적근거**

– 「주택건설공사 감리업무 세부기준」 제4조(감리자 업무)

* 시공계획·공정표 및 설계도서의 적정성 검토

–「건설공사 사업관리방식 검토기준 및 업무수행지침」 제91조(시공계획 검토)

○ **목적 및 필요성**

– 공사의 목적과 현장 운영방침, 시공계획, 문제점과 이에 대한 대책 등 상세하게 작성

○ **시공계획서 내용**

– 현장조직표

– 공사 세부공정표

– 주요공정의 시공절차 및 방법

– 시공 일정

– 주요장비 동원계획

– 주요자재 및 인력투입계획

– 수요 설비 사양 및 반입계획

– 품질관리대책

– 안전대책 및 환경대책 등

– 지장물 처리계획과 교통처리 대책

○ **(사례) 시공계획서의 품질관리대책(석재) 작성내용 분석**

A회사	B회사	C회사
석재품질관리	품질관리사항	생산 및 반입자재 품질관리
석재품질 기준	자재 품질기준	시공단계 품질관리
석재제품의 검사	보양관리계획	하자사례/ 방지대책
시공품질관리, 자재보관품질관리	시공완료 후 관리계획	
시공부위별 하자유형 및 대책	하자사례	

○ **공종별 시공계획서의 품질관리대책 내용(타 사례 분석한 결과 등)**

- 품질관리 방향
- 품질관리 기준
- 자재 품질관리
- 시공품질관리
- 보양관리계획
- 하자유형(사례) 및 방지대책
- 검사 및 체크리스트
- 현장 자체 품질교육 등

○ **시공자의 시공계획서 제출 및 감리원·건설사업관리기술인 승인**

- 해당공사 **시공 30일 전에 제출**받아 이를 검토·확인하여 **7일 안에 승인**한 후 시공
- 시공계획서에 **중요한 내용변경이 발생할 경우에는 변경** 시공계획서를 제출받은 후 **5일 이내에 검토·확인하여 승인**

도장공사 시공계획서

도장공사 신축공사 중 도장공사

【 Contents 】

1. 공사 개요
2. 현장운영방침
3. 조직 및 업무시스템
4. 공정 계획 / 선후 공정 계획
5. 주요 공정의 작업방법 및 절차
6. 자재 / 장비 투입계획
7. 안전 / 품질 / 환경관리 계획
8. 첨부자료

▲ 시공계획서 작성 사례

3.1.3 자재공급원 승인요청 및 승인

○ **법적근거**

- 「건설기술진흥법」 제57조(건설자재 · 부재의 품질확보 등)
- 「주택건설공사 감리업무 세부기준」 제20조(자재의 확인 및 관리)
- 「건설공사 사업관리방식 검토기준 및 업무수행지침」 제87조(사용자재의 적정성 검토)

○ **목적 및 필요성**

- 주요자재에 대하여 자재공급원 승인 요청 시 설계도서 및 분양당시 견본주택(모델하우스)의 자재와 일치하는지 검토하고 승인

○ **자재공급원 승인**

- 건설사업자와 주택건설등록업자는 「건설기술진흥법」 제57조제1항에 따라 대통령령으로 정하는 건설자재·부재를 공급받으려는 공장을 선정할 때에는 다음의 어느 하나에 해당하는 자의 승인(이하 **"자재공급원 승인"**이라 한다)을 받아야 함
  - 발주청
  - 「건설기술진흥법」 제39조제2항에 따른 **건설사업관리를 수행하는 건설엔지니어링사업자** 또는 제49조제1항에 따른 공사감독자
  - 「건축법」 제25조에 따른 공사감리자
  - 「주택법」 제43조에 따른 **주택건설공사의 감리자**

○ **자재공급요청서 확인 내용**

- 제품인증서
- 사업자등록증
- 공장등록증
- 시험성적서(국립 · 공립 시험기관 및 건설기술용역사업자의 시험성과)
- 시험성과 대비표
- 거래실적 증명서

- 검 · 교정 성적서
- 납세증명서
- 지방세 납세증명서
- 납품실적 확인서 등

○ **(사례) 자재공급원 승인 대상**

- PHC 파일
- 둥근머리볼트 선단확자 보강판
- 강재사각집수정 자재
- 철근 자재
- 파일캡 자재
- 영구배수 자재
- 가설 자재
- PC기둥 자재
- 인방형 MEED DAMPER 자재
- 시스템 동바리 자재
- 경질 발포 플라스틱 건축 단열재 자재
- 레디믹스트 콘크리트 자재
- 시멘트 자재, 건조시멘트 모르타르 자재
- 발포폴리스틸렌 단열재(비드법, 방수판, 압출법) 자재
- 폴리프로필렌판 자재, 방수자재
- 콘크리트 벽돌 및 속빈 콘크리트 블록 자재
- 압출법 방수판 10T 자재
- 블록메쉬 4 ,6, 8인치 자재
- 경량인방 0.5B, 1.0B 자재
- 난간대, 배수판, 트렌치, 목창호, 석고보드, 층간완충제
- 기포콘크리트 자재, 건조 시멘트모르타르 자재
- 단열 모르타르, 내장목공사, 방화문, PL창호 자재
- 타일 접착제, 도자기질 타일, 창호 실링제 자재
- 석재 자재, 건축용 실링재 자재

- 복층유리, 강화유리, 배강도유리, 접합유리 자재
- 건축용 실링재(유리용) 자재, 알루미늄 압출형재 자재
- 방화유리, 문주 자재, 타일공사, 치장벽돌 자재
- 주방가구, 일반가구, 시스템가구 자재, 도배용 접착제 자재
- 테라죠 타일, 도배지, 도장공사 자재
- 이중바닥재, 천장 PVC패널, 단열모르타르 자재
- 철재방화셔터, 균열 보수재, 치장목질 마루판 자재
- 마루 접착제 자재, 자동폐쇄장치 자재
- 샤워부스 자재, 욕실장 자재 등

○ **건설사업관리기술인, 감리원 검토 및 관리**

- 「실내공기질 관리법」 제11조(오염물질 방출 건축자재의 사용제한 등)에 따라 건축자재의 오염물질 방출 기준 등에 적합한 자재 여부 확인
  * 접착제, 페인트, 실란트(sealant), 퍼티(putty), 벽지, 바닥재, 그 밖에 건축물 내부에 사용되는 건축자재로서 표면가공 목질판상(木質板狀) 제품 등 환경부령으로 정하는 것
- 마감자재에 대하여 환경인증 제품 여부 확인
- 시공자가 사용하는 마감자재 및 제품이 사업주체가 **시장・군수・구청장에게 제출한 마감자재 목록표 및 영상물 등과 동일한지 여부를 검토・확인**
- 자재공급원승인관리대장은 순번, 문서번호, 접수일자, 승인일자, 자재명, 업체명, 결과, 비고 등 구분하여 기재하고 구분에는 KS, 비KS를 기재하여 관리
- 자재공급원 승인요청, 결과 통보 서식은 「건설공사 사업관리방식 검토기준 및 업무수행지침」 별지 제37호 서식

○ **사용자재의 적정성 검토 및 승인**

- 자재공급원 승인요청서를 **자재반입 10일 전까지 제출**
  ※ 관련법령의 규정에 의하여 품질검사를 받았거나, 품질을 인정받은 재료에 대하여는 예외
- 자재공급원 승인요청서를 제출받은 지 7일 이내에 검토하여 이를 승인
  ※ 기성재 인방보를 설치하는 경우 자재공급원 승인 시 출입문의 폭+걸침(0.4m)을 확인하여 승인
  ※ 옥상 난간대 자재공급원 승인 시 난간턱부터 1.2m 이상 확보 여부 확인하여 승인

[별지 제37호 서식]

자재 공급원 승인 요청·결과통보 내용

문서번호	2024-건축-□	수 신	총 괄 감 리 원
공 사 명	□ 공동주택 신축공사	공 종	건축■ 기계□ 전기□ 토목□
품명	시스템가구	규격	P B : PB E0 15형 선반 시트지 : HC8002,HC9036,HET104,HTE804 벽판넬 시트지 : 샤트데코 A37-697,A16-155 접착제 : SK 700 하드웨어 : 알루미늄
제조회사명	시스템가구 : □ P B : □ 선반 시트지 : □ 벽판넬 시트지 : □ 접착제 : □ 하드웨어 : □	K·S 유무	■KS □비KS
시공자의견	시험성적서를 토대로 당 현장에 적합하다 사료 됨.		
첨 부	■사업자등록증 ■공장등록증 ■납세완납증서 ■시험성과대비표 ■시험(공인,자체)성적서 ■환경표지 인증서 ■단체표준인증서 ■K.S인증서 □납품실적 □CATALOG □견본 □기타		
특기사항	당 현장 계약 및 납품회사 : □		
상기자재에 대한 검토를 요청하오니 결과를 통보하여 주시기 바랍니다. 2024년 12월 18일		담 당 자 현장대리인	□

자재승인 검토결과 통보서

문서번호	□ (건)-2024-12-03	수 신	현장대리인
검토의견	첨부된 서류및 시험성적서를 바탕으로한 시험성과 대비표를 검토한바 첨부한 검토의견서와 같이 승인 통보함.		
판 정	적합☑ 조건부적합□ 부적합□		
특기사항			
상기요청에 대한 검토를 통보합니다. 2024년 12 월 19 일		담당 감리원 총괄 감리원	□

▲ 자재공급원 승인요청 및 자재승인 검토 결과 통보서 작성 사례

3.1.4 시공상세도

○ **법적근거**

- 「주택건설공사 감리업무 세부기준」 제15조(시공상세도 승인)
- 「건설공사 사업관리방식 검토기준 및 업무수행지침」 제87조(사용자재의 적정성 검토)

○ **목적 및 필요성**

- 설계도서를 기준으로 하여 각 공종별, 형식별 세부사항들이 표현되고 현장여건을 반영하여 시공 시 문제점이 발생하지 않도록 하여 **품질향상 및 정확한 시공과 안전을 위하여** 작성

○ **시공상세도 검토내용**

- 설계도면, 시방서 및 관계규정에 일치하는지 여부
- 현장기술자(인), 기능공이 명확하게 이해할 수 있는지 여부(실시설계도면을 기준으로 각 공종별, 형식별 세부사항들이 표현되도록 현장여건을 반영)
- 실제 시공이 가능한지 여부(현장여건과 공종별 시공계획을 최대한 반영하여 시공 시 문제점이 발생하지 않도록 각종 구조물의 시공상세도 작성)
- 안전성의 확보 여부[주요구조부의 규격 변경이나 주철근의 규격, 배근간격, 이음 및 정착의 위치와 깊이 등 변경이 발생하는 경우 반드시 구조기술사(해당 공사의 구조설계기술사를 포함한다)의 서명날인이 있어야 한다]
- 해당 시공상세도가 가설시설물의 시공상세도인 경우에는 구조계산서 첨부 여부(관련기술사의 서명날인이 포함)
- 계산의 정확성 여부
- 제도의 품질 및 선명성, 도면작성 표준에의 일치 여부
- 도면으로 표시가 곤란한 내용은 시공 시 유의사항으로 작성되었는지 등의 여부

○ **공사시방서에 작성하도록 명시한 시공상세도에 대하여 설계도면과 시방서 등에 개략적으로 표기된 부분을 명확하게 작성하였는지를 확인**

- 비계(飛階), 동바리, 거푸집 등 가설시설물의 설치상세도 및 구조계산서
- 구조물의 모따기(모서리를 둥그스름하게 떼어 내거나 비스듬하게 깎는 일) 상세도
- 옹벽, 측구 등 구조물의 연장 끝부분 처리도
- 창호상세도, 조적 먹매김 상세도, 방수 상세도
- 철근 배근도에는 정·부철근 등의 유효간격 및 철근 피복두께[측·저면유지용 스페이서(Spacer)] 및 Chair-Bar의 위치, 설치방법 및 가공을 위한 상세도면
- 시공이음, 신·수축 이음부의 위치, 간격, 설치방법 및 사용재료 등 상세도면과 시공법
- 배수관, 암거, 교량용 날개벽 등의 설치위치 및 연장도
- 철근 겹이음 길이 및 위치의 시방서 규정 준수 여부 확인
- 그 밖에 규격, 치수, 연장 등이 불명확하여 시공에 어려움이 예상되는 부위의 각종 상세도면

○ **(사례) 시공상세도 검토 대상**(건축분야)

- T.C 배치평면도 및 설치도면
- 재하시험 위치도
- 지하주차장 PC기둥 슬래브 단차 보강
- 평형별 갱 폼 상세도
- 평형별 알 폼 시공상세도
- 지하주차장 잭서포트 배치도
- 특화 석공사 외부비계도면
- 옥상 구조물 관련 도면
- 문주 관련 도면
- 옥탑 점검사다리 관련 도면
- 주차장 램프 샵 도면
- 주차장 램프 캐노피 샵 도면
- 부속동 특화지붕, 특화벽체 샵 도면
- 필로티 동 출입구 샵 도면
- 휀룸, 제연휀룸, DA 샵 도면

- 계단실, 옥상 난간대 샵 도면
- 잡철 난간대 샵 도면
- 조립식 PD 평면도
- 지하주차장 PIT 상세도
- 지하주차장 조적공사 시공상세도
- 건설작업용리프트(호이스트) 관련도면(배치도, 패드도면, 제원표, 상세도)
- PL창호, 목창호, 방화문, 발코니 난간대 관련 도면
- 슬래브 및 벽체 철근 샵 도면
- 단위세대 타일 나누기 시공상세도, 테라죠 타일 시공상세도
- 석공사 나누기 시공도면
- 속빈 콘크리트 블록 시공상세도
- 단위세대 천장 시공상세도
- 칼라강판 시공상세도

○ **품질관리 관련 시공상세도 검토 대상**(시공상세도 사례 분석 결과)

- 단위세대 타일 나누기 시공상세도, 테라죠 타일 시공상세도
- 석공사 나누기 시공도면
- 단위세대 천장 시공상세도
  속빈 콘크리트 블록 시공상세도, 칼라강판 시공상세도
- 시공상세도 중 마감에 영향을 미치는 상세도 등

○ **시공자**

- 시공상세도 검토요청서를 적기에 제출(공사착수 15일 전)

○ **시공상세도 제출 및 승인**

- 시공상세도 제출시기는 「건설공사 시공상세도 작성지침」 6.1.2에 따라 시공자는 각 공종 및 동일 공종에 대하여 시공 순서 및 규모에 따라 구분하여 **공사착수 15일 전**(단, 기술검토 등을 요하지 않는 **단순한 사항은 7일 전**이며, 휴일 및 공휴일은 제외)까지 **시공상세도를 제출**
- 「건설공사 사업관리방식 검토기준 및 업무수행지침」에 따라 접수일로부터 **7일**

이내에 검토 · 확인하여 서면으로 승인하고, 부득이하게 7일 이내에 검토 · 확인이 불가능할 경우 사유 등을 명시하여 서면으로 통보

- 「주택건설공사 감리업무 세부기준」 제15조제3항에 따라 시공자가 **시공상세도를 제출하는 날로부터 3일 이내에 검토한 후 통보**하여야 하며, 3일 이내에 검토가 불가능할 경우 사유 등을 명시하여 시공자에게 통보하여야 한다. 다만, 통보사항이 없는 경우에는 시공상세도를 승인한 것으로 봄

※ 시공상세도 승인기간은 건설기술진흥법과 주택법이 상이함으로 해당공사에 따라 처리

※ 옥상 난간대는 난간턱부터 1.2m 이상 여부 확인, 계단과 장애인경사로의 난간은 난간기둥과 기둥사이(참 꺽이는 부분), 간살 간격, 벽과 난간기둥 사이 등 10cm 이하 여부 확인하여 승인

※ 천장공사의 등기구 보강과 등박스 설치에 M-BAR 보강여부 확인하여 승인

※ 지하층 EV홀 천장공사의 경우 1.5m 이상인 경우 흔들임 받지를 위한 가로, 세로 **1.8m** 보강 여부 확인하여 승인

시공상세도 검토요청서			
문서번호	2025-건축-	수신	책 임 감 리 원
공 사 명	공동주택 신축현장	공종	■건축 □기계 □토목 □전기
도면명칭	차수판 시공 상세도		
부 위	지하주차장		
세부내용	차수판 시공 상세도 제출 건.		
첨부도면	차수판 시공 상세도		
특기사항	검토 결과 당 현장 적용이 이상 없을 것으로 판단됨.		
상기도면에 대한 검토를 요청하오니 결과를 통보하여 주시기 바랍니다. 2025년 4월 24일		담 당 자 현장대리인	

시공상세도 검토결과 통보			
문서번호	시공감리-2025-04-04호	수신	현 장 대 리 인
검토의견	첨부된 시공상세도 및 기술검토서와 같이 승인함		
판 정	☑적합 □조건부적합 □부적합		
특기사항			
상기 검토요청에 대한 검토 결과를 통보합니다. 2025 년 04 월 25 일		담당감리원 책임감리원	

▲ 시공상세도 검토요청서 및 시공상세도 검토결과 통보 작성 사례

3.1.5 서중콘크리트 관리계획서

○ **법적근거**

- 「주택건설공사 감리업무 세부기준」 제4조(감리자 업무)
  * 시공계획・공정표 및 설계도서의 적정성 검토
- 「건설공사 사업관리방식 검토기준 및 업무수행지침」 제91조(시공계획 검토)
- 표준시방서(KCS 14 20 41) : 서중콘크리트
- 시공자의 서중콘크리트 관리계획서

○ **목적 및 필요성**

- 하절기(6, 7, 8, 9월) 공사 기간 중의 혹서기에 대비하여 매 단계별(생산, 운반, 타설, 양생) 품질저하 요소를 사전에 제거하여 개선, 예방함에 있으며, 급격한 온도상승으로 인한 **조기 초열 및 수화열에 따른 균열 등 무해한 요소를 최소화하여 소정의 품질확보**

○ **서중콘크리트 개요**

- **일일 평균기온이 25℃** 또는 **일일 최고 기온이 30℃를 초과**하는 시기에 콘크리트를 시공하는 경우에 적용하는 관리
- 기온이 높으면 온도가 상승되어 소요 단위수량의 증가(기온 10℃ 증가 시 단위수량은 2~5% 증가), 운반중의 슬럼프 저하, 치기 후의 너무 빠른 응결(콜드조인트 발생 등), 수화열로 인한 온도상승의 증가, 재령 28일 및 그 이후에 있어서의 강도 감소(15~20% 저하) 등
- 일일 평균기온이 25℃ 또는 일일 최고 기온이 30℃를 초과, **타설시 콘크리트 온도가 35℃하는 시기에 콘크리트**
- **콘크리트 치기는 25℃ 미만일 때 120분, 25℃ 이상일 때 90분 이내**

○ **(사례) 서중콘크리트 관리계획서**

A회사	B회사	C회사
목적	목적	목적/ 개요
개요(관리기간, 적용근거 및 범위)	일반사항(서중콘크리트 정의, 서중환경에서의 콘크리트 성질, 콘크리트 온도 추정식)	타설시 온도가 높을 때 발생하는 문제
서중콘크리트 특성	품질관리(재료의 온도와 콘크리트 온도와의 관계, 원재료 관리, 배합관리, 현장품질관리, 관리시험)	서중콘크리트 시공/ 콘크리트 타설전 준비사항
서중콘크리트 관리 지침	시공완료 후 관리계획	콘크리트 타설중 시공요령/ 이어치기
현장관리(타설, 다짐, 양생, 관리)	별첨(기온에 따른 보양방법 및 보양단면도, 각 레미콘사별 관리계획)	콘크리트 타설 후 보양계획/ 품질관리(시험) 계획
결론		안전관리계획/ 환경관리계획
붙임 : 서중콘크리트 생산전 온도 측정 기록부		콘크리트 타설 예정표
첨부 : 각 레미콘사별 생산 관리방안		첨부 : 각 제조사별 관리대책

○ **품질관리 관련 서중콘크리트 관리계획서 검토(사례분석 결과)**

- 콘크리트 타설 전, 콘크리트 시공 중, 콘크리트 타설 후 보양, 콘크리트 시험 등 품질관리에 영향을 미치는 사항에 대하여 검토

○ **시공자**

- 서중콘크리트 관리계획서(시공계획서) 제출(해당공사 **시공 30일 전**)
- 시공 시 콘크리트 타설 전, 콘크리트 시공 중, 콘크리트 타설 후 보양, 콘크리트 시험 등 이행

○ **건설사업관리기술인, 감리원 검토 및 관리**

- 서중콘크리트 관리계획서를 검토하여 기술검토의견서를 첨부하여 승인

  ※ 다른 계획서는 1회이나 **서중콘크리트 관리계획서는 매년 계획서를 받아서 검토·승인**
- 서중콘크리트 기간 중에 콘크리트 타설 전, 타설 중, 타설 후, 시험 등 단계별 확인

3.1.6 한중콘크리트 관리계획서

○ **법적근거**

- 「주택건설공사 감리업무 세부기준」 제4조(감리자 업무)
  * 시공계획·공정표 및 설계도서의 적정성 검토
- 「건설공사 사업관리방식 검토기준 및 업무수행지침」 제91조(시공계획 검토)
- 표준시방서(KCS 14 20 40) : 한중콘크리트
- 강우 시, 저온환경 콘크리트 품질관리 관련 안내(국토교통부, 기술혁신과-4707 (2024.12.30.)
- 시공자의 한중콘크리트 관리계획서

○ **목적 및 필요성**

- 동절기 공사 중 품질 및 환경 관련 문제점이 예상됨으로 동절기공사 품질관리 기준을 정립하여 품질확보와 주요 위험요인에 대한 재해 예방 도모

○ **한중콘크리트 개요**

- **일일 평균기온이 4℃ 이하**로 예정될 때, **3일간 연속해서 일일 평균기온이 5℃ 이하**일 때, **3일간 연속해서 하루 중 12시간의 평균기온이 10℃ 이하**일 때
- 동절기 공사기간 : 12.1.~2.28.
- 적용공사 : 철근콘크리트공, 조적/미장공, 방수공, 타일공, 도장공, 도배공 등

○ **저온환경에서 콘크리트 품질관리**

- (기온보정 강도) 예상평균기온 4℃ 미만에서 **기온보정강도를 6Mpa 적용**하고, **책임기술자가 승인**한 품질기준강도 확보방안을 수립하여야 함(28일 재령 기준)
- (혼화재) 저온 환경에서 콘크리트 강도 발현을 저해하는 혼화재의 최대 사용비율을 **플라이 애시의 경우 25%→15% 이하**로, **고로슬래그는 50%→30% 이하**로 제한

※ 다만, 구성 재료나 양생방법 개선 등 새로운 기술을 적용하여 목표 강도를 확보할 수 있음이 입증된 경우, 책임기술자의 승인 하에 예외적으로 기온보정강도나 혼화재 사용 비율 기준을 조정할 수 있음

○ **(사례) 한중콘크리트 관리계획서**

A회사	B회사	C회사
동절기공사 개요	공사개요(목적, 적용범위)	동절기 공사계획
공종별 시공관리	한중콘크리트 공사계획(자재관리, 한중콘크리트 공사, 한중콘크리트 시공계획, 품질관리계획(크리트 관리일지 등)	동절기 보양계획
한중콘크리트 양생방안	별첨(각 레미콘사별 관리계획)	품질관리계획
품질/ 안전/ 환경관리		안전관리계획
현장관리(타설, 다짐, 양생, 관리)		
첨부 : 각 레미콘사별 생산 관리방안		

○ **품질관리 관련 한중콘크리트 관리계획서 검토(사례분석 결과)**

- 콘크리트 타설 전, 콘크리트 시공 중, 콘크리트 타설 후 보양, 콘크리트 시험 등 품질관리에 영향을 미치는 사항에 대하여 검토

○ **시공자**

- 한중콘크리트 관리계획서(시공계획서) 제출(해당공사 **시공 30일 전**)
  ※ 저온환경에서 콘크리트 품질관리 방안 반영
- 시공 시 콘크리트 타설 전, 콘크리트 시공 중, 콘크리트 타설 후 보양, 콘크리트 시험 등 이행

○ **건설사업관리기술인, 감리원 검토 및 관리**

- 한중콘크리트 관리계획서를 검토하여 기술검토의견서를 첨부하여 승인
  ※ 다른 계획서는 1회이나 **한중콘크리트 관리계획서는 매년 계획서를 받아서 검토·승인**
- 한중콘크리트 기간 중에 콘크리트 타설 전, 타설 중, 타설 후, 시험 등 단계별 확인

3.1.7 매스콘크리트 관리계획서

○ **법적근거**

– 「주택건설공사 감리업무 세부기준」 제4조(감리자 업무)

* 시공계획・공정표 및 설계도서의 적정성 검토

–「건설공사 사업관리방식 검토기준 및 업무수행지침」 제91조(시공계획 검토)

– 표준시방서(KCS 14 20 42) : 매스콘크리트

– 시공자의 매스콘크리트 관리계획서

○ **목적 및 필요성**

– 매스콘크리트에 관련된 모든 사항을 수행하는데 있어서 주어진 구조설계를 만족시키고 이를 관리하는데 적용

○ **매스콘크리트 개요**

– 건축공사의 경우 구조물의 대형화에 따른 **매트 기초** 등에 적용

– 단면 **최소치수가 80~100cm 이상**이거나 하단이 구속되어 있는 벽으로 두께 50cm 이상의 콘크리트

※ (일본건축학회 JASS 5) 부재 단면의 최소치수가 80cm 이상이고 수화열에 의한 콘크리트 내부 최고온도와 외기온도와의 차가 25℃ 이상이 될 것으로 예상되는 콘크리트

– **적용공사 : 두께 80cm 이상의 부재만 적용**(측정부위 및 측정 개소는 건설사업관리기술인, 감리원과 협의 후 결정)

○ **(사례) 서중콘크리트 관리계획서**(A회사)

– 목적

– 정의

– 책임사항 : 현장소장, 공사관리자 및 공사담당, 품질관리자

– 대책 : 재료와 배합(생산업체), 운반, 시공(타설), 양생

– 균열제어 : 수화열 제어대책, 매스콘크리트의 특성, 매스콘크리트의 온도 응력 및

온도 균열과 그 특성, 매스콘크리트의 강도 특성, 초기균열 방지를 위한 양생방법

- 수화열 측정 : 수화열 측정 위치
- 적용부위

○ 품질관리 관련 매스콘크리트 관리계획서 검토(사례분석 결과)

- 콘크리트 생산업체의 재료와 배합, 운반(**90분 이내**), 시공(**타설, 혼합직후 타설완료 까지 1.5시간 이내, 가급적 1시간 이내로 관리**), 양생(초기 균열방지를 위한 양생), **수화열 측정**(매트 중앙부/하부, 중심부, 상부, 대기) 등 품질관리에 영향을 미치는 사항에 대하여 검토

○ 시공자

- 매스콘크리트 관리계획서(시공계획서) 제출(해당공사 **시공 30일 전**)
- 시공 시 콘크리트 배합, 운반, 콘크리트 시공 중, 콘크리트 타설 후 보양, 콘크리트 수화열 측정, 콘크리트 시험 등 이행

○ 건설사업관리기술인, 감리원 검토 및 관리

- 매스콘크리트 관리계획서를 검토하여 기술검토의견서를 첨부하여 승인
- 매스콘크리트 기간 중에 콘크리트 타실 중, 타실 후, 수화열 측정, 시험 등 단계별 확인

3.1.8 콘크리트 타설 및 보양계획서

○ **법적근거**

- 「주택건설공사 감리업무 세부기준」 제4조(감리자 업무)
  * 시공계획 · 공정표 및 설계도서의 적정성 검토
- 「건설공사 사업관리방식 검토기준 및 업무수행지침」 제91조(시공계획 검토)
- 시공자의 콘크리트 시공계획서

○ **목적 및 필요성**

- 콘크리트 타설 작업을 효율적으로 계획하고 관리하여 안전하고 품질 높은 콘크리트 타설 작업을 수행

○ **콘크리트 타설 및 보양계획서 주요 내용**

- 공사명과 타설 예정일 작성 : 공사명을 기재하고, 타설 예정일과 시간을 정확히 입력, 이는 전체 작업 일정을 계획하는 데 중요
- 날씨와 기온 예측 : 타설 예정일의 날씨와 기온을 예측하여 작성, 이는 콘크리트의 양생과 품질에 큰 영향을 미침
- 구조물 및 콘크리트 규격 기재 : 구조물의 이름과 콘크리트 규격을 정확히 기재하여, 필요한 강도를 확보
- 타설 위치와 부위 명시 : 타설할 위치와 부위를 상세히 명시하여, 작업 범위를 명확히 함
- 타설량과 제조 회사 : 콘크리트의 총 타설량을 산출하고, 공급할 레미콘 제조 회사를 기재
- 타설 방법과 장비 선정 : 사용될 타설 방법과 장비를 구체적으로 명시, 예를 들어 콘크리트 펌프카, 백호우, 믹서트럭 등을 기재
- 인력 투입 계획 작성 : 타설 작업에 필요한 인력을 계획하고, 각 인력의 역할을 명확히 함
- 표면 마무리 방법 결정 : 1차, 2차 마무리 방법을 선택하여, 표면의 품질을 높입

니다. 예를 들어, 스크리드, 데크피니셔 등의 사용 여부를 기재

- 양생 계획 수립 : 콘크리트 양생 방법과 기간을 정하고, 필요한 자재를 준비, 예를 들어, 비닐시트, 보온천막, 열풍기 등을 기재
- 붙임자료 작성 : 타설 위치도와 순서도를 첨부하여, 작업 과정을 시각적으로 확인할 수 있도록 함

○ **시공자**

- 콘크리트 타설계획서 및 보양계획서 작성하여 감리원 또는 건설사업관리기술인에게 제출
  - 첨부자료는 타설 장비 배치도면, 열원 배치계획, 업체별 타설 부위, 이어치기 계획도면 등
  - 동원인력은 「주택건설공사 감리업무 세부기준」 별지 7호 서식으로 공사참여자(기능공 포함) 실명부를 콘크리트 타설 팀별로 구분하여 작성
- 콘크리트 타설 및 보양계획서에 따라 콘크리트 타설, 보양 등 실시

○ **건설사업관리기술인, 감리원 검토 및 관리**

- 콘크리트 타설계획서 및 보양계획서 검토
- 콘크리트 타설 및 보양이 계획서에 따라 시공 이루어지는지 확인

CONCRETE 타설 및 보양계획서	공사명	공동주택 신축공사
	시공사	

1. 타 설 위 치	1) 경비실	첨부도면 참조
2. 타설예정일시	2024년 8월 7일 수요일 타설 예정시간 09:00 ~ 17:00	
3. 타 설 장 비	□ 직접타설 ■ 장비타설 : ■ PUMP CAR (32M) .□ 포타블(배관타설) .□ 기타장비( ) .□ 운반기구( )타설( ) □ 바이브레이터 1EA + 예비 엔진 바이브레이터 1EA	
4. 타설 예정량	1) 25-24-150 : 28M3 (경비실 및 문주)	
5. 레미콘 업체명	1) (경비실) :	
6. 기상예상조건	최저 25℃ 최고 33℃ 기후 : 맑음	
7. 타설후 보양방법	□ 물살포 ■ 비닐SHEET □ 급열보양 □ 기타보온유지(천막보양) □ 휘니셔	
8. 동원예정인원	타설팀장 1명, 신호수 1명 반도,우민 관리자 각 1명	
9. 특 기 사 항		

붙임 : ■ 타설장비 배치도면 1부 □ 열원배치 계획도면 1부 □ 리어카길 배치계획 1부 □ 업체별 타설부위 1부	상기와 같이 콘크리트 타설 시공계획서를 제출합니다. 2024년 8월 6일 현장대리인

▲ 콘크리트 타설 및 보양계획서 작성 사례

3.1.9 콘크리트 혼합타설

○ **법적근거**

- 「건설공사 품질관리 업무지침」 제38조(시공 품질관리 시험·검사 등) 제7항
- 「주택건설공사 감리업무 세부기준」 제4조(감리자 업무)
  * 시공계획·공정표 및 설계도서의 적정성 검토
- 「건설공사 사업관리방식 검토기준 및 업무수행지침」 제91조(시공계획 검토)
- 시공자의 콘크리트 시공계획서

○ **목적 및 필요성**

- 생산업체가 다른 2개사 이상의 콘크리트를 혼합 타설할 경우의 품질관리

○ **주요 내용**

- 수요자는 시공상세도에 따라 시공이음으로 경계가 구분되지 않거나 구획을 나누어 타설할 수 없는 경우를 제외하고는 **공사감독자의 승인**을 얻어 **하나의 구조물 또는 부위에 2개 이상의 공장에서 생산한 레미콘을 혼용하여 타설할 수 있음**
- 레미콘 타설 시 2개사 이상 혼합타설할 경우 그 **위치 및 면석** 등을 **노면화하고, 감리일지에 반영**하여 품질관리 함

○ **시공자**

- 콘크리트 혼합타설이 필요한 경우 사전에 건설사업관리기술인, 감리원의 승인을 받고 콘크리트 타설
- 콘크리트 혼합타설하는 경우 그 위치, 면적 등을 도면화하여 관리하여 품질관리

○ **건설사업관리기술인, 감리원 검토 및 관리**

- 시공자의 콘크리트 혼합타설이 필요한 경우 검토하여 승인
- 콘크리트 혼합타설한 경우 감리일지에 작성하고 품질관리

3.1.10 콘크리트 강우 및 강설 시 타설

○ 법적근거

- 「주택건설공사 감리업무 세부기준」 제4조(감리자 업무)
  - * 시공계획 · 공정표 및 설계도서의 적정성 검토
- 「건설공사 사업관리방식 검토기준 및 업무수행지침」 제91조(시공계획 검토)
- 표준시방서(KCS 14 20 10) : 일반콘크리트, 3.3.2 타설(12)
  - * 강우, 강설 등이 콘크리트의 품질에 유해한 영향을 미칠 우려가 있는 경우에는 필요한 조치를 정하여 책임기술자의 검토 및 확인을 받아야 함
- 강우시 콘크리트 타설을 위한 가이드라인(국토교통부 공고 제2024-1796호, 2024.12.30.)
- 시공자의 콘크리트 시공계획서

○ 목적 및 필요성

- 콘크리트 타설 시 소유강도 확보 및 품질 관리하여 부실시공 방지

○ 주요 내용

- **강우, 강설 시 콘크리트 타설은 원칙적으로 금지**하되 부득이 타설할 경우 필요한 조치*를 사전, 사후로 구체화하고, 이에 대한 책임기술자(감리)의 검토 · 승인을 의무화
  - (사전) 물 유입 방지대책 등 콘크리트 보호 대책 수립(시공자) → 책임기술자(감리) 승인
  - (사후) 타설 중 강우로 작업중지 → 표준시방서에 따른 적절한 이음 처리(시공자)
- 콘크리트공사 단계별 품질관리 방안 이행
  - (타설 전) 레미콘 운반차량 덮개 설치
  - (타설 중) 타설부위 노출면은 비닐 시트로 보호
  - (타설 후) 강우 시 타설 부위는 현장과 동일한 조건으로 양생된 공시체(견본)로 압축강도 시험

※ 대한건축학회 건설기술지침 REV.2/건축Ⅰ(396page) 강우 시 콘크리트 강도 저하

- 설계기준 강도 24MPa 콘크리트의 경우 심각한 강도 저하 발생
  · 4mm/hr : 15.58MPa
  · 2mm/hr : 19.0MPa
  · 1mm/hr : 21.47MPa

– **강우량 3mm/hr 이하**에서 부득이 타설이 필요한 경우 수분 유입에 따른 **품질저하 방지조치** 취하고, **책임기술자의 승인**을 받아 **예외적으로 타설이 가능**하며, 콘크리트 타설 여부 판단, **강우 시 사전·사후 단계별 조치사항** 등을 가이드라인을 통해 구체적으로 안내함

※ **3mm/hr에서 15분 노출이면 약 10% 강도저하, 30분 노출일 때 10~20% 수준의 강도저하가 발생, 사전에 보정량 고려하여 배합강도+10%**

(국토교통부 강우시 콘크리트 타설을 위한 가이드라인 P19(별첨1) "한국콘크리트학회 연구결과 참고)

○ **시공자**

– 콘크리트 강우 및 강설 시 타설이 필요한 경우 사전에 건설사업관리기술인, 감리원의 승인을 받고 콘크리트 타설

– 콘크리트 타설 시 단계별 품질관리 방안 이행

○ **건설사업관리기술인, 감리원 검토 및 관리**

– 시공자의 콘크리트 강우, 강설 시 타설이 필요한 경우 검토하여 승인

– 콘크리트 강우, 강설 타설 시 단계별 품질관리 방안 이행 여부 확인

3.1.11 한중콘크리트 관리일지

○ **법적근거**

- 「주택건설공사 감리업무 세부기준」 제4조(감리자 업무)
  * 시공계획·공정표 및 설계도서의 적정성 검토
- 「건설공사 사업관리방식 검토기준 및 업무수행지침」 제91조(시공계획 검토)
- 표준시방서(KCS 14 20 40) : 한중콘크리트
- 시공자의 한중콘크리트 관리계획서

○ **목적 및 필요성**

- 콘크리트의 동해방지 및 적절한 양생보양방법으로 콘크리트 품질관리 확보

○ **주요 내용**

- 한중콘크리트 관리일지는 공사명, 시공부위, 타설 일자, 레미콘의 규격, 타설량, 타설시간, 콘크리트 온도, 공급회사, 외기온도 등을 기록관리
  - 온도측정결과 : 1일차, 2일차, 3일차 / 측정시간, 내부온도
  - 보양시설 : 덮개, 급열장치(종류, 대수)
  - 비고

  ※ **한중콘크리트** : **1일 평균기온이 4℃ 이하로 예상될 때, 1일 평균기온이 5℃ 이하**, 24시간 중 반 이상이 10℃ 이하 등 조건이 3일 이상 지속될 때

- 온도 그래프, 보양 및 급열양생 사진대지를 첨부

  ※ 타설 전 양생방법 미리 결정, 영하 3℃ 이하인 경우에는 예열된 거푸집 표면 온도가 4℃ 이상인지를 확인한 후 콘크리트 타설 진행

○ **시공자**

- 콘크리트 타설 및 보양계획서에 따라 콘크리트 타설 및 보양하고, 타설 완료 후에 동해방지를 위한 보양 실시
- 한중콘크리트 관리계획서에 따라 온도측정 및 한중콘크리트 일지 작성

○ **건설사업관리기술인, 감리원 검토 및 관리**

- 시공자가 작성한 한중콘크리트 일지를 검토하여 확인(서명)

한중콘크리트관리일지

<table>
<tr><td>공 사 명</td><td colspan="8">공동주택 신축공사</td></tr>
<tr><td>시공부위</td><td colspan="3">104동 지붕층 바닥</td><td colspan="2">타설일자</td><td colspan="3">2024년 03월 11일</td></tr>
<tr><td rowspan="3">레 미 콘</td><td>규 격</td><td colspan="2">25-27-210</td><td colspan="2">타설시간</td><td colspan="3">13:38~17:50</td></tr>
<tr><td>타 설 량</td><td colspan="2">246 ㎥</td><td colspan="2">콘크리트 온도</td><td colspan="3">15.8℃, 16.8℃, 16.5℃</td></tr>
<tr><td>공급회사</td><td colspan="2">레미콘</td><td colspan="2">외기온도</td><td colspan="3">시작 : 10℃ 종료 : 9℃</td></tr>
<tr><td colspan="9">온 도 측 정 결 과</td></tr>
<tr><td colspan="2">구 분</td><td>1회</td><td>2회</td><td>3회</td><td>4회</td><td>5회</td><td>6회</td><td>비 고</td></tr>
<tr><td rowspan="2">1일째</td><td>측정시간</td><td>16:27</td><td>20:27</td><td>24:27</td><td>04:27</td><td>08:27</td><td>12:27</td><td></td></tr>
<tr><td>내부온도</td><td>12℃</td><td>14℃</td><td>14.5℃</td><td>15℃</td><td>15.5℃</td><td>17℃</td><td></td></tr>
<tr><td rowspan="2">2일째</td><td>측정시간</td><td>16:27</td><td>20:27</td><td>24:27</td><td>04:27</td><td>07:27</td><td></td><td></td></tr>
<tr><td>내부온도</td><td>17℃</td><td>15℃</td><td>13.5℃</td><td>12℃</td><td>11℃</td><td></td><td></td></tr>
<tr><td rowspan="2">3일째</td><td>측정시간</td><td></td><td></td><td></td><td></td><td></td><td></td><td></td></tr>
<tr><td>내부온도</td><td></td><td></td><td></td><td></td><td></td><td></td><td></td></tr>
<tr><td colspan="2" rowspan="3">보양시설</td><td>덮 개</td><td colspan="6">보양천막</td></tr>
<tr><td rowspan="2">급열장치</td><td>종 류</td><td colspan="5">☐ 열풍기 ☐ 기타</td></tr>
<tr><td>대 수</td><td colspan="5">열풍기 :
기 타 :</td></tr>
<tr><td colspan="2">비 고</td><td colspan="7">천막 보양 양생</td></tr>
<tr><td colspan="2">확 인 자</td><td colspan="2"></td><td colspan="2">감 리 원</td><td colspan="3"></td></tr>
</table>

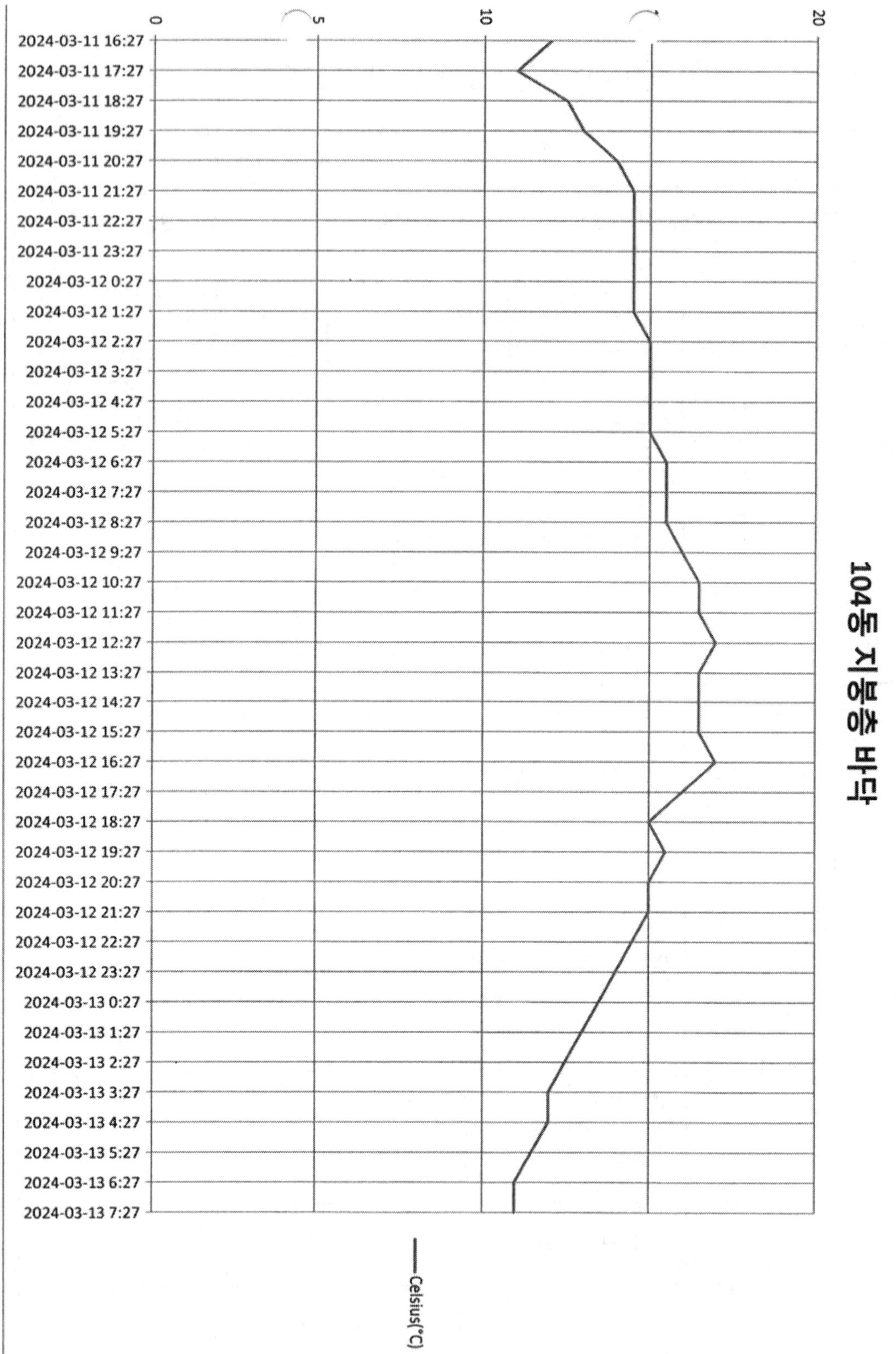
104동 지붕층 바닥
0
5
10
20
2024-03-11 16:27
2024-03-11 17:27
2024-03-11 18:27
2024-03-11 19:27
2024-03-11 20:27
2024-03-11 21:27
2024-03-11 22:27
2024-03-11 23:27
2024-03-12 0:27
2024-03-12 1:27
2024-03-12 2:27
2024-03-12 3:27
2024-03-12 4:27
2024-03-12 5:27
2024-03-12 6:27
2024-03-12 7:27
2024-03-12 8:27
2024-03-12 9:27
2024-03-12 10:27
2024-03-12 11:27
2024-03-12 12:27
2024-03-12 13:27
2024-03-12 14:27
2024-03-12 15:27
2024-03-12 16:27
2024-03-12 17:27
2024-03-12 18:27
2024-03-12 19:27
2024-03-12 20:27
2024-03-12 21:27
2024-03-12 22:27
2024-03-12 23:27
2024-03-13 0:27
2024-03-13 1:27
2024-03-13 2:27
2024-03-13 3:27
2024-03-13 4:27
2024-03-13 5:27
2024-03-13 6:27
2024-03-13 7:27
Celsius(°C)

사 진 대 지

주요내용	한중콘크리트 양생관리- 104동	날짜	2024년 3월 11일
세부내용	보양 천막 양생		

주요내용	한중콘크리트 양생관리- 104동	날짜	2024년 3월 11일
세부내용	급열양생		

3.1.12 매스콘크리트 수화열 측정 결과보고서

○ 법적근거

- 「주택건설공사 감리업무 세부기준」 제4조(감리자 업무)
  * 시공계획 · 공정표 및 설계도서의 적정성 검토
- 「건설공사 사업관리방식 검토기준 및 업무수행지침」 제91조(시공계획 검토)
- 표준시방서(KCS 14 20 42) : 매스콘크리트
- 시공자의 매스콘크리트 관리계획서

○ 목적 및 필요성

- 구조물의 온도 응력 균열을 제어하려는 방안으로 수화열 저감 배합 및 양생 관리 등 시공 시 활용하고자 분석 실시

○ 주요 내용

- 대상 부재는 동별로 측정하고, 기초부위에서 실시
- 측정부위는 표면부, 중심부, 하단부(3점), 대기온도 Data Lagger 외측(1점)
- 수화열 측정 결과보고서는 매스콘크리트 일반사항, 온도균열 발생 판정, 해석조건, 수화열 해석 결과, 결론, 결과 분석, 기타로 작성
  ※ 수화열 측정일 : 데이터 자동측정 기록계, 1시간 간격으로 4일간 실시

○ 시공자

- 시공자는 생산업체별로 수화열 측정 결과보고서를 제출받아서 검토하고 건설사업관리기술인, 감리원에게 제출

○ 건설사업관리기술인, 감리원 검토 및 관리

- 시공자가 제출한 수화열 측정 결과보고서 검토

3.1.13 중점품질관리대상 작성 및 사업계획승인권자 보고

○ **법적근거**

- 「주택건설공사 감리업무 세부기준」 제21조(품질관리 및 시험 등) 제5항, 제6항
- 「건설공사 사업관리방식 검토기준 및 업무수행지침」 제90조(품질시험 및 성과검토) 제5항~제7항

○ **목적 및 필요성**

- 품질관리가 소홀해지기 쉽거나 하자 발생빈도가 높아 시공 후 시정이 어려워 많은 노력과 경비가 소요되는 공종 또는 부위를 선정하여 중점품질관리 실시

○ **중점 품질관리대상으로 선정**

- **주택법**
  - 해당 건설공사의 설계도서, 시방서, 공정계획 등을 검토하여 품질관리가 소홀해지기 쉽거나 하자 발생빈도가 높아 시공 후 시정이 어려워 많은 노력과 경비가 소요되는 공종 또는 부위 : 보고 시기는 공사착수 전
  - 「주택건설공사 감리업무 세부기준」 제14조제4항제2호에 해당하는 공종과 그 후속 공종 : 보고 시기는 제14조제4항에 따른 보고 시
- **건설기술진흥법**
  - 해당 건설공사의 설계도서, 시방서, 공정계획 등을 검토하여 품질관리가 소홀해지기 쉽거나 하자 발생빈도가 높으며 시공 후 시정이 어렵고 많은 노력과 경비가 소요되는 공종 또는 부위

○ **건설사업관리기술인**(건설기술진흥법)**의 중점 품질관리 공종 선정 시 고려할 사항**

- 공정계획에 의한 월별, 공종별 시험 종목 및 시험 회수
- 시공자의 품질관리자 및 공정에 따른 충원계획
- 품질관리 담당 건설사업관리기술인의 인원수 및 직접 입회, 확인이 가능한 적정 시험회수

- 공종의 특성상 품질관리 상태를 육안 등으로 간접 확인할 수 있는지 여부
- 작업조건의 양호, 불량 상태
- 타현장의 시공 사례에서 하자발생 빈도가 높은 공종인지 여부
- 품질관리 불량 부위의 시정이 용이한지 여부
- 시공 후 지중에 매몰되어 추후 품질확인이 어렵고 재시공이 곤란한지 여부
- 품질 불량 시 인근부위 또는 타 공종에 미치는 영향의 대소
- 시공이 광활한 지역에서 이루어져 접근이 용이한지 여부

○ **시공자의 공종별 중점 품질관리방안 수립하여 시공자로 하여금 이를 실행토록 지시하고 실행결과를 수시로 확인**

- 주택법
  - 중점품질관리 공종의 선정
  - 중점품질관리 공종별로 시공 중 및 시공 후 발생 예상 문제점
  - 각 문제점에 대한 대책방안 및 시공지침
  - 중점품질관리대상의 세부관리항목
  - 중점품질관리공종의 품질확인 지침
- 건설기술진흥법
  - 중점 품질관리 공종의 선정
  - 중점 품질관리 공종별로 시공 중 및 시공 후 발생 예상 문제점
  - 각 문제점에 대한 대책방안 및 시공지침
  - 중점 품질관리 대상 구조물, 시공부위, 하자발생 가능성이 큰 지역 또는 부위선정
  - 중점 품질관리대상의 세부관리항목의 선정
  - 중점 품질관리공종의 품질확인 지침
  - 중점 품질관리대장을 작성, 기록 관리하고 확인하는 절차

○ **(사례) 중점 품질관리계획**

- 중점 품질관리 공종 선정의 근거 및 목적
- 중점 품질관리방안 수립내용
- 중점 품질관리대상(철근콘크리트공사, 방수공사)
- 예상문제점 및 관리방안(골조공사 관리방안, 방수공사 관리방안, 중점품질관리대장)

- 중점 품질관리 공종의 품질확인 지침
  * 시공계획서 및 작업지침서 작성/ 검토, 자재선정, 사용 장비 기준설정, 협력업체 및 작업자 자격인증, 중점 품질관리 대상공종 교육훈련, 모니터링 및 측정

○ **시공자**

- 공종별 중점 품질관리방안 수립
- 해당 공종 및 시공부위는 상황판이나 도면 등에 표기하여 항상 숙지
- 공정계획 시 중점 품질관리대상 공종이 동시에 여러 개소에서 시공되거나 공휴일, 야간 등 관리가 소홀해 질 수 있는 시기에 시공되지 않도록 조정
- 필요시 해당부위에 "중점 품질관리 공종" 팻말을 설치하고 주의사항을 명기

○ **건설사업관리기술인, 감리원 검토 및 관리**

- (주택법) 「주택건설공사 감리업무 세부기준」 별지 제11호 서식으로 **중점 품질관리대상을 작성**
- **중점 품질관리대상을 선정**하여 **시공자 통보, 발주자 또는 사업계획승인권자에게 보고**
- 중점 품질관리방안 실행 결과를 수시로 확인

3.1.14 콘크리트 균열관리계획서 및 균열관리대장

○ 법적근거

- 「주택건설공사 감리업무 세부기준」 제4조(감리자 업무)
- 「건설공사 사업관리방식 검토기준 및 업무수행지침」 제78조(보고서 작성 · 제출)
- 표준시방서(KCS 14 20 10) : 일반콘크리트
- 시공자의 균열관리계획서

○ 목적 및 필요성

- 콘크리트의 시공과정에 발생하는 균열에 대하여 관리방법 및 보수 기준과 보수 방안을 제시하여 공사 목적물의 품질 확보

○ 주요 내용

- **콘크리트 구조물 균열관리 현황**은 「건설공사 사업관리방식 검토기준 및 업무수행지침」 별지 제41호 서식에 의하여 작성 기록 관리하며, 보수가 완료될 때 까지 계속하여 기록관리
- **균열관리대장**에는 구조물명, 위치, 균열원인, 최초발견일, 관리방법, 보수현황 (보수방법, 보수회사, 보수 금액 포함), 균열부위 단면도 및 전개도, 균열조사 내용(정기적) 등 포함
- 발생부위, 콘크리트 타설량(㎥), 타설시 온도(℃), 1차, 2차, 3차 조사
- **콘크리트 구조물 균열 보수 현황**은 번호, 구조물명, 위치, 발생부위 번호, 최초발견일, 발생원인, 보수필요유무, 보수회사, 보수방법, 보수기간, 보수 후 점검(담당자, 확인자), 비고를 작성

○ 시공자

- 균열관리계획서 수립하여 건설사업관리기술인, 감리원에게 제출
- 균열이 발견되면 균열관리계획서에 따라 보수 · 보강 실시
- 1차, 2차, 3차 조사 시에는 일자, 균열 폭, 균열 깊이 등 조사자가 대장 작성

○ **건설사업관리기술인, 감리원 검토 및 관리**

- 시공자가 제출한 균열관리계획서를 검토(기술검토의견서) 및 승인
- 균열이 발견되면 시공자의 균열관리계획서에 따라 보수 · 보강하는지 확인
- 1차, 2차, 3차 조사 시에는 일자, 균열 폭, 균열 깊이 등 시공자의 조사자가 서명하고, 감리원 또는 건설사업관리기술인이 확인하여 서명

콘크리트 구조물 균열 관리대장

타설 위치	101동 (2층)	규격	25 - 27 - 210	타설일	24. 1. 12

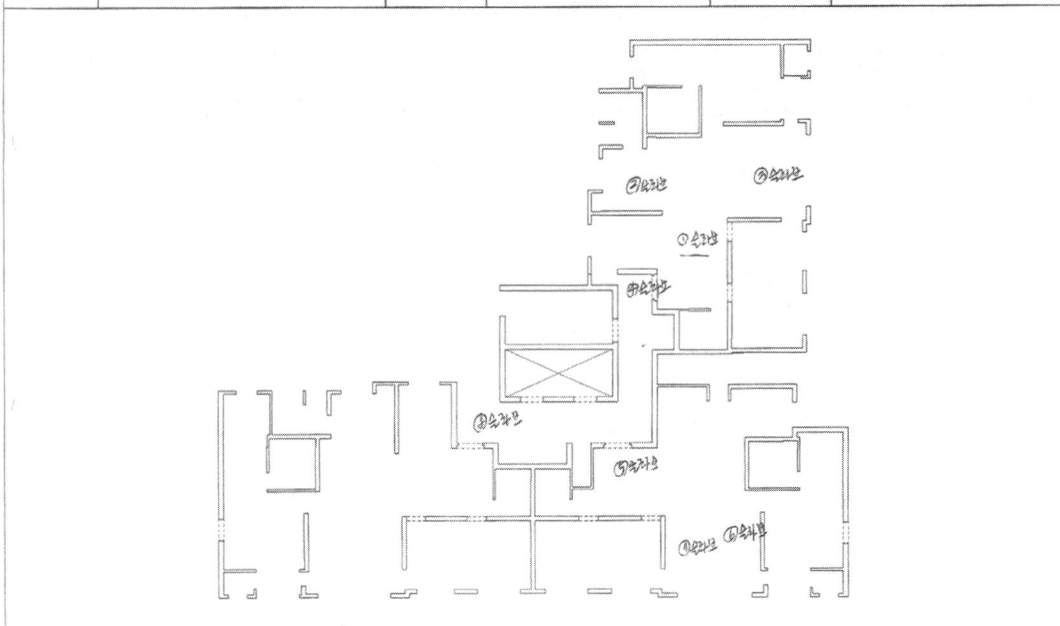

콘크리트 구조물 균열 관리대장

구조물명	101동	위 치	2층	원 인	건조수축
최초발견일	24.1.15	관리방법	육안 및 균열 측정기	보수현황	

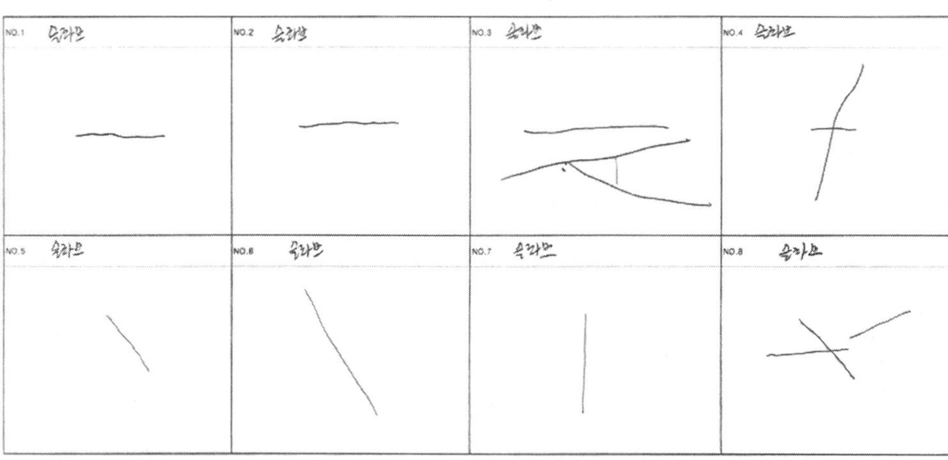

균열관리대장

공사명	101동					위치	28층						규격	[illegible]
발생부위	콘크리트 타설일	거푸집 탈형일	1차조사			2차조사			3차조사			4차조사			보수일자	보수방법

발생부위	콘크리트 타설일	거푸집 탈형일	1차조사 일자	1차조사 폭	1차조사 길이	2차조사 일자	2차조사 폭	2차조사 길이	3차조사 일자	3차조사 폭	3차조사 길이	4차조사 일자	4차조사 폭	4차조사 길이	보수일자	보수방법
NO.1	24.1.12	24.1.15	24.1.15	0.1	2000	24.2.15	0.1	2500	24.3.7	0.1	2500				24.3.29	표면처리공법
NO.2	24.1.12	24.1.15	24.1.15	0.1	2000	24.2.15	0.1	2500	"	0.1	2,500				"	"
NO.3	"	"	"	0.1	3000	"	0.1	3000	"	0.1	3,000				"	"
NO.4	"	"	"	0.1	1000	"	0.1	1000	"	0.1	1,000				"	"
NO.5	"	"	"	0.1	1500	"	0.1	1500	"	0.1	1,500				"	"
NO.6	"	"	"	0.1	2000	"	0.1	2000	"	0.1	2,000				"	"
NO.7	"	"	"	0.1	2000	"	0.1	2000	"	0.1	2,000				"	"
NO.8	"	"	"	0.1	3000	"	0.1	3000	"	0.1	3,000				"	"
NO.9	"															
NO.10																
NO.11																
NO.12																
NO.13																
NO.14																
NO.15																
시공사			조사자			조사자			조사자			조사자			품질관리자	
감리단			확인자			확인자			확인자			확인자			감리단장	

사진대지

공사명 : 공동주택 신축공사

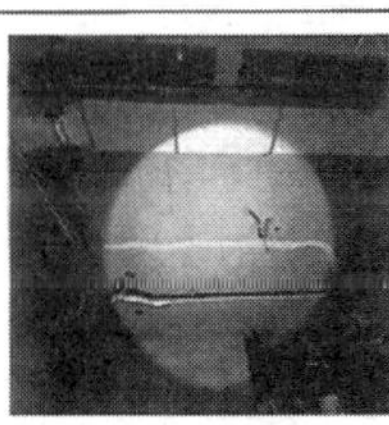

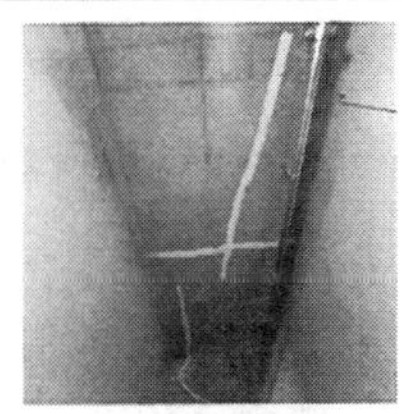

위치	101동 28층	위치	101동 28층	위치	101동 28층	위치	101동 28층
날짜	2024년 3월 29일	날짜	2024년 3월 29일	날짜	2024년 3월 29일	날짜	2024년 3월 29일
내용	균열조사 (슬라브 1)	내용	균열조사 (슬라브 2)	내용	균열조사 (슬라브 3)	내용	균열조사 (슬라브 4)

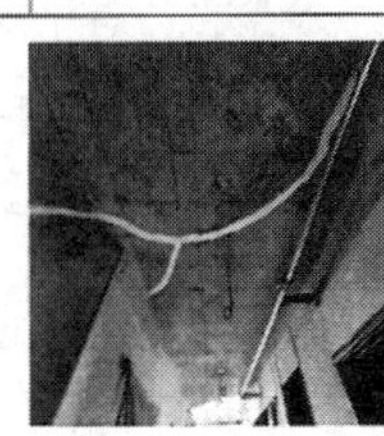

위치	101동 28층	위치	101동 28층	위치	101동 28층	위치	101동 28층
날짜	2024년 3월 29일	날짜	2024년 3월 29일	날짜	2024년 3월 29일	날짜	2024년 3월 29일
내용	균열조사 (슬라브 5)	내용	균열조사 (슬라브 6)	내용	균열조사 (슬라브 7)	내용	균열조사 (슬라브 8)

▲ 콘크리트 구조물 균열 관리대장 작성 사례

3.1.15 콘크리트 재료분리관리계획서 및 관리대장

○ **법적근거**

- 「주택건설공사 감리업무 세부기준」 제4조(감리자 업무)
- 「건설공사 사업관리방식 검토기준 및 업무수행지침」 제78조(보고서 작성 · 제출)
- 표준시방서(KCS 14 20 10) : 일반콘크리트
- 시공자의 재료분리관리계획서

○ **목적 및 필요성**

- 콘크리트의 시공과정에 발생하는 마무리면 재료분리를 예방하고 재료분리에 대한 관리방법 및 보수 기준을 제시하여 공사 목적물의 품질 확보

○ **주요 내용**

- **콘크리트 마무리면 재료분리 현황**은 「건설공사 사업관리방식 검토기준 및 업무수행지침」 별지 제41호 서식을 준용하여 작성 기록 관리하며, 보수가 완료될 때까지 계속하여 기록관리
- 면 보수는 표면청소, 보수재 충전, 양생 순으로 실시.
- 재료분리는 단면 수복, 백화 부위를 보수
  - 단면 수복은 보수 부위 표면처리, 고임물 세척, 철근 방청처리, 밀크 모르타르 도포, 침투성 폴리머 모르타르 도포, 습윤 양생 실시
  - 백화 부위는 백화 부위 표면처리, 고압 물 체척, 밀크 모르타르 도포, 침투성 폴리머 모르타르 도포를 실시
- **재료분리관리대장**에는 구조물명 및 규모, 위치, 원인, 최초발견일, 관리방법, 보수현황, 단면도 및 전개도를 작성
- **보수기록**은 발생부위 번호, 콘크리트 타설일, 타설시 온도, 1차조사, 2차조사, 3차 조사를 실시하고, 조사시에는 일자, 분리면적, 분리깊이, 조사자, 확인자를 기록
- 또한, 보수여부, 보수기간, 보수 후 점검(담당자, 확인자), 비고로 작성

○ **시공자**

- 재료분리관리계획서 수립하여 건설사업관리기술인, 감리원에게 제출
- 재료분리가 발견되면 재료분리관리계획서의 면보수 계획에 따라 보수
- 재료분리관리대장 작성 및 관리

○ **건설사업관리기술인, 감리원 검토 및 관리**

- 시공자가 제출한 재료분리관리계획서를 검토(기술검토의견서) 및 승인
- 재료분리가 발견되면 시공자의 재료분리관리계획서에 따라 보수·보강하는지 확인
- 시공자가 재료분리에 대하여 보수 및 작성한 재료분리 관리대장을 확인하고 서명

  ※ 재료분리를 보수한 경우에는 1개월 후 확인점검 실시

제2절 공종별 시공 품질관리

3.2.1 콘크리트공사

○ **KCS 표준시방서**

- 콘크리트의 운반, 반입, 타설 및 양생 등 각 작업에 대하여 콘크리트의 품질을 높일 수 있는 대책을 수립
- 투수성, 탈수성이 있는 거푸집을 사용하여 콘크리트 표면을 치밀하게 하는 공법이나 구조체의 보호효과가 높은 프리캐스트제품을 이용한 공법을 우선적으로 검토
- 타설 도중에 심한 재료 분리가 발생할 위험이 있는 경우에는 재료분리를 방지할 방법을 강구
- 콘크리트는 타설 직후 바로 충분히 다져서 콘크리트가 철근 및 매설물 등의 주위와 거푸집의 구석구석까지 잘 채워져 밀실한 콘크리트가 되도록 하여야 함
- 타설 및 다짐 후에 콘크리트의 표면은 요구되는 정밀도와 물매에 따라 평활한 표면마감
- 노출 콘크리트에서 균일한 노출면을 얻기 위해서는 동일공장 제품의 시멘트, 동일한 종류 및 입도를 갖는 골재, 동일한 배합의 콘크리트, 동일한 콘크리트 타설 방법을 사용

○ **LHCS 한국토지주택공사 시방서**

- 방수층이 시공되는 평지붕 옥상층 슬래브는 중앙부를 50mm 높게 하여 구체 경사를 잡는다. 이때, 레벨조정이 가능한 스페이서를 3.0m마다 1개소씩 설치하여 정밀한 경사로 시공

○ **공동주택 하자의 조사, 보수비용 산정 및 하자판정기준**

- 법적근거 : 「공동주택 하자의 조사, 보수비용 산정 및 하자판정기준」 제7조(콘크리트 균열), 제8조(콘크리트 철근노출), 제12조(긴결재), 제13조

(관통부 마감), 제19조(트렌치 시공 등)

- 하자 여부 판정
  - **콘크리트에 발생한 균열은 균열 폭이 0.3mm 이상인 경우 시공하자**로 봄
  - 위의 내용에 불구하고 다음에 해당하는 **균열 폭 0.3mm 미만의 콘크리트의 균열은 시공하자**로 봄 (**누수를 동반하는 균열, 철근이 배근된 위치에 철근길이 방향으로 발생한 균열, 관통균열**)
  - **콘크리트에 철근이 노출된 경우 시공하자**로 봄
  - 벽체에 돌출된 긴결재(폼타이핀, 평타이, 분리형 타이, 관통형 타이를 말한다. 이하 같다)를 제거하지 아니한 경우에는 시공하자로 봄
  - 벽체의 긴결재로 인한 구멍 채움이 부족한 경우에는 시공하자로 봄
  - 급수·오배수 또는 전기 등의 배관이나 배선함 관통부 주위를 밀실하게 채우지 아니하여 냄새·소음 등이 전달되는 등의 문제가 발생하는 경우에는 시공하자로 봄. 단, 방화구획으로 되어있는 부분을 관통할 경우 「건축물의 피난·방화구조 등의 기준에 관한 규칙」을 만족하지 아니한 경우에는 시공하자로 봄
  - 관통부를 채운 재료가 설계도서와 달리 시공되었을 경우에는 변경시공하자로 봄
  - 설계도서에 시공하도록 표시되어 있는 트렌치(Trench)를 시공하지 아니하여 물 넘침 등 기능상 하자가 발생한 경우에는 이를 미시공하자로 봄
  - 트렌치를 설계도서에 표시된 규격 및 재질 등에 미달되게 시공한 경우에는 변경시공하자로 봄. 다만, 트렌치의 깊이를 현장 상황에 맞도록 시공하여 바닥물매 및 배수로 길이 등을 고려할 때에 기능상 특별한 문제가 없는 경우에는 하자가 아닌 것으로 봄
  - 설계도면대로 시공하였으나 **트렌치의 바닥에 물이 장시간 고이거나 배수가 원활하지 아니한 경우에는 이를 시공하자**로 봄

○ **(사례) 시공자의 시공계획서**(하자발생 유형 등)

- 알폼 내부 옹벽 꺽임 및 계단 조인트 단차 발생
- 문틀, 창틀 주위 배부름 발생
- 슬래브 수평 불량 및 거푸집 시스템 미흡으로 골조하부 패임 발생
- 거푸집 박리제 과다 사용으로 콘크리트 면 얼룩 발생
- 거푸집 하부 긴결 부족 및 측압 지지대 미흡으로 벽체 하부 배부름 발생

- 콘크리트 초기 강도 미확보 및 거푸집의 해체 조기 착수로 벽체 표면 박리 발생
- 콘크리트 다짐 부족 및 철근 순 간격 부족 등으로 재료분리 발생
- 콘크리트 이어치기 간격 발생 및 진동기 사용 미흡으로 콜조인트 발생
- 무리한 자재 적치 및 open 부위 철근량 부족으로 균열 발생
- 콘크리트 강도 미확보 및 무리한 자재 적치로 슬래브 처짐 발생

○ **(사례) 품질점검 지적내용**

- **건설사업관리기술인, 감리원 지적 및 지시사항**
  - 옥상 파라펫 균열 발생
  - 지하기계실, 지하주차장 트렌치 물고임 발생
  - 옹벽, 슬래브, 벽체 등에 타이핀, 곰보자국 등 미제거
  - 골조면 곰보 및 골조면 이물질 미제거
  - 골조 파손부위 보수(땜빵 등) 및 견출 미흡
  - 계단실 벽체의 물 곰보 및 거푸집 자국 등 견출 미흡
  - 각 층간 및 옥탑 승강기 바닥 층간부위 콘크리트 타설면 균열 및 견출 마감 불량
  - 승강기 기계실 권상기 설치를 위한 벽체 훼손부위 마감 미실시
  - 옥상 난간 턱과 장식난간턱 이음부위 벽체 균열 발생
  - 제연휀룸실 바닥 균열 발생
  - 화단 두겁석과 콘크리트 벽체 이질부 마감처리

- **공동주택 품질점검단 지적사항**
  - 옥탑 측면 망상균열 발생
  - 지하주차장 천장 균열발생 미보수
  - 지하주차장 출입구 램프 조면처리 다수의 균열 발생
  - EPS실 콘크리트 일부 파손된 부분 폴리머 몰탈 등으로 미보수
  - 기계실의 트렌치의 물고임, 청소 미실시, 훼손부위 발생
  - 관리사무소 출입문 주위 석재뿜칠 부위 일부 견출 미실시

- **입주자 사전점검 지적사항**
  - 거실 벽 울퉁불퉁함, 침실마감처리 불량 들뜸 돌멩이 부분 올라옴

- 벽체 면불량 및 배부름, 골조벽체 하부 평활도 불량
- 벽 코너 수직 불량, 패널 상단 틈새 및 단차
- 현관 외부 벽체 균열

○ **(사례) 품질점검 지적내용 분석 결과 중점적으로 시공·확인·점검·조치사항**

– 균열, 곰보, 물고임, 이질부 미처리, 견출 미흡 등

	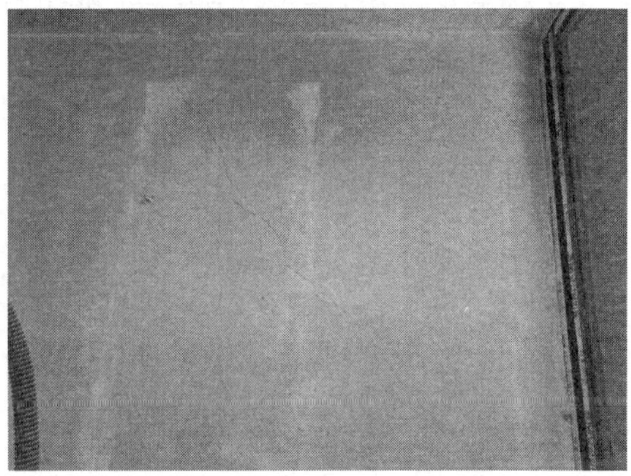
콘크리트 재료분리(곰보) 발생	계단실 벽체 균열 발생

콘크리트 옹벽 오염	층간이음부위 콘크리트 면불량

▲ 콘크리트 지적사항 사진 사례

3.2.2 내장목공사

○ **KCS 표준시방서**

- **내장 마감재**로 사용되는 목재의 경우에는 **함수율 15% 이하**로 하고, 필요에 따라서 12% 이하의 함수율을 적용
- 창호, 가구 및 수장재 등의 마감용 목재에는 큰 옹이, 갈라짐, 썩음, 벌레구멍, 비틀림 등의 결점이 없어야 하며, 재료의 사용 여부는 담당원이 판단
- 철물은 표면의 도장 상태, 녹의 발생 정도, 운반 중 파손이나 찌그러짐 상태 등을 확인
- 목공사 자재는 환경마크, 탄소마트, 환경성적표시, FSC 인증서 등 공인된 친환경재료를 우선 사용
- 벽 속에 단열, 내화 또는 차음용 단열재를 넣을 경우에는 고정핀 등을 사용하여 단열재의 처짐이 생기지 않도록 함

○ **LHCS 한국토지주택공사 시방서**

- **목재 반자틀 시공상세도, 경량벽틀 시공상세도, 보온구조틀 시공상세도 제출**
- **커튼박스의 재질**은 KS F 3101 보통 합판에 의한 준내수 2급에 적합한 합판으로 하거나, 함수율 15% 이하의 증기건조목 또는 PVC제로 함
- **레일의 강도**는 스팬 600mm에서 49N의 하중이 작용할 때 처짐량이 5mm 이하인 일반 가정용으로 함
- **접착제**는 반자돌림, 재료분리대, 걸레받이, 문선의 데커레이션시트 부착용 접착제 및 반자돌림 등 자재를 부착하기 위한 접착제는 LHCS 10 40 00 부록 6 품질 시험 및 검사기준의 V. 친환경시험 자재부문에 규정된 품질기준을 만족하여야 함
- **목재바닥깔기**는 바닥깔기 단면도, 이질재 접합부 상세도 등 시공상세도 제출

○ **공동주택 하자의 조사, 보수비용 산정 및 하자판정기준**

- 법적근거 : 「공동주택 하자의 조사, 보수비용 산정 및 하자판정기준」 제13조 (관통부 마감)
- 하자 여부 판정
  - 급수·오배수 또는 전기 등의 배관이나 배선함 관통부 주위를 밀실하게 채우지

아니하여 냄새·소음 등이 전달되는 등의 문제가 발생하는 경우에는 시공하자로 봄. 단, 방화구획으로 되어있는 부분을 관통할 경우 「건축물의 피난·방화구조 등의 기준에 관한 규칙」을 만족하지 아니한 경우에는 시공하자로 봄

- 관통부를 채운 재료가 설계도서와 달리 시공되었을 경우에는 변경시공하자로 봄

○ **(사례) 시공자의 시공계획서**(하자발생 유형 등)

- 화스너 폼 불량
- 단열재 재단 시 콘크리트와 단열재 사이의 공간 발생
- 몰딩 수평 및 직진성(直進性) 유지 어려움과 몰딩설치 후 연귀 벌어짐 현상 발생
- 골조 벽체 및 천장 판 휨 발생으로 몰딩 선형 불량 발생
- 몰딩 타카 과다하게 시공 및 타카 자국으로 인한 미관상 불량
- 몰딩 도배 들뜸으로 인한 하자 발생
- 석고보드 벽체공사의 자재자체의 힘 발생으로 인한 조인트 불량 및 습식공사 시 석고 하부 곰팡이와 석고보드 수평, 수직 부착 불량 발생
- 벽체와 단열재 사이가 10mm 이상으로 내부 결로 발생
- 걸레받이 공사 시공 후 타공정으로 훼손 발생
- 천장 속 세대 경량 벽체가 슬래브 하단까지 연결시공 안됨
- 천장 석고보드 재단 시 직선자 미사용으로 석고보드 재단 불량
- 고정용 피스 오타공, 코너부위 파손 등으로 석고보드 취부 시 단차 발생

○ **(사례) 품질점검 지적내용**

- **건설사업관리기술인, 감리원 지적 및 지시사항**
  - 냉장고 후면 몰딩 미처리
  - 걸레받이를 중간 이음
  - 벽체 석고 파손, 코너비드 파손
  - 석고 조인트 단차(네바리, 초배로 커버 불가능) 및 석고 피스 누락
- **입주자 사전점검 지적내용**
  - A공동주택의 경우 입주자 사전점검의 목공사가 7%로 세대당 2.7건 지적

○ **(사례) 품질점검 지적내용 분석 결과 중점적으로 시공·확인·점검·조치사항**

- 파손, 단차, 이격, 피스 누락, 수평수직 불량 등

벽체 보수부위 퍼티 미시공

벽체 모서리 이격 시공

▲ 목공사 지적사항 사진 사례

3.2.3 조적공사

○ **KCS 표준시방서**

- 조적공사에는 환경마크, 탄소마크, 환경성적표지등 공인된 친환경 재료를 우선 사용
- **가로 및 세로줄눈의 너비**는 도면 또는 공사시방서에 정한 바가 없을 때에는 10mm를 **표준**으로 한다. **세로줄눈은 통줄눈이 되지 않도록 하고, 수직 일직선상에 오도록 벽돌 나누기**를 함
- 벽돌쌓기 **줄눈 모르타르**는 벽돌의 접합면 전부에 **빈틈없이 가득** 차도록 함
- **인방보**는 양 끝을 벽체의 블록에 200mm **이상** 걸치고, 또한 위에서 오는 하중을 전달할 충분한 길이로 한다. 인방보 상부의 벽은 균열이 생기지 않도록 주변의 벽과 강하게 연결되도록 철근이나 블록 메시로 보강연결하거나 인방보 좌우단 상향으로 컨트롤 조인트를 둠

○ **LHCS 한국토지주택공사 시방서**

- **벽돌공사의 시공상세도 제출**은 철물보강상세도(콘크리트면과 접하는 단부, 벽체 교차부위, 신축줄눈 및 배관부위가 포함), 홈벽돌 시공상세도, 부위별 인방시공상세도 능
- **블록공사의 시공상세도 제출**은 블록조와 다른 구조부와의 접합부 상세도, 모르타르 충전위치, 철근의 종류와 매입철물의 종류 및 위치, 철근의 이음, 정착방법, 용접인 경우 방법을 나타낸 상세도, 인방의 배근 상세도, 창문틀 및 출입문틀의 고정과 접합부위 상세도, 신축줄눈 상세도 등
- **인방설치**는 **개구부 너비가 2.1m를 초과**하거나 과**대한 하중을 받는 경우 별도의 구조계산**을 해서 제작하여 설치함

○ **공동주택 하자의 조사, 보수비용 산정 및 하자판정기준**

- 법적근거 : 「공동주택 하자의 조사, 보수비용 산정 및 하자판정기준」 제13조(관통부 마감)
- 하자 여부 판정

- 급수 · 오배수 또는 전기 등의 배관이나 배선함 관통부 주위를 밀실하게 채우지 아니하여 냄새 · 소음 등이 전달되는 등의 문제가 발생하는 경우에는 시공하자로 봄. 단, 방화구획으로 되어있는 부분을 관통할 경우 「건축물의 피난 · 방화구조 등의 기준에 관한 규칙」을 만족하지 아니한 경우에는 시공하자로 봄
- 관통부를 채운 재료가 설계도서와 달리 시공되었을 경우에는 변경시공하자로 봄

○ **(사례) 품질점검 지적내용**

- **건설사업관리기술인, 감리원 지적 및 지시사항**
  - 발코니 콘크리트 옹벽과 조적부분 조인트 마감 미처리
  - 지하주차장 공간벽 보호 블록의 상 · 하 환기구 미설치
  - 벽돌공사 줄눈과다 및 사춤 미실시
  - 벽돌벽 인방보 걸침 부족으로 균열 발생
  - PIT 블록벽체 줄눈 미흡 및 블록 최상단 위 사춤 미흡
  - 계단실 최하층 계단 밑 벽돌 벽 미시공과 환기창 미설치

- **공동주택 품질점검단 지적내용**
  - 전기실과 기계실 칸막이벽 균열 발생하였으나 미보수
  - 점검구내 시멘트벽돌 일부 줄눈 사춤 미실시
  - 방화구획의 시멘트 벽돌벽의 줄눈 사춤 미실시

○ **(사례) 품질점검 지적내용 분석 결과 중점적으로 시공·확인·점검·조치사항**

- 줄눈 과다, 사춤 미실시, 인방보 걸침 부족 등

※ 기성재 인방보를 설치하는 경우 자재공급원 승인 시 출입문의 폭+걸침(0.4m)을 확인하여 승인

벽돌쌓기 줄눈 사춤 미흡	콘크리트와 벽돌 이질재 접합부위 실리콘 미시공

출입문위 인방보 20cm 이상 걸침 부족	수직 배관주위 통줄눈 벽돌쌓기

▲ 조적공사 지적사항 사진 사례

3.2.4 석공사

○ **KCS 표준시방서**

- 환경마크, 탄소마크, 환경성적표지 등 공인된 친환경 자재를 우선 사용
- 석재는 **균열, 파손, 얼룩, 띠, 철분, 풍화, 산화 등의 결함이 없고, 특히 철분의 함유량이 적어야 하며, 가공 마무리한 규격이 정확**하여야 함
- 인체에 무해하고 환경호르몬(다이옥신)이 없는 철물, 내식성의 재질로 부식 또는 녹이 나지 않는 철물 사용
- 형상, 규격은 석재나누기도 및 시공상세도에 따라 정확하게 가공

○ **LHCS 한국토지주택공사 시방서**

- **석재바닥깔기 시공상세도 제출**은 각 실별 바닥 석재 나누기 상세도, 석재 형태 및 색상 나누기, 이질 재료와의 접합부 상세도, 석재 설치 단면상세도 제출
- **석재벽설치 시공상세도 제출**은 각 실별 벽 석재 나누기 상세도, 석재 형태 및 색상 나누기, 이질 재료와의 접합부 상세도, 석재 설치 단면상세도(결로방지 상세도), 앙카설치 상세도, 앙카 배치도(앙카설치공법), 트러스 설치 상세도 (트러스 공법) 등
- **화강석판재**는 압축강도 50MPa 이상, 흡수율 5% 미만, 겉보기 비중 약 2.7 - 2.5
- **대리석**은 압축강도 100MPa 이상, 흡수율 1% 미만, 겉보기 비중 약 2.7

○ **공동주택 하자의 조사, 보수비용 산정 및 하자판정기준**

- 법적근거 : 「공동주택 하자의 조사, 보수비용 산정 및 하자판정기준」 제36조(석재)
- 하자 여부 판정
  - **설계도서와 다른 규격 또는 시공방법으로 석재를 설치**하거나 석재 및 씰링재에서 시공상 결함 등이 원인이 되어 발생한 **탈락, 처짐, 파손, 균열, 단차, 오염, 백화 등이 안전상, 기능상 또는 미관상 지장**을 초래하는 경우에는 **시공하자**로 봄. 이때 두께 허용오차는 시공도에 따르며, 규정사항이 없을 경우에는 「KCS 41 35 01 : 석공사 일반」을 따름

○ **(사례) 시공자의 시공계획서**(하자발생 유형 등)

- 벽체 시공완료 후 모서리 파손 발생
- 바닥 줄눈이 좁을 땐 시각적으로 좋지 않음
- 바닥 시공 완료 후 수평 편차 및 모서리 파손 발생
- 바닥 시공 후 석재 사이 몰탈 충진 불량으로 인하여 줄눈 이탈 발생
- 아파트 외부 하부 석재밀림 현상 발생
- 외부 바닥 단차 및 외벽 불량 발생
- 석재 시공 후 계절에 따른 양생기간 중 타공정 양중 및 작업을 통한 파손 발생
- 거실 바닥 압착 시공 시 숙련도 부족으로 인한 단차 시공
- 벽체 석공사 시 작업의 편의성을 이유로 촉 미시공 및 앵글 부족함 자재 사용, 앵글 고정 미흡 발생
- 바닥 습식공사 시 평활도 불량으로 인한 물고임 현상 발생
- 토사 압축 및 수축으로 인한 석재하부 탈락 및 파손
- 속도위주 시공으로 충진 미흡 및 바탕면의 이물질에 의한 줄눈 및 코킹 탈락
- 원석에서 절단 가공 시 불량 발생으로 석재 평활도 불량
- 석재 시공 후 후속작업으로 인한 석재 오염 및 파손

○ **(사례) 품질점검 지적내용**

- **건설사업관리기술인, 감리원 지적 및 지시사항**
  - 지하층 승강기홀 바닥 석재 얼룩
  - 건식공법의 꽂임촉 미시공 및 파손
  - 연결철물 부착 불량
  - 실링재의 열화
  - 계단 및 장애인경사로 바닥 등에 백화현상방지 방안 미적용
  - 주출입구 기둥 벽 옆 석재 미시공

- **공동주택 품질점검단 지적내용**
  - 각 동 현관부분 화강석 파손 미보수
  - 승강기홀 바닥의 석재가 습윤 상태로 있으나 미교체
  - 1층 현관부위 돌붙임 코킹 미시공

• 지하층 승강기홀 앞 바닥 석재 줄눈 미시공

– **입주자 사전점검 지적내용**

• 창호 주위 코킹 마감 불량

• 석재 틈새 구멍, 난간 하단 석재 균열

• 외벽 석재 균열, 빗물이 새고 젖음

• **현관 석재공사**의 디딤석 석재 걸레받이 이음부 코킹 미 시공, 걸레받이 하부 틈새과다 및 코킹누락, 걸레받이 간 틈새, 디딤석 간 이격, 디딤판 단차 와 유격, 디딤판 입구부분 긁힘 등

○ **(사례) 품질점검 지적내용 분석 결과 중점적으로 시공·확인·점검·조치사항**

– 파손, 균열, 이격, 코킹 미시공 및 미흡, 줄눈 미시공 등

경계석 이격 시공

석재 위 도색 흘림

장애인경사로 찬 물고임 발생

석면뿜칠과 기둥사이 실리콘 미시공

석재 모서리 피손

▲ 석공사 지적사항 사진 사례

3.2.5 방수공사

○ **KCS 표준시방서**

- **보관 및 취급**에 있어서는 **소방기본법, 산업안전보건법, 폐기물관리법 등의 관계법규에 따라 안전을 확보**
- **기온이 5 ℃ 미만**으로 현저하게 낮고, 바탕이 동결되어 있어서 시공에 지장이 있다고 예상되는 경우에는 **방수시공을 하지 않는 것을 원칙**으로 함
- 강풍 및 고온, 고습의 환경일 때는 시공과 안전에 주의
- 방수층 끝 부분이 감기지 않도록 물을 채우고, **48시간 정도 누수 여부를 확인**함. 필요에 따라서는 치켜올림 높이까지 물을 채우고, 누수여부를 48시간 정도 더 확인할 수도 있음
- **도막방수재** 시공완료 이후 탑코팅 도포 전에 도막방수층의 안정적인 시공품질 확보를 위해 **반드시 핀홀 탐지기 등을 이용하여 조사**
- 직사일광이나 바람, 고온 등에 의한 급속한 건조가 예상되는 경우에는 살수 또는 시트 등으로 보호하여 양생

○ **LHCS 한국토지주택공사 시방서**

- 도면에 명시되지 않은 경우 지붕 슬래브는 1/50, 욕실 및 세탁실은 1/100, 복도 및 발코니는 1/150의 물매를 두어 물이 고임 없이 빨리 배수될 수 있어야 함

○ **공동주택 하자의 조사, 보수비용 산정 및 하자판정기준**

- 법적근거 : 「공동주택 하자의 조사, 보수비용 산정 및 하자판정기준」 제10조(누수), 제20조(바닥 배수물매)
- 하자 여부 판정
  - (방수하자 상시) 지붕, 최하층 바닥 및 지하층 외벽 등의 누수, 욕실, 세탁실, 샤워실 및 수전이 설치된 발코니 등의 물을 사용하는 공간은 방수공사 부위의 하부 또는 이면 등에서 물이 새어나오는 진행성 누수
  - (방수하자 일시) 방수공사 부위의 하부 또는 이면의 마감면에 물이 남아있거나

흔적이 있는 누수(진행성 누수는 상시)

- (균열하자 비방수공사 상시) 외벽 또는 바닥의 관통균열 또는 이와 유사한 균열부위로 새어 나오는 누수

※ 사용상 또는 유지관리 부실로 발생한 누수는 하자에서 제외

- 설계도면에 옥외(옥상 · 지상주차장 등) 및 욕실 등의 물을 사용하는 공간에 배수물매가 표시되지 아니한 경우에도 **물이 장시간 고이거나 배수가 원활하지 아니한 경우에는 이를 시공하자**로 봄. 다만, 다음의 경우에는 하자가 아닌 것으로 봄
  - ▸소량의 물이 기능상 지장을 초래하지 아니할 정도로 고이는 경우
  - ▸설계 당시부터 배수 물매가 고려되지 아니한 경우

○ **(사례) 시공자의 시공계획서**(하자발생 유형 등)

- 주차장 최하층의 각종 단차 부위의 모체시공 조인트 방수층 미확보에 의한 누수 발생
- 자재인양구 방수가 되어 있지 않으면 하부층의 방통에 품질저하 요인 발생
- 지하층의 슬리브 주변 누수 하자 발생
- 모체 콘크리트 구배 불량 및 드레인 높이 조정 실패로 동절기 동파에 따른 무근층 열화 발생
- 화단 흙이 방수층 덮어서 누수 발생
- 방수턱 위 균열을 타고 누수 발생
- 방수 보호층 위로 외벽 석재를 고정할 앙카를 뚫어 방수층 손상
- 문틀 아래 방수 보강 없이 방수턱 만들어 누수
- 타일 레벨작업 시 바닥에 못질하여 방수층 파손
- 문틀 설치 시 못 작업 및 각목 사춤으로 방수 하자 발생

○ **(사례) 품질점검 지적내용**

- **건설사업관리기술인, 감리원 지적 및 지시사항**
  - 주차장 천장 누수 다수 발생
  - 옥상 우레탄 방수 이색 발생
  - 옥상 바닥 방수 구배 불량으로 물고임, 들뜸, 균열 발생

- 옥탑 우레탄방수 바닥 물고임 발생
- 저수조실 코너부위 칼라강판 하부로 누수 발생으로 인한 백화현화 발생

– 공동주택 품질점검단 지적내용

- 옥상 물고임 부분 발생
- 지하주차장 램프 상부 슬래브 바닥 누수부분 미보수
- 옥상 방수층 무근콘크리트와 난간 사이 조인트 필러 상부 실란트 미처리
- 옥탑 방수층 동해로 부풀어 오름 및 균열 발생, 청소 미실시
- 옥상 우레탄방수 기포 발생하였으나 미보수
- 옥상 방수 누름콘크리트 균열 발생

– 입주자 사전점검 지적내용

- 발코니 곳곳에 누수 발생
- 비오는 날 다수 누수흔적 발생

○ **(사례) 품질점검 지적내용 분석 결과 중점적으로 시공·확인·점검·조치사항**

– 누수, 방수 미시공 및 미흡, 물고임, 방수 불량, 누름콘크리트 균열 등

옥탑 시멘트액체방수층 균열 발생	개량 아스팔트 시트 방수 훼손

지하주차장 천정 누수 발생	옥상 우레탄방수 기포 발생
	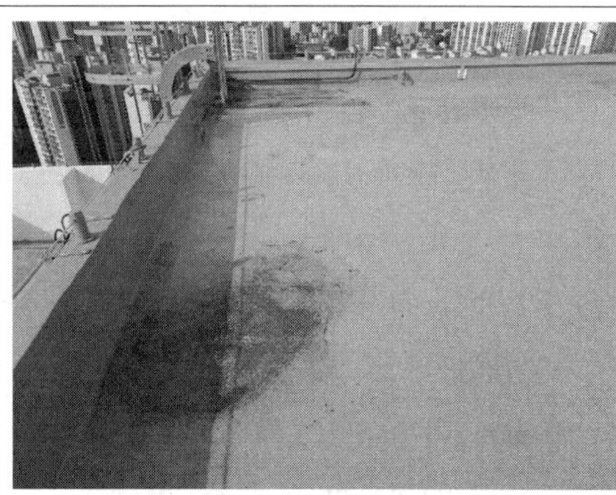
옥탑 방수층 동해로 부풀어 오름	옥탑 우레탄방수 물고임 발생

▲ 방수공사 지적사항 사진 사례

3.2.6 단열공사

○ **KCS 표준시방서**

- **단열재의 이음부는 틈새가 발생하지 않도록 폴리우레탄폼, 테이프 등을 사용**하거나 공사시방서에 따르며, 부득이 단열재를 설치할 수 없는 부분에는 적절한 단열보강
- **경질이나 반경질의 단열판**으로 처리할 수 없는 틈새 및 구멍에는 **접착성 프라이머로 도포한 후 단열 모르타르 등을 사용하여 전체 깊이까지 충전**하고 표면을 평활하게 처리
- **최하층 콘크리트 바닥의 단열재**를 틈새 없이 **밀착시켜 설치**하고, **접합부는 내습성 테이프 등으로 접착 · 고정**
- **최하층 거실 바닥 슬래브 하부에 설치하는 단열재**는 **불연재료 또는 준불연 재료**이어야 하며, 마감재료를 구성하는 재료 전체를 하나로 보아 불연재료 또는 준불연재료에 해당하는 경우 **난연재료로 사용할 수 있음**
- 벽과 바닥 접합부에 설치하는 단열재 사이에는 틈새가 생기지 않도록 함
- 철근콘크리트조의 **내단열 시공시 단열재의 실내측에 설치되는 방습층이 연속**되게 함

○ **LHCS 한국토지주택공사 시방서**

- **외벽단열마감 시공 상세도 제출**은 단열재 · 보강메쉬 나누기도, 조인트 상세도, 개구부 · 모서리 주위 보강처리 상세도, 단열재 부착방법이 포함

○ **공동주택 하자의 조사, 보수비용 산정 및 하자판정기준**

- 법적근거 : 「공동주택 하자의 조사, 보수비용 산정 및 하자판정기준」 제15조(결로)
- 하자 여부 판정
  - 단열 공간의 벽체, 천장, 바닥 등에서 결로가 발생한 경우에는 다음의 방법으로 하자 여부를 정한다. 다만, 측정결과 온도차이가 미미하여 당사자가 이의를 제기할 경우에는 제2호의 방법에 따른다.
    ▸ 설계도서의 부위별 단열성능을 확인하여 해당부위의 TDR(온도차이비율) 값

이 「공동주택 결로방지를 위한 설계기준」에서 정한 값보다 클 때

- 열화상 카메라 및 표면온도계로 측정한 결과, 결로 및 곰팡이가 발생한 부위의 단열처리가 현저히 불량하여 노점온도 이하로 떨어진다고 판단될 때. 이 경우 모서리 부위는 일자형(평면) 벽체와 다르게 실내측 벽체 면적에 비해 외기측의 벽체 면적이 넓은 점을 고려
- 결로 및 곰팡이 발생부위의 마감재를 해체한 상태를 설계도서와 비교하여 단열재를 미시공·변경시공 또는 부실시공한 상태가 육안으로 식별되거나 장비로 측정될 때

• 단열 공간 창호에 발생한 결로는 다음에 해당하는 경우에 하자로 봄

- 창호의 모헤어(Mo Hair) 및 풍지판(창문 상·하부의 창틀 부위에 외풍을 차단하는 역할을 하는 고무판 등을 말한다) 등의 시공상태가 불량하여 기밀성이 현저히 저하된 때
- **창문틀 주위에 모르타르 또는 우레탄폼 등을 제대로 채우지 아니한 때**
- 창호시험성적서 등에 기재된 창호의 성능이 국토교통부에서 고시한 「건축물의 에너지 절약 설계기준」, 「에너지절약형 친환경주택의 건설기준」 및 「공동주택 결로 방지를 위한 설계기준」에 미달하는 때

• **발코니 등 비난방공간의 벽체·천장·바닥에서 결로가 발생할 때에는 입주자 등의 유지관리 사항을 고려하여 하자여부를 판단**할 수 있음. 단, 입주자 등이 설치·시공한 시설물에서 결로가 발생한 경우와 그 시설물로 인해서 결로가 발생할 경우에는 하자가 아닌 것으로 봄

• 발코니 등 비난방공간의 결로발생 원인 조사에 있어서 거주자의 유지관리사항에 대한 판단은 다음의 방법에 따라 할 수 있음

- 단열공간과 비난방공간 사이의 단열상태, 외기와 비난방공간 사이의 단열상태, 그리고 **비난방공간에서의 결로방지를 위한 설계사항(환기, 제습 등) 등을 거주자가 적절히 이용하고 있는지를 조사하여 판단**
- **비난방공간의 결로방지를 위해 단열, 환기구 또는 제습기 등이 설계대로 설치되었음에도 결로가 발생한 경우에는 거주자의 유지관리 문제로 판단**

○ **(사례) 시공자의 시공계획서**(하자발생 유형 등)

– 시공상세도 제출은 보온재 시공상세도, 보온재의 종류별로 나누기도 포함

– 조적면 단열재 수축 및 불량에 따른 아트월 단차 발생

○ **(사례) 품질점검 지적내용**

– 건설사업관리기술인, 감리원 지적 및 지시사항

- 욕실 바닥 온수난방의 코일 하부 단열재 미시공
- 욕실 천장 단열재 이음부위 우레탄 폼 충진 미흡
- 욕실 천장 배수트랩 및 전기콘센트 주위 우레탄 폼 충진 미흡

○ **(사례) 품질점검 지적내용 분석 결과 중점적으로 시공·확인·점검·조치사항**

– 미시공, 이격, 이음부위 우레탄 폼 미흡 및 미시공, 콘센트 주위 단열 미흡 등

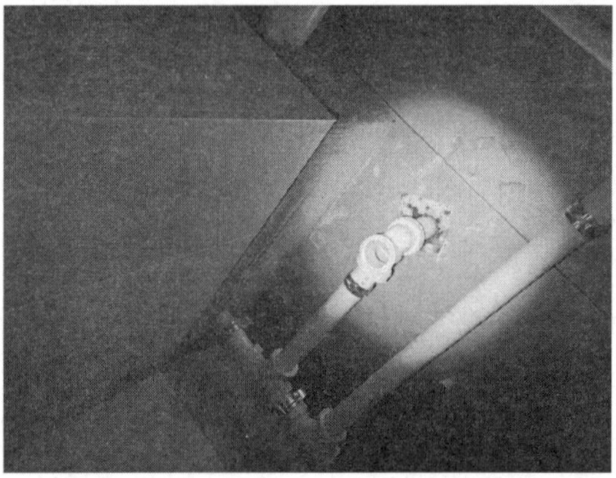	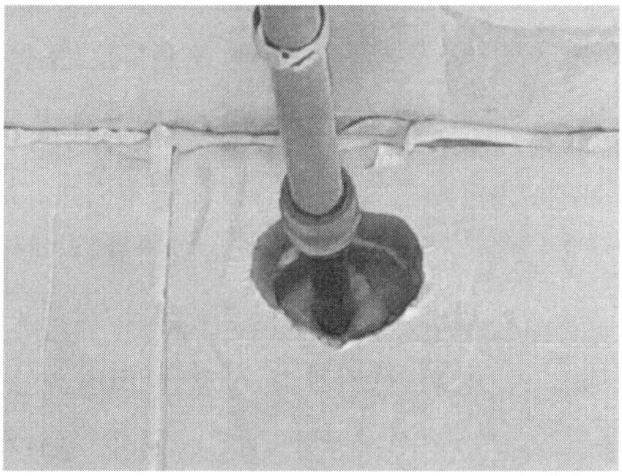
이음부위 우레탄 폼 미시공	벽 배관 관통주위 우레탄 폼 미시공
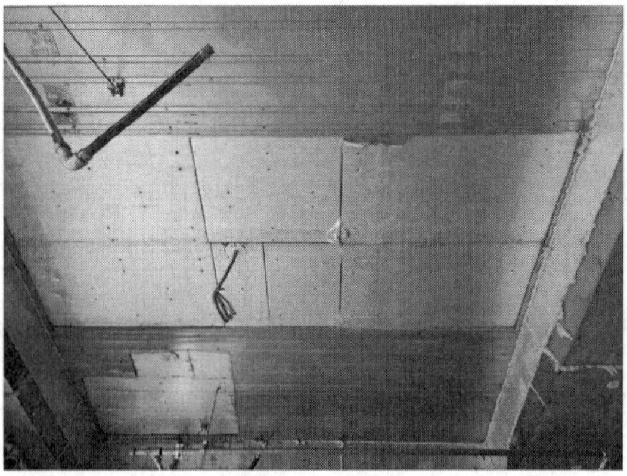	
단열재 이격 시공	단열재에 수분 포화상태로 단열효과 저하

▲ 단열공사 지적사항 사진 사례

3.2.7 미장공사

○ KCS 표준시방서

- **초벌바름** 면을 흙손으로 충분히 누르고 눈에 뜨일 만한 빈틈이 없도록 한다. **바른 후에는 쇠갈퀴 등으로 전면을 거칠게 긁어 놓음**
- 재벌바름에 앞서 구석, 모퉁이, 개탕 주위 등은 규준대를 대고 평탄한 면으로 바르고, 다시 규준대 고르기를 한다. 단, 재벌바름을 한 다음에는 쇠갈퀴 등으로 전면을 거칠게 긁어 놓은 후 초벌바름과 같은 방치기간을 둠
- 재벌바름의 경화 정도를 보아 정벌바름은 면 개탕 주위에 주의하고 요철, 처짐, 돌기, 들뜸 등이 생기지 않도록 바름
- **콘크리트 바닥 제물마감 콘크리트**는 된비빔 콘크리트를 사용하여 다짐기 또는 진동기로 다지고, 다시 규준대와 나무흙손으로 고른 다음, 물이 빠지는 정도를 보아 **기계흙손 또는 쇠흙손으로 문질러 마감**
- 콘크리트 천장 및 내, 외벽 등 제물 마무리할 면은 그라인더 등으로 갈아내거나 콘크리트면에 생긴 홈 등의 결함 부위는 부착성이 양호한 재료 등으로 메움
- (온돌공사) 온돌 채움층용 **경량 기포 콘크리트의 28일 압축강도**는 0.8 N/mm² 이상
- (온돌공사) **모르타르면에 폭 0.2 mm 이상의 잔금 또는 균열**이 발생한 때는 **시공 후 3개월 이상 경과한 시점에서 무기질 결합재에 수지가 첨가된 균열보수제를 사용하여 보수**
- (온돌공사) 바닥패널은 차음 · 단열성능을 향상시키기 위해 사용되는 **단열 완충재의 밀도는 25 kg/m³ 이상**이어야 하며, 열전도율은 0.035 W/(m · K) 이하
- (온돌공사) 건식 온수온돌패널 시공의 수압시험은 시험압력 3Pa 상태에서 1시간 동안 방치하여 방치시간 내에 압력하강이 0.2Pa 이하로 유지되어야 하고 배관접속부위에 누수를 확인

○ LHCS 한국토지주택공사 시방서

- 시멘트모르타르의 모래의 품질기준은 절건밀도 2.4 이상, 흡수율 4% 이하, 점토

덩어리량 2% 이하, 유기불순물은 표준색보다 진하지 않은 것, 안정성은 황산염 10% 이하, 염화물함유량 0.1% 이하, 0.08㎜체 통과량 5% 이하

- 모르타르가 시공되는 천정과 벽면의 조적 또는 콘크리트 바탕면은 3m당 6㎜ 이내의 평활도 오차 내에 들도록 평탄하게 정리
- **초벌바름은 흙손으로 충분히 누르고 눈에 뜨일 만한 빈틈이 없도록 한다. 바른 후에는 쇠갈퀴 등으로 전면을 벽체의 수평방향으로 일정하게 긁어놓되, 정벌 시 탈락 및 기포가 생기지 않도록 함**
- **승강기 작동보턴 부위**는 **초벌바름 전에 미리 무수축 모르타르로 충전**
- 시멘트 모르타르의 바름면은 평활하게 시공되어야 하며, 평활도에 대한 허용오차는 3m당 3㎜로 함
- **외부에 면한 문틀 및 창틀 주위는 현장 발포우레탄으로 충전**
- **발코니 외부 창호의 경우 밑틀 충전은 충전 모르타**르로 함
- **방화성능이 요구되는 강제창호 주위 사춤은 모르타르**로 함
- (온돌마감) 경량기포콘크리트 1m3당 시멘트320kg(압축강도조절시 10% 가감), 기포콘크리트 첨가제 3포(20kg)을 시멘트 중량의 65%(±5%)물과 혼입하여 슬러리를 만들어 타설
- (온돌마감) **온돌마감모르타르 품질기준**의 **플로우는 2회 측정한 평균값이 목표값 ±20mm이내, 압축강도는 7일 압축강도는 14MPa이상, 28일 압축강도는 21MPa이상**

○ 공동주택 하자의 조사, 보수비용 산정 및 하자판정기준

- 법적근거 : 「공동주택 하자의 조사, 보수비용 산정 및 하자판정기준」 제9조(마감부위 균열 등), 제13조(관통부 마감), 제14조(덕트미장)
- 하자 여부 판정
  - **미장 부위에 발생한 미세균열 또는 망상균열 등이 미관상 지장을 초래하는 경우에는 마감공사의 시공하자**로 봄
  - **마감부위에 변색·들뜸·박리·박락·부식 및 탈락 등이 발생하여 안전상, 기능상, 미관상 지장을 초래하는 경우에는 시공하자**로 봄
  - 급수·오배수 또는 전기 등의 배관이나 배선함 **관통부 주위를 밀실하게 채우지 아니하여 냄새·소음 등이 전달되는 등의 문제가 발생하는 경우에는 시공하자**로 봄. 단, **방화구획으로 되어있는 부분을 관통**할 경우 **「건축물의 피난·방화**

구조 등의 기준에 관한 규칙」을 만족하지 아니한 경우에는 시공하자로 봄

- 관통부를 채운 재료가 설계도서와 달리 시공되었을 경우에는 변경시공하자로 봄
- 에어 덕트(Air Duct)의 일부 또는 전부의 벽체를 조적시공 후 설계도서와 달리 조적벽체에 미장을 누락한 경우에는 '해충 및 냄새 발생' 우려가 있으므로 미시공하자로 봄. 다만, 에어 덕트 내부에 별도의 배기관을 설치한 경우에는 하자가 아닌 것으로 봄

※ 에어 덕트(Air Duct) 내의 관통되는 부분이나 통로가 좁아 시멘트 모르타르의 바름 작업 등 시공이 곤란하다고 인정되는 부위는 하자가 아닌 것으로 봄

- **파이프 덕트**(Pipe Duct)의 전부 또는 일부의 **벽체를 조적시공 후 그 조적벽체 미장을 누락한 상태가 기능상 또는 미관상 지장을 초래하지 아니하는 경우에는 하자가 아닌 것으로 봄**

○ **(사례) 시공자의 시공계획서**(하자발생 유형 등)

- 욕실 및 PD 내부 등 조적벽체 부위 사춤 미실시로 미장 시 균열 발생
- 조적벽체 코너부위 물려쌓기 미실시 및 단부 벽돌 세워쌓기로 미장면 균열 및 처짐 발생
- 조적벽체 배관부위 긴결철물 미시공으로 미장면 균열 발생
- 욕실 벽체 이질재 부위 조적 앙카 시공미흡으로 미장부위 처짐 발생
- 조적벽체 사춘시공 미흡으로 인한 미장 균열 발생

○ **(사례) 품질점검 지적내용**

- **건설사업관리기술인, 감리원 지적 및 지시사항**
  - 옥탑 배수관의 선홈통의 장식홈통 내의 벽과 배관 사이 몰탈 바름 미흡
  - 발코니 콘크리트와 벽돌벽 이음부위 줄눈부분 미장 미흡
  - 활석부위 미장면 견출 누락 및 견출 깨짐
  - 동통신실 방화문틀 주위 마감 미흡
  - 근린생활시설 계단실 갈매기 미장 빗물로 훼손
  - 최상층 옥탑 계단실 벽체 미장균열 발생

- **공동주택 품질점검단 지적내용**
  - 저수조실 출입문 틀 주위 사춤 미실시

- 승강기 기계실 바닥 미장 균열 발생

– 입주자 사전점검 지적내용
  - 미장이 잘 안되어서 구멍이 보임
  - 미장이 푹 꺼짐, 벽면 미장 불량, 현관 등 방화문틀 주위 미장 불량 등

○ (사례) 품질점검 지적내용 분석 결과 중점적으로 시공·확인·점검·조치사항

– 균열, 배관 관통부위 및 출입문틀 주위 미장 미흡, 견출 누락 및 견출 깨짐 등

벽체 미장 견출 누락	벽체 전기스위치 주변 미장 미실시

위층에서 하층에 누수로 방통 패임	근생 계단실 갈매기 미장 빗물로 훼손

▲ 미장공사 지적사항 사진 사례

3.2.8 도장공사

○ **KCS 표준시방서**

- 녹색기술인증, 환경마크, 탄소마크, 환경성적표지 등 공인된 친환경 도료를 우선 사용
- **실내에 사용하는 도료는 실내공기질 관리법에 적합한 제품을 우선 사용**
- **바탕면의 상태**에 따라 면의 우묵한 구멍, 빈틈, 틈서리, 갈라진 곳 등의 부분에는 구멍땜용 퍼티를 나무주걱, 쇠주걱 등으로 될 수 있는 한 얇게 눌러 채우고, 건조 후에 연마지로 마무리
- **면의 결점**(홈, 구멍, 갈라짐, 변형, 옹이, 흡수성이 불균등한 곳 등)을 보수하여 면을 도장하기 좋은 상태로 만듦
- 도장은 도료의 제조업체 사용설명서가 명기된 건조 도막 두께와 도장 방법에 따르고 고임, 얼룩, 흘러내림, 주름, 거품 및 붓자국 등의 결점이 생기지 않도록 균등하게 도장
- **수성도료는 5 ℃ 이하의 온도에서 도장 시 동결 또는 균열 및 도막형성이 되지 않으므로 도장을 피함**
- **수성도료**는 모서리 등에 붓으로 새김질한 면과 롤러 노상면의 색이 차이 날 수 있으므로 **새김질 시 동일 규격번호로 작업**하여야 하며 **가능한 희석하지 않고 새김질을 먼저 하여야 색깔 차이를 줄이도록 함**

○ **LHCS 한국토지주택공사 시방서**

- **에폭시공사**는 도포환경은 **5℃~35℃이고 상대습도가 85% 이하일 때 실시하며, 피도막면에 결로가 없어야 함**
- **에폭시 바닥마감재**는 콘크리트는 20℃ 기준으로 약 **30일 정도 충분히 양생**되어야 되어야 하고, 콘크리트 표면에 부착된 **레이턴스, 먼지, 유분 등 오염 물질은 깨끗이 제거**하여야 함
- **탄성도료의 도장방법**은 **비·눈 오는 날, 습도가 높은 날**(85% 이상), **온도가 낮거나 높은 곳**(5℃ 이하, 40℃ 이상) 등 **환경조건이 불리할 경우 작업을 금지**

- **무기질계 뿜칠마감의 뿜칠두께**는 설계도서에 따르며, **개별 측정값이 설계두께보다 25%이상 작아서는 안 됨**
- **세대현관문틀용 페인트는 아연도금바탕면용 페인트**를 사용함
- **콘크리트 및 미장면**은 칠공사에 앞서 **30일 이상 건조**시키고, **수분 함수율이 10% 이하**가 되도록 하고, **표면의 균열이나 구멍 등 결함부를 보수하고 주변면과 평활**하게 되도록 함

○ **공동주택 하자의 조사, 보수비용 산정 및 하자판정기준**

- 법적근거 : 「공동주택 하자의 조사, 보수비용 산정 및 하자판정기준」 제9조(마감부위 균열 등)
- 하자 여부 판정
  - **도장 부위에 발생한 미세균열 또는 망상균열 등이 미관상 지장을 초래하는 경우에는 마감공사의 시공하자**로 봄
  - **마감부위에 변색·들뜸·박리·박락·부식 및 탈락 등이 발생하여 안전상, 기능상, 미관상 지장을 초래하는 경우에는 시공하자**로 봄

○ **(사례) 시공자의 시공계획서**(하자발생 유형 등)

- 골조 및 견출의 품질저하에 따른 면의 불량
- 골조의 면자체 불량으로 기포 발생
- 에폭시공사의 바탕면 처리 미비로 레이턴스를 제거하지 않은 상태에서 도장작업으로 균열 발생
- 에폭시사의 차량 회전이 많은 부위를 별도 보강하지 않아 마모 발생
- 무늬코트 도장 시 과도한 중도도료 교반으로 중도 도장시 무늬 뭉침 및 찢어짐 발생
- 조합페인트의 적정 희석량 미준수 및 동일회사 제품 미사용으로 인한 은폐 불량 및 이색 현상 발생
- 조합페인트의 소지면의 습기 완전 미제거로 부착 불량 발생
- 수성페인트 도색 시 콘크리트면의 알카리 성분이 용출되는 현상으로 백화현상 발생

○ **(사례) 품질점검 지적내용**

– **건설사업관리기술인, 감리원 지적 및 지시사항**

- 주차장 에폭시 시공 이색
- 옥상 도장마감 누락 및 파라펫 잔손보기 미흡
- 옥상 도장 다수 탈락, 들뜸, 누락 발생
- 주차장 뿜칠 들뜸 발생
- 팽창탱크 도색 벗겨짐
- 난간 공장도색 부위에 수성 도색 및 AL창호틀 및 석재면에 페인트 흘림
- 외벽 초벌 도색 시 일부 미시공 및 벽면 바탕이 보일 정도로 엷게 도색
- 바탕정리 시 거푸집 자국 및 물 곰보, 구멍, 빈틈, 틈서리, 갈라진 곳 등 처리 미흡
- 초벌도색 견본시공에 대하여 건설사업관리 또는 감리자 미승인
- 옥상 장식난간의 하부 우레탄방수 벽에 수성페인트 칠로 마감 미흡
- 동 제연휀룸실, 동 유수검지장치실, 동 통신실 벽체 하부 우레탄 부위에 수성페인트 칠로 마감 미흡

– **공동주택 품질점검단 지적내용**

- 옥상 난간 및 파라펫 페인트 박리
- 옥상 도장 불량 및 부분적으로 초벌상태로 보임
- 옥탑층 계단실 벽면 페인트 들뜸 등 잔손보기 미흡
- 세대 내 창호부분 난간 바닥 페인트 잔손보기 미흡
- 지하주차장 천장 보수부분이 얼룩져 있음
- 지하주차장 천장의 흡음 뿜칠 부위 누수 발생
- 옥상 통기관 마감도장 미시공
- 옥상 청소용 고리 주위 도장 마감 미실시
- 승강기 기계실 바닥 에폭시 균열 발생

– **입주자 사전점검 지적내용**

- A공동주택의 경우 주부품질점검단 점검 결과의 도장공사가 9.04%로 세대당 1.4건 지적

• 외부 창틀주위 도장마감 불량, 외벽 도장 균열, 면 불량, 방화문 도색 불량 및 오염, 도장 긁힘, 외벽 기포, 문 주변과 스위치 주위 및 계량기 하부 도장 불량, 외벽 도장 들뜸, 도장 벗겨짐, 도장 일부 미시공, 타공부위 마감 불량, 문틀, 창틀, 바닥타일 오염 등

○ **(사례) 품질점검 지적내용 분석 결과 중점적으로 시공·확인·점검·조치사항**

– 도장 균열 및 마감 불량, 긁힘, 오염, 기포, 들뜸, 벗겨짐, 미시공 등

다체무늬 도장공사 오염	도장공사 바탕정리 미흡

제연휀룸실 걸레받이 도색 미흡	기계실 바닥 에폭시 균열

▲ 도장공사 지적사항 사진 사례

3.2.9 타일공사

○ **KCS 표준시방서**

- 현장 실측 결과를 토대로 타일나누기도 작성
- 타일의 박리 및 백화현상이 발생하지 않도록 시공
- 바닥면은 물고임이 없도록 구배를 유지하되, 1/100을 넘지 않도록 함
- (벽 떠붙이기) 타일 뒷면에 붙임 모르타르를 바르고 **모르타르가 충분히 채워져 타일이 밀착**되도록 바탕에 눌러 붙인다. 붙임 모르타르의 두께는 12~24mm를 표준으로 함
- 타일을 붙인 후 3일간은 진동이나 보행을 금지하고, 줄눈넣기가 완료된 후 7일 동안은 바닥에 설치된 타일 위를 보행하거나 통행해서는 안 됨
- **벽타일 붙이기 중 떠붙임공법**의 경우는 접착용 모르타르 밀착 정도를 검사하여 **중앙부를 기준으로 밀착 정도 80% 이상이면 합격처리**하고, 불합격시는 주변 8장을 다시 떼어내 확인하여 이 중 1장이라도 불합격이 있으면 시공물량을 재시공
- (접착력 시험) **타일의 접착력 시험**은 일반건축물의 경우 타일면적 200m² 당, **공동주택은 10호당 1호에 한 장씩 시험**, 시험은 타일 시공 후 4주 이상일 때 실시, 시험결과의 판정은 **타일 인장 부착강도가 0.39N/㎟ 이상**이어야 함

○ **LHCS 한국토지주택공사 시방서**

- **타일나누기 시공상세도 제출**은 타일의 마름질 크기와 줄눈 폭, 경사 및 드레인 주위 처리상세, 각종 부착물(수전류, 콘센트 등)주위 및 주방용구 설치부위 처리상세, 문틀주위 코킹홈 상세, 문양타일이나 별도색상의 타일을 사용할 경우 그 위치, 외장타일의 코너타일 시공 상세 등
- 타일공사 중에 주위의 **기온이 5℃ 이상 유지**되도록 하고 시공 후 동해를 입지 않도록 보양
- 바닥면은 물고임이 없도록 하고, 도면에 명시되지 않은 경우 욕실 및 세탁실의 경우 1/100, 발코니의 경우 1/150의 경사가 유지되도록 함
- **한중공사** 시에는 시공면을 보호하고 동해 또는 급격한 온도변화에 의한 손상을

피하도록 하기 위해 외기의 **기온이 2℃ 이하일 때에는 타일작업장 내의 온도가 10℃ 이상이 되도록 임시로 가설 난방 보온 등에 의하여 시공 부분을 보양**

○ **공동주택 하자의 조사, 보수비용 산정 및 하자판정기준**

- 법적근거 : 「공동주택 하자의 조사, 보수비용 산정 및 하자판정기준」 제17조(욕실 문턱 및 거울 변색), 제18조(타일)
- 하자 여부 판정
  - 욕실의 문턱이 다음에 해당하는 경우에는 시공하자로 봄
    - ▸설계도면에 욕실 깊이만 표시된 경우 문턱에서 측정된 단차가 배수구에서 문턱이 있는 벽체까지의 최단 직선거리 물매 100분의 1을 뺀 값에 미달하는 때
    - ▸설계도면에 문턱 단차가 표시된 경우 문턱의 단차 치수에 미달하는 때
    - ▸설계도면에 **욕실 문턱의 단차** 또는 깊이에 대한 표시가 없는 경우에는 물청소 시 물이 넘치지 않을 정도의 높이인 **50mm 깊이에 미달하는 때**
  - 욕실 거울이 부식방지를 위한 코팅처리가 되지 않아 변색된 경우에는 시공하자로 봄. 다만 입주자의 사용상 잘못이 인정되는 경우에는 그러하지 아니함
  - 타일에서 균열, 파손, 탈락 또는 들뜸 등의 현상이 확인되거나 배부름 또는 처짐 등의 현상이 발생하는 경우에는 시공하자로 봄
  - 벽체 타일의 뒤채움 면적이 모르타르 **떠붙이기 공법의 경우 80% 미만**일 때 또는 기타 접착제를 사용할 경우 표준사용량으로부터 환산된 접착요구면적에 미달할 때 시공하자로 봄. 단 시공하자가 아님에도 불구하고 분쟁이 발생한 경우에는 **타일의 접착강도 시험을 실시하여 접착강도가** 0.392Mpa(4kgf/㎠) **이상인 경우에는 시공하자로 보지 않음**

○ **(사례) 시공자의 시공계획서**(하자발생 유형 등)

- 조적면 단열재 수축 및 고정 불량에 따른 아트월 타일 단차 발생
- 욕실벽면 이질재 접합부 아이소핑크 시공으로 타일 균열 및 탈락 하자 발생
- 이질재와의 접합부위 균열 및 들뜸 발생
- 코너부위 및 이질재 접합부 균열로 인한 타일 탈락 발생
- 타일 바탕몰탈 시공 시 평탄성 확보 불량 및 타일의 뒤틀림 등으로 단차 발생
- 타일 시공 후 타공 장비 및 절차 부적절로 재시공 발생

- 욕실 수전주위 타공 불량으로 절단면 노출
- 욕실 타일 레벨불량 및 천장판 시공불량으로 벽타일 상부 틈새 발생
- 줄눈 시멘트의 배합비 미준수로 타일 줄눈시공 불량
- 테라죠 타일의 바닥면과 벽면의 교차구간이 고르지 못하여 틀어짐 현상 발생

○ **(사례) 품질점검 지적내용**

- **건설사업관리기술인, 감리원 지적 및 지시사항**
  - 타일 오픈조인트 잔손보기 미흡
  - 타일 이물질 오염 및 보양 누락
  - 타일 줄눈 밑 타일 코너 코킹 누락
  - 욕실 코킹 누락

- **공동주택 품질점검단 지적내용**
  - 옵션세대 거실바닥 폴리싱타일 평활도 불량
  - 옥탑 복도 바닥 타일 일부 줄눈 미시공
  - 화장실 줄눈 백시멘트 오염

- **입주자 사전점검 지적내용**
  - A공동주택의 경우 입주자 사전점검의 타일공사가 12%로 세대당 4.7건 지적
  - A공동주택의 경우 주부품질점검단 점검 결과의 타일공사가 17.82%로 세대당 2.7건 지적
  - 바닥타일 단차 물고임, 아트월 타일 접착 불량, 코너비드 고정 및 틈새 불량, 좌변기 주변 물고임 발생, 배수구 주변 물고임 발생, 세면대 아래 물고임, 폴리싱타일 깨짐 및 단차, 바닥타일 줄눈 불량, 욕실 타일 들뜸 및 실리콘 불량, 바닥 및 벽타일 들뜸, 타일 수직 수평 불량, 타일 바닥 오염 등

○ **(사례) 품질점검 지적내용 분석 결과 중점적으로 시공·확인·점검·조치사항**

- 단차, 접착불량, 물고임, 깨짐 및 균열, 들뜸, 수평 · 수직 불량, 오염 등

	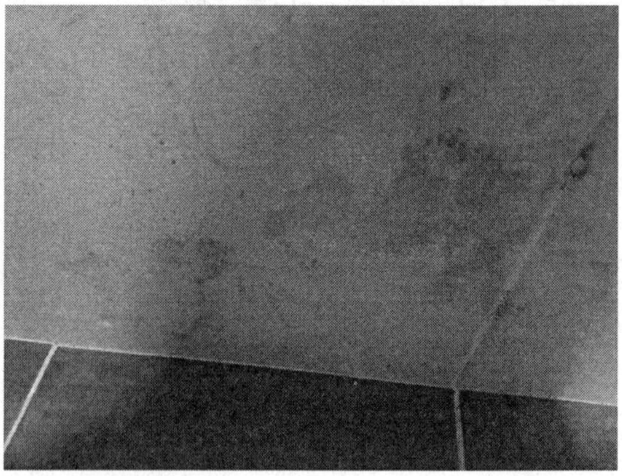
거실 벽체 아트월 타일 깨짐	욕실 벽타일 오염
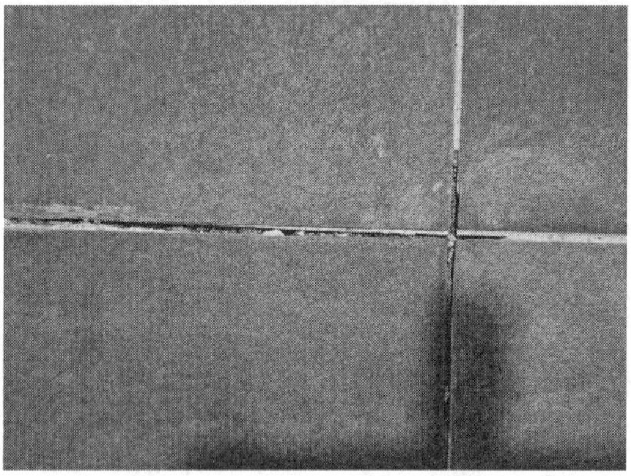	
욕실 바닥타일 줄눈 불량	EV홀 바닥 테라쵸타일 오염

이질재 접합부 실리콘 미시공	화장실 줄눈 백시멘트 오염

▲ 타일공사 지적사항 사진 사례

3.2.10 금속공사

○ **KCS 표준시방서**

- **코너비드 표면의 중심 위치를 정확히 정하여 이것을 기준**으로 하고 상, 하 양 끝을 수직으로 잡아 고정다리가 벌어지거나 틀어지지 않게 똑바로 설치
- **금속덮개(뚜껑)공사**는 **설치 전에 도장하는 것을 원칙**으로 하나, 여건에 따라 설치 전 도장이 어려운 경우에는 설치 후에 도장한다. 바탕상태의 녹막이처리가 손상된 부위는 미리 보수, 도장한 부위는 현장용접으로 변색되지 않도록 보양 및 시공순서를 정하여 설치
- **계단 난간류**의 각 **용접부**는 녹물이 새지 않도록 **완전히 밀봉되게 용접**하며, 치장부분은 그라인더, 줄, 연마지 또는 버프 문지르기 등으로 평활하게 마무리

○ **LHCS 한국토지주택공사 시방서**

- **난간 시공상세도 제출**은 난간의 설치, 접합, 정착에 관한 평면, 입면, 단면상세, 현장용접위치 및 구조체와의 이격거리, 부속재 및 고정철물의 설치위치, 바닥마감 후의 바닥경사에 따른 실제 난간의 높이 등
- **세대 발코니난간**은 본공사 시작 전에 승인된 시공계획서에 따라 견본시공 된 **난간의 집중하중에 대한 안전성을 검사**
- **옥상드레인**은 국토교통부 표준상세도에 준한 것으로 걸음쇠를 포함하여 주물제 또는 황동제를 사용하며 **주물제를 사용하는 경우는 녹막이 칠**을 하여야 함
- **금속사다리**는 세로부재와 가로부재의 연결은 세로부재에 가로부재가 끼워질 수 있도록 정확하게 구멍을 내어, 가로부재를 끼워 연결한 후 연결부위당 용접길이 10mm 이상 2개소를 용접
- **욕실**PD 등에 **점검용 홀을 설치**할 경우에는 PD **벽체 상부에 PD내를 점검할 수 있는 점검 홀을 PVC관(D 100mm 이상) 슬리브와 (개폐용) 캡으로** 시공함
- **계단, 복도 및 발코니드레인**은 PVC**재질로서 압축파괴성상에 이상 없는 제품**으로 함(4,900N)

○ **공동주택 하자의 조사, 보수비용 산정 및 하자판정기준**

- 법적근거 : 「공동주택 하자의 조사, 보수비용 산정 및 하자판정기준」 제19조(트렌치 시공 등), 제45조(준용 규정)
- 하자 여부 판정
  - 설계도서에 시공하도록 표시되어 있는 트렌치(Trench)를 시공하지 아니하여 물 넘침 등 기능상 하자가 발생한 경우에는 이를 미시공하자로 봄
  - 트렌치를 설계도서에 표시된 규격 및 재질 등에 미달되게 시공한 경우에는 변경시공하자로 봄. 다만, 트렌치의 깊이를 현장 상황에 맞도록 시공하여 바닥물매 및 배수로 길이 등을 고려할 때에 기능상 특별한 문제가 없는 경우에는 하자가 아닌 것으로 봄
  - 설계도면대로 시공하였으나 **트렌치의 바닥에 물이 장시간 고이거나 배수가 원활하지 아니한 경우에는 이를 시공하자**로 봄
  - 난간에 관하여는 「주택건설기준 등에 관한 규정」 제18조 및 「발코니 등의 구조변경절차 및 설치기준」 제5조를 준용하여 하자 여부를 정하

○ **(사례) 시공자의 시공계획서**(하자발생 유형 등)

- (난간공사) 일부구간 높이 부족, 선시공 후 타공정 시공 시 발코니 핸드레일 파손, 후 공정에 의한 난간대 오염
- 타공정 자재 이동으로 인한 파손
- 하부 고정상태 불량 및 미장 미작업으로 인한 파손
- 도장상태 불량 및 트렌치 부위 균열 발생
- 이동장비로 인한 파손
- 난간공사의 시공 후 타 공정 자재 운반 시 난간대의 도장면 훼손
- 지하주차장 출입구 트렌치 일부구간 미설치

○ **(사례) 품질점검 지적내용**

- **건설사업관리기술인, 감리원 지적 및 지시사항**
  - 배수 루프드레인 내부 거름망 미설치
  - 난간대 고정부위 도색 흘림 등 잔손보기 미흡
  - 주차라인 옆 트렌치 덮개 미사용

- 기계실의 배관 위, 관리사무소 등 건설다리 또는 사다리 미설치
- 저수조실 통로 건널다리의 발판 미설치
- 저수조실 측면 배수펌프 주위 통로의 배수펌프 버팀대 충돌 발생 예방을 위한 방호장치 미설치
- 생태연못 호안 안전난간 높이 미확보
- 장애인경사로 핸드레일의 스텐강관 용접이음부위 연마 등 평활하게 마무리 불량
- 펌프실 저수조 상부 덮개 잠금장치 미실시
- 펌프실 벽체 칼라강판 상부 마감 미실시
- 옥상 무동력 흡출기 인근 건물로 인하여 작동 곤란
- 발전기실 진입로 계단 밑 배수펌프 덮개 불량
- 저수조실 출입구 내부 및 외부 폐쇄형 트렌치 미설치
- 기계실 벽체 칼라강판 하부와 트렌치 사이 마감 미실시
- 갈라강판 결로방지를 위한 환기창 미설치
- 기계실 및 옥상 난간, 장애인경사로, 근린생활시설 계단 난간의 간살간격 10cm 초과
- 주차장에 설치된 펌프의 차량 및 출입부분 휀스 설치
- 주차장 출입구 높이 제한 봉 미설치

공동주택 품질점검단 지적내용

- 옥상 안전난간대 실질적 높이(1.2m) 미확보(난간 턱부터 안전높이 확보 권장)
- 옥상 안전난간대 난간살 세로형 미설치
- 지하주차장, 기계실, 전기실, 저수조실, 배수펌프실 등 출입구의 보행자 동선 트렌치의 폐쇄형 덮개 미설치
- 차량통행로를 가로지르는 트렌치를 무소음 트렌치 미설치
- 지상의 인도 등 통행로의 횡트렌치, 빗물 집수정에 설치하는 트렌치를 폐쇄형 미설치
- 기계실 등 배수펌프 집수정 덮개 규격 상이 및 미설치
- 거실 앞 난간의 고정부위 공장도색 부분에 수성페인트 오염부위 미제거
- 장애인경사로 핸드레일 용접 이음부위 연마 등 마감 불량
- 옥탑 등받이울 사다리 수직기둥 이음부위 연마 등 평활하게 마무리 불량

- 출입구 난간 및 핸드레일 고정상태, 강관이음 불량, 캡 미설치
- 저수조실 등받이울 사다리 잠금장치 미설치
- 옥상 배수를 위한 루프트레인 이중 거름망 미설치
- 잔디의 배수구 및 집수정 맨홀의 덮개에 고정형 이중 거름망 미설치
- 옥탑사다리의 옥탑난간과 사다리의 걸침부분 고정 미실시

– 입주자 사전점검 지적내용
  - 외부 난간 흔들림
  - 거실 난간대 흔들림
  - 난간대 고정 불량

○ **(사례) 품질점검 지적내용 분석 결과 중점적으로 시공·확인·점검·조치사항**

– 난간대의 높이 및 간살 간격 불량과 흔들림 **※ 시공상세도 및 자재공급원 승인시 검토**

– 통로구간 폐쇄형 트렌치 미설치

– 저수조 사다리 및 저수조 덮개 잠금장치 미설치

– 맨홀 덮개 미설치 및 규격 상이

– 맨홀 및 루프드레인 이중 거름망 미설치

– 주차장 출입구 높이 제한봉 미설치

– 도시가스 배관의 방범설비 미설치 등

통로위 배관 건널다리 미설치	도시가스배관 방범용 덮개 미설치

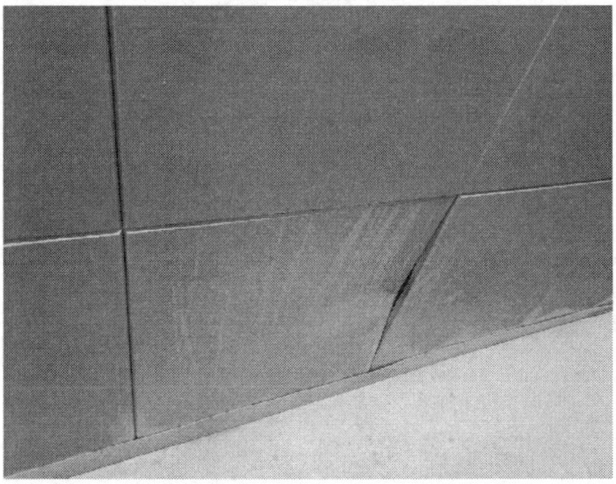

지하주차장 벽 칼라강판 훼손 및 환기구 미설치

기계실 통로 폐쇄형 트렌치 미설치

옥상 난간 기둥과 난간살 볼트 미체결

장애인경사로 난간 기둥과 기둥 간격 10cm 초과

옥상 턱부터 난간높이 1.2m 미달

저수조 상단 안전난간 미설치

▲ 금속공사 지적사항 사진 사례

3.2.11 수장공사

○ **KCS 표준시방서**

- 수장공사에 사용되는 자재는 환경관리 및 친환경시공이 고려된 것을 우선적으로 선정
- 접착제는 포름알데히드 방치량이 환경정책기본법에 적합한 제품을 사용
- 나누기도를 반드시 작성하여 자재의 손실이 최소가 되도록 함
- **접착제를 사용**할 경우, **실내온도가 5 ℃ 이하 또는 접착제가 경화하기 전에 5 ℃ 이하로 될 우려가 있을 때에는 난방** 등의 조치
- **콘크리트 부재**는 접합부에 틈새, 요철부, 휘어짐 등이 없이 평활하게 설치되어 있으며 충분히 건조
- **합판과 같은 보드류 바탕**은 나사나 못머리 등을 보드 표면보다 깊게 박아야 하며 틈새, 휘어짐 등이 없도록 평활하게 붙여야 함
- **정배지**는 직접 붙임 공정과 같은 방법으로 정배지를 붙이며 **코너 부위는 본드 시공을 실시**하여 **인장에 의한 벽지의 찢어짐을 방지**한다. **이음**은 공사시방에서 정한 바가 없을 때는 맞대거나 또는 3mm **내외 겹치기**로 하고 온통 풀칠하여 붙인 후, 표면에서 솔 또는 헝겊으로 눌러 밀착 시공

○ **LHCS 한국토지주택공사 시방서**

- **석고보드 및 방수석고보드 벽마감**은 석고보드를 부착하기 전에 **석고보드 하부를 뒷면 50mm, 전면 450mm 높이로 폴리에틸렌 필름으로 감싸거나 또는 기타 자재를 사용하여 습기침투 방지 및 시공 중 오염방지**를 위한 조치
- **온돌마루재의 바탕준비**는 바탕을 평탄하게 잘 다듬고 스테인 휠라, 바니스, 락카, 조합페인트 등의 오염물질을 완전히 제거하고 흙, 먼지 등을 깨끗이 청소. **바탕면은 습도 4.5%이내**의 건조 상태가 되도록 하고, 바닥면에 균열이 있거나 패인부분은 제조업자의 시공지침에 따라 충전재로 평탄하게 메꾸어야 함, 시공바닥면의 평활도가 3m당 2mm 이하, **접착제 시공시 적정 실내온도는 5℃ 이상을 유지**
- **합판마루 및 강화합판마루 깔기**는 벽면과 만나는 모서리나 코너부분, 문턱 앞부

분 등에 대해서는 면밀히 관찰, 조사하고 바닥굴곡이 있는 경우 접착제 도포량을 증가시켜 굴곡진 부분을 메워주고 모래 등으로 압착작업을 반드시 수행

- **강화마루판을 모두 설치한 후에는 제조업자가 제공하거나 추천하는 제품의 걸레받이로 마감**
- 온돌마루재 깔기 및 청소가 끝나면 **골판지 등으로 보양**
- **도배공사의 바탕정리**는 콘크리트 또는 미장 바탕면은 충분히 건조시키고 틈서리, 요철 등은 메우거나 샌드페이퍼, 사발 등으로 문질러 정리한 후 이물질 등을 깨끗이 청소하여야 함
- **현관의 바닥타일에 접한 벽면**에는 도배 후 오염방지를 위하여 **바닥에서 1,200mm까지 물 초배**를 하여야 함
- **벽지에 글라스텍스 마감**은 페인트는 친환경 무기질페인트로서 총휘발성 유기화합물 0.10mg/m2·h 미만, 폼알데하이드 0.015mg/m2·h 미만의 제품 [실내공기질공정시험방법[환경부]으로 측정] 을 사용함

○ 공동주택 하자의 조사, 보수비용 산정 및 하자판정기준

- 법적근거 : 「공동주택 하자의 조사, 보수비용 산정 및 하자판정기준」 제34조(도배), 제35조(바닥재)
- 하자 여부 판정
  - 시공상 결함 등이 원인이 되어 **도배지 및 시트지에서 발생한 들뜸, 주름, 이음부 벌어짐 등으로 인해 미관상 지장을 초래**하는 경우에는 **시공하자**로 봄. 단, 봉투바름 등 시공특성으로 발생하는 들뜸 등의 현상은 하자로 보지 아니함
  - 시공상 결함 등이 원인이 되어 바닥재에 발생한 파손, 들뜸, 삐걱거림, 벌어짐, 단차, 솟음 등이 안전상, 기능상 또는 미관상 지장을 초래하는 경우에는 시공하자로 봄. 단, 시공특성으로 발생하는 벌어짐 등의 현상은 하자로 보지 아니함

○ (사례) 시공자의 시공계획서(하자발생 유형 등)

- 문틀, 몰딩 주위 과도한 틈새 발생으로 벽지 수축 시 꼬임 등 하자 발생
- 이음부위 무늬 등을 맞추어 미시공
- 몰딩, 문틀, 문짝 등을 풀로 오염시키고 미청소
- 작업 후 급격한 건조로 조인트 벌어짐 및 터짐 발생

- 정배 완료 후 세대 내 잦은 출입으로 코너 부위 오염 및 훼손 발생
- 커튼박스, 문선과 도배 틈새 과다 발생
- 천장의 석고 단차 및 조인트 부위 파손으로 이음부 처리 불량
- PL창호 주위 도배지 커팅 불량
- 벽면 견출 미흡 및 거칠어서 벽지 밀착 불량
- 몰딩, 걸레받이 벽면 불량, 인코너 석고 틈새, 등기구 사이즈 보다 큰 타공으로 도배 마무리 불량
- 거실 도배의 코너 들뜸 및 걸레받이 이음부 탈락, 오염 및 처리 불량
- 현관 도배의 코너 오염 및 파손, 신발장 수평, 수직 불량으로 마감 불량
- 침실 및 드레스실 도배의 들뜸, 이음불량, 도배면 처리 불량, 찍힘 및 파손 발생
- 도배 부위의 누수 및 곰팡이 발생
- 석고보드 이어붙임과 침실도어의 충격, 풍압으로 인한 도배 터짐 발생
- **(마루공사)** 몰탈면에 과도한 레이턴스와 비산먼지, 온도의 급격한 상승가열로 하자 발생, 강마루의 찍임, 오염 등 발생, 락스, 염산, 산성인 세재로 청소 시 시공 후 하자 발생

○ **(사례) 품질점검 지적내용**

- **건설사업관리기술인, 감리원 지적 및 지시사항**
  - 키즈클럽 벽체마감제 방염 여부 미표시
  - 냉장고 후면 도배 마감 미처리
  - 바닥 타일과 온돌마루 접합부 재료분리대 단차 발생
  - 강마루 시공 후 출입문 부위 등 들뜬 부위 발생
  - 치장목질 마루판 견본시공 시 걸레받이 밑으로 최소 수축팽창을 고려하여 2~3mm 이상 시공하였으나, 본공사 시 미이행

- **공동주택 품질점검단 지적내용**
  - 어린이집, 경로당의 방염벽지 미시공

- **입주자 사전점검 지적내용**
  - A공동주택의 경우 입주자 사전점검의 도배공사가 20%로 세대당 8.1건, 마루

공사가 10%로 세대당 4.1건 지적

- A공동주택의 경우 주부품질점검단 점검 결과의 도배공사가 23.13% 세대당 4.2건, 마루공사가 5.8%로 세대당 0.9건 지적
- PL창호 틀 부위 벽지 들뜸 발생
- **도배공사**의 천장, 벽 이격 들뜸, 오염, 벽 하부 걸레받이 간 도배 태움 불량, 천장 도배 파손 들뜸 찍힘, 전열등 모서리 벽지 불량, 창틀 상단 도배마감 불량, 벽 도배 울음, 천장도배 이음부 이격, 벽 도배 면처리 불량, 샤시틀 상단 도배 태움 마감 불량, 전등주변 도배마감 불량, 벽 도배지위 실리콘 발라져 있음, 벽 도배 이색, 벽 모서리 도배 이음 불량, 벽 및 천장 도배 주름, 벽지 찢어짐, 벽 및 천장 도배 틈새 등
- **마루공사**의 강마루 밟을 때 분합창 소음, 바닥 처짐 및 단차 이상, 마루 들뜸 불량, 걸레받이 코킹 미시공, 실리콘 마감 불량, 바닥 수평 불량, 도장 오염, 바닥 및 실리콘 변색, 마루 코킹 탈락, 바닥 재료분리대 이격 및 틈새, 바닥 마루 간 틈새, 걸레받이 벌어짐, 마루 파손 및 찍힘, 코너벽 몰딩 흠집 등

○ (사례) 품질점검 지적내용 분석 결과 중점적으로 시공·확인·점검·소치사항

- **도배공사**의 이격, 들뜸, 오염, 태움 불량, 파손, 찢어짐, 이음 불량 등
- **마루공사**의 소음, 처짐 및 단차, 들뜸, 재료분리대 이격 및 틈새, 찍힘, 수평 불량, 오염, 코킹의 탈락, 미시공, 변색, 걸레받이 불량 등

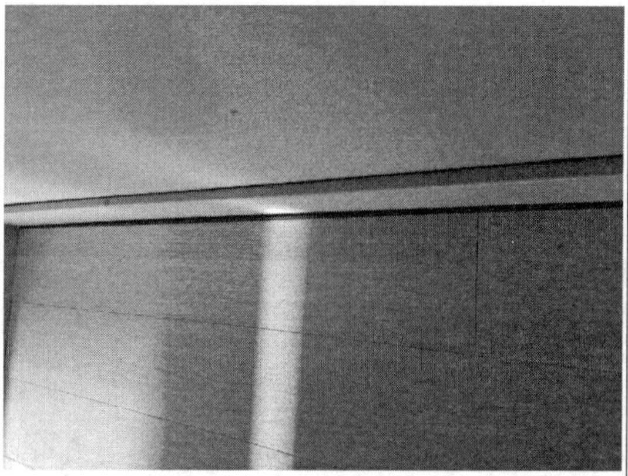	
걸레받이 주변 마루 이격 시공	마루 걸레받이 벌어짐
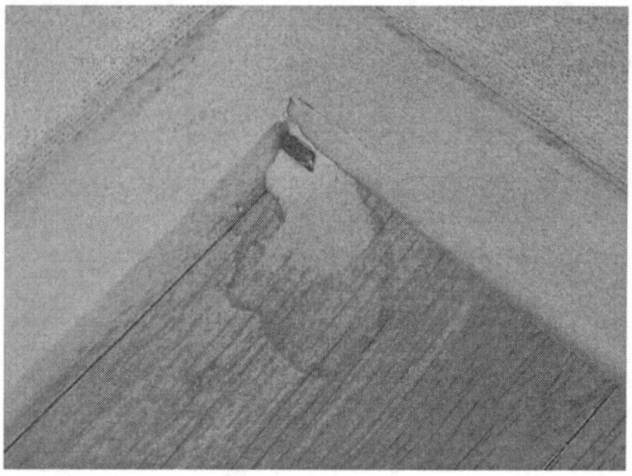	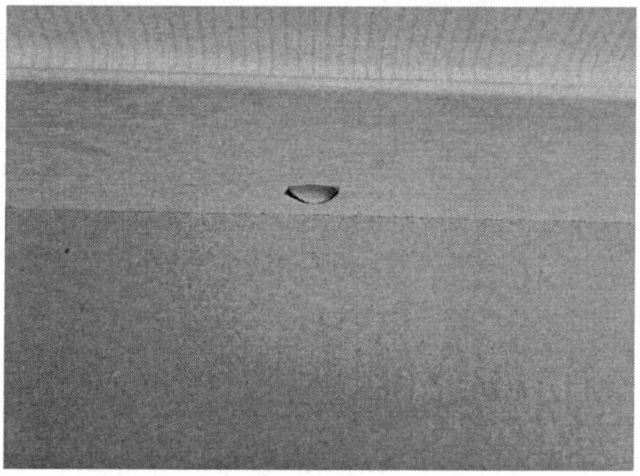
마루 오염	걸레받이 깨짐

벽체 벽지 찢어짐	벽지 들뜸 및 걸레받이 태움 불량

▲ 수장공사 지적사항 사진 사례

3.2.12 천장공사

○ **KCS 표준시방서**

- 환경마크, 탄소마크, 환경성적표지 등 공인된 친환경 재료를 우선 사용
- **천장공사 재료**는 전 과정에 걸쳐 **에너지 소비와 이산화탄소 배출량이 적은 것을 우선적으로 선정**하고, 석재나 흙, 식물을 자원으로 하는 **친환경 재료의 사용을 고려**
- **달대볼트 설치는 천장 깊이가 1.5m 이상**인 경우에는 가로, 세로 1.8m 정도의 간격으로 달대볼트의 **흔들림 방지용 보강재를 설치**
- 석고 보드류는 경량철골 천장틀에 300 ㎜ 이내의 간격으로 접합용 나사못으로 고정하되, 각 나사못의 위치가 일직선이 되도록 함

○ **LHCS 한국토지주택공사 시방서**

- **시공상세도 제출**은 바탕 프레임 설치도, 자재 분할도 및 고정철물 설치간격 및 각종 보강 철물 설치 위치도, 자재 부착 입면 상세도, 전등보강상세를 포함 등
- **톱날달대**의 시공 시 **설계보다 긴 규격을 사용**하여 자르거나 구부려 마감하지 않도록 함
- **조명기구** 등의 기구부착으로 처지거나 비틀리지 않도록 **기구양단에 보강재를 설치**하되, 보강재 설치위치는 **전기공사 수급인과 협의**하여야 하고, **등박스 설치부위**는 조명기구 설치에 지장이 없도록 M-BAR로 **별도 보강**하여야 함

○ **(사례) 시공자의 시공계획서**(하자발생 유형 등)

- 우물천장 모서리 부리에 조인트가 발생하여 추후 도배 터짐 하자 발생
- 설비, 전기, 환기, 에어컨 설치 등에 따른 석고보드 이음부위 과다 발생
- 벽체와 몰딩 유격 틈 발생, 모서리 연귀맞춤 불량 및 틈새 발생

○ **(사례) 품질점검 지적내용**

- 건설사업관리기술인, 감리원 지적 및 지시사항
  - 천장과 벽 마무리 미흡
  - 경량철골천장틀 설치 마이너채널 설치 누락

• 지하 EV홀 천장 깊이가 3.2m이나 달대볼트의 흔들림 방지용 보강재를 미설치

- 입주자 사전점검 지적내용
  • 욕실 천장공사의 코킹 마감 불량, 내부 정리 마감 불량, 천정 틈새 및 파손 등

○ **(사례) 품질점검 지적내용 분석 결과 중점적으로 시공·확인·점검·조치사항**

- 달대 흔들림 및 보강재 미시공, 천장재 이격(틈새) 및 파손, 코킹 마감 불량, 내부정리 마감 불량, 마이너채널 미시공 등

천장재 이격 및 타카 시공 불량

천장재 단차 시공

석고보드 천장재 파손

▲ 천장공사 지적사항 사진 사례

3.2.13 창호 및 유리공사

○ **KCS 표준시방서**

- 알루미늄 합금제 창호공사는 창틀 및 문의 제작은 반드시 현장실측을 통하여 사전승인 받은 창호제작상세도와 비교하여 일치 여부를 확인한 후 개구부 크기나, 창호 주변의 마감 방법 등의 변경 여부를 담당원과 협의, 승인 후 제작에 착수
- **목재창호공사**
  - 접착성은 서로 인접하는 단판의 섬유 방향이 직교하는 베니어 코어 합판은 내수 인장 전단 접착력 시험에서 접착력이 0.7N/mm² 이상일 것
  - 합수율은 13% 이하일 것
  - 흡수성은 흡습량이 0.4 g 이하일 것
  - 포름알데히드 방산량의 완전무취는 포름알데히드 방산량 시험에서 포름알데히드 방산량이 평균 0.5mg/ 이하이고, 최대 0.7mg/ 이하일 것
- **합성수지제창호 고정철물은 틀재의 길이가 1m 이하일 때는 양측 2개소에 부착**하며, **1m 를 초과할 때는 0.5m마다 1개씩 추가**로 부착
- **복층 유리, 접합 유리, 망 판유리**의 경우 **개스킷을 설치하기 이전에 유리홈 내에 배수구**(weep hole)**가 있는지를 확인**

○ **LHCS 한국토지주택공사 시방서**

- **알루미늄창호 시공상세도 제출**은 창호유형별 설치일람표, 창호설치 및 보강방법과 관련공사와의 연결사항, 앵커의 크기 및 간격, 유리 끼우기 방법 등
- **합성수지재창호**는 창의 개폐충격 완화 및 손잡이, 잠금장치 등의 파손방지를 위하여 창틀 또는 창짝 상·하부에 합성수지제 스토퍼를 부착하여야 하며, 스토퍼의 형상 및 규격은 기능상 적합하여야 함
- **합성수지재창호**는 **물이 고이지 않도록 방충망 레일**에는 창 너비에 따라(창 너비 1.5m 이하 2개소 이상, 1.5m 초과 3개소 이상) **물흘림 구멍**(drain hole)을 설치하고 창짝이 설치되는 레일에는 창짝의 반대편 레일(단창 및 이중창(외부창) 2개소 이상, 이중창(내부창) 1개소 이상) 설치하여야 함

- **목재창호 시공상세도 제출**은 창호 유형별 설치일람표, 창호의 입면 및 단면, 벽체 유형별 창호의 설치 상세 및 조립방법, 문틀고정 철물의 위치 및 수량, 고정방법 등
- **강제셔터(자동방화셔터) 시공상세도 제출**은 셔터설치 일람표를 포함한 창호 배치도와 셔터 유형별 입면, 셔터 구성부재의 형상과 두께, 조인트 및 연결부 상세, 옆홈대 상세, 앵커방법 및 상세, 창호철물 설치방법과 위치, 셔터케이스 지지상세, 전동기, 제어기, 개폐기 및 전기부품 설치상세 등
- **대피공간 방화문**은 문짝 및 문틀은 KS F 3109 성능기준에 충족하는 제품을 사용하며, 재료·제작·도장은 이 기준 세대현관문에 따른다. 개스킷은 이 기준에 따라 방화용 개스킷을 적용하며 KS표시품이 있는 자재는 이를 우선 사용
- **방범용 방충망**의 **스테인리스 방충망**은 외부충격에 이탈되지 않도록 PVC쐐기에 물려 알루미늄 틀에 삽입하여야 하며 KS F 4760에 의한 국**부압축시험결과가 6000N이상, KS L 2002에 의한 쇼트백충격시험**(낙하높이 1,200mm)에서 시험체의 손상이 없어야 함

○ **공동주택 하자의 조사, 보수비용 산정 및 하자판정기준**

- 법적근거 : 「공동주택 하자의 조사, 보수비용 산정 및 하자판정기준」 제10조(누수), 제21조(목재 창호), 제22조(창호 기능)
- 하자 여부 판정
  - (누수 창호하자 상시) 창호의 외부에 면한 부위에서 **빗물 등이 내부로 스며드는 누수, 문틀 주위의 실링(=코킹) 등의 처리가 불량**하여 발생한 누수
  - (누수 창호하자 일시) 창호 내부면 주위에 물이 남아 있거나 흔적이 있는 경우
    ※ 사용상 또는 유지관리 부실로 발생한 누수는 하자에서 제외
  - 물을 사용하는 욕실과 세탁실, 샤워실과 같은 곳에 설치된 문짝 상・하부의 마구리면에 래핑지 또는 조합페인트 등으로 마감하지 않은 문짝의 경우 미시공하자로 봄. 다만, 물을 사용하지 않는 공간은 부식될 여지가 없으므로 하자가 아닌 것으로 봄
  - 창호의 틀과 짝의 **수직・수평 및 닫힘 상태가 불량**하여 문(門)을 열고 닫는 것이 용이하지 않거나, 기밀성이 현저히 떨어지는 등 기능상 지장을 초래할 경우에는 시공하자로 봄
  - 거실, 침실 또는 발코니 등의 바닥에서부터 천장까지 트여 있는 부위에 설치한

미서기문 또는 미닫이문에 손잡이를 설치하지 아니하여 문을 열고 닫을 때에 기능상 지장을 초래하는 경우에는 시공하자로 봄. 다만, 문을 열고 닫을 때에 문제가 없는 경우에는 하자가 아닌 것으로 볼 수 있음

- **침실의 방 여닫이문의 하부에 문턱이 없는 경우**에는 그 여닫이문의 하부와 바닥 간의 틈새가 과다하거나 그 **틈새를 최소화할 수 있는 장치(모헤어, 고무재질 등)를 설치하지 아니한 경우에는 시공하자**로 봄
- 수동식 또는 전자식 잠금장치가 미설치, 기능불량, 작동불량 등으로 안전상, 기능상 또는 미관상 지장을 초래할 경우에는 시공하자로 봄

○ **(사례) 시공자의 시공계획서**(하자발생 유형 등)

- PL창호의 화스너 시공 및 수평 불량, 무늬목 손상, 수평 · 수직 불량
- 목창호의 방바닥 미장면 레벨 ±3mm 이상으로 인하여 개폐 불량, 문틀 시공 후 이사 이동으로 찍힘 현상 발생
- 대피공간 방화문틀 주위 몰탈 미사춤으로 방화구획 미확보
- 문틀, 문짝 코너 및 유리 고정테 연귀 단차 발생
- 내부 목무늬 래핑지 흠집 및 손상
- 창짝 용접부위 단차 발생
- 도어 유리하중으로 하부 처짐으로 바닥 손상
- 문틀 하부 수평불량 및 시춤 불량으로 문짝 수직상태 불량
- 문짝 오염부위 제거 시 래핑지 손상
- 유리 삽입시 기밀유지구 탈착
- 보양용 비닐제거하지 않고 코킹 시공으로 내부 코킹마감 불량
- 문틀 시공 후 중량 물 시공 시 하부씰에 충격이 가해져 하부씰 밀심현상(실링(Sealing) 재료가 제자리에서 밀려나거나 불룩하게 튀어나오는 현상) 발생
- 도어클로우저 연결을 일찍 체결하여 작업자 투입 시 하부 고임목에 의한 경첩 벌어짐 및 문짝 파손
- 문틀 하부씰 보양판 일찍 제거하여 문틀 하부씰 파손

○ **(사례) 품질점검 지적내용**

- **건설사업관리기술인, 감리원 지적 및 지시사항**

- 지하주차장 방화문 씰 찍힘 발생
- 세대 내 출입문 손끼임 장치 양면 미설치
- 미서기문 완충 스토퍼 미설치
- 대피공간 방화문 개스킷 및 도어클로우저 미설치
- 발코니 창호 방충망 미설치 및 풍지판 누락
- 욕실 샤워부스 유리문 흔들림 발생
- 옥외 안전난간 접합유리 미시공
- 방화문틀 주위 몰탈 사춤을 실시하지 않고 우레탄 폼 시공
- 외부 창호 프레임과 천장 보이는 틈 사이 미충전
- 침실 출입 목재문틀 보양하면서 스테이플로 고정하여 흠집 발생
- 기계실 AL창호틀 주위 코킹 미실시
- 옥상 출입문 방화문짝 찌그러짐
- 승강기 기계실 방충망 미설치
- 기계실 출입문 고정을 위한 경첩 나사못 일부 미시공

– 공동주택 품질점검단 지적내용

- 계단 창호 보양테이프 미제거
- 욕실 유리칸막이 하부 물 유입방지 미조치
- 중문 소음방지 눈물 미부착
- 주방 발코니 PL출입문 손끼임 방지장치 미설치
- 세대 내 출입문 손끼임 방지장치의 출입문 모서리면 고정부의 양면 미설치
- 침실 PL창호 개폐 시 프레임 흔들림 발생
- 방재실에 설치된 감시용 창의 방화유리 미사용

– 입주자 사전점검 지적내용

- A공동주택의 경우 입주자 사전점검의 PL창호공사가 8%로 세대당 3건 지적
- A공동주택의 경우 주부품질점검단 점검 결과의 목창호가 7.14%로 세대당 1.1건, PL창호가 7.13%로 1.1건 지적
- PL창호 긁힘 및 찍힘 등 더러움과 손상 발행
- **PL창호공사**의 창짝 수평 · 수직 불량 , 창문 개폐시 걸림, 창틀 찍힘, 모서리

파손, 개폐시 소음발생, 긁힘, 스토퍼 및 충격방지패트 미시공, 아래 위 단차 맞지 않음, 개폐불량, 외부 코킹 블량, 창틀 오염, 개폐시 레일 소음 발생, 창호 마감 들뜸, 바람 새어 들어옴 등

- **방화문공사**의 문짝 밀폐 불량, 문틀 긁힘 불량, 도어클로저 유압조절 불량, 현관문 개폐 불량, 하부씰 찍힘, 현관문틀 찌그러짐, 손잡이 흔들림, 현관문 중간 경첩 미시공, 현관문 고정 불량, 문짝 내부손잡이 탈락 등
- **목창호공사**의 문짝 유격, 도어 밀폐시 프레임 간섭 및 잘 안닫힘, 오토씰 작동 안됨, 목문 닫힘 불량, 도어 잠금장치 작동 불량, 문 손잡이 너무 뻑뻑함, 문틈이 밀면 틈생김, 문틀 문선 이격 고정 불량, 도어 손잡이 탈락, 손잡이 수평 불량 , 목문짝 수평 · 수직 불량, 목 문틀 긁힘 및 오염, 문틀 문선간 이격, 문틀 코너 코킹 미시공, 문틀 상부 이격, 문짝 하부 파손, 문틀 및 문짝 찍힘, 문틀 필름 찍힘, 문틀 타카 자국 발생 등
- **샤워부스공사**의 문 여닫힘 시끄럽고 닫힐 때 너무 강하게 닫힘, 샤워부스틀 고정불량, 샤워부스 도어 상단 고정 불량, 샤워부스 문틀 흔들림 심함, 샤워부스 도어 물가림막 미시공, 샤워부스 칸막이틀 우측 하부 이격 마감 불량, 샤워부스 실리콘 틈새 불량, 샤워부스 유리 벽면 오염 등
- **유리공사**의 유리파손 칼로 그은 자국, 창문 유리 코킹불량, 창문 하단 실리콘 미시공, 실리콘 부분 찍힘 등

○ **(사례) 품질점검 지적내용 분석 결과 중점적으로 시공·확인·점검·조치사항**

- **PL창호공사**의 수평 · 수직 불량, 파손 및 찍힘, 긁힘, 소음 발생, 아래 및 위 단차, 개폐불량, 들뜸, 오염, 스토퍼 및 충격방지패드 미시공, 코킹 불량, 방충망 미설치 등
- **방화문공사**의 밀폐 불량, 긁힘, 도어클로저 유압조절 불량, 개폐불량, 하부 씰 찍힘, 파손 및 찌그러짐, 손잡이 시공 미흡 및 미시공, 경첩 시공 불량 등
- **목창호공사**의 오토씰 미작동, 문짝 유격, 목문 닫힘 불량, 잠금장치 불량, 손잡이 미시공 및 불량, 수평 · 수직 불량, 긁힘 및 오염, 파손 및 찍힘, 문선 이격, 타카 자국 및 코킹 미시공, 세대 내 출입문 손끼임 방지장치 양면 미설치 등
- **샤워부스공사**의 고정불량, 흔들림, 물가림막 미시공, 유리면 오염, 이격, 실리콘 틈새 불량 등
- **유리공사**의 칼 자국, 코킹 불량 및 미시공, 실리콘 부분 찍힘 등

AL창틀 실리콘 마감 미흡으로 오염

기계실 출입문 경첩 나사못 일부 미시공

저수조실 출입문틀 주위 사춤 미실시

출입문 손끼임 장치 양면 미설치

실외기실 갤러리 창호 수동조작(화재위험)

목 문틀 오염

▲ 창호 및 유리공사 지적사항 사진 사례

3.2.14 가구공사

○ **LHCS 한국토지주택공사 시방서**

- **주방가구**는 물버림대, 조리대, 코너대, 가스대, 벽장 및 그 부속품으로 구성되며 **한국주택가구협동조합**(이하 주택가구조합이라 한다)의 **우수단체표준 제품**이어야 함
- **목재**는 경질섬유판(HDF : high density fiber board)의 품질은 KS F 3200에 규정한 보통 경질판으로서 두께3mm(±0.3mm) 이상, 폼알데하이드 방산량(E0) 이상의 것을 사용, **함수율 12% 이하**의 것을 사용
- **주방가구 상부장 설치**는 **콘크리트 벽체에 직접 설치되는 보강목**(시공목, 18x45 이상)은 **상부장 길이가 600mm 이하는 2개소 이상, 600mm 초과는 3개소 이상**을 42~54mm **타격용 콘크리트못 또는 타격앵카용 볼트로 고정**한다. 다만, 1개**의 연속된 보강목(시공목)을 사용할 경우 300mm이내 간격**(양단 100mm 이내의 지점에서 첫단 고정)**으로 고정**하되, 상부장 뒷판 나사못 고정위치를 고려하여 조정함
- **주방가구 상부장**은 **단체표준에 따라 추락 안전성** 시험, **신발장**은 **전도 안전성** 시험을 품질검사대행기관, 공인시험기관에 의뢰함

○ **공동주택 하자의 조사, 보수비용 산정 및 하자판정기준**

- 법적근거 : 「공동주택 하자의 조사, 보수비용 산정 및 하자판정기준」 제37조(가구)
- 하자 여부 판정
  - 시공사가 설치한 주방가구, 수납가구를 포함한 가구류 등의 **깨짐, 들뜸, 수직·수평불량, 고정불량(탈락위험), 개폐불량, 이음매 처리불량 등이 시공상 결함**을 원인으로 하여 **안전상, 기능상 또는 미관상 지장을 초래하는 경우 이를 시공하자**로 봄

○ **(사례) 시공자의 시공계획서**(하자발생 유형 등)

- 일반가구의 엣지 떨어짐 및 마감자재 훼손·파손
- 일반가구 측면 마감재 사이 이격 및 단차 발생

- 일반 및 주박가구 수평 · 수직 설치 불량
- 일반 및 주방가구 문짝 개패불량 및 소음 발생
- 일반가구 문짝 개폐 시 타공정 간섭
- 일반가구 벽체와 장사이 틈새 과다
- 일반가구 보양 미실시로 흠집 · 파손 · 찍힘 · 오염 발생
- 주방가구 측면, 상부 접합부위 틈새 발생 및 코킹 불량

○ **(사례) 품질점검 지적내용**

- **건설사업관리기술인, 감리원 지적 및 지시사항**
  - 가구의 서랍, 출입문 등 개폐 불량
  - 가구의 문짝, 거울 등 고정 불량
  - 문틀 하부의 단차 및 이격 시공
  - 가구의 필름 들뜸
  - 가구 환기커버 및 서랍 등 피스커버, 옷걸이 봉, 손잡이, 코킹 미시공
  - 문짝의 수평수직 불량
  - 가구의 오염 및 전등스위치 작동 불량
  - 가구의 상부 마감판 이격(틈새)
  - 신발장, 붙박이장, 문 등 파손
  - 가구의 흠집 및 찍힘 등

- **공동주택 품질점검단 지적내용**
  - 각종 수납장 소음방지 눈물 미부착
  - 아일랜드 싱크대 상판 모서리 라운딩 미처리
  - 수납장 열림 후 도배벽체와 접촉부분 보로 쿠션 미설치
  - 세대 내 가구의 서랍의 개폐가 유연하지 못함
  - 주방 발코니 세탁기와 건조기가 수직조합일 경우 선반의 높이가 맞지 않음
  - 주방가구 상부장 피스 덮개 누락
  - 주방가구 입식장 상 · 하 환기랩 미설치

- **입주자 사전점검 지적내용**

- A공동주택의 경우 입주자 사전점검의 가구공사가 17%(주방가구 8%, 일반가구 7%, 시스템가구 2%)로 세대당 주방가구 3.1건, 일반가구 2.9건, 시스템가구 0.6건 지적
- A공동주택의 경우 주부품질점검단 점검 결과의 가구공사가 9.95%(주방가구 3.6%, 일반가구 6.23%, 시스템가구 0.12%)로 세대당 주방가구 0.54건, 일반가구 0.94건, 시스템가구 0.02건 지적
- **일반가구공사**의 문틀 파손 긁힘, 찍힘, 문틀 하부 이격 마감 단차 불량, 피스커버 미시공, 코킹 미시공, 경첩 고정불량, 내부 전선 마감 미시공, 문짝 경첩 간섭 불량, 가구 파손 불량, 가구 거울 고정 불량, 환기커버 미시공, 신발장 몰딩 불량, 필름지 불량, 옷걸이 봉 누락, 서랍 오염, 자동속도 조절장치 미시공 등
- **주방가구공사**의 상부장 및 하부장 긁힘 찍힘, 가구 피스커버 미시공, 문짝 단차, 하부장 선반 틈새 벌어짐, 모서리 들뜸, 전기밥솥자리 레일 뻑뻑함, 문틀 주변 코킹 미시공, 필름지 까짐, 냉장고장 틀간 틈새 과다, 하부 선반 미시공, 선반 흔들거림, 피스자리 스티커 미부착, 홈바 전원스위치 미시공, 상부장위 전선정리 불량, 상부장 LED 불량, 선반 고정핀 누락 등
- **시스템가구공사**의 목패널 벌어짐 및 단차, 고정서랍장 하부마감 불량, 시스템가구 설치 불량, 벽패널 흠집, 가구선반 상부 전선정리 불량, 고정 불량, 선반 단차, 바닥 고정 들뜸, 목패널 컷팅부 노출 등
- **욕실장공사**의 거울상 노어 개폐시 냄퍼 누락, 배수설이 젠나이 산섭, 상식상 슬라이드 불량, 욕실장 댐퍼 불량, 수건장 내부 콘센트 소켓 거꾸로 설치, 거울장 오염, 욕실장 기포 발생 및 수납장 찍힘, 세면대 벽 젠다이 하부 코킹 마감 불량, 욕실장 고정 불량 등
- **주방상판공사**의 상판전체 고정 불량, 들뜸 및 스크래치, 싱크상판 하부코킹 미시공, 싱크상판 타공 마감 미시공, 주방 상판 하부 틈새과다, 주방상판 오염, 주방상판 이색 및 변색, 상판 및 벽 타일 경계 코킹 누락, 상판 긁힘 오염, 주방 상판 코너 부분 흠집 및 까짐 등

○ **(사례) 품질점검 지적내용 분석 결과 중점적으로 시공·확인·점검·조치사항**

- **일반가구공사**의 파손 및 긁힘, 찍힘, 이격 및 단차, 피스커버 및 코킹 미시공, 파손, 경첩 고정불량 및 간섭, 환기커버 및 옷걸이 봉 미시공, 몰딩 불량 등

- **주방가구공사**의 파손 및 긁힘, 찍힘, 피스커버 미시공, 문짝 단차, 선반 및 전원스위치 미시공, 선반 틈새와 흔들거림 및 미시공, 코킹 미시공 등
- **시스템가구공사**의 패널 벌어짐 및 단차, 고정서랍장 하부마감 불량, 가구 설치 불량, 고정불량, 바닥 고정 들뜸, 선반 단차, 패널 흠 및 찍힘 등
- **욕실장공사**의 댐퍼 미시공, 슬라이드 및 댐퍼 불량, 오염 및 기포 발생, 고정불량, 찍힘 및 코킹 마감 불량 등
- **주방상판공사**의 고정 불량, 들뜸 및 스크래치, 싱크상판 하부코킹 미시공, 상판하부 틈새 과다, 상판 오염, 변색, 이색, 긁힘, 흠집 및 까짐, 코킹 미시공 등

일반가구 붙박이장 상·하 환기구 미설치

▲ 일반가구 지적사항 사진 사례

3.2.15 기타공사

○ **KCS 표준시방서**

- (외벽공사) **금속커튼월의 기밀성능**은 75Pa부터 최대 299Pa 압력차에서 시행하며, 공기유출량은 고정창의 경우 18.3ℓ/m2 · min 이하이어야 하고, **개폐창**의 경우에는 23.2ℓ/m · min 이하가 되도록 설계, **수밀성능**은 설계 풍압 중 정압의 20% 또는 299Pa 중 큰 값의 압력 차에서 수행하며 최대 720Pa를 넘지 않도록 한다. **살수**는 3.4ℓ/㎥ · min의 분량으로 15분 동안 시행

○ **LHCS 한국토지주택공사 시방서**

- 조립식전열보드온돌공사는 절연저항은 500V 메가로 측정하여 50MΩ/km 이상이어야 함
- (외벽공사) **알루미늄커튼월 시공상세도 제출**은 각층 평면도 및 주단면도, 방위별 입면도, 부위별 단위 평면도, 입면도, 단면상세도, 수직, 수평부재 및 부재간의 접합 상세도, 익스팬션 조인트 단면상세도, 부분보강 상세도, Weather stripe 재질 및 방법, 결로수 처리방법 상세도, hardware 재질 형상 및 위치, 유리끼우기 및 고정방법, 단열재의 설치 및 고정방법, 긴결철물 상세 및 위치도, 압출형재 단면상세도(누수방지 상세, 단열상세 포함), 석재 및 주변마감재의 접합부 상세도, 커튼월 앙카 상세도, 패스너(fastener), 설계도면, 시공도에 따른 압출형재의 단면형상에 구조적인 안정성을 만족할 수 있는 두께를 반영한 **구조계산서를 제출하여 공사감독자(감리원, 건설사업관리자)의 승인**을 받아야 함

○ **공동주택 하자의 조사, 보수비용 산정 및 하자판정기준**

- 법적근거 : 「공동주택 하자의 조사, 보수비용 산정 및 하자판정기준」 제40조(승강기), 제41조(보도 · 차도), 제42조(지하주차장), 제43조(옹벽)
- 하자 여부 판정
  - (승강기) 시공상 결함 등이 원인이 되어 승강기의 버튼 또는 호출기능 작동불량, 비상통화장치 작동불량, 승강기와 승강장 사이 이격과다 및 수평불량 등이

발생하여 안전상, 기능상 지장을 초래하는 경우 이를 시공하자로 봄

- (승강기) 시공상 결함 등이 원인이 되어 발생한 내부 마감재의 파손, 탈락, 고정불량 등이 발생한 경우 이를 시공하자로 봄
- (승강기) 「승강기 안전관리법」 제31조 및 제32조에 따라 실시한 자체점검, 안전검사 결과에서 안전상 또는 기능상 지장을 초래하는 하자가 발견되고, 그 원인이 시공상 결함 등인 경우에는 시공하자로 봄
- (보도·차도) 단지 내 보도·차도의 포장재 및 경계석이 설계도서와 달리 시공되거나 시공상 결함 등이 원인이 되어 파손, 솟음, 침하, 물고임이 심하게 발생하는 등의 안전상, 기능상 또는 미관상 지장을 초래하는 경우 이를 시공하자로 봄
- (지하주차장) 설계도서와 달리 주차 및 주행로 폭이 확보되지 아니한 경우에는 기능상, 안전상 지장을 초래하는 변경시공하자로 봄. 단, 주차 및 주행에 지장을 주지 않는 트렌치 등 타 시설물은 주차구획 및 주행로 폭에 포함할 수 있음
- (지하주차장) 주차장 기둥 및 모서리에 코너가드 또는 안전페인트가 설계도서와 달리 시공되었거나 탈락, 고정불량 등이 발생하여 안전상, 기능상 지장을 초래하는 경우 시공하자로 봄
- (지하주차장) 설계도서와 달리 램프 연석의 크기가 규격을 만족하지 못하거나 미시공 또는 깨짐 등이 발생하였을 경우 시공하자로 봄
- (지하주차장) 지하주차장의 천장 및 벽면 뿜칠 또는 바닥 에폭시 등 마감재가 설계도서와 달리 미시공, 두께 및 재질의 변경시공, 탈락, 벗겨짐 등이 발생하여 안전상, 기능상 지장을 초래하는 경우 시공하자로 봄
- (옹벽) 옹벽에서 발생한 균열, 파손 및 손상, 침하, 계획선형오차, 배수공 상태가 불량하여 안전상, 기능상 지장을 초래할 때 시공하자로 봄

○ **(사례) 품질점검 지적내용**

– **건설사업관리기술인, 감리원 지적 및 지시사항**

- 보차도블록 훼손부분 미교체
- 필로티 입구 보차도블록 단차 발생
- 집수정 퇴적물 미제거
- 주출입구 물고임 발생
- 소나무분 결속재 철선 미제거

- 식재지에서 포장면으로 토사 유출
- 놀이터 휴게시설 단차 발생
- 기계실 배관관리 명판 미부착
- 급수관 보온재 훼손
- 옥상 옥탑 선홈통 물받이 동해로 훼손
- 승강기의 층수 버튼 및 음성안내를 B1→B2 미교체, 승강기 운행시 열림 또는 닫힘 버튼 미작동

– 공동주택 품질점검단 지적내용

- 세대 내 창고 등 환기장치 설비 미설치
- 재활용품 수집장 빗물유입방지 미조치
- 필로티 하부 어린이 놀이시설 기둥코너 보호대 미설치
- 차량 통행로에 설치한 보차도 블록 처짐 및 경계석 높이 10cm 이상 미확보
- 승강기 기계실 조속기 구동휠 보호덮개 미설치
- 목재 데크 계단 턱 형광테이프 부착 등 시인성 표시 미시공
- 옥탑의 사다리, 선홍통, 안전난간 등 건축설비의 피뢰설비와 본딩 미실시
- EPS실, TPS실 잠금장치 미설치
- 조경 표찰 미설치 및 수목 통기관 일정하 높이로 미절단과 뚜껑 미설치

– 입주자 사전점검 지적내용

- **욕조공사**의 욕조상판 고정 불량, 욕조 상판 유격, 욕조 흔들림, 욕조 날개 유격, 밟을 때 소음발생, 욕조 단차, 수평 안 맞음, 욕조 채움 불량 등

○ (사례) 품질점검 지적내용 분석 결과 중점적으로 시공·확인·점검·조치사항

– **승강기설치공사**의 조작버튼 미작동 및 미교체, 음성안내 층과 맞지 않음, 조속기 구동휠 보호덮개 미설치 등

– **조경공사**의 표찰 미설치, 소목 통기관 미절단 및 뚜껑 미설치, 결속재 철선 미제거 등

– **기타공사**의 옥탑의 사다리, 선홍통, 안전난간 등 건축설비의 피뢰설비와 본딩 미실시, 옥탑 선홈통 물받이 미설치 및 동해로 파손 등

옥탑 선홈통 물받이 미설치	저수조 상부 뚜껑 잠금장치 미설치

옥탑 건축설비(선홈통) 피뢰도선과 미본딩	조경 통기관 절단 및 덮개, 표찰 미설치

우수 멘홀 이중 거름망 미설치	차량 통행로 경계석 높이 10cm 미만

▲ 기타공사 지적사항 사진 사례

제 4 장

검사(시험) 품질관리

제4장 검사(시험) 품질관리

제1절 일반사항

4.1.1 품질검사(시험)의 정의 및 목적

○ **품질시험 · 검사란** 적합한 품질관리를 위하여 **설계서 및 시방서에 표기되어 있는 기준에 적합한 구조물을 경제적으로 만들기 위한 수단**이며 보다 구체적으로 말한다면 공사품질을 객관적으로 평가할 수 있는 각종시험과 검사를 공사 중에 일정간격으로 연속적으로 실시하여 진행되는 공사를 유용하게 하는 것

○ **품질시험 · 검사의 목적**은 건설업자 및 주택건설등록업자는 건설공사의 품질확보를 위하여 품질시험계획을 수립하고 그에 따른 품질시험 및 검사를 실시하여야 하며, 세부적으로는 설계도서에 정해진 규격의 구조물을 축조하여 **품질의 균등성을 확보**하고 **구조물의 신뢰성 제고**를 통하여 문제점을 조기에 발견, 신속한 조치를 하는데 그 목적이 있음

4.1.2 건설공사의 품질관리

○ **관련근거** : 「건설기술진흥법」 제55조(건설공사의 품질관리) 제1항~제3항

○ **목적 및 필요성**

- 건설공사의 품질관리계획 및 품질시험계획 수립, 업무수행, 품질검사 결과의 CSI 입력하도록 규정

○ **주요내용**

- **건설사업자와 주택건설등록업자**는 대통령령으로 정하는 건설공사에 대하여는 그 종류에 따라 품질 및 공정 관리 등 건설공사의 품질관리계획(이하 "**품질관리계획**"이라 한다) 또는 시험 시설 및 인력의 확보 등 건설공사의 품질시험계획(이하 "**품질시험계획**"이라 한다)을 수립하고, 이를 **발주자에게 제출하여 승인**을 받아야 함. 이 경우 **발주청이 아닌 발주자는 미리 품질관리계획 또는 품질시험계획의 사본을 인·허가기관의 장에게 제출**
- 건설사업자와 주택건설등록업자는 품질관리계획 또는 품질시험계획에 따라 품질시험 및 검사를 하여야 한다. 이 경우 건설사업자나 주택건설등록업자에게 고용되어 품질관리 업무를 수행하는 건설기술인(**품질관리기술인**, 품질관리자)은 **품질관리계획 또는 품질시험계획에 따라 그 업무를 수행**
- 건설사업자 또는 주택건설등록업자는 **품질시험 및 검사를 완료한 날부터 7일 이내에 그 결과 및 실시대장 등 증빙자료를 열람이 가능**하도록 법 제62조제15항에 따른 **건설공사 안전관리 종합정보망(CSI)에 입력**하여야 함

○ **시공자**

- 품질관리계획, 품질시험계획 수립 및 계획에 따라 수행
- 품질시험 · 검사 결과를 건설공사 안전관리종합정보망(CSI)에 7일 이내에 입력

○ **건설사업관리기술인, 감리원 검토 및 관리**

- 품질관리계획, 품질시험계획 검토 · 승인(서명)
- 품질시험 · 검사 결과를 건설공사 안전관리종합정보망(CSI)에서 승인

4.1.3 품질관리계획 및 품질시험계획 수립 대상

○ 관련근거

- 「건설기술진흥법」 제55조(건설공사의 품질관리) 제1항
- 「건설기술진흥법 시행령」 제89조(품질관리계획 등의 수립대상 공사) 제1항~제3항, 별표 9
- 「건설기술진흥법 시행규칙」 제49조(품질관리계획 등의 수립할 필요가 없는 건설공사)
- 「건설공사 품질관리 업무지침」 제7조(품질관리계획서의 작성기준)

○ 목적 및 필요성

- 건설공사의 품질관리계획 및 품질시험계획 수립 대상을 규정하여, 일정규모 이상의 건설공사에 대하여 품질확보 도모

○ 주요내용

- 품질관리계획 및 품질시험계획 수립 대상

구 분		품질관리계획	품질시험계획
계획 수립	대상	• 감독 권한대행 등 건설사업관리 대상인 건설공사로서 총공사비(도급자가 설치하는 공사의 관급자재비를 포함하되, 토지 등의 취득·사용에 따른 보상비는 제외한 금액을 말한다. 이하 같다)가 500억원 이상인 건설공사 • **다중이용 건축물***의 건설공사로서 **연면적이 3만제곱미터 이상인 건축물의 건설공사** ※ 공동주택 : 16층 이상 건축물 • 해당 건설공사의 계약에 품질관리계획을 수립하도록 되어 있는 건설공사	• 총공사비가 5억원 이상인 토목공사 • **연면적이 660제곱미터 이상인 건축물의 건축공사** • 총공사비가 2억원 이상인 전문공사
	작성자	• 건설사업자, 주택건설등록업자	
	내용	• 건설공사 품질관리 업무지침 별표1 ▸한국산업표준인 KS Q ISO 9001 등에 따른 일반사항 등 10개 항목에 대한 사항	• 건설기술진흥법 시행령 제89조 제2항 관련 별표 9 ▸개요, 시험계획, 시험시설, 품질관리를 수행하는 건설기술인 배치계획 등 4개 항목

<table>
<tr><td rowspan="3">적절성 확인</td><td>시기</td><td colspan="2">• 해마다 한번 이상 실시</td></tr>
<tr><td>확인자</td><td colspan="2">• 발주청 또는 인·허가기관의 장 등(건설공사 품질관리 업무지침)</td></tr>
<tr><td>내용</td><td>• 품질관리계획서에 규정된 품질관리를 적절하게 수행하고 있는지 여부</td><td>• 품질시험계획서에 규정된 품질관리를 적절하게 수행하고 있는지 여부</td></tr>
</table>

- **품질관리계획 및 품질시험계획 수립할 필요가 없는 건설공사**
  - 조경식재공사, 철거공사
- **품질관리계획서 작성기준** (건설공사품질관리 업무지침 제7조 관련, 별표 1)
  - 일반사항
  - 적용범위 및 인용표준
  - 용어 정의
  - 조직 상황
  - 리더십
  - 기획
  - 지원
  - 운용
  - 성과관리
  - 개선
- **품질시험계획서의 내용** (건설기술진흥법 시행령 제89조 제2항 관련, 별표 9)
  - 개요
    - 공사명, 시공자, 현장 대리인
  - 시험계획
    - 공종, 시험 종목, 시험 계획물량, 시험 빈도, 시험 횟수, 그 밖의 사항
  - 시험시설
    - 장비명, 규격, 단위, 수량, 시험실 배치 평면도, 그 밖의 사항
  - 품질관리를 수행하는 건설기술인 배치계획
    - 성명, 등급, 품질관리 업무 수행기간, 건설기술인 자격 및 학력·경력 사항, 그 밖의 사항

4.1.4 품질관리계획 등의 수립 절차

○ **관련근거**

- 「건설기술진흥법」 제55조(건설공사의 품질관리) 제1항
- 「건설기술진흥법 시행령」 제89조(품질관리계획 등의 수립대상 공사) 제2항, 별표 9, 제90조(품질관리계획 등의 수립 절차) 제1항~제3항
- 「건설공사 품질관리 업무지침」 제5조(공사감독자 또는 건설사업관리기술인의 역할) 제1항, 제7조(품질관리계획서의 작성기준)

○ **목적 및 필요성**

- 건설공사의 품질관리계획 및 품질시험계획 수립, 변경 절차를 규정하여, 품질관리계획 및 품질시험계획 절차의 실효성 확보

○ **주요내용**

- **건설사업자와 주택건설등록업자는 품질관리계획 또는 품질시험계획을 수립**하여 발주자에게 제출하는 경우에는 미리 **공사감독자 또는 건설사업관리기술인**(「건축법」 제25조 또는 「주택법」 제43조 및 제44조에 따라 **감리업무를 수행하는 자**를 포함한다. 이하 같다)의 **검토·확인**을 받아야 하며, 건설공사를 착공(건설공사현장의 부지 정리 및 가설사무소의 설치 등의 공사준비는 착공으로 보지 않는다. 이하 제98조제2항에서 같다)하기 전에 **발주자의 승인**을 받아야 함. **품질관리계획 또는 품질시험계획의 내용을 변경하는 경우에도 또한 같음**
- 품질관리계획 또는 품질시험계획을 제출받은 발주청 또는 인·허가기관의 장은 품질관리계획 또는 품질시험계획의 내용을 **심사**하고, 다음 구분에 따라 심사 결과를 확정하여 건설사업자 또는 주택건설등록업자에게 그 결과를 **서면으로 통보**해야 함. 이 경우 인·허가기관의 장은 발주청이 아닌 발주자에게 그 결과를 함께 통보해야 함
  - **적정** : 품질관리에 필요한 조치가 구체적이고 명료하게 계획되어 건설공사의 품질관리를 충분히 할 수 있다고 인정될 때
  - **조건부 적정** : 품질관리에 치명적인 영향을 미치지는 않지만 일부 보완이 필요

하다고 인정될 때

- **부적정** : 품질관리가 어려울 것으로 우려되거나 품질관리계획 및 품질시험계획에 근본적인 결함이 있다고 인정될 때

○ **수립 절차**

- 품질관리(시험)계획서 작성 : 건설사업자, 주택건설등록업자
- 품질관리(시험)계획서 검토 · 확인 : 건설사업관리기술인, 감리원
- 품질관리(시험)계획서 제출 · 승인 : 건설사업자, 주택건설등록업자→발주자
- 품질관리(시험)계획서 보고 : 발주자→인 · 허가 기관의 장, 발주청
- 품질관리(시험) 계획서 심사 · 통보 : 인 · 허가 기관의 장, 발주청→발주자

○ **품질관리계획서 및 품질시험계획서 작성**

- 「건설공사품질관리 업무지침」 제7조 관련, 별표 1에 따라 품질관리계획서 작성
- 「건설기술진흥법 시행령」 제89조 제2항 관련, 별표 9에 따라 품질시험계획서 작성
- 「건설공사 사업관리방식 검토기준 및 업무수행지침」 제77조(일반행정업무) 제2항제3호 별지 제16호 서식에 따라 품질시험계획 작성

○ **품질관리계획서 검토·승인**

- 「건설공사 품질관리 업무지침」 제5조(공사감독자 또는 건설사업관리기술인의 역할) 제1항에 따라 **공사감독자 또는 건설사업관리기술인**는 시공자가 수립한 품질관리계획서의 적정여부를 별지 제1호 서식의 **품질관리계획서 검토 · 승인서에 따라 검토 · 확인**

○ **시공자**

- 품질관리계획, 품질시험계획 수립 및 제출(각 업무별 담당자 등 서명)

○ **건설사업관리기술인, 감리원 검토 및 관리**

- 품질관리계획, 품질시험계획 검토 · 승인(서명)

※ **품질관리(시험)계획서에 대한 사업계획승인권자의 심사 결과에 따른 사업주체의 승인 공문을 반드시 접수하여 보관- 미승인 조치 또는 승인 공문을 누락할 경우 외부점검시 지적사항 발생**

품질관리계획서 검토 · 승인서

1. 개 요

공 사 명	공동주택 신축공사		
발 주 자			
건설사업관리 기술인	건축사사무소		
시 공 자	건설		
착 공 일	2022. 06. 01	준공예정일	2025. 05. 31
공사위치	번지 일원		
공사금액		도급금액	
품질관리계획서 문서번호	공동주택 신축공사 QMP-2025(Rev.7)		

(주) 1. 검토결과 시정요구 사항이 있는 경우는 조치확인을 완료한 후 승인을 요청한다.
2. 이 요령의 검토사항은 일반적인 사항에 대한 것이므로 해당 공사의 규모, 특성, 중요도 등에 따라 필요한 검토사항을 추가하여 사용할 수 있다.
3. 발주자 중 발주청이 아닌 자는 미리 인 · 허가기관에 제출하여 검토 받는다.

2. 결 과

판 정	[O] 적정 [ ] 조건부적정(사유 :) [ ] 부적정 (사유 :)
승 인 자	소속 및 직위 : 건축사사무소 성명 : 일자 : 2025년 01월 08일

210㎜×297㎜[백상지(80g/㎡) 또는 중질지(80g/㎡)]

3. 검토의견

검 토 자	소속 및 직위 : [ ] 건축사사무소 (건축감리원) 성명 : 박 하 용 (서명 또는 인) 일자 : 2025년 01월 08일
조치 확인자	소속 및 직위 : [ ] 건축사사무소 (총괄감리원) 성명 : [ ] 일자 : 2025년 01월 08일

품질관리계획 작성기준	만 족	시정요구	조치확인
1. 일반사항	○		
2. 적용범위 및 인용표준	○		
3. 용어 정의	○		
4. 조직상황 4.1 건설공사의 정보	○		
4.2 이해관계자의 요구와 기대관리	○		
4.3 프로세스 관리	○		
5. 리더십 5.1 품질방침	○		
5.2 책임과 권한	○		
6. 기획 6.1 리스크 및 기회관리	○		
6.2 품질목표관리	○		
6.3 품질관리계획의 변경관리	○		
7. 지원 7.1 지원관리	○		
7.2 모니터링 자원 및 측정자원의 관리	○		
7.3 조직의 지식관리	○		
7.4 역량/적격성관리	○		
7.5 의사소통관리	○		
7.6 문서화된 정보 및 정보의 관리	○		
8. 운용 8.1 건설공사 요구사항 검토 및 준비	○		
8.2 건설공사 요구사항 변경	○		
8.3 설계관리	○		
8.4 기자재 구매관리	○		
8.5 외부에서 제공되는 프로세스관리	○		
8.6 공사관리	○		
8.7 중점품질관리	○		
8.8 식별 및 추적관리	○		
8.9 고객 또는 외부공급자의 재산관리	○		
8.10 보존관리	○		
8.11 검사 및 시험, 모니터링	○		
8.12 부적합 공사의 관리	○		
8.13 공사준공 및 인계	○		
9. 성과관리 9.1 고객만족	○		
9.2 분석 및 평가	○		
9.3 내부심사	○		
9.4 경영검토	○		
10. 개선 10.1 부적합 및 시정조치	○		
10.2 지속적 개선	○		

210㎜×297㎜[백상지(80g/㎡) 또는 중질지(80g/㎡)]

(12쪽 중 제3쪽)

기술검토의견서

문서번호	[ ]기술(품질) 2025-01-01호	공 사 명	[ ] 공동주택 신축공사
수 신	현장대리인	공 종	■건축 □기계설비□토목 □기타
구 분	□자체 제시 의견사항 □사업주체 검토 요구사항 ■시공자 제출사항		
제 목	**품질시험계획서(Rev.7) 변경에 대한 기술검토의견서**		

1. 목 적

[ ] 공동주택 신축공사의 품질시험계획서(Rev.7) 변경에 대하여 관련법령 등을 사전에 검토하여 품질시험계획서의 적정성을 확인하고자 함.

2. 관련근거

1) 「주택건설공사 감리업무 세부기준」제21조(품질관리 및 시험 등)
2) 「건설기술진흥법」 제55조(건설공사의 품질관리)
3) 품질시험계획서(Rev.7) 및 품질관리계획서(Rev.7) 개정에 따른 검토·승인 요청의 건 : [ ] 대감 25-01-005호, 2025.01.07.

3. 검토내용 및 결과

구 분	검토사항	검토결과	적합여부	비고
품질시험 계획서 (Rev.7) 변경	-. 시험실 규모	-. 50㎡이상 < 53.68㎡ * 변경사항 없음	적합	
	-. 건설기술인 배치	- (기준) 특급 1명 이상, 중급 1명 이상, 초급 1명 이상 - (배치) 특급 : [ ] 초급 : [ ] * 변경사항 없음	적합	
	-. 건설기술인 교육	- (기준) 매 3년을 초과하기 전 (35시간 이상) - (교육)[ ] : '24.03.13.~04.03.(이수) : '24.11.04~11.28.(이수) : '23.11.20.~12.4	적합	
	-. 변경내용	- 건설공사 품질관리 업무지침 개정(2024.11.18.)에 따라 품질시험·검사 실시 반영으로 인한 물량 및 시험횟수 변경 - 시험종별 추가(플랜트)	적합	

4. 종합의견

-. [ ] 신축공사의 품질시험계획서(Rev.7) 변경 요청에 대하여 검토한 결과 적합하다고 사료되어 승인하오니, 관련 절차를 이행하여 주시기 바랍니다.

상기와 같이 기술검토의견서를 통보합니다. 2025년 01월 08일	담당감리원 : 박 하 용 (인) 총괄감리원 : [ ]

▲ 품질관리계획서 검토·승인서 및 품질시험계획서 검토서 작성 사례

4.1.5 품질시험 및 검사

○ **관련근거**

- 「건설기술진흥법」 제55조(건설공사의 품질관리) 제2항, 제3항
- 「건설기술진흥법 시행령」 제91조(품질시험 및 검사) 제1항
- 「건설기술진흥법 시행규칙」 제50조(품질시험 및 검사의 실시) 제1항, 제2항

○ **목적 및 필요성**

- 건설공사의 품질관리계획 및 품질시험계획에 따라 시험 및 검사를 수행하고 품질검사 시 입회, 품질시험 · 결과에 대하여 CSI 입력하여 열람 가능하도록 함

○ **주요내용**

- **건설사업자와 주택건설등록업자**는 품질**관리계획 또는 품질시험계획에 따라 품질시험 및 검사**를 하여야 한다. 이 경우 건설사업자나 주택건설등록업자에게 고용되어 **품질관리 업무를 수행하는 건설기술인**(품질관리기술인, 품질관리자)**은 품질관리계획 또는 품질시험계획에 따라 그 업무를 수행**
- 건설사업자 또는 주택건설등록업자는 건설기술진흥법 제55조제2항에 따른 **품질시험 및 검사를 완료한 날부터 7일 이내**에 그 **결과 및 실시대장 등 증빙자료**를 열람이 가능하도록 법 제62조제15항에 따른 **건설공사 안전관리 종합정보망(CSI)에 입력**
- 「건설기술진흥법 시행령」 제91조제1항에 따라 법 제55조제2항 전단에 따른 **품질시험 및 검사**(이하 **"품질검사"** 라 한다)는 **한국산업표준, 건설기준 또는 국토교통부장관이 정하여 고시하는 건설공사 품질검사기준에 따라 실시**
- 「건설기술진흥법 시행규칙」 제50조제1항에 따라 법 제55조제2항 또는 법 제60조제1항에 따라 **품질시험 및 검사**(이하 **"품질검사"** 라 한다)를 하거나 대행하는 자는 별지 제42호서식의 **품질검사 대장에 품질검사의 결과**를 적되, 전자적 처리가 불가능한 특별한 사유가 없으면 전자적 처리가 가능한 방법으로 작성 · 관리
- **건설공사현장에서 하는 것이 적절한 품질검사**는 **건설공사현장**에서 하여야 하며, **구조물의 안전에 중요한 영향을 미치는 시험종목의 품질시험을 할 때에는 발주자가 확인**

○ **시공자**

- 품질관리계획, 품질시험계획에 따라 수행
- 품질시험 · 검사 결과를 건설공사 안전관리종합정보망(CSI)에 7일 이내에 입력

○ **건설사업관리기술인, 감리원 검토 및 관리**

- 품질시험 · 검사 시 입회
- 품질시험 · 검사 결과를 건설공사 안전관리종합정보망(CSI)에서 승인

4.1.6 품질검사를 하지 않을 수 있는 재료

○ **관련근거**

- 「건설기술진흥법」 제55조(건설공사의 품질관리) 제2항
- 「건설기술진흥법 시행령」 제91조(품질시험 및 검사) 제2항
- 「건설기술진흥법 시행규칙」 제50조(품질시험 및 검사의 실시)
- 「건설공사 품질관리 업무지침」 제8조(품질시험기준)

○ **목적 및 필요성**

- 품질검사를 대행하는 시험 · 검사기관의 시험성적서가 제출되는 재료 및 부재에 대하여 품질검사를 하지 않도록 하여 품질시험 · 검사, 인증제품을 사용하도록 함

○ **주요내용**

- **건설사업자와 주택건설등록업자**는 「건설기술진흥법 시행령」 제91조제2항에 따라 **다음의 재료에 대해서는 품질검사를 하지 않을 수 있음**. 다만, **시간경과 또는 장소 이동 등으로 재료의 품질 변화가 우려되어 발주자가 품질검사가 필요하다고 인정하는 경우와 자재를 재사용하는 경우에는 품질검사**를 해야 함
  - 법 제60조제1항 전단에 따라 품질검사를 대행하는 **국립 · 공립 시험기관 또는 건설엔지니어링사업자의 시험성적서**가 제출되는 재료. 이 경우 시험성적서가 제출되는 재료(자재 · 부재를 포함한다. 이하 같다)는 발주자 또는 건설사업관리용역사업자의 봉인(封印) 또는 확인을 거쳐 시험한 것으로 한정함
  - **한국산업표준(KS) 인증제품**
  - 「산업안전보건법」 제84조에 따른 안전인증을 받은 제품
  - 「주택법」 등 관계 법령에 따라 **품질검사를 받았거나 품질을 인증받은 재료**
- 「건설공사 품질관리 업무지침」 제8조제1항 관련 붙임 2. 건설공사 품질시험기준의 종별의 각 제품 (　)안은 「건설기술 진흥법 시행령」 제91조제1항에 따른 시험을 하지 않아도 되는 **한국산업표준(KS) 규격**을 의미함

○ **시공자**

– 건설공사시 품질시험 · 검사를 받지 않도록 하는 재료 · 부재에 대하여는 시험없이 사용

○ **건설사업관리기술인, 감리원 검토 및 관리**

– 자재공급원 승인 시 품질 시험 · 검사 결과 확인

4.1.7 오염물질 방출 건축자재 사용 제한

○ **관련근거**

- 「실내공기질관리법」 제11조(오염물질 방출 건축자재의 사용제한 등) 제1항, 제2항, 제11조6(건축자재의 표지)
- 「실내공기질관리법 시행규칙」 제10조(건축자재의 오염물질 방출 기준 등), 제10조의9(건축자재의 표지) 별표 7

○ **목적 및 필요성**

- 설치 및 개수, 보수 시 건강친화형 제품 표지를 붙인 건축자재만을 사용하도록 함

○ **주요내용**

- **대상시설**
  - 다중이용시설 또는 **공동주택**(「주택법」 제2조제22호에 따른 건강친화형 주택은 제외한다. 이하 이 조에서 같다)**을 설치**(기존 시설 또는 주택의 개수 및 보수를 포함한다. 이하 이 조에서 같다)

- **대상 건축자재** : 다음에 해당하는 건축자재를 사용하려는 경우 환경부장관이 관계 중앙행정기관의 장과 협의하여 환경부령으로 정하는 기준을 초과하지 아니하는 것으로 제2항에 따른 확인을 받고 제11조의6제1항에 따른 표지를 붙인 건축자재만을 사용
  - 접착제
  - 페인트
  - 실란트(sealant)
  - 퍼티(putty)
  - 벽지
  - 바닥재
  - 그 밖에 건축물 내부에 사용되는 건축자재로서 표면가공 목질판상(木質板狀) 제품(파티클보드(Particle Board) 또는 섬유판(纖維板)을 가공하여 만든 제품)

- 건축자재의 표지

- **건축자재의 오염물질 방출 기준 :** 법 제11조제1항 각 호 외의 부분에 따른 건축자재의 오염물질 방출 기준(이하 "방출기준"이라 한다)은 별표 5와 같음

건축자재의 오염물질 방출 기준(제10조제1항 관련) [별표 5]

구분 \ 오염물질 종류		폼알데하이드	톨루엔	총휘발성 유기화합물
▸ 접착제		0.02 이하	0.08 이하	2.0 이하
▸ 페인트		0.02 이하	0.08 이하	2.5 이하
▸ 실란트		0.02 이하	0.08 이하	1.5 이하
▸ 퍼티		0.02 이하	0.08 이하	20.0 이하
▸ 벽지		0.02 이하	0.08 이하	4.0 이하
▸ 바닥재		0.02 이하	0.08 이하	4.0 이하
▸ 목질판상제품	- 2021년 12월 31일까지 적용되는 기준	0.12 이하	0.08 이하	0.8 이하
	- 2022년 1월 1일부터 적용되는 기준	0.05 이하	0.08 이하	0.4 이하

비고 : 위 표에서 오염물질의 종류별 측정단위는 mg/m²·h로 한다. 다만, 실란트의 측정단위는 mg/m·h로 한다.

- **건축자재의 오염물질 방출 여부 확인의 예외 :** 건축자재를 제조하거나 수입하는 자는 그 건축자재가 제1항에 따른 기준을 초과하여 오염물질을 방출하는지 여부를 제11조의2에 따른 시험기관에서 확인받은 후 다중이용시설 또는 공동주택을 설치하는 자에게 공급하여야 한다. 다만, 다른 법령에 따라 이 법에 준하는 확인을 받은 경우 등 **대통령령으로 정하는 경우에는 본문에 따른 확인을 받지 아니하고 건축자재를 공급***할 수 있음

*「환경기술 및 환경산업 지원법」 제17조제1항에 따른 **환경표지의 인증**을 받은 경우, 「산

업표준화법」 제27조에 따른 **단체표준인증(친환경 건축자재에 대한 인증만 해당**한다)을 받은 경우

○ **시공자**

- 자재공급원 승인 요청 시 건강친화형 제품 사용

○ **건설사업관리기술인, 감리원 검토 및 관리**

- 자재공급원 승인 요청 서류 검토 시 건강친화형 대상 건축자재에 대한 시험 성적서 등 확인하여 오염물질 기준 적정 여부 검토

4.1.8 라돈 저감 공법의 사용

○ **관련근거**

- 「실내공기질관리법」 11조의10(라돈저감공법의 사용 등 권고)
- 「실내공기질관리법 시행규칙」 제10조의12(실내 라돈 농도의 권고기준)

○ **목적 및 필요성**

- 라돈으로 인하여 건강상 위해가 우려되는 지역이 있는 경우에는 라돈의 실내 유입을 줄이기 위한 공법 사용 권장

○ **주요내용**

- **대상시설**
  - 해당 시·도 내에서 라돈으로 인하여 건강상 위해가 우려되는 지역이 있는 경우에는 그 지역에서 다중이용시설 또는 공동주택 등을 설치(기존 시설 또는 주택 등의 개수 및 보수를 포함한다)

- **시·도지사 조치사항**
  - 다중이용시설 또는 공동주택 등을 설치(기존 시설 또는 주택 등의 개수 및 보수를 포함한다)하는 자에게 라돈의 실내 유입을 줄이기 위한 공법을 사용하는 등의 필요한 조치를 하도록 권고
  - 해당 시·도 내 라돈 농도가 높은 다중이용시설 또는 공동주택 등의 소유자등에게 실내 라돈 농도를 환경부령으로 정하는 기준에 맞게 관리하도록 권고

- **실내 라돈 농도의 권고기준**
  - 다중이용시설 또는 공동주택의 소유자등에게 권고하는 실내 라돈 농도의 기준
    - ▸ 다중이용시설의 소유자등 : 별표 3에 따른 라돈의 권고기준(1세제곱미터당 148베크렐 이하)
    - ▸ 공동주택의 소유자등 : 1세제곱미터당 148베크렐 이하

○ **시공자**

- 라돈으로 인하여 건강상 위해가 우려되는 지역이 있는 경우에는 라돈의 실내 유입을 줄이기 위한 공법을 사용

○ **건설사업관리기술인, 감리원 검토 및 관리**

- 라돈으로 인하여 건강상 위해가 우려되는 지역이 있는 경우에는 라돈의 실내 유입을 줄이기 위한 공법을 사용하였는지 검토

4.1.9 건설공사 품질관리를 위한 시설 및 건설기술인 배치

○ 관련근거

- 「건설기술진흥법」 제55조(건설공사의 품질관리) 제2항
- 「건설기술진흥법 시행령」 제91조(품질시험 및 검사) 제3항
- 「건설기술진흥법 시행규칙」 제50조(품질시험 및 검사의 실시) 제4항, 별표 5

○ 목적 및 필요성

- 품질관리 건설기술인(품질관리기술인, 품질관리자)의 대상공사별 등급을 규정하여 건설공사의 품질관리 건설기술인이 적합한 등급을 선임하도록 하여 품질관리 도모

○ 주요내용

- 건설공사 품질관리를 위한 시설 및 건설기술인 배치기준

대상공사 구분	공사규모	시험・검사장비	시험실 규모	건설기술인
특급 품질 관리 대상 공사	• 영 제89조제1항제1호 및 제2호에 따라 품질관리계획을 수립해야 하는 건설공사로서 **총공사비가 1,000억원 이상인 건설공사 또는 연면적 5만㎡ 이상인 다중이용 건축물의 건설공사**	• 영 제91조제1항에 따른 품질검사를 실시하는 데에 필요한 시험・검사장비	50㎡ 이상	• 품질관리 경력 3년 이상인 특급기술인 1명 이상 • 중급기술인 이상인 사람 1명 이상 • 초급기술인 이상인 사람 1명 이상
고급 품질 관리 대상 공사	• 영 제89조제1항제1호 및 제2호에 따라 품질관리계획을 수립해야 하는 건설공사로서 특급품질관리 대상 공사가 아닌 건설공사	• 영 제91조제1항에 따른 품질검사를 실시하는 데에 필요한 시험・검사장비	50㎡ 이상	• 품질관리 경력 2년 이상인 고급기술인 이상인 사람 1명 이상 • 중급기술인 이상인 사람 1명 이상 • 초급기술인 이상인 사람 1명 이상

중급 품질 관리 대상 공사	• 총공사비가 100억원 이상인 건설공사 또는 연면적 5,000㎡ 이상인 다중이용 건축물의 건설공사로서 특급 및 고급품질관리 대상 공사가 아닌 건설공사	• 영 제91조제1항에 따른 품질검사를 실시하는 데에 필요한 시험·검사장비	18㎡ 이상	• 품질관리 경력 1년 이상인 중급기술인 이상인 사람 1명 이상 • 초급기술인 이상인 사람 1명 이상
초급 품질 관리 대상 공사	• 영 제89조제2항에 따라 품질시험계획을 수립해야 하는 건설공사로서 중급품질관리 대상 공사가 아닌 건설공사	• 영 제91조제1항에 따른 품질검사를 실시하는 데에 필요한 시험·검사장비	18㎡ 이상	• 초급기술인 이상인 사람 1명 이상

– 비고

- 건설공사 품질관리를 위해 배치할 수 있는 건설기술인은 법 제21제1항에 따른 신고를 마치고 품질관리 업무를 수행하는 사람으로 한정하며, 해당 건설기술인의 등급은 영 별표 1에 따라 산정된 등급에 따름
- 발주청 또는 인·허가기관의 장이 특히 필요하다고 인정하는 경우에는 공사의 종류·규모 및 현지 실정과 법 제60조제1항 전단에 따른 국립·공립 시험기관 또는 건설엔지니어링사업자의 시험·검사대행의 정도 등을 고려하여 시험실 규모 또는 품질관리 인력을 조정할 수 있음

○ **시공자**

– 품질관리기술인(품질관리자) 선임 시 대상공사에 적합한 품질관리기술인(품질관리자) 등급 이상인자 선임

○ **건설사업관리기술인, 감리원 검토 및 관리**

– 품질시험계획서 및 품질관리기술인(품질관리자) 변경 시 등 대상공사에 적합한 품질관리기술인(품질관리자) 등급 적합 여부 확인

건설기술진흥법에 따른 시험실 규모 변경 가능 여부

- 내역서 상의 시험실의 규모가 현장설치 시 컨테이너 박스 등 규격이 좀 작은 경우에는 품질시험계획서에 반영하여 발주자의 승인을 받고, 내역서를 조정하면 가능함

품질관리 건설기술인(품질관리기술인, 품질관리자) 변경 시 검토

- 「건설기술진흥법 시행규칙」제50조(품질시험 및 검사의 실시) 제4항, 별표 5에 따른 품질관리 건설기술인 배치기준 적합 여부 검토

  「건설기술진흥법 시행령」제42조(건설기술인의 교육·훈련) 제1항제2호의 품질관리 업무를 수행하는 건설기술인의 교육 이수 여부 확인

기술검토의견서

문서번호	기술(건) -2025-04-02호	공 사 명	공동주택 신축공사
수 신		공 종	■건축 □기계설비□토목 □기타
구 분	□자체 제시 의견사항 □사업주체 검토 요구사항 ■시공자 제출사항		
제 목	**품질관리자 변경 선임계에 대한 기술검토의견서**		

1. 목 적

공동주택 신축공사의 품질관리자 변경 선임계에 대한 적정성을 검토하고자 함.

2. 관련근거

1) 대감 25-04-001(2025.04.03) : 품질관리자 변경 선임계 제출의 건

2) 건설기술진흥법 시행령 제42조제2항「별표3」건설기술인 교육·훈련의 종류·시간 및 내용 등

3) 건설기술진흥법 시행규칙 제50조제4항 [별표5] 건설공사 품질관리를 위한 시설 및 건설기술인 배치기준

3. 검토내용 및 결과

□ **배치기준**

- 특급품질관리 대상공사(총 공사비 1,000억 이상, 연면적 50,000㎡ 이상인 다중이용건축물)
- 품질관리 경력이 3년 이상인 특급기술인 1명 이상, 중급기술인 1명 이상, 초급기술인 1명 이상

변 경 전		변 경 후		변경사유	적합여부
등 급	성 명	등 급	성 명		
특급		특급		변경없음	
특급		특급		인사이동	**적합**
초급		초급		변경없음	

□ **품질관리교육**

- 건설엔지니어링사업자, 건설사업자 또는 주택건설등록업자에 소속되어 최초로 품질관리 업무를 수행하기 전 35시간 이수
- : 2024.01.22.~2024.02.07. 건설기술교육원 품질관리 계속교육 이수/ **적합**

□ **기타사항**

- **변경전 품질관리자는 건설기술진흥법 시행규칙에 따른 건설기술인 경력증명서를 제출하지 않아 당 현장에서 변경일에 대하여 확인이 곤란함으로 확인이 필요한 실정임**

4. 종합의견

-. 공동주택 신축공사의 품질관리자 변경 선임계에 대한 자격 및 교육이수 등을 검토한바 **적정**하나, **변경전 품질관리자에 대하여는 변경일에 대한 확인이 곤란함**

상기와 같이 기술검토의견서를 제출합니다. 2025년 04월 04일	담당감리원 : 박 하 용 (인) 총괄감리원 :

▲ 품질관리자 변경 선임계에 대한 기술검토의견서 작성 사례

4.1.10 품질관리기술인의 교육

○ 관련근거

- 「건설기술진흥법」 제20조(건설기술인의 육성) 제2항
- 「건설기술진흥법 시행령」 제42조(건설기술인의 교육 · 훈련) 제1항제2호

○ 목적 및 필요성

- 품질관리기술인(품질관리자)의 품질관리 교육을 이수하도록 하여 품질관리기술인(품질관리자)의 소양과 지직 습득 향상

○ 주요내용

- 건설기술인은 업무 수행에 필요한 소양과 지식을 습득하기 위하여 대통령령으로 정하는 바에 따라 국토교통부장관이 실시하는 교육 · 훈련을 받아야 함
- “대통령령으로 정하는 건설기술인”이란 다음의 건설기술인을 말함
  - 「건설산업기본법」 제2조제2호에 따른 건설업에 종사하는 건설기술인
- 품질관리 업무를 수행하는 건설기술인

교육·훈련 종류	교육·훈련 대상	교육·훈련 시간	교육·훈련 이수시기
• 최초교육	• 초급·중급·고급·특급 건설기술인	35시간 이상	• 건설엔지니어링사업자, 건설사업자 또는 주택건설등록업자에 소속되어 최초로 품질관리 업무를 수행하기 전
• 계속교육	• 초급·중급·고급·특급 건설기술인	35시간 이상	• 품질관리 업무를 수행한 기간이 매 3년을 경과하기 전. 다만, 그 기간 중 승급교육을 이수한 경우에는 그 이수일을 기준으로 업무수행 기간을 계산함.

• 승급교육	• 초급·중급·고급 건설기술인	35시간 이상	• 현재 등급보다 높은 등급으로 승급하기 전

○ **시공자**

– 품질관리기술인(품질관리자) 선임 시 품질관리 교육 이수자 선임

○ **건설사업관리기술인, 감리원 검토 및 관리**

– 품질시험계획서 및 품질관리기술인(품질관리자) 변경 시 등 품질관리 교육 이수 여부 확인

4.1.11 품질관리의 지도 및 감독

○ **관련근거**

- 「건설기술진흥법」 제55조(건설공사의 품질관리)
- 「건설기술진흥법 시행령」 제92조(품질관리의 지도 및 감독 등) 제1항~제5항

○ **목적 및 필요성**

- 품질검사 해야 하는 대상 공종 및 재료 명시, 품질관리 업무를 적절하게 수행하도록 규정하여 품질관리 향상 도모

○ **주요내용**

- **발주자**는 건설사업자 또는 주택건설등록업자가 품질검사를 해야 하는 대상 공종 및 재료를 **설계도서에 구체적으로 표시**해야 함
- **발주자**는 **건설사업자 또는 주택건설등록업자가 수립한 품질관리계획 또는 품질시험계획에 따라 건설공사의 시공 및 사용재료에 대한 품질관리 업무를 적절하게 수행하고 있는지 확인**할 수 있음. 다만, 법 제55조제4항에 따른 품질관리의 적절성이 확인된 경우에는 따로 확인하지 않을 수 있음
- 발주자는 품질관리 업무를 적절하게 수행하고 있는지를 확인하려는 경우에는 건설사업자 또는 주택건설등록업자가 참여할 수 있도록 해야 함
- 발주자는 확인 결과 시정이 필요하다고 인정하는 경우에는 해당 건설사업자 또는 주택건설등록업자에게 시정을 요구할 수 있음. 이 경우 시정을 요구받은 건설사업자 또는 주택건설등록업자는 지체 없이 이를 시정한 후 그 결과를 발주자에게 통보해야 함
- 발주자는 확인을 법 제60조제1항 전단에 따라 품질검사를 대행하는 국립·공립 시험기관 또는 건설엔지니어링사업자에게 의뢰하여 실시할 수 있음

○ **시공자**

- 품질확인 시 참여, 시정요구사항 시정 및 결과 통보

○ **발주자**

- 품질검사를 해야 하는 대상 공종 및 재료를 설계도서에 구체적으로 표시
- 품질관리의 적절성 확인 계획 수립 및 확인, 시정요구사항 시정요구 및 시정요구사항 처리 결과 확인

4.1.12 품질관리 비용의 계상 및 집행

○ **관련근거**

- 「건설기술진흥법」 제56조(품질관리 비용의 계상 및 집행) 제1항, 제2항
- 「건설기술진흥법 시행규칙」 제53조(품질관리비의 산출 및 사용 기준) 제1항, 별표6

○ **목적 및 필요성**

- 품질관리비 계상, 사용기준 등을 규정하여 적절한 품질관리 업무 수행

○ **주요내용**

- **건설공사의 발주자**는 「건설기술진흥법」 제56조제1항에 따라 건설공사 계약을 체결할 때에는 **건설공사의 품질관리에 필요한 비용**(이하 "**품질관리비**"라 한다)을 국토교통부령으로 정하는 바에 따라 **공사금액에 계상**하여야 함
- **품질관리비 사용기준**
  - 건설사업자 및 주택건설등록업자는 **품질관리비를 품질관리비 산출기준에 따른 용도 외에는 사용할 수 없음**. 다만, 발주자 또는 인·허가기관의 장이 품질관리업무 수행과 관련하여 필요하다고 인정하는 경우에는 그렇지 않음
  - 건설사업자 및 주택건설등록업자는 품질관리비의 사용명세서 및 증명서류를 갖추어 두고, 발주자 또는 건설사업관리용역사업자 등이 요청하는 경우에는 이를 제시해야 함
  - 품질관리비는 발주자 또는 건설사업관리용역사업자가 확인한 시험성적서 등에 의한 품질관리 활동실적에 따라 정산함

○ **발주자, 사업주체**

- 품질관리비를 공사금액에 따라 계상

○ **시공자**

- 품질관리비를 사용기준에 따라 지출, 사용명세서 및 증명서류 비치

○ **건설사업관리기술인, 감리원 검토 및 관리**

- 품질관리비 계상 및 사용기준에 따라 집행 여부 확인

4.1.13 건설자재·부재의 품질 확보(자재공급원 승인)

○ **관련근거**

- 「건설기술진흥법」 제57조(건설자재 · 부재의 품질확보 등) 제1항~제3항
- 「건설기술진흥법 시행령」 제95조(건설자재 · 부재의 범위) 제1항

○ **목적 및 필요성**

- **건설자재 · 부재를 공급받으려는 공장을 선정할 때 자재공급원 승인을 요청 및 승인**하도록 하여 건설자재 · 부재의 품질 확보

○ **주요내용**

- **건설사업자와 주택건설등록업자**는 「건설기술진흥법」 제57조제1항에 따라 대통령령으로 정하는 **건설자재 · 부재를 공급받으려는 공장을 선정할 때**에는 **다음에 해당하는 자의 승인**(이하 **"자재공급원 승인"**이라 한다)을 받아야 함
  - **발주청**
  - 법 제39조제2항에 따른 **건설사업관리를 수행하는 건설엔지니어링사업자** 또는 제49조제1항에 따른 공사감독자
  - 「건축법」 제25조에 따른 공사감리자
  - 「주택법」 제43조에 따른 **주택건설공사의 감리자**
- 국토교통부장관은 「건설기술진흥법」 제57조제2항에 따라 대통령령으로 정하는 건설자재 · 부재의 품질 확보를 위하여 필요한 경우에는 관계 중앙행정기관의 장과 협의하여 건설자재 · 부재의 생산, 공급(자재공급원 승인 및 그 승인의 취소 등을 포함한다) 및 보관 등에 필요한 사항을 정하여 고시할 수 있음
- 건설자재 · 부재를 생산(채취를 포함한다) 또는 수입 · 판매하는 자와 대통령령으로 정하는 공사에 이를 사용하는 건설사업자 또는 주택건설등록업자와 **레디믹스트콘크리트**(시멘트, 골재 및 물 등을 배합한 굳지 아니한 상태의 콘크리트를 말한다) 또는 **아스팔트콘크리트 제조업자는** 「건설기술진흥법」 제57조제3항에 따라 다음에 적합한 **건설자재 · 부재를 공급하거나 사용**하여야 함
  - 「산업표준화법」 제12조에 따른 **한국산업표준에 적합하다는 인증을 받은**

건설자재 · 부재

- 그 밖에 대통령령으로 정하는 바에 따라 국토교통부장관이 적합하다고 인정한 건설자재 · 부재

– 「건설기술진흥법 시행령」 제95조제1항에 따라 **"대통령령으로 정하는 건설자재 · 부재"**란 각각 다음에 해당하는 건설자재 · 부재를 말함

- 레디믹스트콘크리트
- 아스팔트콘크리트
- 바닷모래
- 부순 골재
- 철근, 에이치(H)형강, 구조용 아이(I)형강, 두께 6밀리미터 이상의 건설용 강판, 구조용 · 기초용 강관, 고장력 볼트, 용접봉, 피시(PC)강선, 피시(PC)강연선 및 피시(PC)강봉. 다만, 가시설용(假施設用)은 제외함

○ **시공자**

– 자재공급원 승인 요청(담당자, 현장대리인 서명)

○ **건설사업관리기술인, 감리원 검토 및 관리**

– 자재공급원 승인요청 시 검토하여 적합한 경우 통보(서명)

4.1.14 품질검사의 대행(외부의뢰)

○ **관련근거**

- 「건설기술진흥법」 제55조(건설공사의 품질관리), 제60조(품질검사의 대행 등) 제1항
- 「건설기술진흥법 시행령」 제91조(품질시험 및 검사), 제97조(품질검사의 대행 등) 제1항
- 「건설기술진흥법 시행규칙」 제53조(품질관리비의 산출 및 사용 기준) 제3항, 제97조(품질검사의 대행의뢰 등) 제1항

○ **목적 및 필요성**

- 품질검사를 대행하는 경우, 봉인, 품질검사 의뢰를 CSI 통하여 하도록 규정하여 품질검사 대행의 절차를 명확히 규정함

○ **주요내용**

- **건설공사의 발주자, 건설사업자 또는 주택건설등록업자**는 대통령령으로 정하는 **국립·공립 시험기관 또는 건설엔지니어링사업자**로 하여금 **건설공사의 품질관리를 위한 시험·검사**(이하 "**품질검사**"라 한다) 등을 **대행**하게 할 수 있다. 이 경우 발주자, 건설사업자 또는 주택건설등록업자는 법 제62조제15항에 따른 **건설공사 안전관리 종합정보망(CSI)을 통하여 품질검사의 대행을 의뢰**하여야 함
- "대통령령으로 정하는 국립·공립 시험기관"이란 다음의 기관을 말함
  - 지방국토관리청
  - 지방중소기업청
  - 국가기술표준원
  - 시·도의 건설시험 분야 시험소 및 사업소
  - 국방시설본부
  - 조달청 품질관리단
  - 지방해양수산청
  - 국립·공립 대학이 설립한 건설시험 관련 연구소
- 발주자, 건설사업자 또는 주택건설등록업자는 법 제60조제1항에 따라 건설공사의 품질검사의 대행을 의뢰하려는 경우에는 다음의 사항을 법 제62조제15항에 따른 **건설공사 안전관리 종합정보망**(이하 "정보망"이라 한다)**에 입력**해야 함

- 품질검사의 종목·기준, 목적 등 **품질검사의 대행**에 관한 사항
- 품질검사의 의뢰자, 제2항에 따른 시료의 채취자 및 발주자 또는 **건설사업관리를 수행하는 건설엔지니어링사업자의 성명**(법인인 경우에는 그 명칭을 말한다) **및 서명**

– 건설사업자 또는 주택건설등록업자는 법 제60조제1항에 따라 건설공사의 품질검사의 대행을 의뢰하려는 경우에는 그 의뢰 내용에 대하여 미리 해당 건설공사 발주자 또는 건설사업관리를 수행하는 건설엔지니어링사업자의 확인을 받아야 하며, 품질검사의 대행을 의뢰하기 위하여 **시료(試料)를 채취했을 때**에는 해당 **건설공사 발주자 또는 건설사업관리를 수행하는 건설엔지니어링사업자의 봉인 또는 확인을 받아야 함**

– 발주자는 건설공사에 사용되는 재료 중 중요하다고 인정되는 재료에 대한 품질검사 과정에 참관·확인할 수 있음

– 건설엔지니어링사업자는 법 제60조제3항에 따라 다음의 **내용 및 자료를 정보망(CSI)에 입력**해야 함
  - **품질검사의 종목·방법·결과**, 품질검사를 대행하는 **건설엔지니어링사업자의 성명**(법인인 경우에는 그 명칭을 말한다) 및 **서명** 등 **품질검사 성적서에 기재되는 내용**
  - 품질검사의 실시 여부를 확인할 수 있는 **사진 등 증빙자료**

– 건설사업자 및 주택건설등록업자는 정보망을 통해 열람하는 품질검사 성적서를 해당 목적 외에 다른 목적으로 사용해서는 안 됨

– **건설사업자 또는 주택건설등록업자**는 법 제60조제1항에 따라 **품질검사 등을 대행하게 하는 경우에는 그 비용을 부담**해야 함

○ 시공자

– 건설공사 안전관리종합정보망(CSI)을 통하여 봉인 의뢰, 품질검사 의뢰 입력
– 시료채취 시 봉인 실시
– 시험·검사 결과 확인 및 대비표 작성(서명)

○ 건설사업관리기술인, 감리원 검토 및 관리

– 건설공사 안전관리종합정보망(CSI)을 통하여 봉인 의뢰, 품질검사 의뢰 승인
– 시료채취 시 봉인 입회 및 확인
– 시험·검사 결과 확인(서명)

■ 건설기술 진흥법 시행규칙[별지 제48호서식] <개정 2021. 9. 17.>

품질검사 의뢰서

시험·검사종목		단위무게,내연성(B법)		
시료명		복합단열재용 폴리프로필렌 표면판 [PP보드 3T]		
시료량		1 SET (채취일 : 2024. 6. 28)		
시료 또는 자재 생산국		(* 생산업체 :)		
시료 채취 장소		현장내		
시료 채취자		소속 ㈜ 건설	담당 업무 품질관리기술인	성명
참관자		소속 종합건축사무소	담당 업무 건설사업관리기술인	성명 박병욱 (서명 또는 인)
시험 및 시방기준		KS M 3015 외		
성과 이용 목적		품질관리용		
공사 개요	공사명	공동주택 신축공사		
	착공일	2022. 6. 9		
	준공예정일	2025. 5. 31		
발주자				
시공자				
국가중요시설 여부				

「건설기술 진흥법」 제60조제1항에 따라 품질시험·검사를 의뢰합니다.

2024 년 7 월 2 일

의뢰인 성명
전화번호
주소

비고
1. 국가중요시설 여부는 "국가중요시설(시설명)"로 적습니다.
2. 국가중요시설이란 대통령관저, 국회의사당, 대법원, 국가정보원, 중앙행정기관의 청사, 원자력발전소, 발전용량 100만㎾ 이상 발전소, 전국권으로 방송되는 공영 라디오·TV방송국, 라디오방송 송신출력 500만㎾ 이상의 송신시설, 군사시설, 공항 및 댐 등을 말합니다.

처리절차

의뢰서 작성 → 접수 → 시험·검사 실시 → 성과서 작성, 결재 → 발급

자 르 는 선

접 수 증

1. 접수일:
2. 의뢰 시험·검사 종목:
3. 시료명 및 시료량:

귀하께서 의뢰한 시험·검사 요청 건은 접수일부터 약 ( )일이 걸릴 예정임을 알려드리며 이 접수증을 발급합니다.

년 월 일

접수자:
성명 (서명 또는 인)

210㎜×297㎜[일반용지 60g/㎡(재활용품)]

성적서(○),시료반환( ) 발송 주소	■ 위와 동일 : 받을분 성함, 연락처 표시 (박병욱 010-6685-2376) □ 별도 표기( )
시료반환( ) 폐 기( )	시료반환은 착불로 반환되며, 고가의 의뢰시료는 택배로 의뢰를 받지 않습니다. 직접오셔서 의뢰하시고 반환을 원하실 경우 직접 반환해 가시기 부탁드립니다.

4.1.15 현장감리 품질계획서

○ **관련근거**

- 법적 근거 없음

○ **목적 및 필요성**

- 현장 감리단에서 품질계획서를 수립하여 품질관리 향상 도모

○ **주요내용**

- 현장에서 감리단은 어떤 양식을 사용하고 언제 어떻게 품질관리를 하여야 하는지 또한 어떻게 기록 관리를 하는지에 대하여 기록하는 책자형 계획서이며, 공사관리지침으로도 간단하게 사용하는 방법도 있음. 그렇지만 ISO**에서는 중요한 품질관리계획서**임.
- 건설기술진흥법에서는 **건설사업관리 절차서에 따라 착공후 60일 이내에 작성하여 제출하는 절차서와 동일**하다고 할 수 있음
- 현장 초기에 작성하여 본사의 결재를 받아서 비치
- 수정 시에는 수정된 부분만 전회분과 같이 관리함

○ **건설사업관리기술인, 감리원 검토 및 관리**

- 현장감리 품질계획서 수립 및 시행

4.1.16 품질시험·검사 실적보고서

○ **관련근거**

- 「건설공사 사업관리방식 검토기준 및 업무수행지침」 제77조(일반행정업무) 제2항제5호, 별지 제18호 서식, 제90조(품질시험 및 성과검토) 제15항

○ **목적 및 필요성**

- 품질시험계획서에 따라 매월 현장에서 실시하는 품질시험 · 검사 실적에 대하여 이행 상황 확인

○ **주요내용**

- 건설사업관리기술인은 시공자로부터 매월 품질시험 · 검사실적을 종합한 시험 · 검사실적보고서(별지 제18호 서식)를 제출 받아 이를 확인
- 품질시험 · 검사 실적 보고서는 시공자가 작성하여 건설사업관리기술인, 감리원에게 익월 초에 제출
- **보고서**에는 공종, 시험 · 검사종목, 전월까지 시험 · 검사회수, 금월 시험 · 검사회수, 누계 시험 · 검사회수로 하고 전월 · 금원 · 누계 시험 · 검사회수에는 실시, 합격, 불합격, 재시험으로 구분함

○ **시공자**

- 품질시험 · 검사 실적 보고서를 작성하여 건설사업관리기술인, 감리원에게 제출

○ **건설사업관리기술인, 감리원 검토 및 관리**

- 품질시험 · 검사 실적 보고서 검토 · 확인

품질시험 · 검사실적 보고서 (2025년 4월)

공 사 명 : [   ]공동주택 신축공사 　　　　　공사기간 : 2022. 6 ~ 2025. 5

공 종	시험·검사 종 목			계획시험·검사회수	전월까지 시험·검사회수				금월 시험·검사회수				누계 시험·검사회수			
					실시	합격	불합격	재시험	실시	합격	불합격	재시험	실시	합격	불합격	재시험
성토용 흙	함수비			5	5	5							5	5		
	입도			5	5	5							5	5		
	세립토비율			5	5	5							5	5		
	밀도			5	5	5							5	5		
	액성한계·소성한계			5	5	5							5	5		
	노상지지력비(CBR)			5	5	5							5	5		
	다짐			5	5	5							5	5		
터파기	지지력	확대기초		44	44	44							44	44		
		말뚝기초	정재하	1	1	1							1	1		
			동재하	6	6	6							6	6		
		용접부 검사(MT)		8	8	8							8	8		
되메우기 및 뒷채움	다짐			3	3	3							3	3		
	현장밀도			54	54	54							54	54		
	입도			3	3	3							3	3		
	함수비			54	54	54							54	54		
프리텐션방식 원심력 고강도 콘크리트 말뚝	겉모양 및 모양			2	2	2							2	2		
	치수			2	2	2							2	2		
	몸체 및 이음부의 휨강도			2	2	2							2	2		
	몸체의 축력 휨강도			2	2	2							2	2		
	몸체의 전단강도			2	2	2							2	2		

▲ 품질시험·검사실적보고서 작성 사례

4.1.17 품질시험·검사 성과 총괄표

○ **관련근거**

- 「건설공사 사업관리방식 검토기준 및 업무수행지침」 제77조(일반행정업무) 제2항제4호, 별지 제17호 서식, 제90조(품질시험 및 성과검토) 제16항
- 「주택건설공사 감리업무 세부기준」 제21조(품질관리 및 시험 등) 제3항, 별지 제10호 서식

○ **목적 및 필요성**

- 품질시험계획서에 따라 현장에서 실시하는 품질시험 · 검사 실적에 대하여 품질계획 대비 실적을 확인

○ **주요내용**

- 건설사업관리기술인은 시공자로부터 해당 건설공사에 대한 기성부분 검사 또는 예비준공검사 신청서를 제출 받은 때에 별지 제17호 서식의 품질시험·검사성과 총괄표 및 해당 시험성적서를 제출 받아 이를 검토·확인하여야 함
- 공사관리관은 건설사업관리기술인이 품질관리 지도·감독을 성실히 이행하고 있는지 여부를 확인하여야 하며, 품질관리에 대한 건설사업관리기술인의 업무소홀이 확인된 경우에는 그 사실을 발주청에 지체 없이 보고하여야 함
- 감리자는 사용자재에 대하여 시방서 및 관계 법령에 따라 품질관리시험업무를 수행하도록 사업주체와 협의하여야 하고, 별지 제10호서식의 품질시험·검사성과총괄표를 작성·관리하여야 함. 이 경우 감리자는 품질관리(또는 시험)계획과 관련된 각종 계획서, 절차서 및 지침서 등을 검토하여야 함
- **품질시험 · 검사 성과 총괄표는 시공자가 작성하여 건설사업관리기술인, 감리원에게 익월 초에 제출**
- **총괄표**에는 공사명과, 공사기간, 공정(%)를 기재하고 품질시험 · 검사 결과는 공종, 시험·검사종류 (재료), 시험·검사회수로 구분하고 시험·검사회수는 계획, 실시, 합격, 불합격, 재시험으로 세부적으로 기재

○ **시공자**

– 품질시험 · 검사 성과 총괄표를 매월 작성하여 건설사업관리기술인, 감리원에게 제출

○ **건설사업관리기술인, 감리원 검토 및 관리**

– 품질시험 · 검사 성과 총괄표 검토 · 확인

– 주택건설공사 분기별 감리보고서에 품질시험 · 검사 성과 총괄표를 보고함

■ 건설기술 진흥법 시행규칙 [별지 제43호서식]

품질검사 성과 총괄표

공사명 : 공동주택 신축공사 공사기간:2022. 6 ~2025. 5. 공정 : 99.50%

공 종	시험·검사 종류(재료)	시험·검사 횟수					비고
		계획	실시	합격	불합격	재시험	
성토용 흙	함수비	5	5	5			
	입도	5	5	5			
	세립토 비율	5	5	5			
	밀도	5	5	5			
	액성한계.소성한계	5	5	5			
	노상지지력비(CBR)	5	5	5			
	다짐	5	5	5			
터파기	지지력 - 확대기초	44	44	44			
	지지력 - 말뚝기초 - 정재하	1	1	1			
	지지력 - 말뚝기초 - 동재하	6	6	6			
	지지력 - 용접부 검사(MT)	8	8	8			
되메우기 및 뒷채움	다짐	3	3	3			
	현장밀도	54	54	54			
	입도	3	3	3			
	함수량	54	54	54			
프리텐션방식 원심력 고강도 콘크리트 말뚝	겉모양 및 모양	2	2	2			
	치수	2	2	2			
	몸체 및 이음부의 휨강도	2	2	2			
	몸체의 축력 휨강도	2	2	2			
	몸체의 전단강도	2	2	2			
콘크리트용 골재 부순굵은골재	절대건조밀도 및 흡수율	70	70	70			
	입도,조립율	70	70	70			
	0.08mm체 통과량	70	70	70			
	입자모양 판정 실적율	70	70	70			
	굵은골재의 마모율	70	70	70			
	알칼리 골재 반응시험	70	70	70			
	안정성	70	70	70			

▲ 품질검사 성과 총괄표 작성 사례

4.1.18 구조물별 콘크리트 타설 현황

○ 관련근거

- 「건설공사 사업관리방식 검토기준 및 업무수행지침」 제78조(보고서 작성, 제출) 제1항제1호라목, 별지 제35호 서식, 제86조(시공성과 확인 및 검측 업무) 제6항
- 「주택건설공사 감리업무 세부기준」 제21조(품질관리 및 시험 등) 제7항, 별지 제12호 서식

○ 목적 및 필요성

- 구조물별 콘크리트 타설 현황을 관리하여 콘크리트의 품지저하를 방지하여 품질관리 향상 도모

○ 주요내용

- **건설사업관리기술인**은 **콘크리트 품질을 저하시키는 행위 등이 없도록 생산, 운반, 타설의 전 과정을 관리**해야 하며 콘크리트의 품질저하행위 발생 시 해당 구조물의 재시공, 관련자교체, 공급원교체 등의 제재조치를 취하고 시공자로 하여금 재발방지대책을 수립이행토록 조치해야한다. 또한 구조물별 콘크리트 타설현황(별지 제35호 서식)을 작성하여 건설사업관리보고서에 수록하여야 함
- 건설사업관리보고서는 중간(월별)로 작성하여 보고
- **감리자**는 **콘크리트 타설의 부실 등을 방지**하기 위하여 별지 제12호서식의 구조물별 콘크리트 타설 관리대장에 콘크리트 타설 및 시험결과, 공사 참여자를 작성 · 관리
- **구조물별 콘크리트 타설현황**에는 구조물명, 타설일자, 타설부위, 설계량(㎥), 타설량(㎥), 콘크리트 배합종류, 납품회사, 타설방법, 타설시간, 타설시 온도(℃), 시험결과(슬럼프(cm), 공기량(%), 염분량(kg/㎥), 28일 압축강도(MPa)), 시험자(시공사 직원/성명, 서명, 공사감독자, 건설사업관리기술인, 감리원/성명, 서명)
- **콘크리트 타설 참여자**(기능공 포함) **실명부**에는 타설일, 타설위치, 소속, 직위, 성명, 생년월일(성별), 공사한 내용, 서명 기재

○ **시공자**

- 구조물별 콘크리트 타설 현황을 작성하여 건설사업관리기술인, 감리원에게 제출 (서명)

○ **건설사업관리기술인, 감리원 검토 및 관리**

- 구조물별 콘크리트 타설 현황 검토 · 확인(서명)
- 주택건설공사 분기별 감리보고서에 콘크리트 타설관리 대장 보고함

구조물별 콘크리트 타설현황

구조물명	타설일자	타설부위	설계량 (㎥)	타설량 (㎥)	콘크리트 배합종류	납품 회사	타설 방법	타설 시간	타설시 온도 (℃)	시험결과					시험자			
										슬럼프 (mm)	공기량 (%)	염분량 (kg/㎥)	단위 수량 (kg/㎥)	28일압축 강도MPa (N/㎟)	시공사		감독원	
															성명	서명	성명	서명
102동	2024 2.2	102동 난간대	2	2	25-27-210		호퍼	09:46 09:58	0	200	4.9	0.99	179	36.5			박하용 박하용	[illegible]
102동	2024 2.14	102동 옥탑 및(...) 옥상 파라펫	48	48	25-27-210		호퍼	09:36 ~ 16:40	18	190	3.4	0.03	183	34.9			박하용 박하용	[illegible]
102동	2024 2.20	102동 옥탑 2층바닥	18	18	25-27-210		호퍼	10:40 ~ 12:48	3	225	5.0	0.063	184	36.9			박하용 박하용	[illegible]
102동	2024 3.6	102동 옥탑지붕 및 옥상 파라펫	45	45	25-27-210		호퍼	09:10 ~ 15:40	5	210	5.0	0.042	183	33.8			박하용 박하용	[illegible]

▲ 구조물별 콘크리트 타설현황 작성 사례

4.1.19 품질시험기구 검·교정 성과 관리대장(성적서) 확인

○ **관련근거**

- 「국가표준법」 제14조(국가교정제도의 확립) 제2항
- 「교정대상 및 주기설정을 위한 지침」 제4조(교정대상) 제1항, 별표1, 제5조(교정주기)

○ **목적 및 필요성**

- 품질시험기구 검 · 교정을 실시하여 시험 · 검사 시 그 결과의 정확도 향상 도모

○ **주요내용**

- 정부는 전국적 교정망을 통하여 중소기업을 포함한 모든 측정현장에 주기적인 교정과 선진측정 과학기술을 보급하도록 노력하여야 함
- **교정대상**은 별표 1에 규정되어 있는 **측정, 시험, 검사장비를 주요 대상**으로 함
- **교정주기**는 「교정대상 및 주기설정을 위한 지침」 제5조 제1항의 규정에 의거 측정현장에서 주기적인 교정을 실시하기 위해 적용하는 측정기의 교정주기는 별표 1에 규정된 주기(개월)를 준용함
  - 1년 : 압축강도 시험기, 염화물 측정기, 콘크리트 공기량 측정기, 전기식 지시저울, 온도지시 저울계, 고분자 막막 습도계, pH METER, 자기 온 · 습도 기록계, 온도 지시계, 바이메탈 온도계, 목재 수분계, 콘크리트 테스트 함마, 유리제 온도계, 버니어캘리퍼스, 외측 마이크로미터, 표준체, 단위수량 측정기, 레이저 측량기, 레이저 레벨, 온도 발생장치
  - 2년 : 측미 현미경, 유리제 부피계, 토탈 스테이션
  - 3년 : 비중병
- **품질시험기구 검 · 교정 성적서 및 관리대장을 관리**하여야 함
  - **관리대장**에는 번호, 품명, 제작회사, 규격, 시험기기/번호, 검 · 교정 주기, 검 · 교정 일자, 차기 교정일, 검 · 교정 관, 검 · 교정 내용, 비고 등임
  - **관리대장 번호**에 따라 검 · 교정 성과 성적서를 관리하여야 함

○ **시공자**

– 품질시험기구 검 · 교정 의뢰, 입회, 성적서 검토, 대장을 작성하여 건설사업관리기술인, 감리원에게 제출

○ **건설사업관리기술인, 감리원 검토 및 관리**

– 품질시험기구 검 · 교정 성적서 및 대장 검토 · 확인

시험기기 검교정 관리대장

작성자	검토자	확인자

현장명 : 천 공동주택 신축공사

번호	품명	제작회사	규격	시험기기 번호	제작일자	검.교정 주기	검.교정 일자	차기 교정일	검.교정 기관	검.교정 내용	비고
1	압축강도시험기	한신금풍	1000KN	178-052	-	1년	2022.9.1 2023.8.23	2023.9.1 2024.8.23	현대정밀산업㈜ 현대정밀산업㈜	교정결과 참조 교정결과 참조	
2	염화물측정기	대윤계기산업㈜	New DY-2501α	α1503068	-	1년	2022.9.1 2023.8.23	2023.9.1 2024.8.23	현대정밀산업㈜ 현대정밀산업㈜	교정결과 참조 교정결과 참조	
3	공기량측정기	현대정밀산업㈜	7L	1469	-	1년	2022.9.1 2023.8.23	2023.9.1 2024.8.23	현대정밀산업㈜ 현대정밀산업㈜	교정결과 참조 교정결과 참조	
4	전기식 지시저울	OHAUS	150kg~10g	8343080616	-	1년	2022.9.1 2023.8.23	2023.9.1 2024.8.23	현대정밀산업㈜ 현대정밀산업㈜	교정결과 참조 교정결과 참조	
5	전기식 지시저울	HANSUNG	30kg~1g	14110008	-	1년	2022.9.1 2023.8.23	2023.9.1 2024.8.23	현대정밀산업㈜ 현대정밀산업㈜	교정결과 참조 교정결과 참조	
6	전기식 지시저울	HANSUNG	300g~0.1g	14020005	-	1년	2022.9.1 2023.8.23	2023.9.1 2024.8.23	현대정밀산업㈜ 현대정밀산업㈜	교정결과 참조 교정결과 참조	
7	온도 지시 조절계	OKE	KE-6422H	22TH1683	-	1년	2022.8.31 2023.8.24	2023.8.31 2024.8.23	㈜한국공업기술원 ㈜한국공업기술원	교정결과 참조 교정결과 참조	
8	온도 지시 조절계	OKE	KE-6422H	22TH1684	-	1년	2022.8.31 2023.8.24	2023.8.31 2024.8.24	㈜한국공업기술원 ㈜한국공업기술원	교정결과 참조 교정결과 참조	
9	고분자 박막 습도계 (디지털 온습도계)	EL	EL-USB-2-LCD	22TH1700	-	1년	2022.9.1 2023.8.24	2023.9.1 2024.8.24	㈜한국공업기술원 ㈜한국공업기술원	교정결과 참조 교정결과 참조	
10	고분자 박막 습도계 (디지털 온습도계)	EL	EL-USB-2-LCD	22TH1701	-	1년	2022.9.1 2023.8.24	2023.9.1 2024.8.24	㈜한국공업기술원 ㈜한국공업기술원	교정결과 참조 교정결과 참조	

▲ 시험기기 검·교정 관리대장 작성 사례

4.1.20 근로자 품질교육

○ 관련근거

- 「건설기술진흥법」 제55조(건설공사의 품질관리) 제1항
- 「건설기술진흥법 시행령」 제89조(품질관리계획 등의 수립대상 공사) 제1항~제3항
- 「건설기술진흥법 시행규칙」 제49조(품질관리계획 등의 수립할 필요가 없는 건설공사)
- 시공자가 작성한 품질관리계획서

○ 목적 및 필요성

- 각 공정별 관리자 및 기능공 등에 대하여 품질교육을 실시하여 품질의 질 향상 도모

○ 주요내용

- 현장공사에 참여하는 직원 및 관리자, 작업자에게 품질관리를 도모하고 원활한 공사추진을 위하여 교육을 실시함
- 교육훈련 계획서는 매월 실시하는 것으로 **1년 계획을 수립**함
- **품질관리 관련 교육**은 **콘크리트공사, 타일공사, 내장공사, 일반가구, 주방가구**의 **근로자를 대상**으로 하고, **부대토목, 도장공사**는 **관리자 및 근로자를 대상으로 실시**함
- 교육을 실시하는 경우에는 **교육훈련기록서를 기록**함
  - 교육대상자, 인원, 교육장소, 강사, 교육시간, 교육일자, 교육명, 교육내용, 교육평가(교육훈련 내용 이해도, 교육훈련 방법, 교재상태의 만족과 불만족을 조사하고 차기 교육 시 개선사항도 분석함
  - 교육훈련기록서에는 교육자료, 참석자 명단, 사진대지를 첨부
  - 품질교육 참석자 명단에는 소속, 직종, 성명, 서명함
  - 교육훈련 기록서에는 강사, 품질관리자, 현장대리인이 서명함

○ 시공자

- 근로자 품질교육 계획서 수립, 교육실시, 교육훈련기록서 작성 관리

○ 건설사업관리기술인, 감리원 검토 및 관리

- 근로자 품질교육 실시 결과 확인

4.1.21 건설사업관리기술인, 감리원에서 시공자 품질교육

○ **관련근거**

- 「주택건설공사 감리업무 세부기준」 제4조(감리자의 업무) 제2항제4호
- 「건설공사 사업관리방식 검토기준 및 업무수행지침」 별지 제57호 서식(현장교육실적부)

○ **목적 및 필요성**

- 시공자에 대한 품질교육을 실시하여 견실시공 의식 함양 제고

○ **주요내용**

- **건설사업관리기술인, 감리원**은 **감리원과 현장종사자**(기능공을 포함한다)를 **대상으로 견실시공 의식을 제고**시킬 수 있도록 **해당 현장의 특성에 따라 분기별로 교육을 실시**하도록 하여야 함
- **필요한 경우** 시공자의 품질관리 관련 **공종별로 교육을 실시**함
- **품질교육 실적**은 「건설공사 사업관리방식 검토기준 및 업무수행지침」 별지 제57호 서식을 사용하여 기록·관리함

○ **시공자**

- 품질교육 시 직원 및 하도급 관계자 참석

○ **건설사업관리기술인, 감리원 검토 및 관리**

- 시공자 품질교육계획 수립, 교육실시
- 시공자 품질교육 실시 결과 현장교육실적부에 기록·관리

4.1.22 품질관리 관리도 작성

○ **관련근거**

- 「건설기술진흥법」 제55조(건설공사의 품질관리) 제1항
- 「건설기술진흥법 시행령」 제89조(품질관리계획 등의 수립대상 공사) 제1항~제3항
- 「건설기술진흥법 시행규칙」 제49조(품질관리계획 등의 수립할 필요가 없는 건설공사)
- 시공자의 품질관리계획서

○ **목적 및 필요성**

- **콘크리트 압축강도 등에 대하여 품질관리 관리도를 작성 및 관리**하여 품질관리 적정성 확인
- **품질관리계획서의 적절성 및 효과성을 실증**하고, 품질관리계획을 지속적으로 개선하기 위하여 필요한 데이터를 선정하여 분석하고 평가

○ **주요내용**

- 관리도는 작업 또는 생산 활동이 관리상태에 있는지 이상 상태에 있는지를 판단하는 방법
- 공정의 상태에 대하여 이상 유무를 빠르게 찾아내어 이상원인으로 인한 부적합품이 생산되기 전에 필요한 조치를 취하여 관리된 상태로 유지하는 것을 말함
- **관리도의 목적**은 **최상의 제조품질을 달성 · 유지**하는 것임
- **관리도의 원리**
  - 중심선의 상하에 관리한계선(관리상한선, 관리하한선)을 설정하고 품질 측정치를 타점하여 관리한계선 밖으로 나가거나 특별한 습성(테이터 추세, 진동, 혼합, 군집화)이 존재하는지를 파악하여 관리하는 것
  - 일정기간 동안 발생한 데이터를 샘플크기(n) 4~5개 정도로 대략 20~25군을 수집하여 측정하고 측정데이터를 대상으로 계산함
  - 우연원인과 이상원인으로 인한 산포를 구분할 수 있는 중심선 상하에 관리한계

선을 그어 놓고 공정의 상태를 나타내는 품질특성치를 타점하였을 때 그 점이 관리한계선 안쪽에 있으면 관리상태에 있다고 판단할 수 있음

- 하지만, 그 점이 관리한계선 밖으로 나가 있다면 공정에 이상원이 있다고 판단하여 원인을 찾고 재발방지 조치를 취해 공정을 관리상태로 유지할 수 있도록 함

– 계량형 관리도의 종류

- x–R 관리도 : 평균치와 범위, 다량의 정보를 얻을 수 있음
- x–s 관리도 : 평균치와 표준편차, 품질의 산포를 자세히 나타낼 수 있음
- x–Rs 관리도 : 개개의 데이터 자체, 데이터 발생 기간이 긴 공정 또는 측정에 시간과 비용이 많이 소요될 때
- 계량형 관리도의 데이터 종류는 길이, 무게, 강도, 온도, 압력, 서율, 생산량 등

– 데이터 파악

- 발주자 또는 감리원, 건설사업관리단의 만족도
- 주요 자재 및 시공물의 품질경향
- 부적합제품의 발생빈도 및 특성
- 내부 및 외부 점검 결과
- 협력업체 관리상테
- 성공 및 실패사례

– 분석대상 식별

- 분석대상 데이터 및 정보명
- 분석 목적
- 분석시기 및 주기
- 분석절차(필요 시)
- 분석을 위하여 적용할 통계기법

– 데이터 및 정보 분석

- 데이터 해석기법 : 파레토도, 다이어그램, 특성요인도, 관리도, 산포도, 히스토그램, 체크시트
- 데이터 특징을 나타내는 방법 : 평균, 표준편차, 불량률, 그래프
- 통계학적인 방법 : 추정, 검증
- 검사방법에 의한 분류 : 샘플링검사, 전수검사, 층별검사 등
- 기타 방법

– **데이터 분석 결과 활용방법 결정**

- 품질경향 파악
- 운영성과 평가
- 고객만족도 평가
- 협력업체의 기여도 평가
- 품질, Cost, 경제성 평가 등

– **X관리도 및 R 관리도**

- X관리도 : UCL = $x+A_2$, LCL = $x-A_2$
- R관리도 : UCL = D_4, LCL = D_3

※ n(시료크기(회))과 A_2, D_4, D_3 관계

n	A_2	D_4	D_3
2	1.88	3.267	-
3	1.02	2.574	-
4	0.729	2.280	-
5	0.577	2.110	-

– **변동계수와 품질관리상태 비교**

- 변동계수 10% 이하 매우우수, 변동계수 10~15% 이하 우수, 변동계수 15~20% 이하 보통, 변동계수 20% 이상 불량

○ **시공자**

– 데이터 및 정보의 분석자료 관리 및 분석결과 확인, 분석결과 활용, 예방조치

○ **건설사업관리기술인, 감리원 검토 및 관리**

– 데이터와 관리도 검토 · 확인(서명)

x - R, Rs 관리도 자료표(Data Sheet)

공 사 명	공동주택 신축공사	설 계 강 도	27 Mpa(N/㎟)	측 정 기 간	시작 : 2024. 3. 6
설계기준강도	25 - 27 - 210	시 료 크 기	n = 3 회		까지 : 2024. 4. 5
재 령	σ 28	타 설 기 간	시작 : 2024. 3. 6	확인자	
			까지 : 2024. 4. 5	감리원	(서명)

측 정 일	타 설 위 치	시료군의 번 호	측 정 치 x1	x2	x3	계 Σx	평균치 x	측정오차 R	비 고
2024-03-06	102동 옥탑 지붕 및 옥상 파라펫	1	34.2	33.2	34	101.4	33.8	1	상표레미콘㈜
2024-03-06	103동 29층 바닥	2	35.3	35.6	34.8	105.7	35.2	0.8	유진기업㈜
2024-03-07	101동 옥상 파라펫	3	34.8	32.2	34.1	101.1	33.7	2.6	상표레미콘㈜
2024-03-07	107동 지붕 바닥	4	35.5	33.7	34.3	103.5	34.5	1.8	상표레미콘㈜
2024-03-08	106동 지붕 바닥	5	32.6	33.2	35.0	100.8	33.6	2.4	한라엔컴
2024-03-11	104동 지붕 바닥	6	36.5	33.9	36.2	106.6	35.5	2.6	아세아레미콘
2024-03-12	107동 옥상 파라펫	7	32.7	35	34.2	101.9	34	2.3	아산레미콘
2024-03-14	107동 옥상 파라펫	8	32.9	31.8	31.7	96.4	32.1	1.2	한라엔컴
2024-03-14	103동 지붕 바닥	9	36	35.8	36.5	108.3	36.1	0.7	은성산업
2024-03-18	106동 옥탑1층 벽체 및 파라펫	10	31.4	31.5	31.3	94.2	31.4	0.2	유진기업㈜
2024-03-20	107동 옥탑2층 바닥	11	37.1	33.9	35.4	106.4	35.5	3.2	상표레미콘㈜
2024-03-21	104동 옥탑1층 벽체	12	36.3	34.6	36.5	107.4	35.8	1.9	상표레미콘㈜
2024-03-22	106동 옥탑2층 바닥	13	33	34.1	33	100.1	33.4	1.1	아세아레미콘
2024-03-25	103동 옥탑1층 벽체	14	31.8	30.4	31.4	93.6	31.2	1.4	한라엔컴
2024-03-27	104동 옥탑2층 바닥 外	15	32.9	32	32.7	97.6	32.5	0.9	고려산업㈜
2024-04-01	103동 옥탑2층 바닥	16	34.4	31.5	33.1	99	33	2.9	한라엔컴
2024-04-01	101동 주변주차장 지하1층 바닥	17	33.4	34.6	35.8	103.8	34.6	2.4	고려산업㈜
2024-04-02	106동 옥탑 지붕	18	33.6	34.4	33.6	101.6	33.9	0.8	상표레미콘㈜
2024-04-04	103동 옥상 파라펫	19	35.5	36.4	35.2	107.1	35.7	1.2	유진기업㈜
2024-04-05	104동 옥탑 지붕	20	37	34.3	34.1	105.4	35.1	2.9	㈜은성산업
						계	680.6	34.3	
						x =	34.0	R = 1.7	

x 관리도

$UCL = x + A_2 R$: 37.2

$LCL = x - A_2 R$: 29.6

R 관리도

$UCL = D_4 * R$: 4.4

$LCL = D_3 * R$: 0.0

n	A_2	D_4	D_3
2	1.88	3.267	-
3	1.02	2.574	-
4	0.729	2.280	-
5	0.577	2.110	-

변동계수와 품질관리상태 비교	
변동계수	관리상태
10% 이하	매 우 우 수
10~15% 이하	우 수
15~20% 이하	보 통
20% 이상	불 량

$$변동계수 = \frac{편차}{평균} \times 100(\%)$$

NO. 1 ~ 10
평 균 = 34.0
분 산 = 2.13
편 차 = 1.42
변동계수 = 4.2 %
품질관리상태
매 우 우 수

x - R 관리도그래프

설계기준강도 : 25 - 27 - 210　　　재령 : σ 28　　　시험기간 : 2024.3.6 ~ 2024.4.5

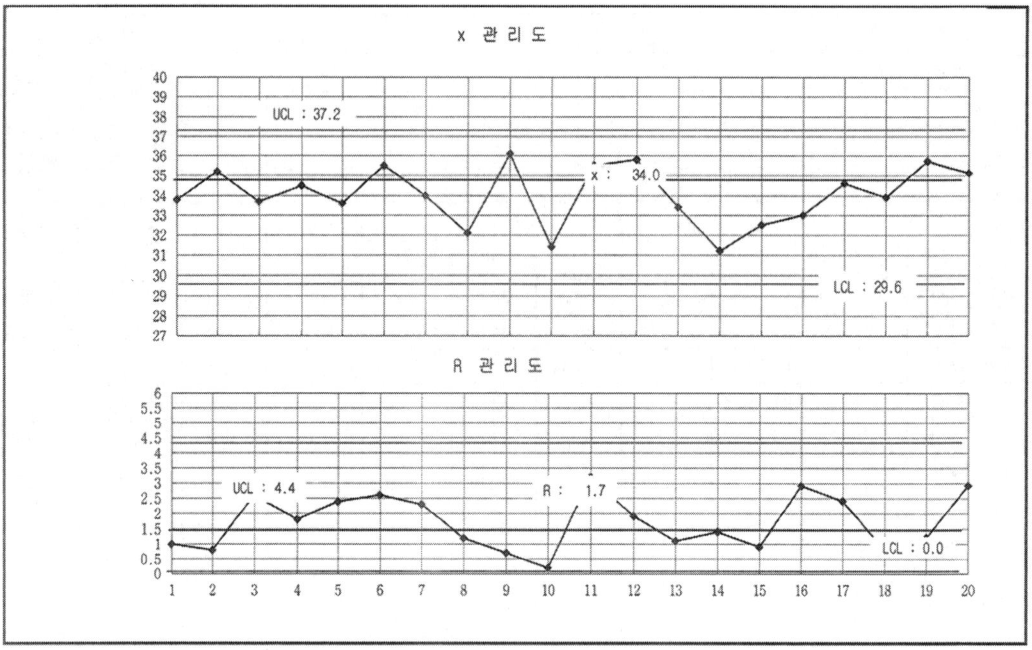

4.1.23 건강친화형 주택 건설기준 자체평가 이행확인서 작성

○ 관련근거

- 「건설기술진흥법」 제55조(건설공사의 품질관리) 제1항
- 「건설기술진흥법 시행령」 제89조(품질관리계획 등의 수립대상 공사) 제1항~제3항
- 「건설기술진흥법 시행규칙」 제49조(품질관리계획 등의 수립할 필요가 없는 건설공사)
- 「주택법」 제37조 및 「주택건설기준 등에 관한 규정」 제65조, 「건강친화형 주택 건설기준」
- 시공자의 품질관리계획서

○ 목적 및 필요성

- 실내공기 오염물질 저방출 자재기준 및 실내공기질 적정기준 유지
- **건강친화형 주택 : 오염물질이 적게 방출되는 건축자재를 사용하고 환기 등을 실시**하여 **새집증후군 문제를 개선**함으로써 **거주자에게 건강하고 쾌적한 실내환경을 제공**할 수 있도록 일정수준 이상의 실내공기질과 환기성능을 확보한 주택으로서 **의무기준을 모두 충족**하고 **권장기준 1호 중 2개 이상, 2호 중 1개 이상 이상의 항목에 적합한 주택**

○ 주요내용

- **적용대상 : 500세대 이상 주택건설사업 또는 500세대 이상 리모델링하는 주택**
- **의무기준**
  - 친환경 건축자재의 적용
    - ‣ 실내에 사용하는 건축자재는 별표 1에 따른 실내공기 오염물질 저방출자재 기준에 적합할 것
    - ‣ 실내마감용으로 사용하는 도료에 함유된 납(pb), 카드뮴(Cd), 수은(Hg) 및 6가크롬(Cr+6) 등의 유해원소는 환경표지 인증기준에 적합할 것
  - **쾌적하고 안전한 실내공기 환경을 확보**하기 위하여 각종 공사를 완료한 후 사용검사 신청 전까지 별표 2에 따라 **플러쉬아웃(Flush-out) 또는 베이크아웃(Bake-out)을 실시**할 것

- 효율적인 환기를 위하여 별표 3에 적합한 단위세대의 환기성능을 확보할 것
- 설치된 환기설비의 정상적인 성능 발휘 및 운영 여부를 확인하기 위하여 별표 4에 따른 성능검증을 시행할 것
- 입주 전에 설치하는 친환경 생활제품의 적용
  - 빌트-인(built-in) 가전제품은 별표 5 제1호에 적합할 것
  - 붙박이가구 등은 별표 5 제2호에 적합할 것
- **건축자재, 접착제 등 시공 · 관리기준**
  - **일반 시공 · 관리기준**
    - 입주 전에 설치하는 붙박이 가구 및 빌트-인(built-in) 가전제품, 내장재 시공 등과 같이 실내공기 오염물질을 배출하는 공정은 공사로 인해 방출된 오염물질을 실외로 충분히 배기할 수 있는 환기계획을 수립할 것
    - 시공단계에서 사용하는 실내마감용 건축 자재는 품질 변화가 없고 오염물질 관리가 가능하도록 보관할 것
    - 건설폐기물은 실외에 적치하도록 적치장을 확보하고 반출계획을 작성하여 공사가 완료될 때까지 다른 요인에 의해 시공 현장이 오염되지 않도록 구체적인 유지관리 계획을 수립할 것
  - **접착제의 시공 · 관리기준**
    - 바닥 등 건물내부 접착제 시공면의 수분함수율은 4.5퍼센트 미만이 되도록 할 것
    - 접착제 시공면의 평활도는 2미터마다 3밀리미터 이하로 유지할 것
    - 접착제를 시공할 때의 실내온도는 5℃ 이상으로 유지할 것
    - 접착제를 시공할 때에 발생하는 오염물질의 적절한 외부배출 대책을 수립할 것(환기 · 공조시스템 가동중지 및 급 · 배기구를 밀폐한 후 자연통풍 실시 또는 배풍기 가동)
  - **유해화학물질 확산방지를 위한 도장공사 시공 · 관리기준**
    - 도장재의 운반 · 보관 · 저장 및 시공은 제조자 지침을 준수할 것
    - 외부 도장공사시 도료의 비산과 실내로의 유입을 방지할 수 있는 대책을 수립할 것(도장부스 사용 등)
    - 실내 도장공사를 실시할 때에 발생하는 오염물질의 적절한 외부배출 대책을 수립할 것(환기 · 공조시스템 가동중지 및 급 · 배기구를 밀폐한 후 자연통풍

실시 또는 배풍기 가동)

· 뿜칠 도장공사시 오일리스 방식 컴프레서, 오일필터 또는 저오염오일 등 오염물질 저방출 장비를 사용할 것

– 권장기준

- **오염물질, 유해미생물 제거**

  ▸ 흡방습 건축자재는 모든 세대에 별표 6 제1호에 적합한 건축자재를 거실과 침실 벽체 총면적의 10퍼센트 이상을 적용할 것

  ▸ 흡착 건축자재는 모든 세대에 별표 6 제2호에 적합한 건축자재를 거실과 침실 벽체 총 면적의 10퍼센트 이상을 적용할 것

  ▸ 항곰팡이 건축자재는 모든 세대에 별표 6 제3호에 적합한 건축자재를 발코니 · 화장실 · 부엌 등과 같이 곰팡이 발생이 우려되는 부위에 총 외피면적의 5퍼센트 이상을 적용할 것

  ▸ 항균 건축자재는 모든 세대에 별표 6 제4호에 적합한 건축자재를 발코니 · 화장실 · 부엌 등과 같이 세균 발생이 우려되는 부위에 총 외피면적의 5퍼센트 이상을 적용할 것

- 실내발생 미세먼지 제거

  ▸ 주방에 설치되는 레인지후드는 별표 6 제5호의 성능을 확보할 것

  ▸ 레인지후드의 배기효율을 높이기 위해 기계환기설비 또는 보조급기와의 연동제어가 가능할 것

– **시험성적서**는 **공인시험기관(KOLAS 인정기관** 또는 이에 상응하는 국제 시험기관 인정제도하에서 인정받은 시험기관)에서 **발급받은 것으로 한정**하며, 발급받은 **시험성적서는 발급일부터 3년까지 인정**

– **실내공기 오염물질 저방출 건축자재의 적용기준**

- **적용대상** : **벽체**(기둥 및 칸막이벽 포함), **천장, 바닥에 사용하는 최종마감재, 접착제, 내장재 및 그 밖의 마감재**. 다만, 가공되지 않은 천연목재는 제외
- 평가대상물질 : **총휘발성유기화합물(TVOC), 폼알데하이드(HCHO)**
- 평가방법 : **소형챔버법**(환경부 실내공기질 공정시험방법)
- **평가기준** : 7일후 TVOC **방출량 0.10mg/㎡·h 이하**(단, 실란트의 경우 0.1mg/m·h 이하), 7일후 HCHO **방출량 0.015mg/㎡·h 이하**(단, 실란트의 경우 0.01mg/m·h 이하)

○ **사업주체**

- 사업계획승인을 신청할 때에는 설계도서에 이 기준에 적합한 성능기준을 명시
- 감리원이 제출한 "건강친화형 주택 건설기준 자체평가 이행확인서" 를 법 제49조 제1항에 따른 사용검사 신청 시 사용검사권자에게 사용검사신청서와 함께 제출

○ **시공자**

- 시험성적서는 건축자재 등을 시공하기 전까지 건설사업관리기술인, 감리원에게 제출한 후 시공

○ **건설사업관리기술인, 감리원 검토 및 관리**

- 시험성적서가 반입된 자재나 제품과 동일한 것인지를 확인하여야 하며, 동일 제품여부 확인이 곤란할 경우에는 샘플시험을 실시할 수 있음
- 사업주체가 제8조제1항에 따라 사업계획승인권자에게 제출한 "건강친화형 주택 건설기준 자체 평가서" 의 내용이 적합하게 이행되었는지를 확인한 후, 별지 제2호서식에 따라 **"건강친화형 주택 건설기준 자체평가 이행확인서" 를 작성하여 사용검사 신청 전에 사업주체에게 제출**

건강친화형 주택 건설기준 자체평가 이행확인서

□ 의무기준 이행 여부

구분	평가내용	평가기준	이행여부	
			적	부
1. 친환경 건축자재의 적용	1.1 실내공기 오염물질 저방출건축자재의 적용	오염물질 방출량 기준 적합여부	[■]	[ ]
	1.2 실내마감용으로 사용되는 도료의 납(Pb) 등 유해원소 함유량	환경표지 인증기준 적합여부	[■]	[ ]
2. 플러쉬 아웃(Flush-out) 또는 베이크 아웃(Bake out)의 시행	2.1 시행시기의 준수	모든 실내 내장마감재 및 붙박이 가구 등의 설치 이후 사용검사 신청 전까지 시행여부	[■]	[ ]
	2.2 플러쉬 아웃의 외기유입량	실내바닥면적 1㎡당 400㎥이상 외기 유입방법 명시여부	[■]	[ ]
	2.3 베이크 아웃의 적용	개구부 밀폐, 실내온도 유지시간, 환기시간 및 환기 횟수	[■]	[ ]
3. 효율적인 환기성능의 확보	3.1 효율적인 환기성능의 확보	·자연환기설비 : 환기기준 적합여부 및 단열성능·표면결로방지 성능 확보 여부 ·기계환기설비 : 환기기준 적합여부 및 국가 또는 공인인정기관의 인증서, 시험성적서 등 객관적 기술자료 첨부여부 ·바이패스 기능 및 프리히터의 적용여부 또는 결로시험 실시여부(열회수형 환기장치) ·환기설비 본체에 필터의 교체주기를 명시 또는 필터교체 알림센서 설치여부 ·혼합형 환기설비 : 환기기준 적합여부 및 자연환기설비와 기계환기설비의 상호 보완적 가동여부	[■]	[ ]

210㎜×297㎜[백상지(80g/㎡) 또는 중질지(80g/㎡)]

4. 환기설비의 성능검증	4.1 적정 환기효율	각 실의 환기량이 환기기준의 75% 이상 유지 여부	[■]	[ ]
	4.2 TAB의 시행	대한설비공학회의 "공기조화설비의 시험조정평가(TAB)기술기준(공동주택 환기설비계통 수행절차)"에 적합한 전문회사에서 TAB 시행여부	[■]	[ ]
5. 친환경 생활제품	5.1 빌트인 (built -in) 가전제품의 성능평가	오염물질 방출량 기준에 적합한 제품 설치 여부	[■]	[ ]
	5.2 붙박이 가구의 성능평가	오염물질 방출량 기준에 적합한 붙박이가구 설치여부	[■]	[ ]
6. 건강친화형 주택 시공관리기준의 적용	6.1 일반 시공 관리기준	실내공기오염물질 의 배출공정 작업 시 환기시행 여부	[■]	[ ]
		자재관리계획에 따른 자재 보관·관리 여부	[■]	[ ]
		유지관리계획에 따른 건설폐기물 적치 및 반출 여부	[■]	[ ]
	6.2 접착제 시공 관리기준	시공면 수분 함수율 4.5 % 미만 여부	[■]	[ ]
		시공면 평활도 3mm/ 2m 이하 여부	[■]	[ ]
		실내온도 5℃ 이상 유지 여부	[■]	[ ]
		접착제 시공시의 오염물질 외부배출 시행여부	[■]	[ ]
	6.3 유해화학물질 확산방지를 위한 도장공사 시공관리기준	도료 제조업체 지침(MSDS)에 따라 운반·보관·저장 및 시공 시행여부	[■]	[ ]
		비산 및 실내 유입 방지대책에 따른 외부도장공사 시행여부	[■]	[ ]
		실내도장 시 발생하는 오염물질의 외부배출 대책 시행여부	[■]	[ ]
		오염물질 저방출 장비 사용여부	[■]	[ ]

210mm×297mm[백상지(80g/㎡) 또는 중질지(80g/㎡)]

□ 권장기준 이행 여부

구분	평가내용	평가기준	이행여부	
			적	부
1. 오염물질, 유해 미생물 제거	1.1 흡방습 건축자재 성능	흡방습 건축자재 시공부위 및 면적 적합여부	[ ]	[ ]
		흡방습량 적합 자재 사용여부	[ ]	[ ]
	1.2. 흡착 건축자재 성능	흡착 건축자재 시공부위 및 면적 적합여부	[ ]	[ ]
		흡착률 및 적산흡착량 적합 자재 사용여부	[ ]	[ ]
	1.3 항곰팡이 건축자재 성능	항곰팡이 건축자재 시공부위 및 면적 적합여부	[■]	[ ]
		항곰팡이저항성 적합 자재 사용여부	[■]	[ ]
	1.4 항균 건축자재 성능	항균 건축자재 시공부위 및 면적 적합여부	[■]	[ ]
		항균활성치 적합 자재 사용여부	[■]	[ ]
2. 실내발생 미세먼지 제거	2.1 레인지후드의 적정 풍량 등 확보	적합한 배기풍량의 확보여부	[■]	[ ]
		소음기준 적합여부	[■]	[ ]
	2.2 환기설비와의 연동	기계환기설비 또는 보조급기 와의 연동제어 여부	[■]	[ ]

※ 항목별로 기준에 적합함을 증명하는 시험성적서나 시행 확인서 첨부

□ 종합 확인서■

본 자체평가서 이행확인서는 「건강친화형 주택 건설기준」에서 정하는 모든 규정대로 적합하게 이행되었음을 확인합니다.

2025년 4 월 일

작성자(시공자) : [ ] 현장대리인

확인자(감리자) : [ ]종합건축사사무소 총괄감리원

210㎜×297㎜[백상지(80g/㎡) 또는 중질지(80g/㎡)]

▲ 건강친화형 주택 건설기준 자체평가 이행확인서 작성 사례

4.1.24 건축자재 품질관리서 작성·제출

○ 관련근거

- 「건축법」 제52조의4(건축자재의 품질관리 등) 제1항, 제2항, 제52조의5(건축자재등의 품질인정)
- 「건축법 시행령」 제62조(건축자재의 품질관리) 제1항
- 「건축물의 피난·방화구조 등의 기준에 관한 규칙」 제24조의3(건축자재 품질관리서)

○ 목적 및 필요성

- 건축 마감자재 및 방화문 등에 대하여 품질관리서 작성 및 제출

○ 주요내용

- **복합자재**(불연재료인 양면 철판, 석재, 콘크리트 또는 이와 유사한 재료와 불연재료가 아닌 심재로 구성된 것을 말한다)를 포함한 제52조에 따른 **마감재료, 방화문** 등 대통령령으로 정하는 건축자재*의 제조업자, 유통업자, 공사시공자 및 공사감리자는 국토교통부령으로 정하는 사항을 기재한 품질관리서(이하 "**품질관리서**"라 한다)를 대통령령으로 정하는 바에 따라 **허가권자에게 제출**

  * 법 제52조의4제1항에 따른 복합자재, 건축물의 외벽에 사용하는 마감재료로서 단열재, 제64조제1항제1호부터 제3호까지의 규정에 따른 방화문, 그 밖에 방화와 관련된 건축자재로서 국토교통부령으로 정하는 건축자재

- **건축자재의 제조업자, 유통업자**는 「과학기술분야 정부출연연구기관 등의 설립·운영 및 육성에 관한 법률」에 따른 **한국건설기술연구원** 등 대통령령*으로 정하는 **시험기관에 건축자재의 성능시험을 의뢰**

  * **한국건설기술연구원**, 「건설기술 진흥법」에 따른 건설엔지니어링사업자로서 건축 관련 품질시험의 수행능력이 국토교통부장관이 정하여 고시하는 기준에 해당하는 자, 「국가표준기본법」 제23조에 따라 인정받은 시험·검사기관

- **방화문, 복합자재 등 대통령령으로 정하는 건축자재와 내화구조***(이하 "건축자재등"이라 한다)는 방화성능, 품질관리 등 국토교통부령으로 정하는 기준에 따라

품질이 적합하다고 인정받아야 하고, **건축관계자등은 품질인정을 받은 건축자재 등만 사용**하고, **인정받은 내용대로 제조·유통·시공**하여야 함

* 법 제52조의4제1항에 따른 복합자재 중 국토교통부령으로 정하는 강판과 심재로 이루어진 복합자재**, 주요구조부가 내화구조 또는 불연재료로 된 건축물의 방화구획에 사용되는 다음 각 목의 건축자재와 내화구조, 자동방화셔터, 제62조제1항제4호에 따라 국토교통부령으로 정하는 건축자재 중 내화채움성능이 인정된 구조, 제64조제1항 각 호의 방화문, 그 밖에 건축물의 안전·화재예방 등을 위하여 품질인정이 필요한 건축자재와 내화구조로서 국토교통부령으로 정하는 건축자재와 내화구조

** 강판과 단열재로 이루어진 복합자재

※ 품질관리서 작성 및 제출 대상 : 복합자재, 외벽 마감재로로서 단열재, 방화문/내화구조, 자동방화셔터, 내화채움 성능 인정구조, 방화댐퍼

– 법 제52조의4제1항에서 "국토교통부령으로 정하는 사항을 기재한 품질관리서"란 다음의 구분에 따른 서식을 말한다. 이 경우 다음에서 정한 서류(해당 건축자재의 설치·시공 당시 유효한 서류로 한정한다)를 첨부

- **복합자재** : 별지 제1호 서식. 이 경우 다음 각 목의 서류를 첨부할 것.
  - 난연성능이 표시된 복합자재(심재로 한정한다) 시험성적서[법 제52조의5제1항에 따라 품질인정을 받은 경우에는 법 제52조의6제7항에 따라 국토교통부장관이 정하여 고시하는 품질인정서(이하 "품질인정서"라 한다)] 사본
  - 강판의 두께, 도금 종류 및 도금 부착량이 표시된 강판생산업체의 품질검사증명서 사본
  - 실물모형시험 결과가 표시된 복합자재 시험성적서(법 제52조의5제1항에 따라 품질인정을 받은 경우에는 품질인정서) 사본
- **단열재** : 별지 제2호 서식. 이 경우 다음 각 목의 서류를 첨부할 것
  - 난연성능이 표시된 단열재 시험성적서 사본. 이 경우 단열재가 둘 이상의 재료로 제작된 경우에는 각 재료별로 첨부해야 한다.
  - 실물모형시험 결과가 표시된 단열재 시험성적서(외벽의 마감재료가 둘 이상의 재료로 제작된 경우만 첨부한다) 사본
- **방화문** : 별지 제3호 서식. 이 경우 연기, 불꽃 및 열을 차단할 수 있는 성능이 표시된 방화문 시험성적서(법 제52조의5제1항에 따라 품질인정을 받은 경우에는 품질인정서) 사본을 첨부할 것

- **내화구조** : 별지 제3호의2서식. 이 경우 내화성능 시간이 표시된 시험성적서(법 제52조의5제1항에 따라 품질인정을 받은 경우에는 품질인정서) 사본을 첨부할 것
- **자동방화셔터** : 별지 제4호 서식. 이 경우 연기 및 불꽃을 차단할 수 있는 성능이 표시된 자동방화셔터 시험성적서(법 제52조의5제1항에 따라 품질인정을 받은 경우에는 품질인정서) 사본을 첨부할 것
- **내화채움성능이 인정된 구조** : 별지 제5호 서식. 이 경우 연기, 불꽃 및 열을 차단할 수 있는 성능이 표시된 내화채움구조 시험성적서(법 제52조의5제1항에 따라 품질인정을 받은 경우에는 품질인정서) 사본을 첨부할 것
- **방화댐퍼** : 별지 제6호 서식. 이 경우 「산업표준화법」에 따른 한국산업규격에서 정하는 방화댐퍼의 방연시험방법에 적합한 것을 증명하는 시험성적서 사본을 첨부할 것

– **절차**

- 제조업자(품질관리서 작성, 제출)→유통업자(자재 일치여부 확인, 제출)→시공자(자재 일치여부 확인, 제출)→감리원(완료보고서 첨부 제출)→사업주체(사업승인 시 제출)

○ **사업주체**

– 감리원이 제출한 완료보고서 사업계획승인권자에게 제출

○ **시공자**

– 제조업자 및 유통업자가 제출한 품질관리서의 자재 일치여부 확인하여 건설사업관리기술인, 감리원에게 제출(별지 7호 서식)

○ **건설사업관리기술인, 감리원 검토 및 관리**

– 시공자가 제출한 품질관리서 확인하여 완료보고서 첨부하여 사업주체에게 제출

■ 건축물의 피난·방화구조 등의 기준에 관한 규칙 [별지 제7호서식]

건축자재 품질관리서 대장

번호	반입 날짜	자재종류	자재명칭	로트번호(제품번호)	공급물량(단위표시)	비고
1	25/2/1	방화문	세대현관문	24-08-23-40	656 EA	
2	25/1/22	방화문	대피방화문	24-08-23-41	556 EA	
3	25/2/11	방화문	계단실문	24-08-23-42	198 EA	

「건축법」 제52조의4, 같은 법 시행령 제62조 및 「건축물의 피난·방화구조 등의 기준에 관한 규칙 」 제24조의3제3항에 따라 위와 같이 품질관리서를 제출합니다.

2025년 월 일

작성자(시공자) (인)

검토자(감리자) (인)

귀하

비고

- 품질관리서를 작성하는 공사시공자는 품질관리서의 내용과 같게 이 서식을 작성합니다.
- 공사감리자는 이 서식의 내용과 품질관리서의 내용이 같은지 검토하고, 공사감리완료보고서에 첨부하여 건축주에게 제출해야 합니다.
- 건축주는 「건축법」 제22조에 따른 사용승인을 신청할 때 「건축법 시행규칙」 별지 제17호서식의 사용승인 신청서 및 「건축물의 피난·방화구조 등의 기준에 관한 규칙」에 따른 품질관리서와 함께 제출해야 합니다.

210mm×297mm[백상지 80g/㎡]

납 품 확 인 서

상 호		업 태	건설업, 제조
사업자번호		종 목	철골및철근공사,유리공사
현 장 명	공동주택 신축공사	현 장 주 소	

납 품 목 록

No	납품사	제품명	수량	납품일자	비고
1		세대현관문 24-08-23-40	656EA	25.02.01	
2		대피방화문 24-08-23-41	556EA	25.01.22	
3		계단실문 24-08-23-42	198EA	25.02.11	
4					
5					
6					
7					
8					
9					
10					

2025년 2월 14일

상기의 내용과 같이 납품을 실시 하였음을 확인합니다.

확 인 자 :

■ 건축물의 피난·방화구조 등의 기준에 관한 규칙 [별지 제3호서식]

방화문 품질관리서

제출인 (건축주)	성명(법인명)		
	주소	(전화번호 :)	
공사현장	현장명 공동주택 신축공사		
	대지위치	지번	
자재 개요	□ 60분+ □ 연기 및 불꽃을 차단할 수 있는 시간이 60분 이상이고, 열을 차단할 수 있는 시간이 30분 이상	제품명 세대현관문	성적서 번호(품질인정번호) KCDL-K-2025-00010
	■ 60분 ■ 연기 및 불꽃을 차단할 수 있는 시간이 60분 이상		
	□ 30분 □ 연기 및 불꽃을 차단할 수 시간이 30분 이상 60분 미만		
	용도 □특별피난계단 □아파트 대피공간 ■기타	문짝 규격(가로 X 세로 X 두께) 1100 x 2200 x 60 mm	
자재 제조업자	성명 / 생년월일 / 회사명 / 법인등록번호 / 로트번호 / 주소	■ 성능을 갖춘 □ 품질인정을 받은 방화문 656 개를 □ 자재유통업자 ■ 공사시공자에게 납품했음 2025 년 02 월 01 일 소속 (서명 또는 인)	
자재 유통업자	성명 / 생년월일 / 회사명 / 법인등록번호 / 로트번호 / 주소	■ 성능을 갖춘 □ 품질인정을 받은 방화문 656 개를 공사시공자에게 납품했음 2025 년 02 월 01 일 소속 (인)	
공사 시공자	성명 / 생년월일 / 회사명 / 법인등록번호 / 주소	☑ 성능을 갖춘 □ 품질인정을 받은 방화문 656 개를 ☑ 제조업자 ☑ 유통업자로부터 인수했음 년 월 일 소속 (건설 현장대리인 성명 ☑ 성능을 갖춘 □ 품질인정을 받은 방화문을 적정하게 시공했음 년 월 일 소속 건설 현장대리인 성명 (인)	
공사 감리자	성명 / 자격번호 / 사무소명 설계종합건축사 사무소 / 신고번호 / 주소 (전화번호 :)	☑ 성능을 갖춘 □ 품질인정을 받은 방화문을 적정하게 시공했음을 확인함 년 월 일 소속 종합건축사사무소 성명	

「건축법」 제52조의4, 같은 법 시행령 제62조제1항제3호 및 「건축물의 피난·방화구조 등의 기준에 관한 규칙」 제24조의3제2항제3호에 따라 위와 같이 품질관리서를 제출합니다.

2025년 월 일

제출인(건축주) (인)

귀하

비고

1. 첨부서류: 연기, 불꽃 및 열을 차단할 수 있는 성능이 표시된 방화문 시험성적서(법 제52조의5제1항에 따라 품질인정을 받은 경우에는 품질인정서) 사본
2. 공사시공자와 공사감리자는 첨부된 시험성적서 또는 품질인정서의 위·변조 여부를 확인한 뒤 서명 또는 날인해야 합니다.
3. 공사감리자는 이 서식을 공사감리완료보고서에 첨부하여 건축주에게 제출해야 하며, 건축주는 「건축법」 제22조에 따른 사용승인을 신청할 때 「건축법 시행규칙」 별지 제17호서식의 사용승인 신청서와 함께 제출해야 합니다.
4. 방화문의 납품일 또는 시공완료일 등이 복수인 경우에는 이 서식을 각각 작성합니다.

210mm×297mm[백상지 80g/㎡]

▲ 건축 자재 품질관리서 작성 사례

제2절 자재별 품질검사(시험)

4.2.1 지반공사

4.2.1.1 되메우기 다짐 및 들밀도 시험

○ **법적근거**

- 「건설기술진흥법」 제55조(건설공사의 품질관리) 제1항
- 「건설기술진흥법 시행령」 제89조(품질관리계획 등의 수립대상 공사) 제1항~제3항, 제91조(품질시험 및 검사)
- 「건설기술진흥법 시행규칙」 제49조(품질관리계획 등의 수립할 필요가 없는 건설공사)
- 「건설기술진흥법」 제55조(건설공사의 품질관리) 및 같은 법 시행령 제91조(품지시험 및 검사)
- 「KCS 표준시방서」 쌓기 KCS 11 20 20 : 2023, 3.2.16 다짐의 기준
- 시공자의 품질시험계획서

○ **목적 및 필요성**

- 흙의 다짐정도를 측정할 목적으로 시험 실시

○ **품질검사(시험) 기준**

- 모래치환법에 의한 시험

시험·검사방법	시험·검사종목	시험기준	시기 및 횟수
KS F 2311	다짐율(%)	90 이상(흙)	3층 마다, 50m 마다
KS F 2302	입도	-	토질 변화시마다
KS F 2306	함수비	-	현장밀도 시험의 빈도

※ 보조기층 시험기준 : 다짐율 95% 이상, 함수비 6.1±2(%), 두께 20(cm)±10(%)

※ 시험기준은 KCS 11 20 20, 3.2.16 참조

○ **품질검사(시험) 기구(장비)**

- 밀도측정기, 밑판, 유리판, 시험용 모래, 저울, 함수량 시험기, 시험구멍 굴착기구

○ **품질검사(시험) 방법**

- 실내시험
  - 밀도측정기를 조립한 후 질량을 측정(m1)
  - 깔대기의 위쪽에서부터 물을 부어 병과 연결부를 물로 채운 후, 밸브를 닫고 깔대기에 남은 물을 버리고 나서 시험기기 주변에 묻은 물을 깨끗하게 닦아낸 후 질량을 측정(m2)
  - 질량측정 후, 측정기 안의 물의 온도(t)를 잼

  ※ 이 시험에서 얻은 병과 연결부의 체적(V1=m2-m1)은 불변이므로, 병에 표시를 해 두어도 좋음
  - 밀도측정기 내부를 잘 말린후, 깔대기 위쪽에서부터 모래를 부어 병과 연결부를 모래로 채운다. 모래의 이동이 멎으면 밸브를 닫고, 깔대기 안에 남은 모래를 버린 후, 밀도측정기의 질량을 측정(m3)

    ※ 모래의 밀도(ρ_{ds}=(m3-m1)/V1)를 구할 수 있음
  - 깔대기를 채우는데 필요한 모래의 질량을 구하기 위하여, 밀도측정기에 모래를 충분히 넣고 질량을 측정(m4)
  - 수평으로 놓은 유리판위에 밑판을 놓고, 그 위에 깔대기가 접하도록 밀도측정기를 세운 후 밸브를 열어 병안의 모래를 깔대기에 넣는다. 모래의 이동이 멎으면 밸브를 닫고, 밀도측정기를 들어 올려서 질량을 측정(m5)

    ※ 깔대기를 채우는데 필요한 모래질량(m6=m4-m5)을 구할 수 있음
- 실외시험
  - 시험장소의 지표면을 곧은 날로 수평으로 고름. 이때, 지표면에 느슨한 흙, 돌 또는 쓰레기가 있으면 제거
  - 평평하게 고른 지표면에 밑판을 밀착시켜 놓음
  - 밑판 구멍 안쪽의 흙을 판다. 파낸 흙은 질량을 측정(m7)이때, 시험구멍의 최소 체적은 흙의 최대 입자 지름에 따라 실시
  - 질량 측정이 끝난 후에는 함수량을 측정(ω)
  - 20mm 체 잔류율을 확인

- 밀도측정기 내부를 잘 말린후, 깔대기 위쪽에서부터 모래를 부어 병과 연결부를 모래로 채운다. 모래의 이동이 멎으면 밸브를 닫고, 깔대기 안에 남은 모래를 버린후, 밀도측정기의 질량을 측정(m3)
- 밑판 구멍에 깔대기를 맞추고 밀도측정기의 밸브를 열어서 시험구멍에 모래를 채움
- 모래의 이동이 멎으면 밸브를 잠그고, 들어 올려서 밀도측정기의 질량을 측정(m8)

※ 이 시험에서 시험구멍 및 깔대기에 들어간 모래의 질량(m9=m3-m8)을 구할 수 있음

○ **시공자**

- 시공자의 품질관리기술인(품질관리자)이 시험 실시

○ **건설사업관리기술인, 감리원 검토 및 관리**

- 현장에서 검사(시험)가 규정에 따라 이루어지고 있는지 확인 및 입회

▲ 다짐 및 들밀도 시험 전경

4.2.1.2 되메우기 다짐 및 들밀도 시험 성과표

○ **법적근거**

- 「건설기술진흥법」 제55조(건설공사의 품질관리) 및 같은 법 시행령 제91조(품지시험 및 검사)
- 「건설공사 품질관리 업무지침」 제8조(품질 시험기준)
- 「KCS 표준시방서」쌓기 KCS 11 20 20 : 2023, 3.2.16 다짐의 기준
- 시공자의 품질관리계획서 및 품질시험계획서

○ **목적 및 필요성**

- 흙의 다짐정도를 측정할 목적으로 시험 실시한 결과를 품질검사(시험) 기준에 적합한지 여부를 확인

○ **품질검사(시험) 기준**

- 4.2.1.1 되메우기 다짐 및 들밀도 시험의 품질검사(시험) 기준 참조

○ **들밀도 시험 성과표**

- **들밀도 시험 성과표**는 시험위치, 실내시험, 현장시험, 다짐율, 판정으로 기록
  - 실내시험은 최적함수량(%), 최대젖은밀도(g/㎤), 최대건조밀도(g/㎤)
  - 현장시험은 평균함수비(%), 습윤밀도(g/㎤), 건조밀도(g/㎤)
- **들밀도 시험표 측정시험위치별**로 ① 시험 전 모래 +병 무게(g), ② 시험 후 모래 + 병 무게(g), ③ 사용된 모래 무게(g) [①-②], ④ 깔때기 속의 모래무게(g), ⑤ 구멍속의 모래무게 [A] (g), ⑥ 표준사 단위중량(g/㎤), ⑦ 구멍의 체적(㎤) [⑤/⑥], ⑧ 구멍에서 파낸 흙+용기무게(g), ⑨ 용기무게(g), ⑩ 구멍에서 파낸 흙의 무게(g) [⑧-⑨]
- **들밀도 시험표** ⑪ 함수비 측정은 용기별로 ⓐ 젖은 시료+용기무게(g), ⓑ 노건조 시료+용기무게(g), ⓒ 용기무게(g), ⓓ 물무게(g), ⓔ 노건조 시료 무게(g), ⓕ 함수비, 평균
- ⑫ 흙의 습윤밀도(g/㎤) [⑩/⑦], ⑬ 흙의 건조밀도(g/㎤) [(100×⑫)/100+

⑪)], ⑭ 다짐도 [D] (%) [⑬/최대건조밀도)×100]

○ **시공자**

- 시공자의 품질관리기술인(품질관리자)이 들밀도 시험 성과표 정리 및 서명

○ **건설사업관리기술인, 감리원 검토 및 관리**

- 들밀도 시험 성과표에 대하여 확인 및 서명

들밀도 시험 성과표

현 장 명	공동주택 신축공사	실내시험일자	2023년 02월 06일
실내다짐법	D 다짐법	시험일자	2023년 12월 21일

시험위치	실내시험			현장시험			다짐율 (%)	판 정
	최적함수량 (%)	최대젖은밀도 (g/㎤)	최대건조밀도 (g/㎤)	평균함수비 (%)	습윤밀도 (g/㎤)	건조밀도 (g/㎤)		
근린생활시설 되메우기 - 1단	10.2	2.152	1.953	10.9	2.005	1.808	92.6	합격
근린생활시설 되메우기 - 2단	10.2	2.152	1.953	11.1	2.001	1.801	92.2	합격
근린생활시설 되메우기 - 3단	10.2	2.152	1.953	10.7	1.979	1.788	91.5	합격
근린생활시설 되메우기 - 4단	10.2	2.152	1.953	11.0	1.969	1.774	90.8	합격

품질관리 기술인 :　　　　담당 건설사업관리 기술인 :

들밀도 시험표

현 장 명	공동주택 신축공사	실내시험일자	2023년 02월 06일
실내다짐법	D 다짐법	시험일자	2023년 12월 21일

측 정 시 험 위 치		근린생활시설 되메우기 - 1단		근린생활시설 되메우기 - 2단		근린생활시설 되메우기 - 3단	
① 시험 전 모래 + 병 무게(g)		5,854		5,261		4,815	
② 시험 후 모래 + 병 무게(g)		2,932		2,416		2,203	
③ 사용된 모래무게(g) [①-②]		2,922		2,845		2,612	
④ 깔데기 속의 모래무게(g)		1,669		1,669		1,669	
⑤ 구멍속의 모래무게[A](g) [③-④]		1,253		1,176		943	
⑥ 표준사 단위중량(g/㎤)		1.521		1.521		1.521	
⑦ 구멍의 체적(㎤) [⑤/⑥]		823.8		773.2		620.0	
⑧ 구멍에서 파낸 흙+용기무게(g)		1,939		1,834		1,514	
⑨ 용기무게(g)		287		287		287	
⑩ 구멍에서 파낸 흙의 무게(g) [⑧-⑨]		1,652		1,547		1,227	
함수비 측정 ⑪	용 기 번 호	S-1	S-2	S-1	S-2	S-1	S-2
	ⓐ 젖은 시료 + 용기무게(g)	S/M		S/M		S/M	
	ⓑ 노건조 시료 + 용기무게(g)						
	ⓒ 용기무게(g)						
	ⓓ 물무게(g)						
	ⓔ 노건조 시료 무게(g)						
	ⓕ 함 수 비						
	평 균	10.9		11.1		10.7	
⑫ 흙의 습윤밀도(g/㎤) [⑩/⑦]		2.005		2.001		1.979	
⑬ 흙의 건조밀도(g/㎤) [(100×⑫)/(100+⑪)]		1.808		1.801		1.788	
⑭ 다짐도[D](%) [(⑬/최대건조밀도)×100]		92.6		92.2		91.5	

REMARK :
- 다짐율은 90% 이상 품질기준을 적용

▲ 들밀도 시험 성과표 작성 사례

4.2.1.3 평판재하(허용지내력) 시험

○ 법적근거

- 「건설기술진흥법」 제55조(건설공사의 품질관리), 제60조(품질검사의 대행 등) 제1항
- 「건설기술진흥법 시행령」 제91조(품질시험 및 검사), 제97조(품질검사의 대행 등) 제1항
- 「건설기술진흥법 시행규칙」 제53조(품질관리비의 산출 및 사용 기준) 제3항, 제97조(품질검사의 대행의뢰 등) 제1항
- 「건설공사 품질관리 업무지침」 제8조(품질 시험기준)
- 「KCS 표준시방서」 되메우기 및 뒤채움 KCS 11 20 25 : 2020, 3.4 현장 품질관리
- 시공자의 품질시험계획서

○ 목적 및 필요성

- 부지에 대하여 대상지반의 지지력 및 침하량을 구함으로서 추후 설치될 건물지반의 구조적 안전성 검토에 필요한 기초자료 수집

○ 품질검사(시험) 기준

- 얕은 기초의 평판재하 시험 방법

시험·검사방법	시험·검사종목	시험기준	시기 및 횟수
KS F 2444	단기(KN/㎡)	설계하중	필요시
	장기(KN/㎡)	설계하중	
	침하량(mm)	25 이하	

○ 품질검사(시험) 기구(장비)

- 재하판, 잭, 다이알게이지, 지지용빔, 재하장치(굴착기 등), 스톱워치(시계 등)

○ **품질검사(시험)**

– 국립·공립 시험기관 또는 건설엔지니어링사업자로 하여금 건설공사의 품질관리를 위한 시험·검사 등을 대행하여 시험실시

○ **품질검사(시험) 대행 절차(CSI)**

– 품질검사 연간단가계약 입력·승인→봉인의뢰 승인→봉인 실시→ 품질검사의뢰 승인

○ **품질검사(시험) 방법**

– 지반을 수평하게 고르고, 필요하면 얇게 모래를 포설

– 이 위에 시험에 사용되는 지름의 재하판을 설치하지만, 보다 작은 지름의 재하판이 남아있는 경우에는 이것들도 중심을 맞추어 순서대로 쌓아 올림

– 재하판 위에 잭을 놓고 지지력 장치와 조합하여 소요 반력을 얻을 수 있도록 한다. 그 때 지지력 장치의 지지점은 재하판의 바깥쪽 끝에서 1m 이상 떨어져 배치

– 재하판의 정확한 침하량을 측정할 수 있도록 변위계를 부착

– 재하판을 안정시키기 위하여 미리 하중강도 35kN/㎡(0.35kgf/㎠) 상당의 하중을 가하고 나서, 하중을 0으로 제거하여 변위계의 눈금을 읽고 침하의 원점으로 함

– 하중강도가 35kN/㎡(0.35kgf/㎠)씩 되도록 하중을 단계적으로 증가해 나가고, 하중을 올릴 때마다 그 하중에 의한 침하의 진행이 멈추는 것을 기다려 하중계와 변위계의 눈금을 읽음(1분간의 침하량이 그 하중 강도에 의한 그 단계에서의 침하량이 1% 이하가 되면, 침하의 진행이 정지된 것으로 봄)

– 침하량이 15mm에 달하거나 하중 강도가 현장에서 예상할 수 있는 가장 큰 접지 압력의 크기 또는 지반의 항복점을 넘으면 시험을 멈춤

○ **시공자**

– 시공자가 품질시험의 대행 의뢰한 곳에서 평판재하시험 실시

○ **건설사업관리기술인, 감리원 검토 및 관리**

– 현장에서 검사(시험)가 규정에 따라 이루어지고 있는지 확인 및 입회

▲ 평판재하시험 전경

4.2.1.4 프리텐숀방식 원심력 고강도 콘크리트 말뚝 시험

○ **법적근거**

- 「건설기술진흥법」 제55조(건설공사의 품질관리), 제60조(품질검사의 대행 등) 제1항
- 「건설기술진흥법 시행령」 제91조(품질시험 및 검사), 제97조(품질검사의 대행 등) 제1항
- 「건설기술진흥법 시행규칙」 제53조(품질관리비의 산출 및 사용 기준) 제3항, 제97조(품질검사의 대행의뢰 등) 제1항
- 「건설공사 품질관리 업무지침」 제8조(품질 시험기준)
- 「KCS 표준시방서」 기성말뚝 KCS 11 50 15 : 2021, 2.6 품질관리시험
- 시공자의 품질관리계획서 및 품질시험계획서

○ **목적 및 필요성**

- 설계도서에서 제시된 기준에 적합한 우수한 제품 확보

○ **품질검사(시험) 기준**

- PHC 파일(600mm-A)

시험·검사방법	시험·검사종목		시험기준	시기 및 횟수
KS F 4306	겉모양		해로운 흠, 균열 등 결점 없음	제조회사별 마다 200개 마다
	압축강도(MPa)		78.5 이상	
	바깥지름(mm)		+5~-2	
	두께(mm)		90 이상	
	길이(%)		±0.3	
	휨강도 (KN·m)	균열 휨모멘트	166.8에서 균열 없을 것	
		파괴 휨모멘트	250.2 이상	

○ **품질검사(시험)**

- 국립·공립 시험기관 또는 건설엔지니어링사업자로 하여금 건설공사의 품질관리를 위한 시험·검사 등을 대행하여 시험실시
- KS제품일 경우 제조회사별 품질검사 전문기관에 의뢰한 시험성적서 징구로 갈음

○ **품질검사(시험) 대행 절차(CSI)**

- 품질검사 연간단가계약 입력·승인→봉인의뢰 승인→봉인 실시→ 품질검사의뢰 승인

○ **시공자**

- 품질검사의 대행기관에 CSI 통하여 품질검사 의뢰(시료의 봉인, 품질검사 의뢰)

○ **건설사업관리기술인, 감리원 검토 및 관리**

- CSI 통하여 품질검사 봉인, 품질검사 의뢰 승인, 현장 시료 봉인 입회

4.2.1.5 PHC 파일 동재하 및 정재하 시험

○ 법적근거

- 「건설기술진흥법」 제55조(건설공사의 품질관리), 제60조(품질검사의 대행 등) 제1항
- 「건설기술진흥법 시행령」 제91조(품질시험 및 검사), 제97조(품질검사의 대행 등) 제1항
- 「건설기술진흥법 시행규칙」 제53조(품질관리비의 산출 및 사용 기준) 제3항, 제97조(품질검사의 대행의뢰 등) 제1항
- 「건설공사 품질관리 업무지침」 제8조(품질 시험기준)
- 「KCS 표준시방서」 기성말뚝 KCS 11 50 15 : 2021, 2.6 품질관리시험, 3.1.5 시험시공말뚝
- 시공자의 품질관리계획서 및 품질시험계획서

○ 목적 및 필요성

- 설계도서에서 제시된 기준에 접합한지 시험하여 우수한 제품 확보

○ 품질검사(시험) 기준

- 말뚝의 압축 정재하 시험

시험·검사방법	시험·검사종목	시험기준	시기 및 횟수
KS F 2445 ASTM D 1143	전침하량(mm)	25.4 이하	말뚝 250개소당 1회 또는 구조물별로 1회
	순침하량(mm)	12.5 이하	
	허용지지력(KN/본)	설계하중	

- 말뚝의 압축 동재하 시험

시험·검사방법	시험·검사종목	시험기준	시기 및 횟수
KS F 2591	허용지지력(KN)	설계하중	전체 말뚝 수량의 1% 이상(말뚝이 100개 미만인 경우에도 최소 1개)

※ 동재하 시험을 선택적으로 적용

○ **주요내용**

- **동재하 시험**은 낙하추나 진동기 등을 이용하여 파일 상단에 순간적인 타격 하중을 가하여 파일의 동적 거동을 측정하는 시험
  - 초기항타시험 : 파일 항타 직후 시행하여 파일의 초기 지지력 및 건전도를 평가
  - 재항타시험 : 일정 기간 후 다시 항타하여 시간 경과에 따른 파일 지지력 변화를 평가
  - 시험말뚝의 조건은 시험위치, 말뚝번호, 말뚝의 깊이(m), 말뚝의 관잎깊이(m), 말뚝의 시험일자, 시험방법
  - 시험조건은 시험위치, 말뚝번호, Hammer의 램중량(KN), Hammer의 낙하고(m), 타격당 관입량(m), 설계하중(KN/본)
  - 시험말뚝의 건전성 평가는 시험위치, 말뚝번호, 건전도치수 BTA(%), 손상정도
  - 시험시 말뚝의 응력 및 항타에너지 측정결과는 시험위치, 말뚝번호, CSX(MPa), CSB(MPa), TSX(MPa), DMX(mm), EMX(KN · m), ETR(%)
  - 시험결과는 시험위치, 말뚝번호, 말뚝의 관입깊이(m), Case분석법(KN), CAPWAP분석법(KN)/선단, 주면, 전체, 설계하중(KN/본), 허용지지력(KN/본)
- **정재하 시험**은 유압 잭 등을 이용하여 파일 상단에 일정한 하중을 점진적으로 가하고, 변위, 하중, 시간 등을 측정하여 파일의 하중-변위 관계를 파악하는 시험
  - 단계별 하중 재하 : 설계 하중의 10~15%씩 단계별로 하중을 가하고 각 단계별 변위를 측정
  - 유지 시간 : 각 단계별 하중은 일정 시간(2.5~15분) 유지한 후 재하
  - 최대 하중 : 설계 하중의 2배 이상의 최대 하중까지 재하하여 파일의 극한 지지력을 평가함
- **시험결과 보고서** : 일반사항, 지반조건, 시험말뚝, 말뚝시험, 시험결과를 기재함

○ **품질검사(시험)**

- 국립 · 공립 시험기관 또는 건설엔지니어링사업자로 하여금 건설공사의 품질관리를 위한 시험 · 검사 등을 대행하여 시험실시

○ **품질검사(시험) 대행 절차(CSI)**

- 품질검사 연간단가계약 입력 · 승인→봉인의뢰 승인→봉인 실시→ 품질검사의뢰 승인

○ **시공자**

- 품질검사의 대행기관에 CSI 통하여 품질검사 의뢰(시료의 봉인, 품질검사 의뢰)

○ **건설사업관리기술인, 감리원 검토 및 관리**

- CSI 통하여 품질검사 봉인, 품질검사 의뢰 승인, 현장 시료 봉인 입회, 현장에서 품질검사(시험)을 실시하는 경우 입회

4.2.1.6 어스앵커의 PC강선, 인발, 인장, 그라우트 시험

○ 법적근거

- 「건설기술진흥법」 제55조(건설공사의 품질관리), 제60조(품질검사의 대행 등) 제1항
- 「건설기술진흥법 시행령」 제91조(품질시험 및 검사), 제97조(품질검사의 대행 등) 제1항
- 「건설기술진흥법 시행규칙」 제53조(품질관리비의 산출 및 사용 기준) 제3항, 제97조(품질검사의 대행의뢰 등) 제1항
- 「건설공사 품질관리 업무지침」 제8조(품질 시험기준)
- 「KCS 표준시방서」 앵커 KCS 11 60 00 : 2020, 3.6.2 시험 일반
- 시공자의 품질관리계획서 및 품질시험계획서

○ 목적 및 필요성

- 설계도서에서 제시된 기준에 적합한 우수한 제품 확보

○ 품질검사(시험) 기준

- PC강선 및 PC강연선(7연선 12.7mm)

시험·검사방법	시험·검사종목	시험기준	시기 및 횟수
KS D 7002	겉모양	해로운 흠, 결점이 없는 것	제조회사별 마다
	치수(mm)	+0.4, -0.2	
	심선 지름과 측선 지름의 차(mm)	0.08 이상	
	0.2% 영구연신율에 대한 하중(KN)	156 이상	
	인장하중(KN)	183 이상	
	연신율(%)	3.5 이상	
	릴랙세이션	N : 8.0 이하 L : 2.5 이하	

- 어스앵커 인발 시험

시험·검사방법	시험·검사종목	시험기준	시기 및 횟수
KCS 11 60 00 : 2020	최대시험하중	인장재 항복하중의 95%와 인장하중의 80% 중 작은 값을 한도로 최종 재하한 하중	
	최대시험하중 시 탄성변위	최대시험하중에서 측정된 변위에서 소성변위를 소거한 탄성변위량	
	하중·탄성거동	측정된 탄성변위가 이론상의 상·하한 범위 내에 있으면 적합	
	크리프	하중유지시간(1~10분) 동안 측정된 변위가 1mm 이하면 적합	
	한계하중	탄성 한계와 크리프 한계 중 작은 값	

- 어스앵커 인장 시험

시험·검사방법	시험·검사종목	시험기준	시기 및 횟수
KCS 11 60 00 : 2020	설계축력(TON)	설계하중	각 공마다
	늘음량(mm)	설계량	

※ 시험기준 : 설계도서 굴착 계획 단면도의 어스앵커 작업제원표 확인

- 어스앵커 그라우트 시험

시험·검사방법	시험·검사종목	시험기준	시기 및 횟수
KS F 2432	컨시스턴 시 (초)	6~12	
KS F 2426	압축강도 (28일, MPa)	E/A : 25 이상 S/N : 21 이상	

○ **주요내용**

- 현장의 흙이 무너져 내리는 것을 막기위해 구조물을 설치하는데 이를 "흙막이 공법" 이라고 하며 이런 흙막이벽의 붕괴방지를 위해 배면에 구멍을 뚫어 철근이나 PC강선 등의 앵커체를 삽입하여 인장력을 가해 토압을 지지하는 공법
- 시험 앵커별로 시험방법, 최대시험하중, 최대시험하중시 탄성변위, 하중 · 탄성거동, 크리프, 한계하중을 기록
- 시험결과는 하중-변위량곡선, 하중-탄성변위량 곡선, 하중-소성변위량곡선, 시간-하중곡선을 나타낸다. 시험과정에서 발생한 특이사항을 함께 기록
- 보고서에는 시험앵커의 시험DATA의 하중 · 변위곡선, 하중 · 탄성 · 소성변위 곡선, 크리프 변위 및 사진대지, 힘 측정기 및 변위계 교정성적서를 첨부
- 가시설 차수 공사에 대한 공법 S.G.R으로 시공을 실시하여 후속공정에 대한 시공성 및 안전성을 확보하는데 있음
- S.G.R 공법 시공순서도는 시공 전 대상지층 상태 확인 → 시험천공 및 시험주입 → 시험시공 결과 확인 → 설계내역서와 비교 검토 → 일치하면 본작업 계획수립 / 불일치하면 설계상 지층상태 및 시험시공결과가 상이할 경우는 감독측과 협의
- S.G.R 공법 시공순서는 천공 및 주입관 설치 → 순결성 그라우트 주입 → 완결성 그라우트 주입 → 서서히 인발 반복 주입
- **천공 시에는 각 공별 천공일시, 심도별 지층상태, 공심도를 기록하고 건설사업관리기술인, 감리원이 확인**
- 투수 계수의 품질관리 기준은 주입 전 · 후 지반의 투수 계수를 비교분석하고 주입효과의 품질관리 기준에 만족할 경우 주입 효과가 양호한 것으로 판단
  - **현장 투수시험의 품질관리 기준은 투수계수 $k=\alpha\times10^{-5}$ ㎝/sec 이내이면 양호**
- 보고서 이외에 시공시험 및 시공 후 투수시험 결과표, 작업 사진첩을 첨부

○ **품질검사(시험)**

- 국립 · 공립 시험기관 또는 건설엔지니어링사업자로 하여금 건설공사의 품질관리를 위한 시험 · 검사 등을 대행하여 시험실시
- KS제품일 경우 제조회사별 품질검사 전문기관에 의뢰한 시험성적서 및 제조사 Mill Sheet로 갈음

○ **품질검사(시험) 대행 절차(CSI)**

- 품질검사 연간단가계약 입력 · 승인→봉인의뢰 승인→봉인 실시→ 품질검사의뢰 승인

○ **시공자**

- 품질검사의 대행기관에 CSI 통하여 품질검사 의뢰(시료의 봉인, 품질검사 의뢰)

○ **건설사업관리기술인, 감리원 검토 및 관리**

- CSI 통하여 품질검사 봉인, 품질검사 의뢰 승인, 현장 시료 봉인 입회, 현장에서 품질검사(시험)을 실시하는 경우 입회

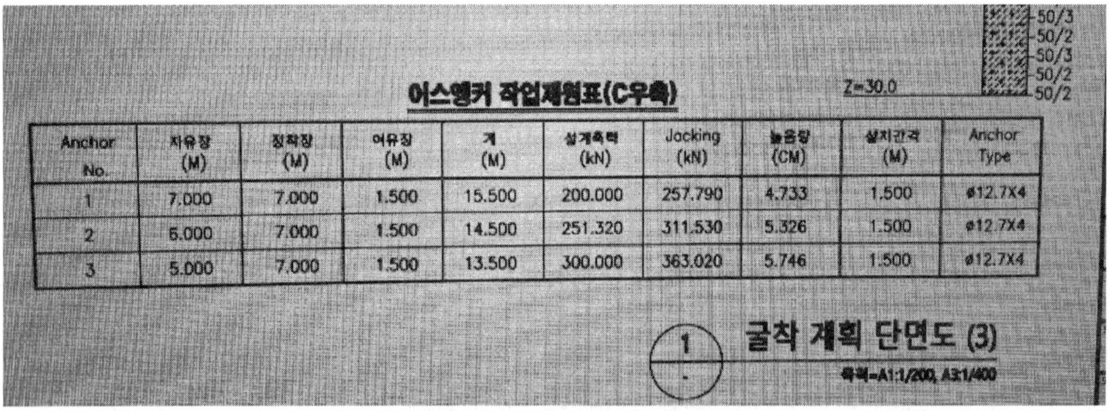
어스앵커 작업제원표(C우측)

Anchor No.	자유장 (M)	정착장 (M)	여유장 (M)	계 (M)	설계축력 (kN)	Jacking (kN)	늘음량 (CM)	설치간격 (M)	Anchor Type
1	7.000	7.000	1.500	15.500	200.000	257.790	4.733	1.500	ø12.7X4
2	6.000	7.000	1.500	14.500	251.320	311.530	5.326	1.500	ø12.7X4
3	5.000	7.000	1.500	13.500	300.000	363.020	5.746	1.500	ø12.7X4

▲ 어스앵커 인발시험의 설계축력, 늘음량 확인 사례

4.2.1.7 품질검사 성적서 결과 대비표

○ 법적근거

- 「건설기술진흥법」 제55조(건설공사의 품질관리), 제60조(품질검사의 대행 등) 제1항
- 「건설기술진흥법 시행령」 제91조(품질시험 및 검사), 제97조(품질검사의 대행 등) 제1항
- 「건설기술진흥법 시행규칙」 제53조(품질관리비의 산출 및 사용 기준) 제3항, 제97조(품질검사의 대행의뢰 등) 제1항
- 「건설공사 품질관리 업무지침」 제8조(품질 시험기준)
- 「KCS 표준시방서」 11 20 00 토공사, 11 50 00 기초공사
- 「건축구조기준(KDS 41 12 00 : 2022)」 설계하중, 3.7 유사활하중, 3.7.1
- 시공자의 품질관리계획서 및 품질시험계획서

○ 목적 및 필요성

- 부지에 대하여 대상지반의 지지력 및 침하량을 측정할 목적으로 시험 실시한 결과를 시험 · 검사기준에 적합한지 여부를 확인

○ 품질검사(시험) 기준

- 4.2.1.3, 4.2.1.4, 4.2.1.5, 4.2.1.6 품질검사(시험) 기준 참조

○ 주요내용

- **평판재하시험의 시험방법**은 기초가 설치될 표고에 맞추어 재하판을 놓고 하중을 가하여 이에 대응하는 침하량을 측정한 후 몇가지 분석법을 통하여 시험대상지반의 허용지지력을 판단하는 시험

  ※ 평판재하시험의 분석은 항복하중에 의한 허용지지력의 결정, 극한하중에 의한 허용지지력의 결정, 상부 구조물형식에 따라 정한 허용침하량에 상당하는 하중 이하임

- **평판재하시험의 시험결과 판단**은 설계하중 보다 허용지지력이 큰 경우에는 만족함
- **평판재하시험보고서**에는 보고내용 이외에 평판재하시험 위치도, 평판재하시험 기록지, 평판재하시험 사진첩, 게이지교정 성적서를 첨부
- 품질검사 대행기관에서 대행한 품질검사 성적서를 첨부하고, 품질검사 성적서 결과 대비표는 품질관리자가 작성하고 건설사업관리기술인, 감리원이 확인 및 서명함

○ **시공자**

– 시공자의 품질관리 건설기술인이 국립・공립 시험기관 또는 건설엔지니어링사업자로 하여금 건설공사의 품질관리를 위한 시험・검사 등을 대행하여 시험실시한 결과를 CSI 확인하여 품질검사 성적서 결과 대비표 작성 및 서명, 보관

○ **건설사업관리기술인, 감리원 검토 및 관리**

– 품질검사 대행기관의 성적서 결과가 시험 · 검사 기준에 적합여부 확인 및 서명

<table>
<tr><td colspan="7">품질검사 성적서 결과 대비표</td></tr>
<tr><td colspan="2">현 장 명</td><td colspan="2">[ ] 공동주택 신축공사</td><td>시료 또는 자재 생산자</td><td colspan="2">[ ]</td></tr>
<tr><td colspan="2">의뢰일자</td><td colspan="2">2024년 6월 20일</td><td>발급일자</td><td colspan="2">2024년 6월 21일</td></tr>
<tr><td colspan="2">시 료 명</td><td colspan="5">문주 및 경비실</td></tr>
<tr><td colspan="7"></td></tr>
<tr><td colspan="2">시험·검사 종목</td><td>시험·검사 방법</td><td>단위</td><td>시험·검사 기준</td><td>시험·검사 결과</td><td>합 부 판정</td></tr>
<tr><td rowspan="3">허용지내력</td><td>단기</td><td rowspan="3">KS F 2444</td><td>Kn/㎡</td><td>300 이상</td><td>339.7 이상</td><td>합격</td></tr>
<tr><td>장기</td><td>Kn/㎡</td><td>100 이상</td><td>113.2 이상</td><td>합격</td></tr>
<tr><td>침하량</td><td>mm</td><td>25 이내</td><td>5.43</td><td>합격</td></tr>
<tr><td colspan="3">품질관리 기술인 : [ ]</td><td colspan="4">담당 건설사업관리 기술인 : 박 하 용 (서명)</td></tr>
</table>

▲ 평판재하시험 품질검사 성적서 결과 대비표 작성 사례

품질검사 성적서 결과 대비표

현 장 명	[redacted] 공동주택 신축공사	시료 또는 자재 생산자	[redacted]
의뢰일자	2024년 1월 24일	발급일자	2024년 2월 15일
시 료 명	헬리컬 파일 동재하시험 [105동]		

시험·검사 종목	시험·검사 방법	단위	시험·검사 기준	시험·검사 결과	합 부 판정
허용지지력	KS F 2591	KN	100 이상	163.2	합격

품질관리 기술인 :	담당 건설사업관리 기술인 :

▲ 헬리컬 파일 동재하시험 품질검사 성적서 결과 대비표 작성 사례

품질검사 성적서 결과 대비표

현장명	○○○○공동주택 신축공사	시료 또는 자재 생산자	
의뢰일자	2022년 09월 00일	발급일자	2022년 10월 11일
시료명	PHC 파일(A-600-5m)		

<table>
<tr><th colspan="2">시험·검사 종목</th><th>시험·검사 방법</th><th>단위</th><th>시험·검사 기준</th><th>시험·검사 결과</th><th>합부 판정</th></tr>
<tr><td colspan="2">겉모양</td><td rowspan="6">KS F 4306</td><td></td><td>해로운 흠, 균열
등 결점없음</td><td>이상없음</td><td>합격</td></tr>
<tr><td colspan="2">바깥지름</td><td>mm</td><td>+5~-2</td><td>601</td><td>합격</td></tr>
<tr><td colspan="2">두께</td><td>mm</td><td>90 이상</td><td>98</td><td>합격</td></tr>
<tr><td colspan="2">길이</td><td>mm</td><td>±0.3</td><td>5.001</td><td>합격</td></tr>
<tr><td rowspan="2">휨 강도</td><td>균열
힘모멘트</td><td>KN.m</td><td>166.8에서 균열
없을 것</td><td>173.5에서
균열이 없음</td><td>합격</td></tr>
<tr><td>파괴
힘모멘트</td><td>KN.m</td><td>250.2 이상</td><td>280.2</td><td>합격</td></tr>
<tr><td colspan="2"></td><td></td><td></td><td></td><td></td><td></td></tr>
<tr><td colspan="2"></td><td></td><td></td><td></td><td></td><td></td></tr>
<tr><td colspan="2"></td><td></td><td></td><td></td><td></td><td></td></tr>
<tr><td colspan="2"></td><td></td><td></td><td></td><td></td><td></td></tr>
<tr><td colspan="4">품질관리 기술인 : (서명)</td><td colspan="3">건설사업관리 기술인 : 박하용 (서명)</td></tr>
</table>

<table>
<tr><th colspan="6">품질검사 성적서 결과 대비표</th></tr>
<tr><td>현장명</td><td colspan="2">○○○○공동주택 신축공사</td><td>시료 또는 자재 생산자</td><td colspan="2"></td></tr>
<tr><td>의뢰일자</td><td colspan="2">2017년 06월 00일</td><td>발급일자</td><td colspan="2">2017년 06월 22일</td></tr>
<tr><td>시료명</td><td colspan="5">콘크리트파일(ϕ500) 정재하 시험(116동 #132)</td></tr>
<tr><td colspan="6"></td></tr>
<tr><td>시험·검사 종목</td><td>시험·검사 방법</td><td>단위</td><td>시험·검사 기준</td><td>시험·검사 결과</td><td>합부 판정</td></tr>
<tr><td>전침하량</td><td rowspan="3">KS F 2445
ASTM D 1143</td><td>mm</td><td>25.4 이하</td><td>3.05</td><td>합격</td></tr>
<tr><td>순침하량</td><td>mm</td><td>12.5 이하</td><td>0.56</td><td>합격</td></tr>
<tr><td>허용지지력
(설계지지력_)</td><td>KN/본</td><td>1,500 이상</td><td>1,600</td><td>합격</td></tr>
<tr><td colspan="3">품질관리 기술인 : (서명)</td><td colspan="3">건설사업관리 기술인 : 박하용 (서명)</td></tr>
</table>

<table>
<tr><th colspan="6">품질검사 성적서 결과 대비표</th></tr>
<tr><td>현장명</td><td colspan="2">○○○○공동주택 신축공사</td><td>시료 또는 자재 생산자</td><td colspan="2"></td></tr>
<tr><td>의뢰일자</td><td colspan="2">2017년 06월 00일</td><td>발급일자</td><td colspan="2">2017년 06월 15일</td></tr>
<tr><td>시료명</td><td colspan="5">콘크리트파일(ϕ500) 동재하 시험(119동 #91E)</td></tr>
<tr><td colspan="6"></td></tr>
<tr><td>시험·검사 종목</td><td>시험·검사 방법</td><td>단위</td><td>시험·검사 기준</td><td>시험·검사 결과</td><td>합부 판정</td></tr>
<tr><td>설계지지력</td><td>KS F 2591</td><td>KN</td><td>1,500 이상</td><td>1,561.2</td><td>합격</td></tr>
<tr><td colspan="3">품질관리 기술인 : (서명)</td><td colspan="3">건설사업관리 기술인 : 박하용 (서명)</td></tr>
</table>

▲ 콘크리트파일, 정재하 및 동재하 시험 품질검사 성적서 결과 대비표 작성 사례

<table>
<tr><td colspan="6">품질검사 성적서 결과 대비표</td></tr>
<tr><td>현장명</td><td colspan="2">○○○○공동주택 신축공사</td><td>시료 또는 자재 생산자</td><td colspan="2"></td></tr>
<tr><td>의뢰일자</td><td colspan="2">2022년 11월 00일</td><td>발급일자</td><td colspan="2">2022년 12월 01일</td></tr>
<tr><td>시료명</td><td colspan="5">PHC 파일 비파괴 검사(101동 NO.90)</td></tr>
<tr><td colspan="6"></td></tr>
<tr><td>시험·검사 종목</td><td>시험·검사 방법</td><td>단위</td><td>시험·검사 기준</td><td>시험·검사 결과</td><td>합부 판정</td></tr>
<tr><td>비파검사(MT)</td><td></td><td></td><td>결함없을 것</td><td>기록할 결함지시 없음</td><td>합격</td></tr>
<tr><td></td><td></td><td></td><td></td><td></td><td></td></tr>
<tr><td colspan="3">품질관리 기술인 : (서명)</td><td colspan="3">건설사업관리 기술인 : 박하용 (서명)</td></tr>
</table>

<table>
<tr><td colspan="6">품질검사 성적서 결과 대비표</td></tr>
<tr><td>현장명</td><td colspan="2">○○○○공동주택 신축공사</td><td>시료 또는 자재 생산자</td><td colspan="2"></td></tr>
<tr><td>의뢰일자</td><td colspan="2">2022년 09월 00일</td><td>발급일자</td><td colspan="2">2022년 10월 11일</td></tr>
<tr><td>시료명</td><td colspan="5">어스앵커 인장 시험(C-C 1단 NO.92)</td></tr>
<tr><td colspan="6"></td></tr>
<tr><td>시험·검사 종목</td><td>시험·검사 방법</td><td>단위</td><td>시험·검사 기준</td><td>시험·검사 결과</td><td>합부 판정</td></tr>
<tr><td>설계축력</td><td rowspan="2">KCS 11 60 00 : 2020</td><td>TON</td><td>20.39 이상</td><td>26.5 이상</td><td>합격</td></tr>
<tr><td>늘음량</td><td>mm</td><td>46.17 이하</td><td>40.71</td><td>합격</td></tr>
<tr><td colspan="3">품질관리 기술인 : (서명)</td><td colspan="3">건설사업관리 기술인 : 박하용 (서명)</td></tr>
</table>

▲ 어스앵커 인장 시험 품질검사 성적서 결과 대비표 작성 사례

4.2.1.8 지하안전성조사(가시설 계측관리) 실시

○ **법적근거**

- 「지하안전관리에 관한 특별법」 제14조(지하안전평가의 실시 등), 제20조(착공후지하안전조사), 제24조(지하안전평가 등의 대행)
- 「지하안전관리에 관한 특별법 시행령」 제13조(지하안전평가 대상사업의 규모 등), 제21조(착공후지하안전조사)
- 「KCS 표준시방서」 시공 중 지반계측 KCS 11 10 15 : 2021, 3.9 건축공사, 3.10 지하굴착공사
- 「LHCS 시방서」 시공중지반계측 LHCS 11 10 15 : 2020
- 지하안전성평가서 표준매뉴얼 -계측관리 기준선정

○ **목적 및 필요성**

- 사전조사, 설계상 부득이 고려하지 못한 점이나, 시공 중 발생하는 오차를 측정하여 공사의 안전성과 경제성을 도모하기 위하여 실시
- **지하안전평가**란 지하안전에 영향을 미치는 사업의 실시계획·시행계획 등의 허가·인가·승인·면허·결정 또는 수리 등(이하 "승인등"이라 한다)을 할 때에 해당 사업이 **지하안전에 미치는 영향을 미리 조사·예측·평가하여 지반침하를 예방하거나 감소시킬 수 있는 방안을 마련**하는 것
- **지중경사계**는 **흙막이벽체 외측부에 설치**하여 국토작업 진행에 따른 지반의 심도별 **수평 변위량을 측정**하여 수평방향의 지반 이완영역 및 **가설구조물의 안전성을 판단**
- **지하수위계**는 **흙막이벽체 외측부에 설치**하여 굴토작업 진행으로 인한 **지하수위의 변동** 및 차수벽의 효과확인
- **변형률계, 하중계**는 **가설 지보재**(변형률계), **흙막이벽체 내측부**(하중계)에 설치하여 국토작업 진행에 따라 Strut에 전달되는 응력을 측정하여 **부재의 안전성 여부 판단**
- **지표침하계**는 **인접도로에 설치**하여 지표면의 침하량을 측정하여 **지반의 영향상태를 점검**
- **건물경사계**(EL BEAM)는 인접건축물에 설치(EL BEAM는 지하차도)하여 굴토작업에 따른 현장 인접건물 및 주요 구조물의 경사를 측정하여 **구조물의 안전성 여부를 판단**
- **균열측정계**는 **인접건축물에 설치**하여 지반침하애 따른 **구조물의 영향상태를 점검**

- **매립형 변형률계**는 **가설 지보재에 설치**하여 굴토작업 진행에 따라 부재에 전달되는 응력을 측정하여 **부재의 안전성 및 지반의 이완 여부 판단**
- 계측은 실제로는 **계측효율이 가장 좋고, 큰 변형이 예측되는 대표단면을 선정**

○ **계측관리 기준**

시험·검사방법	시험·검사종목		관리기준			시기및횟수
			1차(안전)	2차(주의)	3차(위험)	
지하안전성 평가 표준 매뉴얼	지중경사례	변위량 (mm)	토사 : 2(7일) 암반 : 1(1일)	토사 : 4(7일) 암반 : 2(1일)	토사 : 10(7일) 암반 : 4(1일)	
		최대변위량	3차관리기준×0.6	3차관리기준×0.8	0.002~0.003H(굴착깊이)	
	지하수위계	일 수위변화량 (Δh)	0.5m	0.75m	1.0m	
		누적 수위변화량 (MH)	4.0m (3차관리기준×0.6)	1차관리기준+자연변동량	8.0m	
	지하침수계	최대변위량	3차관리기준×0.6	3차관리기준×0.8	25mm(허용치)	
	응력계	최대변위량	3차관리기준×0.6	3차관리기준×0.8	허용치	
	균형측정계	최대변위량 (mm)	0.2	0.38	0.5	
	건물경사계	각변위	1/1000	1/850	1/500	
	첨단침하계	풍화암조건 (mm_	30	40	50	
		연암조건 (mm)	18	24	30	
	내공변위계	풍화암조건 (mm_	30	40	50	
		연암조건 (mm)	18	24	30	
	첨단침하 및 내공변위속도		5mm/일	막장부 근처 10mm/일 이상, 후방 5mm/일 이상	변위의 가속	
	록볼트 축력 (KN)	D25~SD350	53.0 (3차관리기준×0.6)	70.9 (3차관리기준×0.8)	88.7 (부재 허용치)	
	숏크리트응력 (MPa)	일반	5.0 (3차관리기준×0.6)	6.7 (3차관리기준×0.8)	8.4 (부재 허용치)	

○ **주요내용**

- **지하개발사업자**(지하안전평가 대상사업을 하려는 사업자를 말한다. 이하 이 조에서 같다)는 **해당 지하안전평가 대상사업을 착공한 후에 그 사업이 지하안전에 미치는 영향을 조사**(이하 "**착공후지하안전조사**"*라 한다)하고, 그 결과 지하안전을 위하여 조치가 필요한 경우에는 지체 없이 필요한 조치를 하여야 함

* 지하안전평가서에 기재된 착공후지하안전조사 실시기간에 해야 함

- **지하개발사업자**는 착공후지하안전조사에 관한 조사서(이하 "착**공후지하안전조사서**"라 한다)와 지하안전을 위하여 조치가 필요한 사실 및 조치 내용을 **국토교통부장관 및 승인기관의 장에게 통보**하여야 함
  - 법 제20조제1항에 따라 착공후지하안전조사를 하는 지하개발사업자는 다음의 구분에 따라 착공후지하안전조사의 내용 및 결과를 전자문서의 형태로 국토교통부장관 및 승인기관의 장에게 제출해야 함
    - 매달 말일을 기준으로 착공후지하안전조사가 실시 중인 경우 : 그 다음 달 10일까지 지난달의 착공후지하안전조사 내용. 다만, 착공후지하안전조사의 실시기간이 30일 이내인 경우는 제외
    - 착공후지하안전조사가 종료된 경우 : 종료일부터 15일 이내에 착공후지하안전조사서와 지하안전을 위하여 조치가 필요한 사실 및 조치 내용
- **지하안전평가 대상사업**
  - 「건축법」 제2조제1항제2호에 따른 **건축물의 건축사업**으로서 **굴착깊이**[공사지역 내 굴착깊이가 다른 경우에는 최대 굴착깊이를 말하며, 굴착깊이를 산정할 때 집수정(물저장고), 엘리베이터 피트 및 정화조 등의 굴착부분은 제외한다. 이하 같다]가 **20미터 이상인 굴착공사를 수반하는 사업**
- **착공후 지하안전조사서의 작성방법**
  - 요약문

    대상사업의 개요, 대상지역의 설정, 지반 및 지질 현황, 지하수 변화에 의한 영향 검토, 지하안전 확보방안의 적정성 및 이행 여부 검토, 지반안전성 검토, 종합평가 및 결론을 간략히 요약하여 기재
  - 착공후지하안전조사 대상사업의 개요

    사업의 배경, 목적 및 필요성 등을 기술
  - 착공후지하안전조사 대상지역의 설정

    지하안전평가에서 설정한 대상지역을 기초로 하여 지하개발사업의 시행으로 인

해 지하안전에 영향을 미칠 것으로 예상되는 지역으로 설정

- 지반 및 지질 현황
  지하안전평가 시 획득한 자료, 현장 시공 중 확인된 지반 및 지질 현황, 지하물리탐사 등의 현장조사 결과를 기초로 하여 작성
- 지하수 변화에 의한 영향 검토
  지하안전평가 시 획득한 자료 및 광역 지하수 흐름 분석 자료, 기존 관측망 자료, 주변 계측 자료 등을 기초로 하여 지하수 변화에 의한 영향을 검토
- 지반안전성 검토
  지하안전평가 시 획득한 자료와 지반안전성 분석 자료, 계측 자료 등을 기초로 하여 지반안전성 검토
- 지하안전확보방안 적정성 및 이행 여부 검토
  ‣ 지하안전평가에서 제시한 지하안전확보방안의 적정성을 검토
  ‣ 시공 시 지하안전확보방안의 이행 여부 확인
- 종합 평가 및 결론
  착공후지하안전조사의 조사항목에 대한 개별적인 평가를 하고, 각각의 평가결과에 따른 영향정도를 종합적으로 기술한 후 결론을 도출

– **계측위치 선정기준**

- 보링 등으로 지반조건이 충분히 파악되고 있는 장소
- 토류 구조물을 대표하는 위치
- 조기에 시공할 수 있고 계측 결과의 역해석이 가능한 위치
- 인접해서 주요 구조물이 있는 위치
- 교통량이 많아 이로 인한 하중의 증감이 있는 위치
- 가능한 공사에 의해 계측기 파손이 적고 기기설치와 측정이 용이한 위치
- 과다한 변위가 우려되는 위치
- 토류구조물이나 지반에 특수한 조건이 있어 그것이 공사에 영향을 미친다고 생각하는 장소 즉, 토류벽에 작용하는 토압, 수압, 벽체의 응력, 축력, 주변지반의 침하, 지하수위 등과 밀접한 관계가 있고 이들의 연관성을 잘 파악할 수 있는 곳에 중점 배치

– **계측기 측정 빈도**

- 지중경사계, 지표 침하계, EA 하중계 : 설치직후 3회/일(3일간), 굴착 진행중 2회/주, 되메우기 완료후 1회/주(1개월까지)
- 변형률계, 균열측정계, 건물경사계 : 설치직후 3회/일(1일간), 굴착 진행중 2회

/주, 되메우기 완료후 1회/주(1개월까지)

- 지하 수위계 : 설치직후, 굴착 진행중, 되메우기 완료후 수시(1회/일)
- 유량계 : 설치 직후 1회/일

○ **안전성평가 대행**

– 지하안전평가, 착공후지하안전조사, 소규모 지하안전평가 및 제35조제1항에 따른 지반침하위험도평가(이하 **"지하안전평가등"** 이라 한다)를 하려는 지하개발사업자 또는 지하시설물관리자는 제25조제1항에 따라 지하안전평가 전문기관으로 등록을 한 자(이하 **"지하안전평가 전문기관"** 이라 한다)에게 **지하안전평가등을 대행**

○ **시공자**

– 지하안전성 평가 용역 계약 체결, 계측기 등의 실시간 측정결과에 따라 대응

○ **건설사업관리기술인, 감리원 검토 및 관리**

– 지하안전성 평가 계측기 등의 실시 간 측정 시 입회, 보고서 등 검토

4.2.1.9 품질검사(시험)대장

○ **법적근거**

- 「건설기술진흥법」 제55조(건설공사의 품질관리) 제2항, 같은 법 시행령 제91조(품질시험 및 검사)
- 「건설기술진흥법 시행규칙」 제50조(품질시험 및 검사의 실시), 별지 제42호 서식
- 「건설공사 사업관리방식 검토기준 및 업무수행지침」 제78조(보고서 작성, 제출)제1항제1호다목, 별지 제34호 서식

* 일자, 시험구분, 재료, 시험·검사종목, 시험기준, 시험결과, 시험결과 판정 등을 기재

○ **목적 및 필요성**

- 품질검사대장에 기재된 내용이 품질검사 성적서 결과 대비표와 일치하는 확인

○ **품질검사(시험) 기준**

- 4.2.1.1, 4.2.1.3, 4.2.1.4, 4.2.1.5, 4.2.1.6 품질검사(시험) 기준 참조

○ **주요내용**

- 품질검사(시험) 기준에 따라 시험 · 검사한 결과를 기재하여 적합 여부 확인 · 관리
- 품질검사(시험)대장은 품질검사(시험) 기준 및 품질검사 성적서 결과 대비표와 일치 하는지 확인

○ **시공자**

- 품질검사(시험) 결과를 품질검사(시험)대장에 기재 및 품질관리기술인(품질관리자) 서명

○ **건설사업관리기술인, 감리원 검토 및 관리**

- 품질검사(시험) 기준에 따라 시험 결과의 적합 여부 등 확인 및 서명

품질검사대장(2022년 10월)

○ 공사명 : [ ] 공동주택 신축공사

○ 구　분 : PHC 파일 공사

일렬번호	연.월.일	시험·검사 구분	재료	시험·검사종목		시험기준	시험결과	시험결과 판정	시험·검사자		건설사업관리기술인확인		비고
									성명	서명	성명	서명	
22-10-001	22-10-11	검사	PHC 파일 (PHC-A TYPE)	전단강도 (kN.m)		148.1 이상	152.6	합격					
22-10-002	22-10-11	검사	PHC 파일 (PHC-A TYPE)	이음부 휨강도 (kN.m)		250.2 이상	280.8	합격					
22-10-003	22-10-11	검사	PHC 파일 (PHC-A TYPE)	축력 휨강도 (kN.m)	균열 휨모멘트	182.5에서 균열이 없을 것	188.9에서 균열 없음	합격					
22-10-004					파괴 휨모멘트	259 이상	276.5	합격					[ ] (공인기관 시험성적서)
22-10-005	22-10-11	검사	PHC 파일	압축강도 (MPa)	1	78.5 이상	88.6	합격					
22-10-006	22-10-11	검사			2		83.2	합격					
22-10-007	22-10-11	검사			3		89.4	합격					
22-10-008	22-10-11	검사	PHC파일 (A-600-5 m)	겉모양		헤로운흠,균열등 결점없음	이상없음	합격					
22-10-009				바깥지름 (mm)		+5 ~ -2	601	합격					
22-10-010				두께 (mm)		90 이상	98	합격					
22-10-011				길이 (mm)		±0.3	5 001	합격					[ ] (공인기관 시험성적서)
22-10-012				휨강도 (kN.m)	균열 휨모멘트	166.8에서 균열없을것	173.5에서 균열이 없음	합격					
22-10-013					파괴 휨모멘트	250.2 이상	280.2	합격					
22-10-014	22-10-11	검사	PHC파일 (A-600-6 m)	겉모양		헤로운흠,균열등 결점없음	이상없음	합격					
22-10-015				바깥지름 (mm)		+5 ~ -2	602	합격					
22-10-016				두께 (mm)		90 이상	101	합격					[ ] (공인기관 시험성적서)
22-10-017				길이 (mm)		±0.3	6 000	합격					
22-10-018				휨강도 (kN.m)	균열 휨모멘트	166.8에서 균열없을것	173.6에서 균열이 없음	합격					
22-10-019					파괴 휨모멘트	250.2 이상	275.4	합격					

품질검사대장(2022년 10월)

○ 공사명 : [ ] 공동주택 신축공사

○ 구　분 : PHC 파일 공사

일렬번호	연.월.일	시험·검사 구분	재료	시험·검사종목		시험기준	시험결과	시험결과 판정	시험·검사자		건설사업관리기술인확인		비고
									성명	서명	성명	서명	
22-10-038	22-10-11	검사	PHC파일 (A-600-10 m)	겉모양		헤로운흠,균열등 결점없음	이상없음	합격					
22-10-039				바깥지름 (mm)		+5 ~ -2	601	합격					
22-10-040				두께 (mm)		90 이상	99	합격					[ ] (공인기관 시험성적서)
22-10-041				길이 (mm)		±0.3	10 001	합격					
22-10-042				휨강도 (kN.m)	균열 휨모멘트	166.8에서 균열없을것	173.8에서 균열이 없음	합격					
22-10-043					파괴 휨모멘트	250.2 이상	274.6	합격					
22-10-044	22-10-11	검사	PHC파일 (A-600-11 m)	겉모양		헤로운흠,균열등 결점없음	이상없음	합격					
22-10-045				바깥지름 (mm)		+5 ~ -2	603	합격					
22-10-046				두께 (mm)		90 이상	103	합격					[ ] (공인기관 시험성적서)
22-10-047				길이 (mm)		±0.3	10 997	합격					
22-10-048				휨강도 (kN.m)	균열 휨모멘트	166.8에서 균열없을것	172.7에서 균열이 없음	합격					
22-10-049					파괴 휨모멘트	250.2 이상	270.3	합격					
22-10-050	22-10-11	검사	PHC파일 (A-600-12 m)	겉모양		헤로운흠,균열등 결점없음	이상없음	합격					
22-10-051				바깥지름 (mm)		+5 ~ -2	600	합격					
22-10-052				두께 (mm)		90 이상	99	합격					[ ] (공인기관 시험성적서)
22-10-053				길이 (mm)		±0.3	12 003	합격					
22-10-054				휨강도 (kN.m)	균열 휨모멘트	166.8에서 균열없을것	172.8에서 균열이 없음	합격					
22-10-055					파괴 휨모멘트	250.2 이상	277.2	합격					

품질검사대장(2022년 10월)

○ 공사영 : [ ] 공동주택 신축공사

○ 구 분 : PHC 파일 공사

일련번호	연.월.일	시험·검사 구 분	재 료	시험·검사종목	시험기준	시 험 결 과	시험결과 판정	시험·검사자 성 명	시험·검사자 서 명	건설사업관리기술인확인 성 명	건설사업관리기술인확인 서 명	비 고
22-10-056	22-10-11	검사	PHC파일 (A-600-13 m)	겉모양	해로운흠,균열등 결점없음	이상없음	합 격					
22-10-057				바깥지름 (mm)	+5 ~ -2	602	합 격					
22-10-058				두께 (mm)	90 이상	104	합 격					
22-10-059				길이 (mm)	±0.3	12 999	합 격					(공인기관 시험성적서)
22-10-060				휨강도 (kN.m) 균열 휨모멘트	166.8에서 균열없을것	172.5에서 균열이 없음	합 격					
22-10-061				휨강도 (kN.m) 파괴 휨모멘트	250.2 이상	276.3	합 격					
22-10-062	22-10-11	검사	PHC파일 (A-600-14 m)	겉모양	해로운흠,균열등 결점없음	이상없음	합 격					
22-10-063				바깥지름 (mm)	+5 ~ -2	601	합 격					
22-10-064				두께 (mm)	90 이상	99	합 격					
22-10-065				길이 (mm)	±0.3	14 001	합 격					(공인기관 시험성적서)
22-10-066				휨강도 (kN.m) 균열 휨모멘트	166.8에서 균열없을것	172.8에서 균열이 없음	합 격					
22-10-067				휨강도 (kN.m) 파괴 휨모멘트	250.2 이상	279.5	합 격					
22-10-068	22-10-11	검사	PHC파일 (A-600-15 m)	겉모양	해로운흠,균열등 결점없음	이상없음	합 격					
22-10-069				바깥지름 (mm)	+5 ~ -2	600	합 격					
22-10-070				두께 (mm)	90 이상	100	합 격					
22-10-071				길이 (mm)	±0.3	15 000	합 격					(공인기관 시험성적서)
22-10-072				휨강도 (kN.m) 균열 휨모멘트	166.8에서 균열없을것	172.3에서 균열이 없음	합 격					
22-10-073				휨강도 (kN.m) 파괴 휨모멘트	250.2 이상	280.1	합 격					

품질검사대장(2022년 10월)

○ 공사영 : [ ] 공동주택 신축공사

○ 구 분 : PHC 파일 공사

일련번호	연.월.일	시험·검사 구 분	재 료	시험·검사종목	시험기준	시 험 결 과	시험결과 판정	시험·검사자 성 명	시험·검사자 서 명	건설사업관리기술인확인 성 명	건설사업관리기술인확인 서 명	비 고
22-10-167	22-10-24	검사	고로슬래그시멘트 (2종)	강열감량 (%)	3 이하	0.96	합 격					
22-10-168				MgO	6 이하	2.87	합 격					
22-10-169				SO_3	4 이하	2.55	합 격					
22-10-170				분말도 (㎠/g)	3000 이상	4100	합 격					
22-10-171				안정도 (mm)	10 이하	0.5	합 격					(공인기관 시험성적서)
22-10-172				응결시간 초결 (분)	60 이상	280	합 격					
22-10-173				응결시간 종결 (시간:분)	10 이하	7:20	합 격					
22-10-174				압축강도 (㎫) 3일	10 이상	23.5	합 격					
22-10-175				압축강도 (㎫) 7일	17.5 이상	32	합 격					
22-10-176				압축강도 (㎫) 28일	42.5 이상	54.2	합 격					

품 질 검 사 대 장(2022년 12월)

○ 공사명 : 　　　　　　공동주택 신축공사

○ 구　분 : 외부의뢰

일련번호	연.월.일	시험·검사 구분	재 료	시험·검사종목	시험기준	시 험 결 과	시험결과 판정	시험·검사자		건설사업관리기술인확인		비 고
								성 명	서 명	성 명	서 명	
22-12-834	22-11-1	시험	PHC PILE (101동 NO.90)	비파괴검사 (MT)	결함이 없을 것	기록할 결함지시 없음	합 격					
22-12-835	22-11-2	시험	PHC PILE (101동 NO.35)	비파괴검사 (MT)	결함이 없을 것	기록할 결함지시 없음	합 격					
22-12-836	22-11-3	시험	PHC PILE (101동 NO.97)	비파괴검사 (MT)	결함이 없을 것	기록할 결함지시 없음	합 격					
22-12-837	22-11-4	시험	PHC PILE (101동 NO.158)	비파괴검사 (MT)	결함이 없을 것	기록할 결함지시 없음	합 격					
22-12-838	22-11-7	시험	PHC PILE (101동 NO.86)	비파괴검사 (MT)	결함이 없을 것	기록할 결함지시 없음	합 격					
22-12-839	22-12-1	시험	PHC PILE (101동 NO.115)	정재하시험 (kN)	1600 이상	3200 이상	합 격					

품 질 검 사 대 장(2022년 11월)

○ 공사명 : 　　　　　　공동주택 신축공사

○ 구　분 : 외부의뢰

일련번호	연.월.일	시험·검사 구분	재 료	시험·검사종목	시험기준	시 험 결 과	시험결과 판정	시험·검사자		건설사업관리기술인확인		비 고
								성 명	서 명	성 명	서 명	
22-11-001	22-10-11	검사	E/A 인장시험 C-C 1단 NO.92	설계축력 (TON)	20.39 이상	26.5 이상	합 격					
22-11-002				늘음량 (mm)	46.17 이하	40.71	합 격					
22-11-003	22-10-11	검사	E/A 인장시험 C-C 1단 NO.62	설계축력 (TON)	20.39 이상	26.5 이상	합 격					
22-11-004				늘음량 (mm)	46.17 이하	39.22	합 격					
22-11-005	22-10-21	검사	E/A 인장시험 C-C 1단 NO.100	설계축력 (TON)	20.39 이상	26.5 이상	합 격					
22-11-006				늘음량 (mm)	45.22 이하	39.89	합 격					
22-11-007	22-10-21	검사	E/A 인장시험 C-C 1단 NO.114~115	설계축력 (TON)	20.39 이상	26.5 이상	합 격					
22-11-008				늘음량 (mm)	32.47 이하	24.8	합 격					
22-11-009	22-10-25	검사	지지력 (말뚝기초)	동재하시험 (KN) 101동 NO.1R	1600 이상	1916.1	합 격					
22-11-010	22-10-25	검사	지지력 (말뚝기초)	동재하시험 (KN) 101동 NO.173	1600 이상	1716.3	합 격					
22-11-011	22-11-2	검사	지지력 (말뚝기초)	동재하시험 (KN) 101동 NO.175EOD	1600 이상	1957.5	합 격					
22-11-012	22-11-2	검사	E/A 인장시험 B-B 3단 NO.224	설계축력 (TON)	36.16 이상	42.81 이상	합 격					
22-11-013				늘음량 (mm)	69.61 이하	64.18	합 격					
22-11-014	22-11-2	검사	E/A 인장시험 B-B 3단 NO.250	설계축력 (TON)	36.16 이상	42.81 이상	합 격					
22-11-015				늘음량 (mm)	63.69 이하	58.35	합 격					
22-11-016	22-11-16	검사	E/A 인장시험 B-B 4단 NO.219	설계축력 (TON)	38.47 이상	44.85 이상	합 격					
22-11-017				늘음량 (mm)	73.19 이하	67.39	합 격					
22-11-018	22-11-15	검사	E/A 인장시험 B-B 4단 NO.229	설계축력 (TON)	38.47 이상	44.85 이상	합 격					
22-11-019				늘음량 (mm)	69.20 이하	63.58	합 격					
22-11-020	22-11-15	검사	S/N 인발시험 A-A 9단 NO.173	허용인장강도 (TON)	10.13 이상	12.66 이상	합 격					
22-11-021	22-11-15	검사	E/A 인발시험 B-B 4단 NO.229	설계축력 (TON)	38.47 이상	56.12 이상	합 격					
22-11-022				늘음량 (mm)	88.13 이하	80.17	합 격					

[illegible] 질 검 사 대 장(2024년 2[illegible])

○ 공사명 : 　　　　　　공동주택 신축공사

○ 구　분 : 외부의뢰

일련번호	연.월.일	시험·검사 구분	재 료	시험·검사종목	시험기준	시 험 결 과	시험결과 판정	시험·검사자		건설사업관리기술인확인		비 고
								성 명	서 명	성 명	서 명	
24-2-001	24-2-15	검사	헬리컬파일 [105동]	동재하시험 허용지지력 (KN)	100 이상	163.2	합격			박하용		
24-2-002	24-2-15	검사	헬리컬파일 [103동]	동재하시험 허용지지력 (KN)	100 이상	184	합격			박하용		

품 질 검 사 대 장(2022년 10월)

○ 공사명 : 공동주택 신축공사

○ 구 분 : 외부의뢰

일련번호	연.월.일	시험·검사 구 분	재 료	시험·검사종목		시험기준	시 험 결 과	시험결과 판정	시험·검사자		건설사업관리기술인확인		비 고
									성 명	서 명	성 명	서 명	
22-10-001	22-10-6	검사	그라우트용 팽창재	압축강도 (N/㎟)	1일	-	24.6	합 격					
22-10-002					3일	20 이상	35.7	합 격					
22-10-003					5일	25 이상	41	합 격					
22-10-004					28일	30 이상	49.3	합 격					
22-10-005				팽창률 (%)		10 이하	2.1	합 격					
22-10-006				최종블리딩율 (%)		3 이하	0	합 격					
22-10-007				컨시스턴시 (초)		6~12초	9초	합 격					
22-10-008	22-10-21	검사	지지력 (말뚝기초)	동재하시험 (KN)	101동 NO.1	1600 이상	1715	합 격					
22-10-009	22-10-25	검사	토류판(T-120)	치수 (mm)	나비	150+3	150.1	합 격					
22-10-010					두께	120+3	120.2	합격					
22-10-011				옹이 (%)		40 이하	6.9	합격					
22-10-012				모인 옹이		위 기준의 1.5배 이하일 것.	0	합격					
22-10-013				둥근모 (%)		20% 이하	0	합 격					
22-10-014				분할		나비 1.5배 이하일 것.	없음	합 격					
22-10-015				갈라짐		나비 1.5배 이하일 것.	없음	합격					
22-10-016				윤할		두께의 1/2 이하일 것.	없음	합격					
22-10-017				굽음 (%)		1% 이하	0	합격					
22-10-018				썩음		경미할것	경미함	합 격					
22-10-019				비틀림		현저하지 않을것	현저하지 않음	합격					
22-10-020				최대휨하중 (N)		[두께(mm)]^2 x 2.2 이상 = 31680 이상	46228.00%	합격					

품 질 검 사 대 장(2022년 11월)

○ 공사명 : 공동주택 신축공사

○ 구 분 : 외부의뢰

일련번호	연.월.일	시험·검사 구 분	재 료	시험·검사종목		시험기준	시 험 결 과	시험결과 판정	시험·검사자		건설사업관리기술인확인		비 고
									성 명	서 명	성 명	서 명	
22-11-023	22-11-17	검사	평판재하시험	102동 - 1	설계하중 (kN/㎡)	600 이상	679.03 이상	합 격					
22-11-024					침하량 (mm)	25 이하	12.38	합 격					
22-11-025	22-11-17	검사	평판재하시험	102동 - 2	설계하중 (kN/㎡)	600 이상	679.03 이상	합 격					
22-11-026					침하량 (mm)	25 이하	12.34	합 격					
22-11-027	22-11-17	검사	평판재하시험	102동 ~ 기계실	설계하중 (kN/㎡)	150 이상	16.77 이상	합 격					
22-11-028					침하량 (mm)	25 이하	3.8	합 격					

24-6-021	24-6-21	검사	평판재하시험 [운주 및 경비실]	허용지내력	단기 (Kn/㎡)	300 이상	339.7 이상	합격		박하용		
					장기 (Kn/㎡)	100 이상	113.2 이상	합격		박하용		
					침하량 (mm)	25 이내	5.43	합격		박하용		

[illegible]질 검 사 대 장(2023년 1[illegible]월)

○ 공사명 : 공동주택 신축공사

○ 구 분 : 토공사

일련번호	연.월.일	시험·검사 구 분	재 료	시험·검사종목	시험기준	시 험 결 과	시험결과 판정	시험·검사자		건설사업관리기술인확인		비 고
								성 명	서 명	성 명	서 명	
23-12-001	23-12-21	시험	들밀도시험 (근린생활시설 주위 되메우기-1단)	평균함수비 (%)	-	10.9	합 격			박하용		
23-12-002				다짐율 (%)	90 이상	92.6	합 격					

▲ 지반공사 품질검사대장 작성 사례

4.2.2 콘크리트공사

4.2.2.1 레미콘 공장방문 사전 및 정기점검

○ **법적근거**

- 「건설기술진흥법」 제55조(건설공사의 품질관리) 및 같은 법 시행령 제91조(품지시험 및 검사)
- 「건설공사 품질관리 업무지침」 제33조(자재공급원의 사전점검) 및 제34조((자재공급원의 정기점검), 별지 제8호 서식, 제38조(시공 품질관리 시험 · 검사 등)

○ **목적 및 필요성**

- 부실공사를 방지하기 위하여 불량자재가 생산되지 않도록 품질관리를 위하여 공장점검
- 불량자재가 반입되지 않도록 자재의 생산 · 공급 및 시공과정에 대하여 법령 등에서 정한 사항에 따라 성실하게 품질관리 업무를 이행하여 부실공사가 발생하지 않도록 하여야 함

○ **주요내용**

- 자재공급원의 사전점검
  - 수요자는 **레미콘 총설계량이 1천세제곱미터 이상이거나 아스콘의 총설계량이 2천톤 이상인 건설공사**에 대하여 **자재공급원 승인요청을 하려면 공사감독자와 합동으로 사전점검을 실시**하고 그 결과를 **공급원 승인권자에게 보고**하여야 함
  - 사전점검은 별지 제8호서식의 레미콘공장 사전점검표에 따라 실시.
- 자재공급원의 정기점검
  - 수요자는 발주청이 발주한 공사 중 **레미콘 총설계량이 3천세제곱미터 이상**이거나 **아스콘 총설계량이 5천톤 이상인 건설공사**에 대하여 자재공급원을 정기점검 하여야 함. 다만, 발주청이 자재 사용량과 구조물의 중요 여부를 판단하여 정기점검이 불필요하다고 판단한 때에는 생략할 수 있음
  - 수요자는 자재공급원에 대하여 별지 제8호서식의 레미콘공장 정기점검표에 따

라 **반기별 한 차례**(자재사용시기가 특정 반기에 집중되어 있는 경우 년 한차례) **이상 정기점검을 실시하고 그 결과를 공사감독자에게 보고**해야 함

- 공사감독자는 보고받은 점검결과를 확인하여 발주청 및 공급원 승인권자에게 보고하여야 함
- 발주청 또는 공급원 승인권자가 필요하다고 인정하는 때에는 정기점검 중 연 1회는 감독자 및 수요자와 합동으로 정기점검을 실시하게 할 수 있음
- 발주청 또는 공급원 승인권자는 점검결과를 공장별로 기록·정리하고 모니터링하여 사후 자재공급원 승인 또는 공장 지도점검 업무에 활용할 수 있음
- **레미콘 공장 정기점검 항목**은 레미콘 공장 현황 확인, 제조시설 및 일 최대 생산량 확인, 원자재 확인, 제조공정 확인, KS인증여부 확인, 품질시험 결과 확인, 품질시험 기술자 학인
- 레미콘 정기점검 실시대상 건설공사의 공사감독자와 수요자는 레미콘 공장 운전실에서 출력된 자동계량기록지 등 레미콘 생산정보를 확인

※ 제조공장의 배합비 조작 방지 목적

- 공사감독자와 수요자는 현장 시험과정의 적절성을 확인 할 수 있는 증빙을 사진촬영 등 식별가능한 정보로 기록관리

※ 시공자가 실시해야 할 품질시험을 제조공장에 전가하는 등 부실 품질관리 방지 목적

○ **시공자**

- 레미콘 자재 공급자별로 점검일정 협의 및 안내

○ **레미콘 생산자**

- 레미콘 회사의 품질관리자가 시험 실시

○ **건설사업관리기술인, 감리원 검토 및 관리**

- 레미콘 회사의 자재의 생산·공급, 품질시험 등 확인 및 점검

4.2.2.2 콘크리트용 자재 시험

○ 법적근거

- 「건설기술진흥법」 제55조(건설공사의 품질관리), 제60조(품질검사의 대행 등) 제1항
- 「건설기술진흥법 시행령」 제91조(품질시험 및 검사), 제97조(품질검사의 대행 등) 제1항
- 「건설기술진흥법 시행규칙」 제53조(품질관리비의 산출 및 사용 기준) 제3항, 제97조(품질검사의 대행의뢰 등) 제1항
- 「건설공사 품질관리 업무지침」 제8조(품질 시험기준)
- 「KCS 표준시방서」 일반콘크리트 KCS 14 20 10 : 2022, 2. 자재
- 시공자의 품질관리계획서 및 품질시험계획서

○ 목적 및 필요성

- 설계도서에서 제시된 기준에 적합한 우수한 제품 확보

○ 품질검사(시험) 기준

- **콘크리트용 골재–부순굵은골재**(KS F 2527)

시험·검사방법	시험·검사종목	시험기준	시기 및 횟수
KS F 2503, 2504	절대건조밀도(g/㎤)	2.5 이상	골재원 마다 1,000㎥ 마다
	표면건조밀도(g/㎤)	2.5 이상	
	진밀도(g/㎤)	2.5 이상	
	흡수율(%)	3 이상	
KS F 2507	안전성(%)	12 이하	골재원 마다 1년 1회 이상
KS F 2508	마모율(%)	40 이하	골재원 마다 1,000㎥ 마다
KS F 2511	0.08mm 체 통과량(%)	1 이하	
KS F 2502, 2527	입자모양판정실적률(%)	55 이상	
	조립률	6~8	
KS F 2545, 2546	알칼리농도 감소량	-	골재원 마다 6개월 1회 이상
	용해실리카량	-	

- 콘크리트용 골재-부순잔골재(KS F 2527)

시험·검사방법	시험·검사종목	시험기준	시기 및 횟수
KS F 2503, 2504	절대건조밀도(g/㎤)	2.5 이상	골재원 마다 1,000㎥ 마다
	표면건조밀도(g/㎤)	2.5 이상	
	진밀도(g/㎤)	2.5 이상	
	흡수율(%)	3 이상	
KS F 2507	안전성(%)	10 이하	골재원 마다 1년 1회 이상
KS F 2511	0.08mm 체 통과량(%)	7 이하	골재원 마다 1,000㎥ 마다
KS F 2502, 2527	입자모양판정실적률(%)	53 이상	
	조립률	2.5~2.5	
KS F 2545, 2546	알칼리농도 감소량	-	골재원 마다 6개월 1회 이상
	용해실리카량	-	

- 콘크리트용 골재-혼합골재(KS F 2527)

시험·검사방법	시험·검사종목	시험기준	시기 및 횟수
KS F 2503, 2504	절대건조밀도(g/㎤)	2.5 이상	골재원 마다
	표면건조밀도(g/㎤)	2.5 이상	
	진밀도(g/㎤)	2.5 이상	
	흡수율(%)	3 이상	
KS F 2507	안전성(%)	10 이하	
KS F 2511	0.08mm 체 통과량(%)	7 이하	
KS F 2502, 2527	입자모양판정실적률(%)	53 이상	
KS F 2513	석탄 및 갈탄(%)	0.5 이하	
KS F 2512	점토덩어리(%)	1 이하	
KS F 2510	유기불순물	표준색보다 연할 것	
KS F 2502, 2527	조립률	2.5~2.5	
KS F 2515	염화물 함유량	0.04 이하	

- 콘크리트용 골재-천연골재 잔골재(KS F 2527)

<table>
<tr><th>시험·검사방법</th><th>시험·검사종목</th><th>시험기준</th><th>시기 및 횟수</th></tr>
<tr><td rowspan="4">KS F 2503, 2504</td><td>절대건조밀도(g/㎤)</td><td>2.5 이상</td><td rowspan="4">골재원 마다
1,000㎥ 마다</td></tr>
<tr><td>표면건조밀도(g/㎤)</td><td>2.5 이상</td></tr>
<tr><td>진밀도(g/㎤)</td><td>2.5 이상</td></tr>
<tr><td>흡수율(%)</td><td>3 이상</td></tr>
<tr><td>KS F 2507</td><td>안전성(%)</td><td>10 이하</td><td>골재원 마다
1년 1회 이상</td></tr>
<tr><td>KS F 2511</td><td>0.08mm 체 통과량(%)</td><td>3 이하</td><td>공급회사별
1일 3회 이상</td></tr>
<tr><td>KS F 2513</td><td>석탄 및 갈탄(%)</td><td>0.5 이하</td><td rowspan="3">골재원 마다
1년 1회 이상</td></tr>
<tr><td>KS F 2512</td><td>점토덩어리(%)</td><td>1 이하</td></tr>
<tr><td>KS F 2510</td><td>유기불순물</td><td>표준색 보다 연할 것</td></tr>
<tr><td>KS F 2515</td><td>염화물함유량(%)</td><td>0.04 이하</td><td>골재원 마다
6개월 1회 이상</td></tr>
<tr><td>KS F 2502, 2527</td><td>조립률</td><td>-</td><td>골재원 마다
1,000㎥ 마다</td></tr>
</table>

※ 염화물 함유량은 바다모래인 경우 적용

- 포틀랜드 시멘트-1종 보통(KS L 5201)

<table>
<tr><th>시험·검사방법</th><th colspan="2">시험·검사종목</th><th>시험기준</th><th>시기 및 횟수</th></tr>
<tr><td rowspan="3">KS L 5210</td><td rowspan="3">화학성분</td><td>강열 감량(%)</td><td>5 이하</td><td rowspan="12">제조회사별
300톤 마다
제조일부터 3개월이 되어 재질의 변화가 있다고 인정될 때</td></tr>
<tr><td>산화마그네슘(%)</td><td>5 이하</td></tr>
<tr><td>삼산화항(%)</td><td>3.5 이하</td></tr>
<tr><td rowspan="2">KS L 5106</td><td colspan="2">밀도</td><td>3.1 이상</td></tr>
<tr><td colspan="2">분말도(㎠/g)</td><td>2,800 이상</td></tr>
<tr><td>KS L 5107</td><td colspan="2">안정도(mm)</td><td>10 이하</td></tr>
<tr><td rowspan="2">KS L 5108</td><td rowspan="2">응결시간</td><td>초결(분)</td><td>60 이상</td></tr>
<tr><td>종결(시간)</td><td>10 이하</td></tr>
<tr><td rowspan="3">KS L 5105</td><td rowspan="3">압축강도
(MPa)</td><td>3일</td><td>12.5 이상</td></tr>
<tr><td>7일</td><td>22.5 이상</td></tr>
<tr><td>28일</td><td>42.5 이상</td></tr>
<tr><td>KS L 2121</td><td colspan="2">수화열(J/g)</td><td>-</td></tr>
</table>

– 콘크리트용 화학혼화제–AE감수제–표준형(KS F 2560)

시험·검사방법	시험·검사종목		시험기준		시기 및 횟수
			AE감수제	고성능	
KS F 2560	감수율		10 이상	18 이상	제조회사별 제품규격별 제조일부터 3개월이 되어 재질의 변화가 있다고 인정될 때
KS F 2414	블리딩양의 비		70 이하	60 이하	
KS F 2560	응결시간의 차(초결, 종결)		-60~90	-30~120	
KS F 2405	압축강도의 비	재령 3일	115 이상	135 이상	
		재령 7일	110 이상	125 이상	
		재령 28일	110 이상	115 이상	
KS F 2424	길이변화의 비		120 이하	110 이하	
KS I 3206 KS F 2560	전체 알칼리량		0.30 이하	0.30 이하	
KS F 2402	슬럼프 손실(mm)		-	60 이하	
KS F 2409	공기량의 변화량(%)		-	±1.5 이내	

– 플라이 애시–2종(KS L 5405)

시험·검사방법	시험·검사종목	시험기준	시기 및 횟수
KS L 5405	이산화규소(%)	45 이상	제조회사별 제조일부터 3개월이 되어 재질의 변화가 있다고 인정될 때
	총 인산염(%)	5 이하	
	수용성 인산염(mg/kg)	100	
	총 알칼리(%)	5 이하	
	염화물(%)	0.05 이하	
	수분(%)	1.0 이하	
	강열 감량(%)	5.0 이하	
KS L 5110	밀도(g/㎤)	1.95 이상	
KS L 5405	비표면적 분말도(㎠/g)	3,000 이상	
	플로값 비(%)	95 이상	
	활성도 지수(재령 28, %)	80 이상	

- 콘크리트용 고로슬래그 미분말(KS F 2563)

시험·검사방법	시험·검사종목	시험기준			시기 및 횟수
		1종	2종	3종	
KS L 5110	밀도(g/㎤)	2.80 이상			제조회사별 제조일부터 3개월이 되어 재질의 변화가 있다고 인정될 때
KS L 5106	비표면적(㎠/g)	8,000~ 10,000	6,000~ 8,000	4,000~ 6,000	
KS F 2563 부속서 A	활성도 지수 (재령 28일, %)	105 이상	95 이상	75 이상	
	플로값 비(%)	95 이상			
KS L 5120	산화마그네슘(%)	10.0 이하			
	삼산화황(%)	4.0 이하			
	강열 감량(%)	3.0 이하			
	염화물 이온(%)	0.02 이하			

- 상수돗물 이외의 물

시험·검사방법	시험·검사종목		시험기준	시기 및 횟수
KS F 4009 부속서 B, B.5	현탁 물질의 양(g/L)		2 아하	제조회사별 제조일부터 3개월이 되어 재질의 변화가 있다고 인정될 때
	용해성 증발 잔유물의 양(g/L)		1 이하	
	연소이온양(mg/L)		250 이하	
	시멘트 응결시간의 차	초결(분)	30 이내	
		종별(분)	60 이내	
	모르타르 압축강도의 비 (%)	7일	90 이상	
		28일	90 이상	

○ **주요내용**

- 잔골재나 잔골재용 원석의 강도는 단단하고, 강한 것이어야 함
- 잔골재는 유해량 이상의 염분을 포함하지 않아야 하고, 진흙이나 유기 불순물 등의 유해물을 허용량 이상 함유하지 않아야 함
- 입도 범위 내의 잔골재를 사용하여야 하며, 입도가 이 범위를 벗어난 잔골재를 쓰는 경우에는, 두 종류 이상의 잔골재를 혼합하여 입도를 조정해서 사용하여야 함
- 굵은 골재나 굵은 골재용 원석의 강도는 단단하고, 강한 것이어야 함
- 혼화 재료는 품질이 확인된 것을 사용하여야 함. 혼화 재료 중에서 사용실적이 적거나 KS 등에도 품질규격이 정해져 있지 않은 것은 기존의 사용 예에서 효과를 조사하는 등의 시험을 하여 그 품질을 충분히 확인한 후 사용하여야 함
- 혼화 재료는 용도를 고려하여 시험을 통해 그 사용량을 정함
- 물은 기름, 산, 유기불순물, 혼탁물 등 콘크리트나 강재의 품질에 나쁜 영향을 미치는 물질을 유해량 이상 함유하지 않아야 함

○ **품질검사(시험)**

- 국립·공립 시험기관 또는 건설엔지니어링사업자로 하여금 건설공사의 품질관리를 위한 시험·검사 등을 대행하여 시험실시
- KS제품일 경우 제조회사별 품질검사 전문기관에 의뢰한 시험성적서 징구로 갈음

○ **품질검사(시험) 대행 절차(CSI)**

- 품질검사 연간단가계약 입력·승인→봉인의뢰 승인→봉인 실시→ 품질검사의뢰 승인

○ **시공자**

- 품질검사의 대행기관에 CSI 통하여 품질검사 의뢰(시료의 봉인, 품질검사 의뢰)

○ **건설사업관리기술인, 감리원 검토 및 관리**

- CSI 통하여 품질검사 봉인, 품질검사 의뢰 승인, 현장 시료 봉인 입회

4.2.2.3 콘크리트용 자재 품질검사 성적서 결과 대비표

○ **법적근거**

- 「건설기술진흥법」 제55조(건설공사의 품질관리), 제60조(품질검사의 대행 등) 제1항
- 「건설기술진흥법 시행령」 제91조(품질시험 및 검사), 제97조(품질검사의 대행 등) 제1항
- 「건설기술진흥법 시행규칙」 제53조(품질관리비의 산출 및 사용 기준) 제3항, 제97조(품질검사의 대행의뢰 등) 제1항
- 「건설공사 품질관리 업무지침」 제8조(품질 시험기준)
- 「KCS 표준시방서」 일반콘크리트 KCS 14 20 10 : 2022, 2. 자재
- 시공자의 품질관리계획서 및 품질시험계획서

○ **목적 및 필요성**

- 콘크리트용 자재 시험 결과가 기준에 적합한지 여부 검토

○ **품질검사(시험) 기준**

- 4.2.2.2 품질검사(시험) 기준 참조

○ **주요내용**

- 품질검사 시료별로 품질검사(시험) 기준에 따라 검사 결과가 합부하는지 판정
- 품질검사 대행기관에서 대행한 품질검사 성적서를 첨부하고, 품질검사 성적서 결과 대비표는 품질관리자가 작성하고 건설사업관리기술인, 감리원이 확인 및 서명함

○ **시공자**

- 시공자의 품질관리기술인(품질관리자)이 국립·공립 시험기관 또는 건설엔지니어링 사업자로 하여금 건설공사의 품질관리를 위한 시험·검사 등을 대행하여 시험 실시한 결과를 CSI 확인하여 품질검사 성적서 결과 대비표 작성 및 서명, 보관

○ **건설사업관리기술인, 감리원 검토 및 관리**

- 품질검사 대행기관의 성적서 결과가 시험·검사 기준에 적합여부 확인 및 서명

품질검사 성적서 결과 대비표

현 장 명	공동주택 신축공사	시료 또는 자재 생산자	
의뢰일자	2024년 6월 11일	발급일자	2024년 7월 15일
시 료 명	잔골재[자연사]		

시험·검사 종목		시험·검사 방법	단위	시험·검사 기준	시험·검사 결과	합 부 판정
체가름	10mm	KS F 2502	%	100	100	합격
	5mm			100	100	합격
	2.5mm			80~100	87	합격
	1.2mm			50~90	66	합격
	0.6mm			25~65	43	합격
	0.3mm			0~35	24	합격
	0.15mm			2~10	10	합격
	조립율		–	2.5~3.5	2.7	합격
밀도	절대건조	KS F 2504	g/㎤	2.5 이상	2.64	합격
	표면건조포화				2.65	합격
진밀도					2.67	합격
흡수율			%	3 이하	0.47	합격
0.08mm체 통과량		KS F 2511	%	7 이하	4.9	합격
안정성		KS F 2507		10 이하	1.6	합격
점토덩어리		KS F 2512		5 이하	1.82	합격
유기불순물		KS F 2510	–	표준색 보다 연할 것	표준색보다 연함	합격
염화물함유량		KS F 2515	%	0.04 이하	0.000	합격

품질관리 기술인 :

담당 건설사업관리 기술인 : 박 하 용 (서명)

품질검사 성적서 결과 대비표

현 장 명	공동주택 신축공사	시료 또는 자재 생산자	
의뢰일자	2023년 11월 24일	발급일자	2024년 1월 8일
시 료 명	콘크리트용 잔골재		

시험·검사 종목		시험·검사 방법	단위	시험·검사 기준	시험·검사 결과	합 부 판정
체가름	10mm	KS F 2502	%	100	100	합격
	5mm			95~100	98	합격
	2.5mm			80~100	81	합격
	1.2mm			50~85	58	합격
	0.6mm			25~60	38	합격
	0.3mm			10~30	18	합격
	0.15mm			2~10	5	합격
	조립율		-	2.5~3.5	3.04	합격
절대건조밀도		KS F 2504	g/㎤	2.5 이상	2.64	합격
표면건조포화밀도					2.65	합격
진밀도					2.68	합격
흡수율			%	3 이하	0.67	합격
0.08mm체 통과량		KS F 2511	%	3 이하	1.2	합격
안정성		KS F 2507	%	10 이하	3	합격
경량편		KS F 2513	%	0.5 이하	0.08	합격
점토덩어리		KS F 2512	%	1 이하	0.25	합격
유기불순물		KS F 2510	-	표준색보다 연할 것	표준색보다 연함	합격
염화물함유량		KS F 2515	%	0.04 이하	0.009	합격

품질관리기술인 : 　　　　건설사업관리기술인 :

품질검사 성적서 결과 대비표

현 장 명	공동주택 신축공사	시료 또는 자재 생산자	
의뢰일자	2023년 12월 11일	발급일자	2024년 1월 2일
시 료 명	콘크리트용 부순굵은골재[25mm]		

시험·검사 종목		시험·검사 방법	단위	시험·검사 기준	시험·검사 결과		합 부 판정
체가름	40mm	KS F 2502	%	100	100		합격
	25mm			90~100	100		합격
	13mm			20~55	43		합격
	5mm			0~10	1		합격
	2.5mm			0~5	0		합격
	조립율		–	6~8	6.98		합격
절대건조밀도		KS F 2503	g/㎤	2.5 이상	2.59		합격
표면건조포화밀도					2.63		합격
진밀도					2.69		합격
흡수율			%	3 이하	1.55		합격
0.08mm체 통과량		KS F 2511	%	1 이하	0.4		합격
마모감량		KS F 2508	%	40 이하	23.6		합격
안정성		KS F 2507	%	12 이하	3.4		합격
입자모양판정실적률		KS F 2527	%	55 이상	57.6		합격
알칼리 잠재반응	용해실리카량	KS F 2545	m mol/L	해가 없어야 한다	26.47	무해한 골재	합격
	알칼리농도감소량				126.72	무해한 골재	합격

품질관리기술인 :	건설사업관리기술인 :

품질검사 성적서 결과 대비표

현 장 명	공동주택 신축공사	시료 또는 자재 생산자	
의뢰일자	2023년 12월 11일	발급일자	2024년 1월 2일
시 료 명	콘크리트용 부순잔골재		

시험·검사 종목		시험·검사 방법	단위	시험·검사 기준	시험·검사 결과		합 부 판정
체가름	10mm	KS F 2502	%	100	100		합격
	5mm			95~100	95		합격
	2.5mm			80~100	81		합격
	1.2mm			50~90	50		합격
	0.6mm			25~65	26		합격
	0.3mm			10~35	11		합격
	0.15mm			2~15	4		합격
	조립율		-	2.5~3.5	3.32		합격
절대건조밀도		KS F 2504	g/㎤	2.5 이상	2.63		합격
표면건조포화밀도					2.65		합격
진밀도					2.69		합격
흡수율			%	3 이하	0.74		합격
0.08mm체 통과량		KS F 2511	%	7 이하	1		합격
안정성		KS F 2507	%	10 이하	3.1		합격
입자모양판정실적률		KS F 2527	%	53 이상	56.4		합격
알칼리 잠재반응	용해실리카량	KS F 2545	m mol/L	해가 없어야 한다	30.64	무해한 골재	합격
	알칼리농도감소량				127.38	무해한 골재	합격
품질관리기술인 :				건설사업관리기술인 :			

▲ 콘크리트용 자재 품질검사 성적서 결과 대비표 작성 사례

4.2.2.4 콘크리트 배합설계 확인

○ **법적근거**

- 「KCC 표준시방서」 일반콘크리트 KCS 14 20 10 : 2022, 2.2 배합

○ **목적 및 필요성**

- 콘크리트 만들 때의 시멘트, 물, 잔골재, 굵은 골재, 혼화재료의 비율 또는 사용량을 **배합**이라 하며, 각종 조건에서 이것을 계획하고 정하는 것을 **배합설계**라 함
- 일반적으로 품질이 좋은 콘크리트를 만들기 위해서는 작업에 알맞은 워커빌리티가 얻어지는 범위 내에서 단위수량 및 잔골재율은 가능한 작게 함. 경화 후는 소요의 강도, 내구성 및 수밀성을 갖도록 해야 함

○ **주요내용**

- **콘크리트 배합설계 순서**는 설계조건(25-24-15)→재료시험(시멘트 밀도, 굵은골재, 잔골재 표건 밀도)→배합강도 계산→W/B비 산정→잔골재율 및 단위수량→단위량 계산(단위 시멘트량, 단위 잔골재량, 단위 굵은 골재량 등)→시험비비기→공시체 제작→시방배합→현장배합
- 콘크리트 배합설계는 각 회사별로 취합하여 관리
- 배합설계는 재료가 다른 각 배합마다 실시
- 규격별로 물시멘트비, 단위재료량, 시험배합재료량, 시험결과에는 슬럼프, 공기량, 염화물량 등을 확인
- 레디믹스트 콘크리트 압축강도시험에서 시료번호, 파괴하중, 단면적, 평균압축강도, 보정압축강도, 평균, 결과 등

○ **시공자**

- 레미콘 공급 시 현장에서 배합표 확인

○ **건설사업관리기술인, 감리원 검토 및 관리**

- 레미콘 회사에서 제출한 콘크리트 배합표 확인

레미콘 현장배합표

수 신 :

참 조 :

현장명 : 공동주택 신축공사

□ 발송 일자 : 2024.06.28

1. 규 격 : [5712] 25-18-150

2. 시 험 자 :

(1) 시방 배합표

단위질량 : 2 317 kg/㎥

W/B (%)	S/a (%)	단 위 재 료 량 (kg/㎥)										
		W1	W2	C1	B1	B2	S1	S2	G1	G2	AD1	AD2
56.9	52.7	170	0	239	30	30	587	384	877	0	2.39	0.00

(2) 현장 골재 상태

[배합 적용 시간 : 11:49 / BP : 1호기]

S1 잔류율	S2 잔류율	G1 통과율	G2 통과율	S1 표면수	S2 표면수	G1 표면수	G2 표면수	슬러지농도	회수수비율
ⓐ 4 %	ⓑ 4 %	ⓒ 0 %	ⓓ 0 %	ⓔ 2.5 %	ⓕ 4.0 %	ⓖ 0 %	ⓗ 0 %	ⓢ 0 %	ⓡ 0 %

(3) 입 도 보 정

S1G1 = $\frac{100 \times S1 - ⓒ \times (S1 + G1)}{100 - (ⓐ + ⓒ)}$ = 611 S1G2 = $\frac{100 \times S1 - ⓓ \times (S1 + G2)}{100 - (ⓐ + ⓓ)}$ =

∴ X1 = S1 - (S1-S1G1) - (S1-S1G2) = 611 kg/㎥

S2G1 = $\frac{100 \times S2 - ⓒ \times (S2 + G1)}{100 - (ⓑ + ⓒ)}$ = 400 S2G2 = $\frac{100 \times S2 - ⓓ \times (S2 + G2)}{100 - (ⓑ + ⓓ)}$ =

∴ X2 = S2 - (S2-S2G1) - (S2-S2G2) = 400 kg/㎥

G1S1 = $\frac{100 \times G1 - ⓐ \times (G1+S1)}{100 - (ⓐ + ⓒ)}$ = 853 G1S2 = $\frac{100 \times G1 - ⓑ \times (G1+S2)}{100 - (ⓑ + ⓒ)}$ = 861

∴ Y1 = G1 - (G1-G1S1) - (G1-G1S2) = 837 kg/㎥

G2S1 = $\frac{100 \times G2 - ⓐ \times (G2+S1)}{100 - (ⓐ + ⓓ)}$ = G2S2 = $\frac{100 \times G2 - ⓑ \times (G2+S2)}{100 - (ⓑ + ⓓ)}$ =

∴ Y2 = G2 - (G2-G2S1) - (G2-G2S2) = 0 kg/㎥

(4) 입도 및 표면수를 고려한 보정

X1' = X1 × (100 + ⓔ) / 100 = 626 kg/㎥

X2' = X2 × (100 + ⓕ) / 100 = 416 kg/㎥

Y1' = Y1 × (100 + ⓖ) / 100 = 837 kg/㎥

Y2' = Y2 × (100 + ⓗ) / 100 = 0 kg/㎥

Z' = {100×W - (ⓔ×X1 + ⓕ×X2 + ⓖ×Y1 + ⓗ×Y2)} / 100 = 139 kg/㎥

(5) 현장 배합표 [골재수정계수 : 0.2 %]

W/B (%)	S/a (%)	단 위 재 료 량 (kg/㎥)										
		W1	W2	C1	B1	B2	S1	S2	G1	G2	AD1	AD2
56.9	52.7	139	0	239	30	30	626	416	837	0	2.39	0.00

비 고

품질관리실장 :

▲ 레미콘 현장 배합표 작성 사례(회사별로 상이)

4.2.2.5 레디믹스트 콘크리트 납품서 확인

○ 법적근거

- 「건설공사 품질관리 업무지침」 제38조(시공 품질관리 시험·검사 등) 제3항

○ 목적 및 필요성

- 레미콘의 공장에서 생산부터 타설 시까지 관리하여 콘크리트 품질 확보
  - ※ 비비기로부터 타설이 끝날 때까지의 시간은 원칙적으로 외기온도가 **25 ℃ 이상일 때는 1.5시간, 25 ℃ 미만일 때에는 2시간**(건축공사 표준시방서 25℃ 이상일 때에는 고내구성 60분, 일반 90분, 25℃ 이하일 때에는 고내구성 90분, 일반 120분)

○ 주요내용

- 공사감독자(건설사업관리기술인, 감리원)와 수요자는 자재가 현장에 반입되면 납품서의 다음의 사항을 확인 또는 기재하여야 함
  - 운반차 번호
  - 생산 · 도착시각 및 타설 완료시간
  - 규격 및 용적
  - 인수자
  - 그 밖에 지정사항 등

○ 시공자

- 레미콘 공급 시 현장에서 납품서 확인 및 관리

○ 건설사업관리기술인, 감리원 검토 및 관리

- 콘크리트 타설 시 레미콘 트럭이 공장에서 출발해서 도착, 타설 완료시간 등을 확인하고 서명
- 설계도에 반영된 레미콘의 규격(호칭방법)이 맞게 도착하는 지 확인

레디믹스트 콘크리트 납품서

(구입자보관용)

표 준 명 : 레디믹스트 콘크리트
표준번호 : KS F 4009
인증번호 : 제20-0143호
인증기관 : 한국표준협회
종류·등급 : 보통, 포장콘크리트
고강도콘크리트

NO. 2

(귀하

2024 년 06 월 28 일

납 품 장 소			
운 반 차 번 호		기 사 명	
납품시각 출 발	15 시 50 분	타 설 완 료	17 시 00 분
납품시각 도 착	16 시 40 분		
납 품 용 적	6.00 ㎥	누 계	12.00 ㎥

호칭 방법	콘크리트의 종류에 따 른 구 분	굵은골재의 최대 치수에 따른 구분 mm	호칭강도 MPa	슬럼프 또는 슬럼프 플로 mm	시멘트 종류에 따 른 구 분
	보통콘크리트	25	18	150	포틀랜드1종

시방배합표 (kg/㎥)

시멘트 ①	시멘트 ②	물	회수수	잔골재 ①	잔골재 ②	잔골재 ③	굵은골재 ①	굵은골재 ②	굵은골재 ③	혼화재 ①	혼화재 ②	혼화제 ①	혼화제 ②	혼화제 ③
239		170		587	384		877			30	30		2.39	

물-결합재비 :	56.9 %	잔골재율 :	52.7 %
염화물함량 :	0.3 kg/㎥이하	공 기 량 :	4.5 ±1.5%

반입(검수)확인
검수 2024 .06. 2 8
공동주택 현장
결제 | 확인자 | 담당 | 관리자 | 소장

지정 사항	고로슬래그미분말3종(10%),플라이애시2종(10%) 고성능AE감수제
비 고	검리: 박하동 ※운반 후 타설시 타설방법, 현장가수, 마감, 양생방법등으로 인한 문제 발생시 품질을 보증할 수 없으며, 뒷면의 유의사항 및 주의사항을 숙지하시기 바랍니다.
인수자 확인	출하담당확인 / 표시사항확인

※ 뒷면의 사용설명서를 참조하십시오. B5(182mmX257mm)

▲ 레디믹스트 콘크리트 납품서 사례

4.2.2.6 레미콘 시공품질관리 점검표

○ **법적근거**

- 「건설공사 품질관리 업무지침」 제38조(시공 품질관리 시험·검사 등) 제4항, 별지 제11호서식, 제40조(기록물 보관 등)

○ **목적 및 필요성**

- 자재가 공사현장에 반입되어 시공완료가 될 때까지 레미콘 시공품질관리 점검표를 기록, 비치

○ **주요내용**

- **공사감독자(건설사업관리기술인, 감리원)와 수요자**는 자재의 시공과 관련된 다음의 서류를 건설공사 현장에 비치하고 발주청 또는 관계기관의 요구가 있는 경우 제출하여야 하며, 건설공사를 준공한 때는 감리전문회사 및 시공자가 이를 보관하여야 한다. 다만, 관계법령 및 계약내용 등에 서류의 비치 및 보관에 대하여 규정하고 있는 경우에는 그 내용에 따를 수 있음
  - 자재 시공품질관리 점검표
- **레미콘 시공품질관리 점검표**는 시공장비 점검결과(펌프카, 진동기, 양생기, 보양천막 등), 품질관리 점검결과(콘크리트 종류, 시멘트의 종류, 혼화재의 종류, 일일배합표 확인, 골재 입도 및 표면수 등), 품질시험 횟수(슬럼프, 공기량, 염화물이온량, 공시체 강도시험, 재료계량, 단위수량 등)를 기재
- **첨부 자료**는 레미콘 현장배합표, 잔골재 표면수 측정 시험, 굵은 골재 표면수 측정 시험, 골재 조립률 시험, 5mm 체 잔유량/통과량 시험, 골재 합성 입도 분석 시험, 계량 오차 검사 등

○ **시공자**

- 레미콘 시공관리 품질점검표에 시공장비 점검 결과, 품질관리 점검내용 기재

○ **건설사업관리기술인, 감리원 검토 및 관리**

- 시공자가 기재한 내용 및 현장배합표 등 검토 및 확인, 서명

레미콘 시공품질관리 점검표

공 사 명	공동주택 신축공사	점 검 일 자	2024 년 06 월 28 일
자재공급 공 장 명		자 재 반입량	18㎥
공사 감독자	소속:	성명: 박하용 (서명)	
시 공 자	소속:		
시공위치	경비실 및 문주 버림		

시공장비 점검결과				
장 비 명	규 격	사용대수	점검결과	조치내용
1. 굴 착 기	-	1대	이상없음	-

품질관리 점검내용		
원재료 점검내용	점검결과	조치내용
1.콘크리트의 종류	보통콘크리트 (25-18-150)	
2.시멘트의 종류	1종보통포틀랜드시멘트 (아세아시멘트)	
3.혼화제의 종류	고성능 AE제 감수제 (대화이엔지)	
4.혼화재의 종류	고로슬래그 미분말 (에스피에스엔에이) / 플라이애쉬 (한국서부발전)	
5.일일배합표 확인	이상없음	
6.기타	골재 입도 및 표면수	

품질시험구분	시방기준	총검사 횟수	합격 횟수	불합격 횟수	조치내용
1.슬럼프 시험	±25 ㎜	1	1		
2.공기량 시험	4.5±1.5 %	1	1		
3.염화물 이온량	0.3 kg/㎥ 이하	1	1		
4.공시체 강도시험	KS F 4009				
5. 기타(재료계량)	KS F 4009	1	1		
6. 기타(단위수량)		1	1		

▲ 레미콘 시공품질관리 점검표 작성 사례

4.2.2.7 콘크리트 물성시험

○ **법적근거**

- 「건설기술진흥법」 제55조(건설공사의 품질관리) 및 같은 법 시행령 제91조(품지시험 및 검사)
- 「건설공사 품질관리 업무지침」 제8조(품질 시험기준) 제1항, 제38조(시공 품질관리 시험 · 검사 등) 제5항
- 「KCS 표준시방서」 일반콘크리트 KCS 14 20 10 : 2022, 1.7 레디믹스트 콘크리트 품질에 대한 지정, 1.8 콘크리트의 염화물 함유량 및 강도에 대한 일반사항
- 시공자의 품질관리계획서 및 품질시험계획서

○ **목적 및 필요성**

- 불량 레미콘 방지로 콘크리트 품질관리 강화
- 품질시험계획서 등에 따라 공사의 품질검사(시험)를 실시하여 품질 확보

○ **품질검사(시험) 기준**

<table>
<tr><th>시험·검사방법</th><th>시험·검사종목</th><th>시험기준</th><th>시기 및 횟수</th></tr>
<tr><td>콘크리트표준시방서</td><td>현장 배합표</td><td>이상없을 것</td><td>재료가 다른 각 배합마다</td></tr>
<tr><td>KS F 2421, 2449</td><td>공기량(%)</td><td>4.5±1.5
(경량 5.5±1.5)</td><td rowspan="5">배합이 다를 때마다
콘크리트 1일 타설량이 120세제곱미터 미만인 경우 : 1일 타설량마다
콘크리트 1일 타설량이 120세제곱미터 이상인 경우 : 120세제곱미터마다</td></tr>
<tr><td>KS F 2402, 2594</td><td>슬럼프(mm)</td><td>±25(80mm 이상)</td></tr>
<tr><td>온도계에 의함</td><td>콘크리트 온도(℃)</td><td>5~35</td></tr>
<tr><td>KS F 4009부속서 A</td><td>염화물함유량(kg/㎥)</td><td>0.3 이하</td></tr>
<tr><td>KCS 14 20 10
한국콘크리트학회재규격(KCI-RM101)</td><td>단위수량(kg/㎥)</td><td>±20 이내</td></tr>
</table>

※ 시험기준 : KCS 14 20 10, 1.7 레디믹스트 콘크리트 품질에 대한 지정 참조

○ **품질검사(시험) 기구(장비)**

- 슬럼프콘, 다짐봉, 수밀성 평판, 슬럼프 측정기(줄자 등), 나무망치, 공기량 측정기, 염화물측정기, 단위수량 측정기

○ **주요내용**

- **레미콘 : 슬럼프, 공기량, 염화물이온량(Cl−), 강도** 등
- **레미콘 등 현장반입 자재**의 **모든 시험은 수요자가 직접 실시**하거나 「건설기술진흥법」 제26조에 따른 **품질검사를 대행하는 건설기술용역사업자에 의뢰하여 실시**하여야 하며, **현장 시험과정에는 공사감독자**(건설사업관리기술인, 감리원)**가 입회하여 시료 채취 위치를 결정**하고 **시험방법의 적절성을 확인**하여야 함. 이 경우 공사감독자와 수요자는 현장 시험과정의 적절성을 확인 할 수 있는 증빙을 **사진촬영 등 식별가능한 정보로 기록관리** 하여야 하며, 시험과정의 적절성 확인에 대한 시험종목 등에 대하여는 이 지침 별표 2의 건설공사 품질시험기준에 따름

○ **품질검사(시험) 방법**

- 공기량
  - 시료를 용기의 1/3까지 넣고 바닥에 닿지 않도록 다짐봉으로 25회 균등하게 다짐
  - 다짐구멍이 없어지고 표면에 큰 거품이 보이지 않도록 용기 옆면을 10~15회 나무망치로 두드림
  - 시료를 용기의 2/3까지 넣고 1/3지점까지 다짐봉으로 25회 균등하게 다짐
  - 다짐 구멍이 없어지고 표면에 큰 거품이 보이지 않도록 용기 옆면을 10~15회 나무망치로 두드림
  - 시료를 조금 흘러넘칠 정도로 넣고 2/3지점까지 다짐봉으로 25회 균등하게 다짐
  - 다짐구멍이 없어지고 표면에 큰 거품이 보이지 않도록 용기 옆면을 10~15회 나무망치로 두드림
  - 여분의 시료를 깎아서 평탄하게 함
  - 덮개를 용기에 부착하고 모든 밸브를 닫고 공기 핸드 펌프로 공기실의 압력을 초기압력보다 약간 크게 함

- 약 5초 후 조절밸브를 서서히 열고 압력계의 바늘을 안정시키기 위하여 압력계를 가볍게 두드리고 지침을 초기압력의 눈금에 일치시킴
- 약 5초 지난 후 작동밸브를 충분히 열고 용기의 측면을 나무망치로 두드림
- 다시 작동밸브를 충분히 열고 지침이 안정되면 압력계의 눈금을 읽음

– 슬럼프
- 슬럼프콘의 내면과 평판의 윗면을 젖은 수건 등으로 닦음
- 제1층에 같은 양 3층으로 나누어 시료를 넣음
- 다짐봉을 약간 기울여서 다짐횟수(25회)의 절반을 둘레를 따라 다지고 나머지는 다짐봉을 수직으로 하여 중심을 향해 나선상으로 다짐
- 제2층에 같은 양 3층으로 나누어 시료를 넣음
- 제1층에 거의 도달할 정도로 25회 다짐
- 제3층에 시료를 넣음
- 제2층에 거의 도달할 정도로 25회 다짐
- 윗면을 슬럼프콘의 상단에 맞춰 고름
- 슬럼프콘을 가만히 연직으로 들어 올림(들어 올리는 시간은 2~3초)
- 콘크리트의 중앙부에서 공시체 높이와의 차를 0.5mm 단위로 측정

※ 콘크리트가 슬럼프콘의 중심축에 대하여 치우치거나 무너지거나 해서 모양이 불균형이 된 경우는 다른 시료에 의해 재시험을 함. 슬럼프콘을 들어 올리는 시간은 높이 30㎝에서 2~3초로 함. 슬럼프콘에 콘크리트를 채우기 시작하고 나서 슬럼프콘의 들어올리기를 종료할 때까지의 시간은 3분 이내로 함

– 염화물 함유량
- 센서의 내부용액 보충구의 마개를 열고 센서를 세척용액으로 세척하고 표면의 물기를 완전히 제거 후 [CAL] 키를 누름
- 센서를 0.5% 교정용액에 삽입하여 5회 정도 저어준 후 2분 정도 경과 후 [TEST] 키를 누름
- 0.5% 교정이 완료되면 센서를 세척용액으로 세척하고 물기를 완전히 제거
- 센서를 0.1% 교정용액에 삽입하여 5회 정도 저어준 후 2분 정도 경과 후 [TEST] 키를 누름
- 교정이 완료되면 교정용액을 측정하여 측정값의 오차범위(일반적으로 5%)

를 확인. 만일 오차범위를 벗어나면 재교정하여 시험에 임함

- 센서를 굳지 않은 콘크리트 시료에 삽입 한 후 센서를 안정화시키기 위하여 2분정도 경과 후 [WATER] 키를 누름
- [Cl]키를 누르고 [TEST] 키를 누름
- 총 4회 측정 후 [ENTER] 키를 누른 후 단위수량을 입력함
- [PRINT] 키를 눌러 결과값을 출력함

※ 시험결과는 동일 시료를 2회 시험한 값의 평균치를 소수점 이하 둘째자리까지 반올림한 값으로 함

- **단위수량**
  - 측정용기(공기량 측정용기 사용)를 저울에 놓고 영점을 맞춤
  - 시료를 공기량 측정방법에 따라 용기에 넣음
  - 단위수량측정기의 밀도항목에 소수세자리까지 입력((용기의 질량 + 레미콘의 질량 − 용기의 질량) / 용기의 용적)
  - 프로브를 용기에 찌름(45° 나 90° 씩 옮겨가면서 4~5번 반복)
  - 공기량 시험기의 용기의 송신부에서 마이크로파를 발사하고, 수신부에서 수신한 마이크로파의 세기를 측정
  - 측정된 마이크로파 세기를 이용하여 단위수량을 계산

○ 시공자

- 시공자의 품질관리기술인(품질관리자)이 시험 실시

○ 건설사업관리기술인, 감리원 검토 및 관리

- 품질시험이 정상적으로 추진되는지 여부 등 확인 및 입회

▲ 최상단 : 물성시험 전경

▲ 중간 : 슬럼프 시험, 공기량 시험

▲ 최하단 : 단위수량 시험, 염화물 함유량 시험, 콘크리트 온도 측정 시험

4.2.2.8 콘크리트 강도시험용 공시체 제작(시료 채취)

○ 법적근거

- 「건설기술진흥법」 제55조(건설공사의 품질관리) 및 같은 법 시행령 제91조(품질시험 및 검사)
- 「건설공사 품질관리 업무지침」 제8조(품질 시험기준), 제38조(시공 품질관리 시험 · 검사 등) 제5항
- 「KCS 표준시방서」 일반콘크리트 KCS 14 20 10 : 2022, 1.8 콘크리트의 염화물 함유량 및 강도에 대한 일반사항
- 시공자의 품질관리계획서 및 품질시험계획서

○ 목적 및 필요성

- 현장에서 제작된 콘크리트 시험체의 품질을 평가
- 콘크리트의 압축강도, 내구성, 기타 물리적 특성을 측정하여 구조물의 설계기준에 부합하는지 확인하는데 사용

○ 품질검사(시험) 기구(장비)

- 공시체(몰드), 다짐봉, 양생수조, 사료채취 및 혼합용기

※ 몰드 : 몰드는 비흡수성으로 시멘트에 침식되지 않는 재료로 만들어진 것이어야 하며, 공시체를 만들 때 누수가 없는 것으로 소정의 공시체의 정밀도를 얻을 수 있는 것으로 함. 지름의 2배의 높이를 가진 원기둥형으로 하며, 그 지름은 굵은골재 최대치수의 3배 이상, 100㎜ 이상으로 한다. 일반적으로 압축강도 시험용은 Ø 10× 20cm, Ø 15× 30cm를 많이 사용함.

※ 압축강도용 공시체의 모양 치수의 허용차

- 정밀도 : 단면 한 변의 0.5%이내, 높이에서 5%이내
- 재하면의 평면도 : 지름의 0.05%이내
- 재하면과 모선사이의 각도 : 90± 5°

단, 정밀도가 검정된 몰드를 사용하는 경우 모양 치수의 허용차 측정생략 가능

- 시료준비 : 콘크리트는 그 배치를 대표할 수 있는 것으로 20L 이상 채취

○ **품질검사(시험) 제작 기준**

시험·검사방법	시험·검사종목	시험기준 및 제작	시기 및 횟수
KS F 2403, 2405	28일 압축강도 몰드(조)	3조(9개)	배합이 다를 때마다 콘크리트 1일 타설량이 120세제곱미터 미만인 경우 : 1일 타설량마다 콘크리트 1일 타설량이 120세제곱미터 이상인 경우:120세제곱미터마다
	7일 압축강도 몰드(조)	1조(3개)	
	거푸집 탈형 압축강도 몰드(조) 수직, 수평	2조(6개)	

○ **공시체(몰드) 제작방법**

- 콘크리트는 2층으로 거의 동일 한 두께로 채우고 각 층은 적어도 1,000㎟에 1회의 비율로 다지도록 하고 바로 아래층까지 다짐봉이 닿도록 균등하게 다짐(8회)
- 다지기가 끝난 후 몰드 옆면을 나무망치로 가볍게 두드려서 다짐봉에 의해 생긴 구멍을 없어지도록 함
- 몰드의 상면 위쪽의 콘크리트는 제거하고 표면을 주의를 기울여 고름
- 콘크리트를 채우고 나서 묽은 반죽콘크리트는 6~24시간 이후 캐핑을 함
- 시멘트페이스트는 사용하기 2시간 전에 물-시멘트비 27~30%로 하고 준비
- 윗면을 물로 씻어서 레이턴스를 제거
- 미리 준비한 시멘트 페이스트로 캐핑

※ 캐핑층의 압축강도는 콘트리트의 예상강도보다 작아서는 안됨

- 누름판과 페이스의 고착을 막기 위해 누름판 아래에 질기 얇은 종이 등을 끼움
- 누름판(두께 6㎜ 이상의 마판유리)으로 몰드 꼭대기면까지 똑같이 누름
- 몰드를 떼는 시기는 콘크리트 채우기가 끝나고 나서 16시간 이상 3일 이내로 함
- 탈형된 공시체는 20± 2℃ 습윤상태(수중 또는 상대습도 95% 이상) 양생

※ 현장에서 양생되는 공시체는 KS F 2403에 따라 현장 조건하에서 양생

○ **시공자**

- 시공자의 품질관리기술인(품질관리자)이 공시체(몰드) 제작

○ **건설사업관리기술인, 감리원 검토 및 관리**

- 공시체(몰드)가 정상적으로 제작되는지 여부 등 서명 및 입회

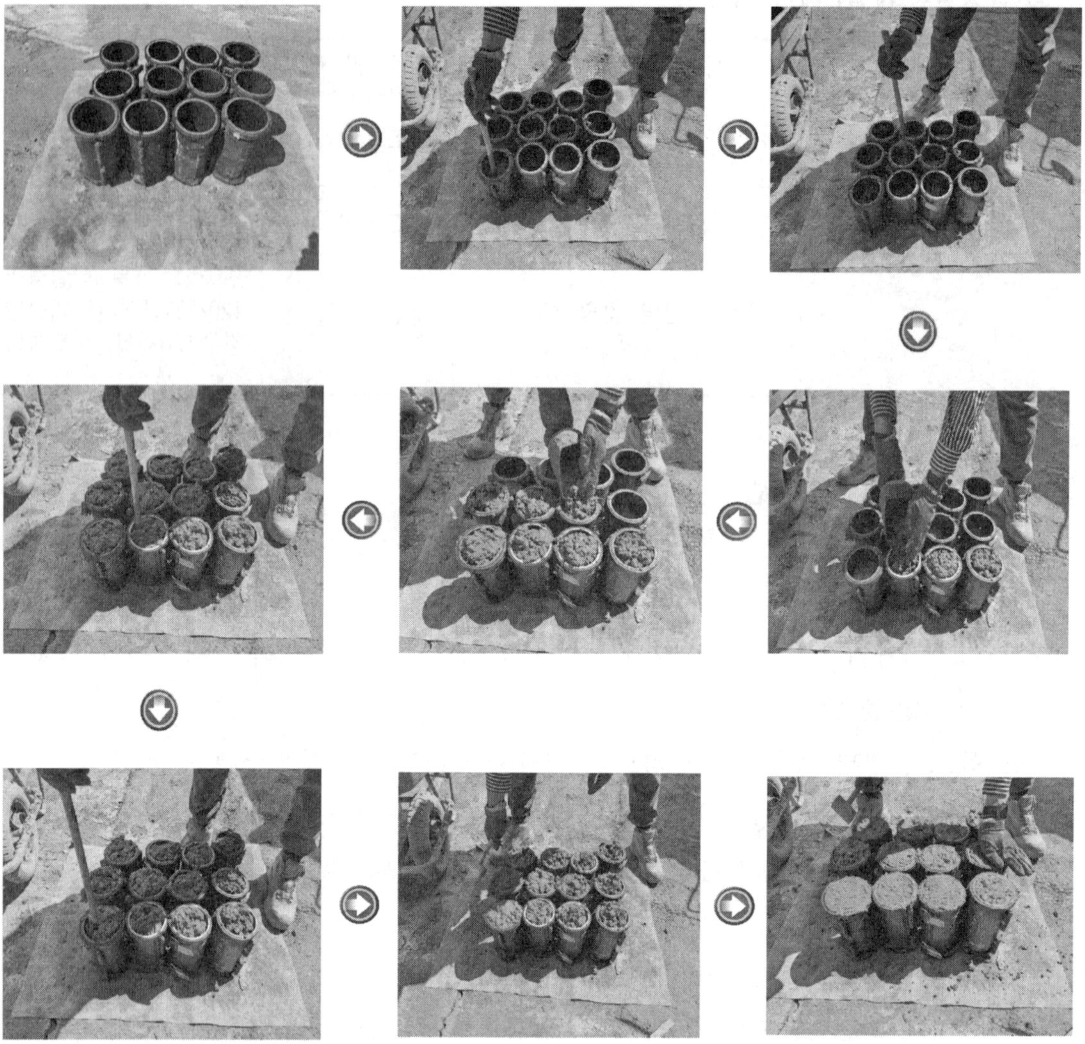

▲ 콘크리트 강도시험용 공시체(몰드) 제작 과정

4.2.2.9 거푸집 탈형 압축강도 시험

○ **법적근거**

- 「건설기술진흥법」 제55조(건설공사의 품질관리) 및 같은 법 시행령 제91조(품지시험 및 검사)
- 「건설공사 품질관리 업무지침」 제8조(품질 시험기준), 제38조(시공 품질관리 시험 · 검사 등) 제5항
- 「KCS 표준시방서」 거푸집 및 동바리 KCS 14 20 12 : 2022, 3.3 거푸집 및 동바리의 해체
- 시공자의 품질관리계획서 및 품질시험계획서

○ **목적 및 필요성**

- 거푸집 해체시기를 결정하여 구조물의 안전성 확보

○ **품질검사(시험) 기구(장비)**

- 압축시험기, 상하의 가압판, 공시체(몰드) 1조(3개)

○ **품질검사(시험) 기준**

- **수직** : 5MPa 이상
- **수평** : 단층-설계기준 압축강도의 2/3배 이상 또는 **최소강도 14MPa 이상**
  다층-설계기준 압축강도 이상(필러 동바리 구조에 해당하는 경우는 구조계산에 의해 기간을 단축할 수 있음. 단, 이 경우라도 **최소강도는 14MPa 이상으로 함)**

  *** 다층 구조의 경우 타설층을 포함하여 최소 3개 층에 걸쳐 동바리를 존치하거나 적절하게 재설치**
- **판정** : 구조체 부위별로 1개조(3개)평균값이 적정강도 이상이고, 공시체 각각은 적정강도의 85% 이상일 것

○ **품질검사(시험) 방법**

- 공시체의 치수를 측정
- 시험기에 위치시킴
  - 공시체의 상하 끝면 및 상하의 가압판의 압축면을 청소

- 공시체를 공시체 지름의 1%이내의 오차에서 그 중심축이 가압판의 중심과 일치하도록 놓음
- 시험기의 가압판과 공시체의 끝면은 직접 밀착시키고, 그 사이에 쿠션재를 넣어서는 안 됨. 다만, 언본드 캐핑에 의한 경우는 제외

– 공시체에 하중을 가함

- 공시체에 충격을 주지 않도록 똑같은 속도로 하중을 가함
- 하중을 가하는 속도는 압축 응력도의 증가율이 매초 0.6±0.4MPa(=N/㎟)가 되도록 함

– 공시체 파괴시의 하중을 측정함

- 공시체가 급격한 변형을 시작한 후에는 하중을 가하는 속도의 조정을 중지하고, 하중을 계속 가함
- 공시체가 파괴될 때까지 시험기가 나타내는 최대하중을 유효숫자 3자리까지 읽음

○ 시공자

– 시공자의 품질관리기술인(품질관리자)이 거푸집 탈형 콘크리트 압축강도 시험 실시

○ 건설사업관리기술인, 감리원 검토 및 관리

– 거푸집 탈형 콘크리트 압축강도 시험을 정상적으로 진행하는지 확인 및 입회

◀ 거푸집 탈형 압축강도 시험 전경

4.2.2.10 거푸집 탈형 압축강도 시험표

○ **법적근거**

- 「건설기술진흥법」 제55조(건설공사의 품질관리) 및 같은 법 시행령 제91조(품지시험 및 검사)
- 「건설공사 품질관리 업무지침」 제8조(품질 시험기준), 제38조(시공 품질관리 시험 · 검사 등) 제5항
- 「KCS 표준시방서」 거푸집 및 동바리 KCS 14 20 12 : 2022, 3.3 거푸집 및 동바리의 해체
- 시공자의 품질관리계획서 및 품질시험계획서

○ **목적 및 필요성**

- 거푸집 탈형 콘크리트 압축강도 시험 결과가 기준에 적합한지 여부 검토

○ **품질검사(시험) 기준**

- 4.2.2.9 거푸집 탈형 압축강도 시험의 품질검사(시험) 기준 참조

○ **주요내용**

- 거푸집 탈형을 위하여 수직과 수평 압축강도 시험한 결과를 가지고 작성
- 시료 1조(3개)를 시료별로 파괴하중, 단면적, 압축강도, 보정 압축강도(0.97 적용)를 평균 압축강도, 결과를 관리
- 거푸집 탈형 압축강도 시험 입회 사진을 첨부

○ **시공자**

- 시공자의 품질관리기술인(품질관리자)이 시험표 작성 및 서명, 보관

○ **건설사업관리기술인, 감리원 검토 및 관리**

- 거푸집 탈형 콘크리트 압축강도 시험 결과가 시험 기준에 적합 여부 확인 및 서명

거푸집 탈형 압축강도 시험표

공사명 : [ ] 공동주택 신축공사

시험번호	Q-D-C-008 -	규 격	25-24-180
타설일자	2024년 8월 7일	타설물량	21 ㎥
타설위치	경비실 벽체 및 지붕 바닥	생 산 자	[ ]

1 일 압축강도   시험일자 : 2024년 8월 8일

번 호	시료 번호	파괴하중 (KN)	단면적 (㎟)	압축강도 Mpa(N/㎟)	보정 압축강도 Mpa(N/㎟)	평균 압축강도 Mpa(N/㎟)	결과
1	s - 1	40.1	7854	5.1	4.9	5.3	합격
	s - 2	43.2	7854	5.5	5.3		
	s - 3	45	7854	5.7	5.6		

* 비 고

- 강도 보정계수 0.97 적용

- 거푸집 탈형강도 5 N/mm2(MPA)이상 적용.

시험자	24. 8. 8 [ ]	확인자	2024. 8. 8 [서명]

▲ 거푸집 탈형 압축강도 시험표 작성 사례

4.2.2.11 레디믹스트 콘크리트 압축강도 시험

○ **법적근거**

- 「건설기술진흥법」 제55조(건설공사의 품질관리) 및 같은 법 시행령 제91조(품지시험 및 검사)
- 「건설공사 품질관리 업무지침」 제8조(품질 시험기준), 제38조(시공 품질관리 시험 · 검사 등) 제5항
- 「KCS 표준시방서」 일반콘크리트 KCS 14 20 10 : 2022, 1.8 콘크리트의 염화물 함유량 및 강도에 대한 일반사항
- 시공자의 품질관리계획서 및 품질시험계획서

○ **목적 및 필요성**

- 콘크리트를 만들 때 사용한 재료가 적합한지 조사하고, 소요의 성질을 갖는 콘크리트를 가장 경제적으로 만들 수 있는 재료 선정
- 실제의 구조물에 시공된 콘크리트의 품질을 확보하고, 설계에서 가정한 압축강도 및 기타의 성질을 갖고 있는지 조사 할 수 있음

○ **품질검사(시험) 기준**

- **품질검사(시험) 기준** : 콘크리트의 압축강도(28일, MPa) – 27 이상, 24 이상, 21이상, 18 이상 등
- **7일 레디믹스트 콘크리트 압축강도 시험** : 기준강도의 65% 이상
  ※ 7일 압축강도 시험은 시료 1조(3개) 시험
- **28일 레디믹스트 콘크리트 압축강도 시험** : 1회 시험결과 호칭강도 85% 이상, 3회 (1조) 시험결과 평균값은 호칭강도 값 이상
  * 보정 압축강도 : 압축강도×0.97, 평균 압축강도 : 보정 압축강도÷시료수
  ※ 28일 압축강도 시험은 시료 3조(9개) 시험

○ **품질검사(시험) 방법**

- 4.2.2.9일 거푸집 탈형 콘크리트 압축강도 시험의 품질검사(시험) 방법 참조

○ **시공자**

- 시공자의 품질관리기술인(품질관리자)이 압축강도 시험 실시

○ **건설사업관리기술인, 감리원 검토 및 관리**

- 콘크리트 압축강도 시험을 정상적으로 진행하는지 확인 및 입회

▲ 레디믹스 콘크리트 압축강도 시험 전경

4.2.2.12 콘크리트 압축강도 추정을 위한 반발경도 시험

○ 법적근거

- 「건설기술진흥법」 제55조(건설공사의 품질관리) 및 같은 법 시행령 제91조(품지시험 및 검사)
- 「건설공사 품질관리 업무지침」 제8조(품질 시험기준), 제38조(시공 품질관리 시험 · 검사 등) 제5항
- 「KCS 표준시방서」 일반콘크리트 KCS 14 20 10 : 2022, 3.5.5.5 구조물 중의 콘크리트 품질의 검사
- 시공자의 품질관리계획서 및 품질시험계획서

○ 목적 및 필요성

- 콘크리트의 표면경도를 측정하여 이 측정치로부터 콘크리트의 압축강도를 추정하는 검사방법으로 콘크리트 구조물의 개략적인 강도 특성을 파악하여 구조물의 균일성을 평가

○ 품질검사(시험) 기구

- 콘크리트 테스트 해머, 테스트 엔빌

○ 품질검사(시험) 방법

- 타격할 콘크리트 표면을 연마석으로 평탄하게 갈고 분말을 제거함
  ※ 페인트 등이 칠해진 곳은 완전히 벗겨내야 하며 미장마감 부위에의 타격은 측정 결과치를 신뢰할 수 없음
- 타격한 부분에 종횡으로 3cm간격으로 5열의 선을 그어 직교되는 25점을 표시
- 타격할 면에 수직으로 하여 콘크리트 테스트 함마를 천천히 밀어 넣어 표면에 충격을 주면 단추(Button)를 눌러 눈금에 나타난 반발경도를 정지시킴
- 측정점이 물곰보나 자갈 등이 노출되어 측정값에 영향이 있다고 판단되면 측정점을 이동하여 타격함
- 측정점은 20점으로 하되 예비로 5점을 추가로 측정함

○ 계산

- 1개소 측정치에서 20점을 평균하여 평균치에서 ± 20%를 벗어나는 측정치는

버리고 예비타격(5점)에 의한 측정값을 차례대로 보충하여 평균한 값을 측정경도 R로 함. 이때, 범위를 벗어나는 시험값이 4개 이상인 경우에는 새로운 위치에서 재시험 함

- 기준경도 R0는 측정경도 R에 콘크리트 표면의 습윤상태 및 타격방향에 의한 보정치 △R을 더하여 구함
- 표면 습윤상태에 의한 보정
  - 동일 강도시의 반발경도는 건조시보다 습윤시가 작음. 따라서 콘크리트 표면이 기건상태일 때 표준(O)으로 하고 습윤상태일 경우 다음과 같이 보정하여 줌
    - ▸콘크리트의 내부가 습하여 타격점이 검어지는 경우 : △R = +3
    - ▸콘크리트의 표면이 젖어있는 경우 : △R = +5
- 타격방향에 의한 보정(타격방향이 수평이 아닌 경우 보정)
- 콘크리트 재령에 의한 보정
  - 시간이 경과한 콘크리트 표면은 반발경도가 높기 때문에 추정압축강도에 아래의 보정계수를 곱하여 재령에 따른 보정을 하여 줌
    - ▸4일 1.9, 7일 1.72, 28일 1.0, 40일 0.93, 50일 0.87, 60일 0.86, 90일 0.8, 100일 0.78, 150일 0.74, 200일 0.72, 300일 0.7 등

○ 압축강도 추정

- 압축강도의 추정은 기준 경도 R0와 콘크리트 압축강도(Ø15× 30cm의 표준공시체에 따른 압축강도) Fc와의 관계를 구하여 추정함
  - Fc = 13R0 - 184 - 일본재료학회

  ※ Fc : 추정강도(kgf/㎠) RO :기준경도
- 위에서 구한 강도에 재령보정계수(αn)를 곱하여 구한값 중 작은 값을 보정압축강도로 함

※ 콘크리트 공시체 및 경화된 콘크리트 구조물을 대상으로 콘크리트의 두께가 10cm 이상이어야 하며, 1변이 15cm 이하인 단면의 기둥, 보 등 작은치수의 부재에서 지간이 긴 것은 피함. 콘크리트 두께가 10㎝이하일 경우 타격시 피측정부의 진동 등으로 타격에너지가 산란되어 반발도가 감속되므로 측정치가 부정확할 수 있음

○ 시공자

- 시공자의 품질관리기술인(품질관리자)이 압축강도 추정을 위한 반발경도 시험 실시

○ 건설사업관리기술인, 감리원 검토 및 관리

- 콘크리트 압축시험 추정을 위한 반발경도 시험 시 정상적으로 진행하는지 확인 및 입회

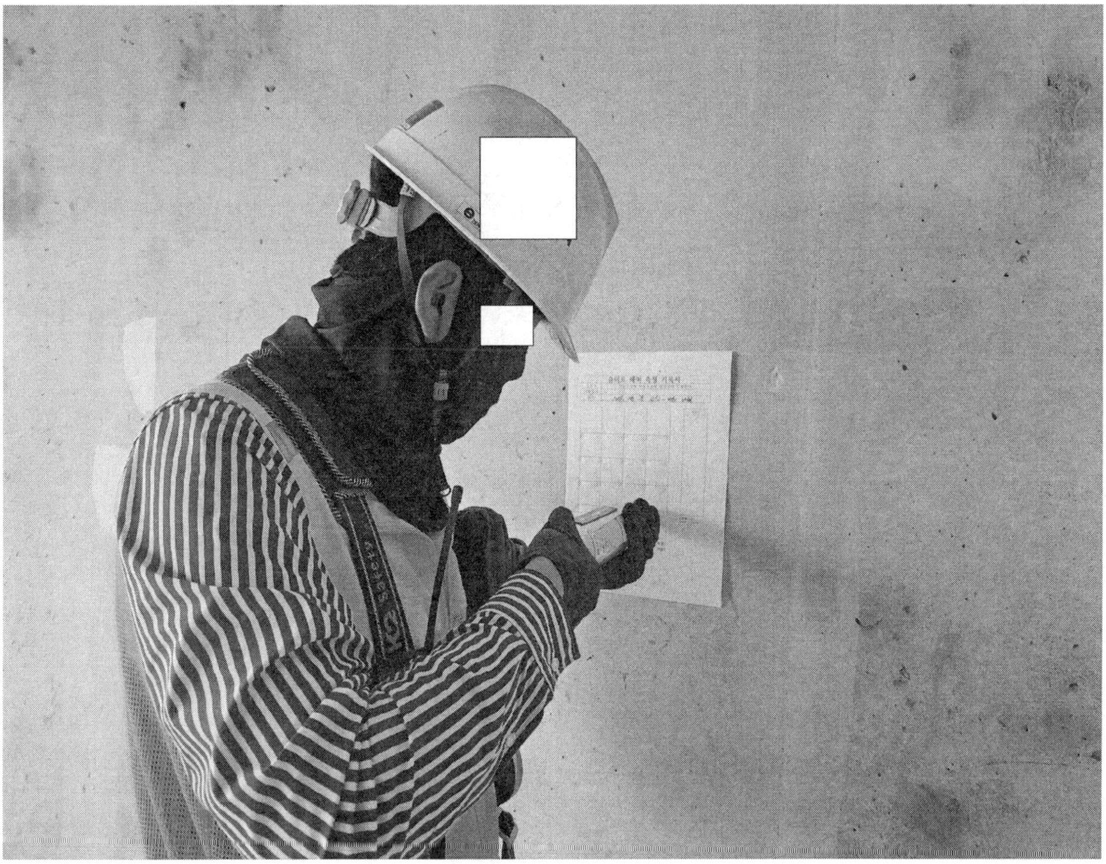

▲ 콘크리트 압축강도 추정을 위한 반발경도 시험

4.2.2.13 콘크리트 시험표

○ 법적근거

- 「건설기술진흥법」 제55조(건설공사의 품질관리) 및 같은 법 시행령 제91조(품지시험 및 검사)
- 「건설공사 품질관리 업무지침」 제8조(품질 시험기준), 제38조(시공 품질관리 시험 · 검사 등) 제5항
- 「KCS 표준시방서」 일반콘크리트 KCS 14 20 10 : 2022, 1.8 콘크리트의 염화물 함유량 및 강도에 대한 일반사항
- 시공자의 품질관리계획서 및 품질시험계획서

○ 목적 및 필요성

- 콘크리트 압축강도 시험 결과가 기준에 적합한지 여부 검토

○ 품질검사(시험) 기준

- 4.2.2.11 레디믹스트 콘크리트 압축강도 시험의 품질검사(시험) 기준 참조

○ 주요내용

- 거푸집 탈형 압축강도 시험한 결과를 가지고 작성
- 시료 1조(3개)를 시료별로 파괴하중, 단면적, 압축강도, 보정 압축강도(0.97 적용)를 평균 압축강도, 결과를 관리
- 거푸집 탈형 압축강도 시험 입회 사진을 첨부

○ 시공자

- 시공자의 품질관리기술인(품질관리자)이 시험표 작성 및 서명, 보관

○ 건설사업관리기술인, 감리원 검토 및 관리

- 거푸집 탈형 콘크리트 압축강도 시험 결과가 시험 기준에 적합여부 확인 및 서명

콘크리트 시험표

[압축강도,슬럼프,공기량,염화물 함유량]

<table>
<tr><td>현 장 명</td><td colspan="5">공동주택 신축공사</td><td>타설일자</td><td colspan="3">2024년 4월 11일 목요일</td></tr>
<tr><td>타설시간</td><td colspan="2">8:57 AM ~ 5:48 PM</td><td>타 설 량</td><td colspan="2">60 ㎥</td><td>시험위치</td><td colspan="3">101동 옥상 방수보호 누름</td></tr>
<tr><td>콘크리트 규격</td><td colspan="5">25 - 18 - 180</td><td>생산자</td><td></td><td>타설시 온도</td><td>15 ℃</td></tr>
<tr><td colspan="5">3. 28일 압축강도 시험</td><td>시험일자:</td><td colspan="2">2024년 5월 9일</td><td colspan="2">비 고</td></tr>
<tr><td colspan="2">시료번호</td><td>파괴하중 (KN)</td><td>단면적</td><td>평균압축강도 Mpa(N/㎟)</td><td>보정압축강도 압축강도*0.97</td><td>평균압축강도 Mpa(N/㎟)</td><td>3조평균강도 Mpa(N/㎟)</td><td>합격여부</td><td colspan="2"></td></tr>
<tr><td rowspan="3">1조</td><td>S-1</td><td>164.9</td><td>7851</td><td>21.0</td><td>20.4</td><td rowspan="3">20.7</td><td rowspan="9">21.3</td><td rowspan="9">합격, 불합격</td><td rowspan="9">1회 시험결과 호칭강도 : 85 % 이상
3회 시험결과 평균값은 호칭강도 값 이상</td><td rowspan="9">강도 보정계수 0.97 적용</td></tr>
<tr><td>S-2</td><td>165.9</td><td>7790</td><td>21.3</td><td>20.7</td></tr>
<tr><td>S-3</td><td>169.6</td><td>7851</td><td>21.6</td><td>21.0</td></tr>
<tr><td rowspan="3">2조</td><td>S-1</td><td>180.1</td><td>7829</td><td>23.0</td><td>22.3</td><td rowspan="3">22.1</td></tr>
<tr><td>S-2</td><td>177.6</td><td>7789</td><td>22.8</td><td>22.1</td></tr>
<tr><td>S-3</td><td>176.0</td><td>7820</td><td>22.5</td><td>21.8</td></tr>
<tr><td rowspan="3">3조</td><td>S-1</td><td>168.7</td><td>7848</td><td>21.5</td><td>20.9</td><td rowspan="3">21.1</td></tr>
<tr><td>S-2</td><td>173.4</td><td>7846</td><td>22.1</td><td>21.4</td></tr>
<tr><td>S-3</td><td>170.4</td><td>7853</td><td>21.7</td><td>21.0</td></tr>
<tr><td colspan="6">품질관리 기술인 :</td><td colspan="5">담당 건설사업관리 기술인 :</td></tr>
</table>

▲ 콘크리트 시험표 작성 사례

4.2.2.12 품질검사(시험)대장

○ **법적근거**

- 「건설기술진흥법」 제55조(건설공사의 품질관리) 제2항, 같은 법 시행령 제91조(품질시험 및 검사)
- 「건설기술진흥법 시행규칙」 제50조(품질시험 및 검사의 실시), 별지 제42호서식
- 「건설공사 사업관리방식 검토기준 및 업무수행지침」 제78조(보고서 작성, 제출) 제1항제1호다목, 별지 제34호서식

* 일자, 시험구분, 재료, 시험·검사종목, 시험기준, 시험결과, 시험결과 판정 등을 기재

○ **목적 및 필요성**

- 품질검사대장에 기재된 내용이 품질검사 성적서 결과 대비표와 일치하는 확인

○ **품질검사(시험) 기준**

- 4.2.2.2, 4.2.2.7, 4.2.2.9, 4.2.2.11 품질검사(시험) 기준 참조

○ **주요내용**

- 품질검사(시험) 기준에 따라 시험 · 검사한 결과를 기재하여 적합 여부 확인 · 관리
- 품질검사(시험)대장은 품질검사(시험) 기준 및 품질검사 성적서 결과 대비표와 일치 하는지 확인

○ **시공자**

- 품질검사(시험) 결과를 품질검사(시험)대장에 기재 및 품질관리기술인(품질관리자) 서명

○ **건설사업관리기술인, 감리원 검토 및 관리**

- 품질검사(시험) 기준에 따라 시험 결과의 적합 여부 등 확인 및 서명

질 검 사 대 장(2024년 2

○ 공사명 : 공동주택 신축공사

○ 구 분 : 레미콘

일련번호	연.월.일	시험·검사 구 분	재 료	시험·검사종목	시험기준	시 험 결 과	시험결과 판정	시험·검사자		건설사업관리기술인확인		비 고
								성 명	서 명	성 명	서 명	
24-02-001	2024-02-01	시험·검사	레미콘	현장배합표	이상없을 것	이상없음	합격					
				온도측정	5~35℃	24.6	합 격					
				슬럼프 (mm)	210 ± 25	200	합 격					
				공기량 (%)	4.5 ± 1.5	5.3	합 격					
				염화물 (kg/㎥)	0.3 이하	0.042	합 격					
				단위수량 (kg/㎥)	± 20	189	합 격			박하용		삼표레미콘 (25-27-210)
				온도측정	5~35℃	13	합 격					
				슬럼프 (mm)	210 ± 25	200	합 격					
				공기량 (%)	4.5 ± 1.5	3.5	합 격					
				염화물 (kg/㎥)	0.3 이하	0.03	합 격					
				단위수량 (kg/㎥)	± 20	174	합 격					
				재료계량	이상없을 것	이상없음	합 격					
				압축강도(28일) (Mpa)	27 이상	34.6	합격			박하용		2024-02-29

▲ 레미콘 품질검사대장 작성 사례

품 질 검 사 대 장(2022년 12월)

○ 공사명 : 공동주택 신축공사

○ 구 분 : 외부의뢰

일련번호	연.월.일	시험·검사 구 분	재 료	시험·검사종목	시험기준	시 험 결 과	시험결과 판정	시험·검사자		건설사업관리기술인확인		비 고
								성 명	서 명	성 명	서 명	
22-12-359	22-12-13	검사	콘크리트용 부순굵은골재	절대건조밀도	2.50 g/㎤ 이상	2.66	합 격					
22-12-360				표면건조밀도	2.50 g/㎤ 이상	2.68	합 격					
22-12-361				흡수율	3.0 % 이하	0.68	합 격					
22-12-362				안정성	12 % 이하	3.3	합 격					
22-12-363				마모율	40 % 이하	21.4	합 격					
22-12-364				0.08 ㎜ 체 통과량	1.0 % 이하	0.1	합 격					
22-12-365				입형판정실적률	55 % 이상	57.3	합 격					
22-12-366				단위용적질량	1.450kg/L 이상	1.56	합 격					
22-12-367				조립률	6 ~ 8	6.92	합 격					
22-12-368				알칼리농도 감소량	-	138.3	합 격					
22-12-369				용해실리카량	-	21.5	합 격					
22-12-370	22-12-13	검사	콘크리트용 부순잔골재	절대건조밀도	2.50 g/㎤ 이상	2.61	합 격					
22-12-371				표면건조밀도	2.50g/㎤ 이상	2.64	합 격					
22-12-372				흡수율	3.0 % 이하	0.97	합 격					
22-12-373				안정성	10% 이하	3.5	합 격					
22-12-374				0.08 ㎜ 체 통과량	7.0 % 이하	2.6	합 격					
22-12-375				단위용적질량	1.500kg/L 이상	1.68	합 격					
22-12-376				입형판정실적률	53 % 이상	56.2	합 격					
22-12-377				조립률	2.5 ~ 3.5	3.06	합 격					
22-12-378				알칼리농도 감소량	-	128.3	합 격					
22-12-379				용해실리카량	-	31.1	합 격					

품 질 검 사 대 장(2022년 12월)

○ 공사명 : [ ] 공동주택 신축공사

○ 구 분 : 외부의뢰

일련번호	연.월.일	시험·검사 구 분	재 료	시험·검사종목	시험기준	시 험 결 과	시험결과 판정	시험·검사자		건설사업관리기술인확인		비 고
								성 명	서 명	성 명	서 명	
22-12-380	22-12-13	검사	콘크리트용 잔골재 (자연사)	절대건조밀도	2.5 g/㎤ 이상	2.56	합 격					
22-12-381				표면건조밀도	2.5 g/㎤ 이상	2.59	합 격					
22-12-382				흡수율	3.0 % 이하	1.07	합 격					
22-12-383				안정성	10 % 이하	3.3	합 격					
22-12-384				0.08 ㎜체 통과량	3.0 % 이하	2.1	합 격					
22-12-385				점토덩어리	1.0 % 이하	0.1	합 격					
22-12-386				염화물	0.04 % 이하	0.002	합 격					
22-12-387				유기불순물	표준색보다 연할 것	연함	합 격					
22-12-388				석탄 및 갈탄	0.05 이하	0	합 격					
22-12-389				단위용적질량	1.450kg/L 이상	1.58	합격					
22-12-390				조립률	2.5 ~ 3.5	2.91	합격					
22-12-391	22-12-13	검사	콘크리트용 잔골재 (혼합사)	절대건조밀도	2.5 g/㎤ 이상	2.59	합 격					
22-12-392				표면건조밀도	2.5 g/㎤ 이상	2.62	합 격					
22-12-393				흡수율	3.0 % 이하	0.97	합 격					
22-12-394				안정성	10 % 이하	3.4	합 격					
22-12-395				0.08 ㎜체 통과량	3.0 % 이하	2.2	합 격					
22-12-396				석탄 및 갈탄	0.05 이하	0.1	합 격					
22-12-397				유기불순물	표준색보다 연할 것	연함	합 격					
22-12-398				염화물	0.04 % 이하	0.002	합 격					
22-12-399				점토덩어리	1.0 % 이하	0.2	합 격					
22-12-400				단위용적질량	1.450kg/L 이상	1.63	합격					
22-12-401				조립률	2.5 ~ 3.5	2.97	합격					

품 질 검 사 대 장(2022년 12월)

○ 공사명 : [ ] 공동주택 신축공사

○ 구 분 : 외부의뢰

일련번호	연.월.일	시험·검사 구 분	재 료	시험·검사종목	시험기준	시 험 결 과	시험결과 판정	시험·검사자		건설사업관리기술인확인		비 고
								성 명	서 명	성 명	서 명	
22-12-402	22-12-13	검사	콘크리트용 부순굵은골재	절대건조밀도	2.50 g/㎤ 이상	2.64	합 격					
22-12-403				표면건조밀도	2.50 g/㎤ 이상	2.66	합 격					
22-12-404				흡수율	3.0 % 이하	0.85	합 격					
22-12-405				안정성	12 % 이하	3.5	합 격					
22-12-406				마모율	40 % 이하	20.1	합 격					
22-12-407				0.08 ㎜ 체 통과량	1.0 % 이하	0.2	합 격					
22-12-408				입형판정실적률	55 % 이상	57.1	합 격					
22-12-409				단위용적질량	1.450kg/L 이상	1.56	합 격					
22-12-410				조립률	6 ~ 8	6.85	합 격					
22-12-411				알칼리농도 감소량	-	136.7	합 격					
22-12-412				용해실리카량	-	22.2	합 격					
22-12-413	22-12-13	검사	콘크리트용 부순잔골재	절대건조밀도	2.50 g/㎤ 이상	2.6	합 격					
22-12-414				표면건조밀도	2.50g/㎤ 이상	2.63	합 격					
22-12-415				흡수율	3.0 % 이하	1.11	합 격					
22-12-416				안정성	10% 이하	3.4	합 격					
22-12-417				0.08 ㎜ 체 통과량	7.0 % 이하	3.1	합 격					
22-12-418				단위용적질량	1.500kg/L 이상	1.62	합 격					
22-12-419				입형판정실적률	53 % 이상	56.8	합 격					
22-12-420				조립률	2.5 ~ 3.5	3	합 격					
22-12-421				알칼리농도 감소량	-	151.7	합 격					
22-12-422				용해실리카량	-	35.5	합 격					

품 질 검 사 대 장(2022년 12월)

○ 공사명 : [ ] 공동주택 신축공사

○ 구　분 : 외부의뢰

일련번호	연.월.일	시험·검사 구분	재료	시험·검사종목	시험기준	시험결과	시험결과 판정	시험·검사자		건설사업관리기술인확인		비고
								성명	서명	성명	서명	
22-12-311	22-12-7	검사	보통 포틀랜드 시멘트 (1종)	분말도 (㎠/g)	2 800 이상	3534	합격					
22-12-312				강열감량 (%)	5 이하	2.4	합격					
22-12-313				밀도 (g/㎤)	3.1 이상	3.13	합격					
22-12-314	22-12-7	검사	고로슬래그 미분말 (3종)	분말도 (㎠/g)	4 000~6 000	4297	합격					
22-12-315				강열감량 (%)	3 이하	0.8	합격					
22-12-316				밀도 (g/㎤)	2.8 이상	2.89	합격					
22-12-317	22-12-7	검사	플라이애쉬 (2종)	분말도 (㎠/g)	3 000 이상	3501	합격					
22-12-318				강열감량 (%)	5 이하	2.2	합격					
22-12-319				밀도 (g/㎤)	1.95 이상	2.2	합격					
22-12-320	22-12-7	검사	상수도 이외의 물	현탁 물질의 양 (g/L)	2 이하	0.2	합격					
22-12-321				용해성 증발 잔류물의 양 g/L	1 이하	0.3	합격					
22-12-322				염소이온(Cl⁻)량 (㎎/L)	250 이하	18	합격					
22-12-323				시멘트 응결시간의 차(초결) (분)	30 이내	15	합격					
22-12-324				시멘트 응결시간의 차(종결) (분)	60 이내	20	합격					
22-12-325				모르타르의 압축강도비(7일) (%)	90 이상	97	합격					
22-12-326				모르타르의 압축강도비(28일) (%)	90 이상	99	합격					
22-12-461	22-12-19	검사	고성능AE감수제	슬럼프(기준) (mm)	180±25	180	합격					
22-12-462				슬럼프(결과) (mm)		185	합격					
22-12-463				공기량(기준) (%)	4.5±0.5	1.6	합격					
22-12-464				공기량(결과) (%)		4.5	합격					
22-12-465				감수율 (%)	10 이상	22	합격					
22-12-466				응결시간의 차(초결) (분)	-60~90	45	합격					
22-12-467				응결시간의 차(종결) (분)	-60~90	45	합격					
22-12-468				블리딩량의 비 (%)	70 이하	46	합격					

▲ 콘크리트 자재　품질검사대장 작성 사례

4.2.3 철근(콘크리트용 봉강)공사

4.2.3.1 철근 강도시험

○ **법적근거**

- 「건설기술진흥법」 제55조(건설공사의 품질관리),제60조(품질검사의 대행 등) 제1항
- 「건설기술진흥법 시행령」 제91조(품질시험 및 검사), 제97조(품질검사의 대행 등) 제1항
- 「건설기술진흥법 시행규칙」 제53조(품질관리비의 산출 및 사용 기준) 제3항,
  제97조(품질검사의 대행의뢰 등) 제1항
- 「건설공사 품질관리 업무지침」 제8조(품질 시험기준)
- 「KCS 표준시방서」 철근공사 KCS 14 20 11 : 2022, 2.5 자재 품질관리
- 시공자의 품질관리계획서 및 품질시험계획서

○ **목적 및 필요성**

- 철근콘크리트 봉강에 사용되는 원형 및 이형철근에 대하여 구조물이 받는 각종 하중, 온도변화, 기상작용, 지반의 지지력 등을 고려하여 구조물에 적합한 재료의 품질확인을 위하여 시험

○ **품질검사(시험) 기준**

- **철근콘크리트용 봉강** SD400(KS D 3504)

시험·검사방법	시험·검사종목	시험기준	시기 및 횟수
KS D 3504	인장강도(N/㎟)	항복강도의 1.15배 이상	제조회사별 제품규격별 50톤마다
	항복점(N/㎟)	400~520	
	연신율(%)	16 이상	
	굽힘성	이상없을 것	
	겉모양	이상없을 것	
	단위무게(kg/m)	규격별 단위무게±6(%)	
	횡방향 리브의 평균간격(mm)	D10 : 6.7 이하 D13 : 8.9 이하	
	횡방향 리브의 높이(mm)	D10 : 0.4~0.8 D13 : 0.5~1.0	

	횡방향 리브의 틈 합계(mm)	D10 : 7.5 이하 D13 : 10 이하	
	횡방향 리브와 축선과의 각도	45 이상	
	화학성분 Si	0.60 이하	
	화학성분 P	0.045 이하	
	화학성분 S	0.045 이하	

– 철근콘크리트용 봉강 SD500(KS D 3504)

시험·검사방법	시험·검사종목	시험기준	시기 및 횟수
KS D 3504	인장강도(N/㎟)	항복강도의 1.08배 이상	제조회사별 제품규격별 50톤마다
	항복점(N/㎟)	500~650	
	연신율(%)	12 이상	
	굽힘성	이상없을 것	
	겉모양	이상없을 것	
	단위무게(kg/m)	규격별 단위무게±6(%)	
	횡방향 리브의 평균간격(mm)	D16 : 11.1 이하	
	횡방향 리브의 높이(mm)	D16 : 0.7~1.4	
	횡방향 리브의 틈 합계(mm)	D16 : 12.5	
	횡방향 리브와 축선과의 각도	45 이상	
	화학성분 Si	0.60 이하	
	화학성분 P	0.040 이하	
	화학성분 S	0.040 이하	

– 철근콘크리트용 봉강 SD600(KS D 3504)

시험·검사방법	시험·검사종목	시험기준	시기 및 횟수
KS D 3504	인장강도(N/㎟)	항복강도의 1.08배 이상	제조회사별 제품규격별 50톤마다
	항복점(N/㎟)	600~780	
	연신율(%)	10 이상	
	굽힘성	이상없을 것	
	겉모양	이상없을 것	
	단위무게(kg/m)	규격별 단위무게±5(%)	
	횡방향 리브의 평균간격(mm)	D16 : 11.1 이하 D19 : 13.4 이하 D22 : 15.5 이하 D25 : 17.8 이하	

	횡방향 리브의 높이(mm)	D16 : 0.7~1.4 D19 : 1.0~2.0 D22 : 1.1~2.2 D25 : 1.3~2.6	
	횡방향 리브의 틈 합계(mm)	D19 : 15 이하 D22 : 17.5 이하 D25 : 20.0 이하	
	횡방향 리브와 축선과의 각도	45 이상	
	화학성분 Si	0.60 이하	
	화학성분 P	0.040 이하	
	화학성분 S	0.040 이하	
	화학성분 Ceg	0.067 이하	

○ **주요사항**

- **(봉강)** 같은 레이들 및 같은 단면 모양에 속하고 최대 지름(변 또는 맞변거리)이 최소 지름(변 및 맞변거리)의 2배 이내인 것을 일괄하여 1조로 하고 각 각 1개를 채취. 다만, 1조의 무게가 50톤을 넘을 때는 각 각 2개를 채취

○ **품질검사(시험)**

- 국립·공립 시험기관 또는 건설엔지니어링사업자로 하여금 건설공사의 품질관리를 위한 시험·검사 등을 대행하여 시험실시
- KS제품일 경우 제조회사별 품질검사 전문기관에 의뢰한 시험성적서 및 제조사 Mill Sheet로 갈음

○ **품질검사(시험) 대행 절차(CSI)**

- 품질검사 연간단가계약 입력·승인→봉인의뢰 승인→봉인 실시→ 품질검사의뢰 승인

○ **시공자**

- 품질검사의 대행기관에 CSI 통하여 품질검사 의뢰(시료의 봉인, 품질검사 의뢰)

○ **건설사업관리기술인, 감리원 검토 및 관리**

- CSI 통하여 품질검사 봉인, 품질검사 의뢰 승인, 현장 시료 봉인 입회

4.2.3.2 철근 기계적(커플러) 이음 검사

○ 법적근거

- 「건설기술진흥법」 제55조(건설공사의 품질관리), 제60조(품질검사의 대행 등) 제1항
- 「건설기술진흥법 시행령」 제91조(품질시험 및 검사), 제97조(품질검사의 대행 등) 제1항
- 「건설기술진흥법 시행규칙」 제53조(품질관리비의 산출 및 사용 기준) 제3항, 제97조(품질검사의 대행의뢰 등) 제1항
- 「건설공사 품질관리 업무지침」 제8조(품질 시험기준)
- 「KCS 표준시방서」 철근공사 KCS 14 20 11 : 2022, 3.1.3 철근의 이음, 3.4.1 철근이음의 검사
- 시공자의 품질관리계획서 및 품질시험계획서

○ 목적 및 필요성

- 시공성의 편리, 일정한 품질, 다양한 적용성 등에 따라 건설현장의 사용이 급격히 늘어나고 있으며, 특히 구조물의 대형화 및 내진설계의 필수요건으로 대두
- 이음부의 성능에 따라 그 적용 부위가 각각 다르며 이음부의 성능이 우수한 제품일수록 구조물의 이음 위치에 관계없이 사용할 수 있음
- 소구경외 대구경 철근에 유리, **철근 과밀방지 및 철근량 감소, 이음성능 우수 및 시공성 양호**

○ 품질검사(시험) 기준

- **철근 기개적 이음**(원터치 커플러)

시험·검사방법	시험·검사종목	시험기준	시기 및 횟수
KS D 0249	인장강도(N/㎟)	항복강도의 1.08배 이상	제조회사별 제품규격별 1,000개 소 1회 : 2개
	항복점(N/㎟)	600 이상	
	저사이클 반복시험(N/㎟)-7일	항복강도의 1.08배 이상	

- **철근 기계적 이음**(나사식 커플러)

시험·검사방법	시험·검사종목	시험기준	시기 및 횟수
KS D 0249	인장강도(N/㎟)	SD400 : 500 이상 SD500 : 625 이상 SD600 : 750 이상	제조회사별 제품규격별 1,000개 소 1회 : 2개
	항복점(N/㎟)	600 이상	
	저사이클 반복시험(N/㎟)-7일	750 이상	
	정적내력시험(mm)-28일	0.3 이하	

※ 인장강도 : 철근 규격 항복 강도의 1.25배 이상(철근기계적이음전문 LHCS 14 20 11 15 : 2020, 3.4.2 판정기준)

○ **주요내용**

- **기계적 이음**을 시공하는 작업자는 기계적 이음에 대하여 충분한 경험과 지식을 가진 자로 **책임기술자의 승인**을 받아야 함
- 기계적 이음을 하는 철근은 재축에 직각으로 가공하고 기계적 이음장치에 유해한 부착물을 완전히 제거하여야 함
- **기계적 이음의 검사**는 **검사성적서를 책임기술자에게 제출하여 승인**을 받아야 함

○ **품질검사(시험)**

- 국립・공립 시험기관 또는 건설엔지니어링사업자로 하여금 건설공사의 품질관리를 위한 시험・검사 등을 대행하여 시험실시

○ **품질검사(시험) 대행 절차(CSI)**

- 품질검사 연간단가계약 입력 · 승인→봉인의뢰 승인→봉인 실시→ 품질검사의뢰 승인

○ **시공자**

- 품질검사의 대행기관에 CSI 통하여 품질검사 의뢰(시료의 봉인, 품질검사 의뢰)

○ **건설사업관리기술인, 감리원 검토 및 관리**

- CSI 통하여 품질검사 봉인, 품질검사 의뢰 승인, 현장 시료 봉인 입회

4.2.3.3 품질검사 성적서 결과 대비표

○ 법적근거

- 「건설기술진흥법」 제55조(건설공사의 품질관리), 제60조(품질검사의 대행 등) 제1항
- 「건설기술진흥법 시행령」 제91조(품질시험 및 검사), 제97조(품질검사의 대행 등) 제1항
- 「건설기술진흥법 시행규칙」 제53조(품질관리비의 산출 및 사용 기준) 제3항, 제97조(품질검사의 대행의뢰 등) 제1항
- 「건설공사 품질관리 업무지침」 제8조(품질 시험기준)
- 「KCS 표준시방서」 철근공사 KCS 14 20 11 : 2022, 2.5 자재 품질관리, 3.1.3 철근의 이음, 3.4.1 철근이음의 검사
- 시공자의 품질관리계획서 및 품질시험계획서

○ 목적 및 필요성

- 콘크리트 압축강도 시험 결과가 기준에 적합한지 여부 검토

○ 품질검사(시험) 기준

- 4.2.3.1, 4.2.3.2 품질검사(시험) 기준 참조

○ 주요내용

- 품질검사(시험) 기준에 따라 품질검사 결과를 비교하여 합부 판정함
- 품질검사 대행기관에서 대행한 품질검사 성적서를 첨부하고, 품질검사 성적서 결과 대비표는 품질관리자가 작성하고 건설사업관리기술인, 감리원이 확인 및 서명함

○ 시공자

- 시공자의 품질관리기술인(품질관리자)이 국립·공립 시험기관 또는 건설엔지니어링 사업자로 하여금 건설공사의 품질관리를 위한 시험·검사 등을 대행하여 시험 실시한 결과를 CSI 확인하여 품질검사 성적서 결과 대비표 작성 및 서명, 보관

○ 건설사업관리기술인, 감리원 검토 및 관리

- 품질검사 대행기관의 성적서 결과가 시험·검사 기준에 적합여부 확인 및 서명

품질검사 성적서 결과 대비표

현 장 명	공동주택 신축공사	시료 또는 자재 생산자	
의뢰일자	2024년 4월 4일	발급일자	2024년 4월 18일
시 료 명	철근콘크리트용 봉강[SD400 D16]		

시험·검사 종목	시험·검사 방법	단위	시험·검사 기준	시험·검사 결과	합 부 판정
항복강도	KS D 0802	N/㎟	400~520	468	합격
인장강도		N/㎟	항복강도의 1.15배 이상	609	합격
연신율		%	16 이상	19	합격
마디간격	KS D 3504	mm	11.1 이내	10.2	합격
마디높이		mm	최소값(0.7)의 2배 이내	0.9	합격
단위무게		Kg/m	1.56 ± 6(%)	1.509	합격
겉모양		–	이상없을 것	이상없음	합격
굽힘성	KS B 0804	–	이상없을 것	이상없음	합격
화학성분(Si)	KS D 1652	%	0.6 이하	0.225	합격
화학성분(P)		%	0.045 이하	0.032	합격
화학성분(S)		%	0.045 이하	0.027	합격

품질관리 기술인 :	담당 건설사업관리 기술인 :

품질검사 성적서 결과 대비표

<table>
<tr><td>현장명</td><td colspan="2">○○○○공동주택 신축공사</td><td>시료 또는 자재 생산자</td><td colspan="2"></td></tr>
<tr><td>의뢰일자</td><td colspan="2">2023년 12월 00일</td><td>발급일자</td><td colspan="2">2024년 01월 04일</td></tr>
<tr><td>시료명</td><td colspan="5">철근 콘크리트용 봉강(SD 400, D10)</td></tr>
<tr><td colspan="6"></td></tr>
<tr><td>시험·검사 종목</td><td>시험·검사 방법</td><td>단위</td><td>시험·검사 기준</td><td>시험·검사 결과</td><td>합부 판정</td></tr>
<tr><td>겉모양</td><td rowspan="9">KS D 3504</td><td></td><td>이상없을 것</td><td>이상없음</td><td>합격</td></tr>
<tr><td>치수</td><td></td><td>이상없을 것</td><td>이상없음</td><td>합격</td></tr>
<tr><td>인장강도</td><td></td><td>항복강도의 1.15배 이상</td><td>608</td><td>합격</td></tr>
<tr><td>항복점</td><td></td><td>400~520</td><td>474</td><td>합격</td></tr>
<tr><td>연신율</td><td>%</td><td>16 이상</td><td>18.4</td><td>합격</td></tr>
<tr><td>굽힘성</td><td></td><td>이상없을 것</td><td>이상없음</td><td>합격</td></tr>
<tr><td>Si</td><td></td><td>0.6 이하</td><td>0.014</td><td>합격</td></tr>
<tr><td>P</td><td></td><td>0.045 이하</td><td>0.027</td><td>합격</td></tr>
<tr><td>S</td><td></td><td>0.045 이하</td><td>0.034</td><td>합격</td></tr>
<tr><td></td><td></td><td></td><td></td><td></td><td></td></tr>
<tr><td></td><td></td><td></td><td></td><td></td><td></td></tr>
<tr><td></td><td></td><td></td><td></td><td></td><td></td></tr>
<tr><td></td><td></td><td></td><td></td><td></td><td></td></tr>
<tr><td colspan="3">품질관리 기술인 : (서명)</td><td colspan="3">건설사업관리 기술인 : 박하용 (서명)</td></tr>
</table>

<table>
<tr><td colspan="6">품질검사 성적서 결과 대비표</td></tr>
<tr><td>현장명</td><td colspan="2">○○○○공동주택 신축공사</td><td>시료 또는 자재 생산자</td><td colspan="2"></td></tr>
<tr><td>의뢰일자</td><td colspan="2">2023년 12월 00일</td><td>발급일자</td><td colspan="2">2024년 01월 04일</td></tr>
<tr><td>시료명</td><td colspan="5">철근 콘크리트용 봉강(SD 500, D16)</td></tr>
<tr><td colspan="6"></td></tr>
<tr><td>시험·검사 종목</td><td>시험·검사 방법</td><td>단위</td><td>시험·검사 기준</td><td>시험·검사 결과</td><td>합부 판정</td></tr>
<tr><td>겉모양</td><td rowspan="10">KS D 3504</td><td></td><td>이상없을 것</td><td>이상없음</td><td>합격</td></tr>
<tr><td>치수</td><td></td><td>이상없을 것</td><td>이상없음</td><td>합격</td></tr>
<tr><td>무게허용차</td><td></td><td>이상없을 것</td><td>이상없음</td><td>합격</td></tr>
<tr><td>인장강도</td><td></td><td>항복강도의 1.15배 이상</td><td>693</td><td>합격</td></tr>
<tr><td>항복점</td><td></td><td>500~650</td><td>562</td><td>합격</td></tr>
<tr><td>연신율</td><td>%</td><td>12 이상</td><td>15.7</td><td>합격</td></tr>
<tr><td>굽힘성</td><td></td><td>이상없을 것</td><td>이상없음</td><td>합격</td></tr>
<tr><td>Si</td><td></td><td>0.6 이하</td><td>0.14</td><td>합격</td></tr>
<tr><td>P</td><td></td><td>0.040 이하</td><td>0.023</td><td>합격</td></tr>
<tr><td>S</td><td></td><td>0.040 이하</td><td>0.026</td><td>합격</td></tr>
<tr><td></td><td></td><td></td><td></td><td></td><td></td></tr>
<tr><td></td><td></td><td></td><td></td><td></td><td></td></tr>
<tr><td></td><td></td><td></td><td></td><td></td><td></td></tr>
<tr><td colspan="3">품질관리 기술인 : (서명)</td><td colspan="3">건설사업관리 기술인 : 박하용 (서명)</td></tr>
</table>

품질검사 성적서 결과 대비표

현장명	○○○○공동주택 신축공사	시료 또는 자재 생산자	
의뢰일자	2023년 12월 00일	발급일자	2024년 01월 04일
시료명	철근 콘크리트용 봉강(SD 600, D16)		

시험·검사 종목	시험·검사 방법	단위	시험·검사 기준	시험·검사 결과	합부 판정
겉모양	KS D 3504		이상없을 것	이상없음	합격
치수			이상없을 것	이상없음	합격
인장강도			항복강도의 1.08배 이상	815	합격
항복점			600~780	697	합격
연신율		%	10 이상	12.8	합격
굽힘성			이상없을 것	이상없음	합격
Si			0.6 이하	0.012	합격
P			0.04 이하	0.025	합격
S			0.04 이하	0.029	합격
Ceq			0.67 이하	0.44	합격

품질관리 기술인 : (서명) | 건설사업관리 기술인 : 박하용 (서명)

▲ 철근콘크리트용 봉강 품질검사 성적서 결과 대비표 작성 사례

4.2.3.4 품질검사(시험)대장

○ 법적근거

- 「건설기술진흥법」 제55조(건설공사의 품질관리) 제2항
- 「건설기술진흥법 시행규칙」 제50조(품질시험 및 검사의 실시), 별지 제42호서식
- 「건설공사 사업관리방식 검토기준 및 업무수행지침」 제78조(보고서 작성, 제출) 제1항제1호다목, 별지 제34호서식

* 일자, 시험구분, 재료, 시험·검사종목, 시험기준, 시험결과, 시험결과 판정 등을 기재

○ 목적 및 필요성

- 품질검사대장에 기재된 내용이 품질검사 성적서 결과 대비표와 일치하는 확인

○ 품질검사(시험) 기준

- 4.2.3.1, 4.2.3.2 품질검사(시험) 기준 참조

○ 주요내용

- 품질검사(시험) 기준에 따라 시험 · 검사한 결과를 기재하여 적합 여부 확인 · 관리
- 품질검사(시험)대장은 품질검사(시험) 기준 및 품질검사 성적서 결과 대비표와 일치 하는지 확인

○ 시공자

- 품질검사(시험) 결과를 품질검사(시험)대장에 기재 및 품질관리기술인(품질관리자) 서명

○ 건설사업관리기술인, 감리원 검토 및 관리

- 품질검사(시험) 기준에 따라 시험 결과의 적합 여부 등 확인 및 서명

품 질 검 사 대 장(2024년 [illegible])

○ 공사명 : [　　] 공동주택 신축공사
○ 구　분 : 철근 콘크리트용 봉강

일련번호	연.월.일	시험·검사 구분	재 료	시험·검사종목	시험기준	시 험 결 과	시험결과 판정	시험·검사자 성 명	시험·검사자 서 명	건설사업관리기술인확인 성 명	건설사업관리기술인확인 서 명	비 고
24-1-001	24-1-3	검사	철근 콘크리트용 봉강 (SD400 D10)	겉모양	이상없을 것	이상없음	합격					
24-1-002				치수	이상없을 것	이상없음	합 격					
24-1-003				인장강도 (N/㎟)	항복강도의 1.15배 이상	608	합 격					
24-1-004				항복점 (N/㎟)	400~520	474	합 격					
24-1-005				연신율 (%)	16 이상	18.4	합 격			박하용		
24-1-006				굽힘성	이상없을 것	이상없음	합 격					
24-1-007				Si	0.60 이하	0.014	합 격					
24-1-008				P	0.045 이하	0.027	합 격					
24-1-009				S	0.045 이하	0.034	합 격					
24-1-010	24-1-9	검사	철근 콘크리트용 봉강 (SD600 D16)	겉모양	이상없을 것	이상없음	합격					
24-1-011				치수	이상없을 것	이상없음	합 격					
24-1-012				무게허용차	이상없을 것	이상없음	합 격					
24-1-013				인장강도 (N/㎟)	항복강도의 1.08배 이상	815	합 격					
24-1-014				항복점 (N/㎟)	600~780	697	합 격					
24-1-015				연신율 (%)	10 이상	12.8	합 격			박하용		
24-1-016				굽힘성	이상없을 것	이상없음	합 격					
24-1-017				Si	0.60 이하	0.12	합 격					
24-1-018				P	0.040 이하	0.025	합 격					
24-1-019				S	0.040 이하	0.029	합 격					
24-1-020				Ceq	0.67 이하	0.44	합 격					

일련번호	연.월.일	시험·검사 구분	재 료	시험·검사종목	시험기준	시 험 결 과	시험결과 판정	시험·검사자 성 명	시험·검사자 서 명	건설사업관리기술인확인 성 명	건설사업관리기술인확인 서 명	비 고
23-7-072	23-7-3	검사	철근 콘크리트용 봉강 (SD600 D19)	겉모양	이상없을 것	이상없음	합격					
23-7-073				치수	이상없을 것	이상없음	합 격					
23-7-074				무게허용차	이상없을 것	이상없음	합 격					
23-7-075				인장강도 (N/㎟)	항복강도의 1.08배 이상	794	합 격					
23-7-076				항복점 (N/㎟)	600~780	675	합 격					
23-7-077				연신율 (%)	10 이상	12.9	합 격					
23-7-078				굽힘성	이상없을 것	이상없음	합 격					
23-7-079				Si	0.60 이하	0.16	합 격					
23-7-080				P	0.040 이하	0.027	합 격					
23-7-081				S	0.040 이하	0.034	합 격					
23-7-082				Ceq	0.67 이하	0.51	합 격					

품 질 검 사 대 장(2023년 6월)

공사명 : [　　] 공동주택 신축공사
구　분 : 철근 콘크리트용 봉강

일련번호	연.월.일	시험·검사 구분	재 료	시험·검사종목	시험기준	시 험 결 과	시험결과 판정	시험·검사자 성 명	시험·검사자 서 명	건설사업관리기술인확인 성 명	건설사업관리기술인확인 서 명	비 고
23-8-062	23-8-15	검사	철근 콘크리트용 봉강 (SD600 D22)	겉모양	이상없을 것	이상없음	합격					
23-8-063				치수	이상없을 것	이상없음	합 격					
23-8-064				무게허용차	이상없을 것	이상없음	합 격					
23-8-065				인장강도 (N/㎟)	항복강도의 1.08배 이상	804	합 격					
23-8-066				항복점 (N/㎟)	600~780	624	합 격					
23-8-067				연신율 (%)	10 이상	12.6	합 격					
23-8-068				굽힘성	이상없을 것	이상없음	합 격					
23-8-069				Si	0.060 이하	0.13	합 격					
23-8-070				P	0.040 이하	0.018	합 격					
23-8-071				S	0.040 이하	0.027	합 격					
23-8-072				Ceq	0.67 이하	0.45	합 격					

품 질 검 사 대 장(2024년 [illegible])

○ 공사명 : 　　　　공동주택 신축공사

○ 구　분 : 철근 콘크리트용 봉강

일련번호	연.월.일	시험·검사 구분	재료	시험·검사종목	시험기준	시험결과	시험결과 판정	시험·검사자 성명	시험·검사자 서명	건설사업관리기술인확인 성명	건설사업관리기술인확인 서명	비고
24-1-021	24-1-10	검사	철근 콘크리트용 봉강 (SD400 D13)	겉모양	이상없을 것	이상없음	합격			박하용		
24-1-022				치수	이상없을 것	이상없음	합격					
24-1-023				인장강도 (N/㎟)	항복강도의 1.15배 이상	578	합격					
24-1-024				항복점 (N/㎟)	400~520	472	합격					
24-1-025				연신율 (%)	16 이상	19	합격					
24-1-026				굽힘성	이상없을 것	이상없음	합격					
24-1-027				Si	0.60 이하	0.14	합격					
24-1-028				P	0.045 이하	0.018	합격					
24-1-029				S	0.045 이하	0.024	합격					

품 질 검 사 대 장(2024년 4월)

○ 공사명 : 　　　　공동주택 신축공사

○ 구　분 : 외부의뢰

일련번호	연.월.일	시험·검사 구분	재료	시험·검사종목	시험기준	시험결과	시험결과 판정	시험·검사자 성명	시험·검사자 서명	건설사업관리기술인확인 성명	건설사업관리기술인확인 서명	비고
24-4-003	24-4-18	검사	철근콘크리트용 봉강 [SD400 D16]	항복강도 (N/㎟)	400~520	469	합격			박하용		
				인장강도 (N/㎟)	항복강도의 1.15배 이상	616	합격			박하용		
				연신율 (%)	16 이상	18	합격			박하용		
				마디간격 (mm)	11.1 이내	10.8	합격			박하용		
				마디높이 (mm)	최소값(0.7)의 2배 이내	1	합격			박하용		
				단위무게 (kg/m)	1.56±6(%)	1.503	합격			박하용		
				겉모양	이상없을 것	이상없음	합격			박하용		
				굽힘성	이상없을 것	이상없음	합격			박하용		
				화학성분 (%) Si	0.6 이하	0.167	합격			박하용		
				화학성분 (%) P	0.45 이하	0.028	합격			박하용		
				화학성분 (%) Si	0.045 이하	0.03	합격			박하용		

일련번호	연.월.일	시험·검사 구분	재료	시험·검사종목	시험기준	시험결과	시험결과 판정	시험·검사자 성명	시험·검사자 서명	건설사업관리기술인확인 성명	건설사업관리기술인확인 서명	비고
23-8-052	23-8-15	검사	철근 콘크리트용 봉강 (SD500 D16)	겉모양	이상없을 것	이상없음	합격					
23-8-053				치수	이상없을 것	이상없음	합격					
23-8-054				무게허용차	이상없을 것	이상없음	합격					
23-8-055				인장강도 (N/㎟)	항복강도의 1.08배 이상	693	합격					
23-8-056				항복점 (N/㎟)	500~650	562	합격					
23-8-057				연신율 (%)	12 이상	15.7	합격					
23-8-058				굽힘성	이상없을 것	이상없음	합격					
23-8-059				Si	0.60 이하	0.14	합격					
23-8-060				P	0.040 이하	0.023	합격					
23-8-061				S	0.040 이하	0.026	합격					

▲ 콘크리트용 봉강 품질검사대장 작성 사례

<u>품 질 검 사 대 장(2023년 3월)</u>

○ 공사명 : 　　　　공동주택 신축공사
○ 구　분 : 외부의뢰

일련번호	연.월.일	시험·검사 구분	재 료	시험·검사종목		시험기준	시 험 결 과	시험결과 판정	시험·검사자		건설사업관리기술인확인		비 고
									성 명	서 명	성 명	서 명	
23-3-048	23-3-31	검사	철근이음 나사식 커플러 SD600-D16	인장강도 (N/㎟)		750 이상	813	합 격					
23-3-049				항복점 (N/㎟)		600 이상	646	합 격					
23-3-050				지사이클 반복시험 (N/㎟)	7일	750 이상	789	합 격					
23-3-051				정적내력시험 (mm)	28일	0.3 이하	0.19	합 격					
23-3-052	23-3-31	검사	철근이음 나사식 커플러 SD600-D19	인장강도 (N/㎟)		750 이상	797	합 격					
23-3-053				항복점 (N/㎟)		600 이상	640	합 격					
23-3-054				지사이클 반복시험 (N/㎟)	7일	750 이상	776	합 격					
23-3-055				정적내력시험 (mm)	28일	0.3 이하	0.13	합 격					
23-3-056	23-3-31	검사	철근이음 나사식 커플러 SD600-D22	인장강도 (N/㎟)		750 이상	804	합 격					
23-3-057				항복점 (N/㎟)		600 이상	653	합 격					
23-3-058				지사이클 반복시험 (N/㎟)	7일	750 이상	783	합 격					
23-3-059				정적내력시험 (mm)	28일	0.3 이하	0.17	합 격					

▲ 철근 나사식 커플러 이음 품질검사대장 작성 사례

4.2.4 조적공사

4.2.4.1 콘크리트 벽돌 시험

○ **법적근거**

- 「건설기술진흥법」 제55조(건설공사의 품질관리) 및 같은 법 시행령 제91조(품지시험 및 검사)
- 「건설공사 품질관리 업무지침」 제8조(품질 시험기준)
- 「KCS 표준시방서」조적공사 일반 KCS 41 34 01 : 2021, 2.2 품질기준
- 시공자의 품질관리계획서 및 품질시험계획서

○ **목적 및 필요성**

- 실제의 구조물에 시공된 콘크리트 벽돌의 품질을 확보하고, 설계에서 가정한 압축강도 및 기타의 성질을 갖고 있는지 조사 할 수 있음

○ **품질검사(시험) 기준**

- **콘크리트 벽돌**(KS F 4004)

시험·검사방법	시험·검사종목	시험기준	시기 및 횟수
KS F 4004	겉모양	균일하고, 비틀림, 해로운 균열, 흠 없을 것	제품 100,000매당
	길이 치수(mm)	190±2	
	높이 치수(mm)	57±2	
	두게 치수(mm)	90±2	
	압축강도(N/㎟)	1종 : 13 이상 2종 : 8 이상	
	흡수율(%)	1종 : 7 이하 2종 : 13 이하	

※ 현장시험/ 의뢰시험, KS제품일 경우는 제조사 품질검사 전문기관에 의뢰한 시험성적서 징구확인으로 갈음

※ 1종 : 내력구조 또는 옥외 사용, 2종 : 비내력구조 또는 옥내 사용

- 판정기준 : 100, 000개를 1로트로 하여 겉모양, 치수는 10개 측정하여 건별로

통과하면 합격, 압축강도 및 흡수율은 1로트에서 무작위로 3개 시료 채취 후 검사하여 건별 통과하면 합격

○ **품질검사(시험) 기구(장비)**

- 버니어캘리퍼스, 저울, 건조기, 수조, 압축시험기

○ **품질검사(시험) 방법**

- **치수**
  - 길이, 높이, 두께 측정
  - 측정단위 : 1mm
- **흡수율**
  - 벽돌 전체 모양 그대로를 실온 15 ~ 25℃의 맑은 물속에 24시간 침지
  - 24시간 후 즉시 물속에서 꺼내어 철망 위에 놓고 1분간 물기를 뺀 후 헝겊으로 표면을 닦고 1g 단위까지 표건질량을 측정
  - 100 ~ 110℃의 건조기에서 24시간 건조시킴
  - 1g 단위까지 절건질량을 측정

$$※\ 흡수율(\%) = \frac{시험체의\ 표건질량(g) - 시험체의\ 절건질양(g)}{시험체의\ 절건질양(g)} \times 100$$

- **압축시험**
  - 3.2.2.9 거푸집 탈형 압축강도 시험의 품질검사(시험) 방법 참조
  - 2시간이상 물속에 담가 흡수시킴
  - 압축시험기에 가압판을 사용하여 강도측정

    ※ 가압속도 : 0.2~0.3N/㎟

    ※ 압축강도(N/㎟) = 최대하중(N)/가압면의 단면적(㎟)

○ **시공자**

- 시공자의 품질관리기술인(품질관리자)이 콘크리트 벽돌의 치수, 흡수율, 압축강도 시험 실시

○ **건설사업관리기술인, 감리원 검토 및 관리**

- 콘크리트 벽돌의 치수, 흡수율, 압축강도 시험 입회

▲ 콘크리트 벽돌 압축강도 시험 입회 전경

▲ 콘크리트 벽돌 흡수율 시험 전경

4.2.4.2 속빈 콘크리트 블록 시험

○ **법적근거**

- 「건설기술진흥법」 제55조(건설공사의 품질관리) 및 같은 법 시행령 제91조(품지시험 및 검사)
- 「건설공사 품질관리 업무지침」 제8조(품질 시험기준)
- 「KCS 표준시방서」조적공사 일반 KCS 41 34 01 : 2021, 2.2 품질기준
- 시공자의 품질관리계획서 및 품질시험계획서

○ **목적 및 필요성**

- 실제의 구조물에 시공된 속빈 콘크리트 블록의 품질을 확보하고, 설계에서 가정한 압축강도 및 기타의 성질을 갖고 있는지 조사 할 수 있음

○ **품질검사(시험) 기준**

- **속빈 콘크리트 블록**(KS F 4002)

시험·검사방법	시험·검사종목	시험기준	시기 및 횟수
KS F 4002	겉모양	균일하고, 비틀림, 해로운 균열, 홈 없을 것	제품 10,000매당
	길이 치수(mm)	390±2	
	높이 치수(mm)	190±2	
	두께 치수(mm)	190·150·100±2	
	압축강도(N/㎟)	A종 : 4 이상 B종 : 6 이상 C종 : 8 이상	
	흡수율(%)	C종 : 10 이하	
	기건비중	A종 : 1.7 미만 B종 : 1.9 미만	

※ 현장시험/ 의뢰시험, KS제품일 경우는 제조사 품질검사 전문기관에 의뢰한 시험성적서 징구확인으로 갈음

- 판정기준 : 10, 000개를 1로트로 하여 겉모양, 치수는 10개 측정하여 건별로 통과하면 합격, 압축강도 및 흡수율은 1로트에서 무작위로 3개 시료 채취 후 검사하여 건별하면 합격

○ **품질검사(시험) 기구(장비)**

– 버니어캘리퍼스, 저울, 건조기, 수조, 압축시험기

○ **품질검사(시험) 방법**

– 4.2.4.1 콘크리트 벽돌 품질검사(시험) 방법 참조

○ **시공자**

– 시공자의 품질관리기술인(품질관리자)이 속빈 콘크리트 블록의 치수, 흡수율, 압축강도 시험 실시

○ **건설사업관리기술인, 감리원 검토 및 관리**

– 속빈 콘크리트 블록의 치수, 흡수율, 압축강도 시험 입회

4.2.4.3 콘크리트 벽돌 및 속빈 콘크리트 블록 시험표

○ 법적근거

- 「건설기술진흥법」 제55조(건설공사의 품질관리) 및 같은 법 시행령 제91조(품지시험 및 검사)
- 「건설공사 품질관리 업무지침」 제8조(품질 시험기준)
- 「KCS 표준시방서」 조적공사 일반 KCS 41 34 01 : 2021, 2.2 품질기준
- 시공자의 품질관리계획서 및 품질시험계획서

○ 목적 및 필요성

- 콘크리트 벽돌 및 속빈 콘크리트 블록 시험 결과가 기준에 적합한지 여부 검토

○ 품질검사(시험) 기준

- 4.2.4.1, 4.2.4.2 품질검사(시험) 기준 참조

○ 주요내용

- **시험표**에는 겉모양, 치수, 압축강도, 흡수율을 기록
  - **겉모양**은 균일하고, 비틀림, 해로운 균열, 흠 등이 없어야 한다. 이상 없는 경우 이상 없음 기재
  - **치수**는 시료번호, 길이, 두께, 높이로 치수기준 **±2mm 이내**인 경우 합격이다.
  - **압축강도**는 시료번호, 파괴하중(N), 단면적(㎟), 압축강도(N/㎟), 평균(N/㎟) 기재하고 압축강도 기준 **콘크리트 벽돌 1종 13N/㎟ 이상, 2종 8N/㎟ 이상, 속빈 콘크리트 블록 8N/㎟ 이상인 경우 합격**
  - **흡수율**은 시료번호, 표건무게(m_0), 절건무게(m_1), 흡수율(%), 평균(%)를 기재하고 흡수율 기준 **콘크리트 벽돌 1종 7% 이하, 2종 13% 이하, 속빈 콘크리트 블록 10% 이하인 경우 합격**
- **시험표**에는 압축강도, 흡수율 측정 사진대지를 첨부

○ 시공자

- 시공자의 품질관리기술인(품질관리자)이 시험표 작성 및 서명, 보관

○ 건설사업관리기술인, 감리원 검토 및 관리

- 콘크리트 벽돌 및 속빈 콘크리트 블록 시험 결과가 시험 기준에 적합여부 확인 및 서명

콘크리트 벽돌 시험표
[겉모양, 치수, 압축강도, 흡수율]

현 장 명	공동주택 신축공사		
제 조 사		규 격	190 × 90 × 57
시료채취일	2024년 05월 15일	시 험 일	2024년 05월 17일

1. 겉모양

판정기준	균일하고, 비틀림, 해로운 균열, 흠등이 없어야 한다.	이상없음

2. 치수

단위 : ㎜

시료번호	길이	두께	높이	판정	시료번호	길이	두께	높이	판정
S-1	190	89	57	합격	S-6	191	90	57	합격
S-2	192	90	58	합격	S-7	191	91	56	합격
S-3	190	92	56	합격	S-8	192	91	57	합격
S-4	191	91	58	합격	S-9	192	90	58	합격
S-5	191	91	57	합격	S-10	190	90	56	합격

3. 압축강도

시료번호	파괴하중 (N)	단면적 (㎟)	압축강도 (N/㎟)	평균 (N/㎟)	판 정
S-1	201 700	17 100	11.8	11.7	합격
S-2	198 900	17 100	11.6		
S-3	199 400	17 100	11.7		

4. 흡수율

시료번호	표건무게 (m_0)	절건무게 (m_1)	흡수율 (%)	평균 (%)	판 정
S-1	1 849	1 710	8.1	8.1	합격
S-2	1 852	1 715	8.0		
S-3	1 864	1 724	8.1		

Remark :

- 압축강도 기준 : 8 N/㎟ 이상
- 흡수율 기준 : 13 % 이하
- 치수 기준 : ±2 ㎜

품질관리 기술인 :

담당 건설관리 기술인 : 박하용

▲ 콘크리트 벽돌 시험표 작성 사례

속빈 콘크리트 블록 시험표
[겉모양, 치수, 압축강도, 흡수율]

현 장 명	공동주택 신축공사		
제 조 사		규 격	390 × 190 × 150
시료채취일	2023년 12월 08일	시 험 일	2023년 12월 11일

1. 겉모양

판정기준	균일하고, 비틀림, 해로운 균열, 흠등이 없어야 한다.	이상없음

2. 치수

단위 : ㎜

시료번호	길이	두께	높이	판정	시료번호	길이	두께	높이	판정
S-1	389	149	189	합격	S-6	390	149	189	합격
S-2	391	150	190	합격	S-7	389	149	190	합격
S-3	389	149	189	합격	S-8	390	150	189	합격
S-4	391	150	189	합격	S-9	391	151	189	합격
S-5	390	150	190	합격	S-10	389	150	190	합격

3. 압축강도

시료번호	파괴하중 (N)	단면적 (㎟)	압축강도 (N/㎟)	평균 (N/㎟)	판 정
S-1	516400	58 500	8.8	8.7	합격
S-2	508200	58 500	8.7		
S-3	494200	58 500	8.4		

4. 흡수율

시료번호	표건무게 (m_0)	절건무게 (m_1)	흡수율 (%)	평균 (%)	판 정
S-1	14 017	12 946	8.3	8.2	합격
S-2	14 321	13 184	8.6		
S-3	14 182	13 155	7.8		

Remark :

- 압축강도 기준 : 8 N/㎟ 이상
- 흡수율 기준 : 10 % 이하
- 치수 기준 : ±2 ㎜

품질관리 기술인 :　　　　당당 건설관리 기술인 :

▲ 속빈 콘크리트 블록 품질검사 시험표 작성 사례

4.2.4.4 품질검사(시험)대장

○ **법적근거**

- 「건설기술진흥법」 제55조(건설공사의 품질관리) 제2항, 같은 법 시행령 제91조(품질시험 및 검사)
- 「건설기술진흥법 시행규칙」 제50조(품질시험 및 검사의 실시), 별지 제42호서식
- 「건설공사 사업관리방식 검토기준 및 업무수행지침」 제78조(보고서 작성, 제출)제1항제1호다목, 별지 제34호서식

* 일자, 시험구분, 재료, 시험·검사종목, 시험기준, 시험결과, 시험결과 판정 등을 기재

○ **목적 및 필요성**

- 품질검사대장에 기재된 내용이 품질검사 성적서 결과 대비표와 일치하는 확인

○ **품질검사(시험) 기준**

- 4.2.4.1, 4.2.4.2 품질검사(시험) 기준 참조

○ **주요내용**

- 품질검사(시험) 기준에 따라 시험 · 검사한 결과를 기재하여 적합 여부 확인 · 관리
- 품질검사(시험)대장은 품질검사(시험) 기준 및 품질검사 성적서 결과 대비표와 일치 하는지 확인

○ **시공자**

- 품질검사(시험) 결과를 품질검사(시험)대장에 기재 및 품질관리기술인(품질관리자) 서명

○ **건설사업관리기술인, 감리원 검토 및 관리**

- 품질검사(시험) 기준에 따라 시험 결과의 적합 여부 등 확인 및 서명

질 검 사 대 장(2024년 5월

○ 공사명 : 공동주택 신축공사
○ 구 분 : 조적공사

일련번호	연.월.일	시험·검사 구분	재 료	시험·검사종목		시험기준	시 험 결 과	시험결과 판정	시험·검사자		건설사업관리기술인확인		비 고
									성 명	서 명	성 명	서 명	
24-5-001	2024-05-17	시험	콘크리트 벽돌 2종(190*90*57)	치수 (mm)	길이	190±2	190	합격			박하용		현장
24-5-002							192	합격					
24-5-003							190	합격					
24-5-004							191	합격					
24-5-005							191	합격					
24-5-006							191	합격					
24-5-007							191	합격					
24-5-008							192	합격					
24-5-009							192	합격					
24-5-010							190	합격					
24-5-011					높이	57±2	57	합격					
24-5-012							58	합격					
24-5-013							56	합격					
24-5-014							58	합격					
24-5-015							57	합격					
24-5-016							57	합격					
24-5-017							56	합격					
24-5-018							57	합격					
24-5-019							58	합격					
24-5-020							56	합격					

질 검 사 대 장(2024년 5월

○ 공사명 : 공동주택 신축공사
○ 구 분 : 조적공사

일련번호	연.월.일	시험·검사 구분	재 료	시험·검사종목		시험기준	시 험 결 과	시험결과 판정	시험·검사자		건설사업관리기술인확인		비 고
									성 명	서 명	성 명	서 명	
24-5-021	2024-05-17	시험	콘크리트 벽돌 2종(190*90*57)	치수 (mm)	두께	90±2	89	합격			박하용		현장
24-5-022							90	합격					
24-5-023							92	합격					
24-5-024							91	합격					
24-5-025							91	합격					
24-5-026							90	합격					
24-5-027							91	합격					
24-5-028							91	합격					
24-5-029							90	합격					
24-5-030							90	합격					
24-5-031				압축강도 (N/㎟)	1	8 이상	11.8	합격					
24-5-032					2		11.6	합격					
24-5-033					3		11.7	합격					
24-5-034				흡수율 (%)	1	13 이하	8.1	합격					
24-5-035					2		8	합격					
24-5-036					3		8.1	합격					

▲ 콘크리트 벽돌 품질검사대장 작성 사례

질 검 사 대 장(2024년 4

○ 공사명 : [ ] 공동주택 신축공사
○ 구 분 : 조적공사

일련번호	연.월.일	시험·검사 구 분	재 료	시험·검사종목		시험기준	시 험 결 과	시험결과 판정	시험·검사자		건설사업관리기술인확인		비 고
									성 명	서 명	성 명	서 명	
24-4-037	2024-04-10	시험	속 빈 콘크리트 블록 6in(390*190*150)	치수 (mm)	길이	390±2	389	합격			박하용		현장
24-4-038							391	합격					
24-4-039							391	합격					
24-4-040							391	합격					
24-4-041							392	합격					
24-4-042							392	합격					
24-4-043							391	합격					
24-4-044							391	합격					
24-4-045							389	합격					
24-4-046							391	합격					
24-4-047					높이	190±2	191	합격					
24-4-048							189	합격					
24-4-049							191	합격					
24-4-050							189	합격					
24-4-051							189	합격					
24-4-052							190	합격					
24-4-053							189	합격					
24-4-054							192	합격					
24-4-055							189	합격					
24-4-056							189	합격					

질 검 사 대 장(2024년 4

○ 공사명 : [ ] 공동주택 신축공사
○ 구 분 : 조적공사

일련번호	연.월.일	시험·검사 구 분	재 료	시험·검사종목		시험기준	시 험 결 과	시험결과 판정	시험·검사자		건설사업관리기술인확인		비 고
									성 명	서 명	성 명	서 명	
24-4-057	2024-04-10	시험	속 빈 콘크리트 블록 6in(390*190*150)	치수 (mm)	두께	150±2	149	합격			박하용		현장
24-4-058							152	합격					
24-4-059							149	합격					
24-4-060							150	합격					
24-4-061							151	합격					
24-4-062							148	합격					
24-4-063							152	합격					
24-4-064							151	합격					
24-4-065							148	합격					
24-4-066							149	합격					
24-4-067				압축강도 (N/㎟)	1	8 이상	8.7	합격					
24-4-068					2		8.9	합격					
24-4-069					3		9	합격					
24-4-070				흡수율 (%)	1	10 이하	8.5	합격					
24-4-071					2		8.6	합격					
24-4-072					3		8.6	합격					

▲ 속빈 콘크리트 블록 품질검사대장 작성 사례

4.2.5 온수 온돌공사

4.2.5.1 경량기포콘크리트 경화 전 시험

○ **법적근거**

- 「건설기술진흥법」 제55조(건설공사의 품질관리) 및 같은 법 시행령 제91조(품지시험 및 검사)
- 「건설공사 품질관리 업무지침」 제8조(품질 시험기준)
- 「KCS 표준시방서」온수 온돌공사 KCS 41 53 01 : 2021, 3.3 경량기포 콘크리트 타설
- 시공자의 품질관리계획서 및 품질시험계획서

○ **목적 및 필요성**

- 실제의 구조물에 시공된 경량기포콘크리트의 품질을 확보하고, 설계에서 가정한 플로우, 기포율, 슬러리 비중, PH를 시험 할 수 있음
- 가벼움, 높은 단열 효과, 소음 저감 효과, 뛰어난 내구성과 화재저항성, 환경 친화적, 외벽사용 시 뛰어난 방수 기능

○ 품질검사(시험) 기준

- 현장 타설용 기포콘크리트

시험·검사방법	시험·검사종목	시험기준	시기 및 횟수
KS F 4039	플로우(mm)	180이상	1일 2회
	기포 슬러리 비중	0.4폼 : 0.39 이상 0.5폼 : 0.52 이상 0.6폼 : 0.72 이상	
LHCS 14 20 25	기포율(%)	70±5(%)	규격별 마다
	PH	6~8	매 시공일마다 1회

	침하깊이(mm)	0.4폼 : 15 이하 0.5폼 : 10 이하 0.6폼 : 6 이하	
	열전도율(W/m·k)	0.4폼 : 0.130 이하 0.5폼 : 0.160 이하 0.6폼 : 0.190 이하	
	겉보기 비중	0.4폼 : 0.3 이상 0.4 미만 0.5폼 : 0.4 이상 0.5 미만 0.6폼 : 0.5 이상 0.7 미만	
	길이변화율(%)	0.4폼 : 0.50 이하 0.5폼 : 0.40 이하 0.6폼 : 0.30 이하	

○ 품질검사(시험) 기구(장비)

- (플로우) 유리판(350㎜×350㎜), 아크릴원통(안지름80㎜×높이80㎜), 자
- (기포슬러리 비중) 1000ml 용기 1개, 저울(감도1g)
- (기포율) 500ml 이상(눈금10ml) 용기 1개, 200ml 이상 용기 1개, 메탄올, 수돗물, 유리 또는 플라스틱 막대
- (PH) 리트머스 시험지

○ 품질검사(시험) 방법

- 플로우

- 유리판위에 아크릴원통을 세움
- 시료를 상부까지 붓고 남은 윗부분 제거
- 원통을 수직으로 들어 올림
- 1분후 시료가 퍼진 4방향에 대한 등간격으로 측정하여 평균값 구함(치수는 1㎜ 단위로 측정)

- 기포 슬러리 비중

- 1000㎖ 용기를 저울위에 올려놓고 저울 영점조절
- 시료를 상부까지 붓고 남은 윗부분 제거
- 시료의 질량을 1g 단위로 측정
- 계산

$$\text{기포 슬러리 비중} = \frac{Ws}{1000}$$

※ Ws : 시료의 질량(용기중량 제외), 1000 : 용기의 체적(㎖)

- 결과 및 판정 : 2회 측정한 평균값이 목표값 ± 0.05이내 이어야 함

– 기포율

- 500㎖ 용기에 시료 200㎖를 넣음
- 물 200㎖를 위 용기에 더함
- 유리봉 등으로 1분간 저어서 기포를 분리
- 알코올 100ml를 더함
- 1분간 저어서 기포를 소포시킴
- 메스실린더 눈금을 5㎖ 단위까지 체적 측정
- 계산

$$\text{기포율} = \frac{Cb-Ca}{W} \times 100 = \frac{500-Ca}{200} \times 100$$

※ Cb : 소포 전 체적(500㎖), Ca : 소포 후 체적(측정값㎖), W : 시료량(200㎖)

- 결과 및 판정 : 동일 위치에서 채취한 시료에 대하여 2회의 평균값(정수 끝맺음)이 목표값 ± 5%이내이어야 함

– PH시험

- 시료에 리트머스 시험지를 넣었다 빼어서 측정

○ **시공자**

– 시공자의 품질관리기술인(품질관리자)이 경량기포콘크리트 경화전 시험 실시

○ **건설사업관리기술인, 감리원 검토 및 관리**

– 시공자의 품질관리기술인(품질관리자)이 정상적으로 시험을 실시하는지 확인 및 입회

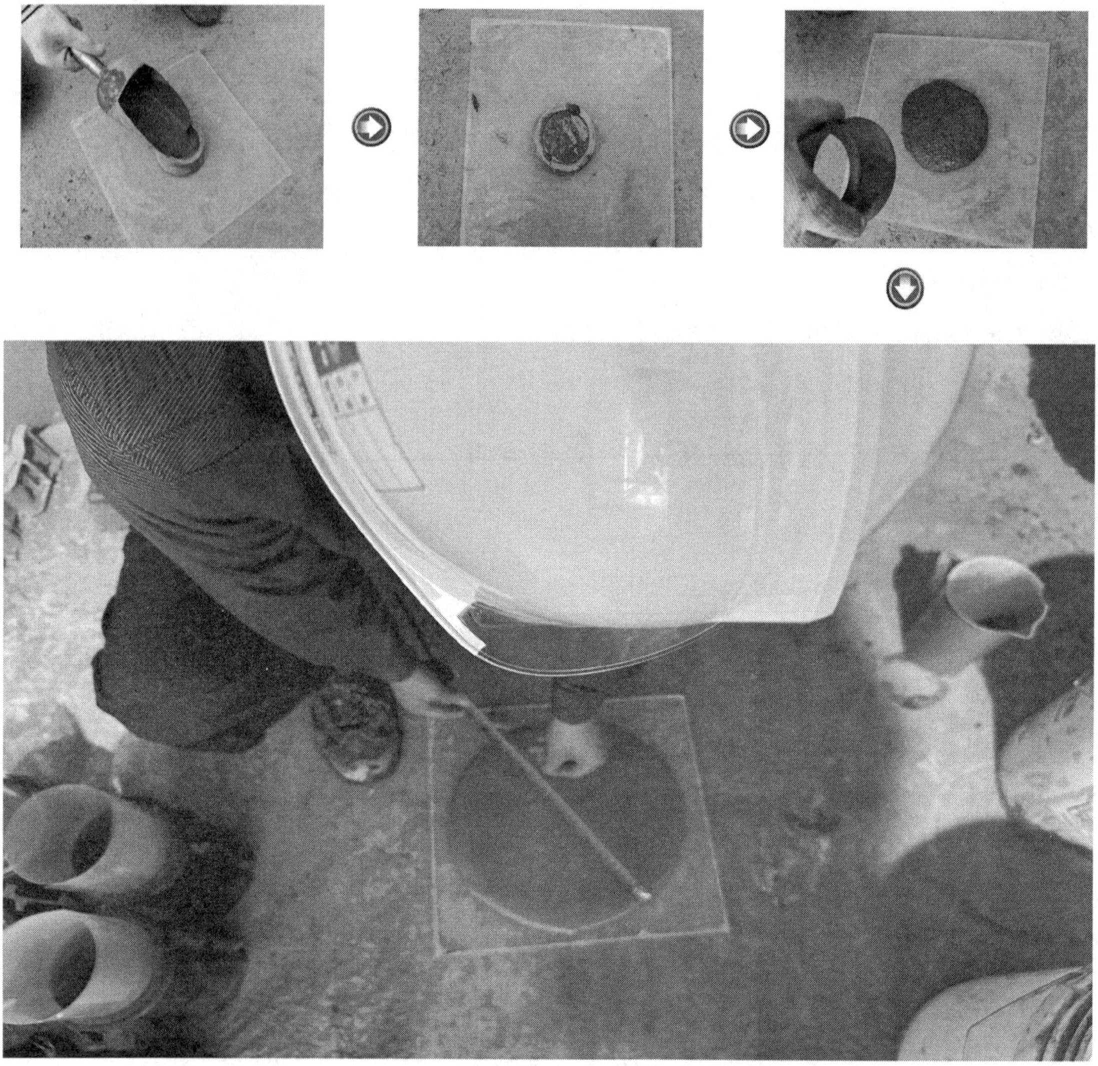

▲ 경량기포콘크리트 경화전 플로우 시험 전경

▲ 경량기포콘크리트 경화전 기포율/ 기포 슬러리 비중 시험 전경

4.2.5.2 경량기포콘크리트 강도시험용 공시체 제작(시료 채취)

○ 법적근거

- 「건설기술진흥법」 제55조(건설공사의 품질관리) 및 같은 법 시행령 제91조(품지시험 및 검사)
- 「건설공사 품질관리 업무지침」 제8조(품질 시험기준), 제38조(시공 품질관리 시험 · 검사 등) 제5항
- 「KCS 표준시방서」 온수 온돌공사 KCS 41 53 01 : 2021, 3.3 경량기포 콘크리트 타설
- 시공자의 품질관리계획서 및 품질시험계획서

○ 목적 및 필요성

- 현장에서 제작된 경량기포콘크리트 시험체의 품질을 평가
- 경량기포콘크리트의 압축강도, 내구성, 기타 물리적 특성을 측정하여 구조물의 설계기준에 부합하는지 확인하는데 사용

○ 품질검사(시험) 기구(장비)

- 몰드, 다짐봉, 양생수조, 사료채취 및 혼합용기

※ 몰드 : 몰드는 비흡수성으로 시멘트에 침식되지 않는 재료로 만들어진 것이어야 하며, 공시체를 만들 때 누수가 없는 것으로 소정의 공시체의 정밀도를 얻을 수 있는 것으로 함. 지름의 2배의 높이를 가진 원기둥형으로 하며, 그 지름은 굵은골재 최대치수의 3배 이상, 100㎜ 이상으로 한다. 일반적으로 압축강도 시험용은 Ø 10× 20cm를 많이 사용함.

○ 품질검사(시험) 제작 기준

시험·검사방법	시험·검사종목	제작기준	시기 및 횟수
KS F 2459	28일 압축강도 몰드(조)	1조(3개)	1일 1회
	7일 압축강도 몰드(조)	1조(3개)	

○ **공시체(몰드) 제작방법**

- 경화 후에 몰드 높이보다 1~2㎝ 높아지는 정도로 부어 넣음
- 윗부분의 콘크리트는 공시체를 손상하지 않도록 깎아 내어 윗면을 평평하게 함
- 캐핑을 할 경우 3.2.2.8 콘크리트 강도시험용 공시체 제작(시료 채취)의 KS F 2403의 4.4에 따라 캐핑함
- 양생온도는 18~24℃로 양생습기함에서 용적이 공시체 체적의 약 2배인 밀폐된 주머니(비닐, 폴리에틸렌 주머니 등)안에서 양생

○ **시공자**

- 시공자의 품질관리기술인(품질관리자)이 경량기포콘크리트 공시체(몰드) 제작

○ **건설사업관리기술인, 감리원 검토 및 관리**

- 경량기포콘크리트 공시체(몰드)가 정상적으로 제작되는지 여부 등 서명 및 입회

▲ 경량기포콘크리트 강도시험용 공시체(몰드) 제작 사례

4.2.5.3 경량기포콘크리트 압축강도 시험

○ **법적근거**

- 「건설기술진흥법」 제55조(건설공사의 품질관리) 및 같은 법 시행령 제91조(품지시험 및 검사)
- 「건설공사 품질관리 업무지침」 제8조(품질 시험기준), 제38조(시공 품질관리 시험 · 검사 등) 제5항
- 「KCS 표준시방서」 온수 온돌공사 KCS 41 53 01 : 2021, 3.3 경량기포 콘크리트 타설
- 시공자의 품질관리계획서 및 품질시험계획서

○ **목적 및 필요성**

- 경량기포콘크리트를 만들 때 사용한 재료가 적합한지 조사하고, 소요의 성질을 갖는 경량기포콘크리트를 가장 경제적으로 만들 수 있는 재료 선정
- 실제의 구조물에 시공된 경량기포콘크리트의 품질을 확보하고, 설계에서 가정한 압축강도의 성질을 갖고 있는지 조사 할 수 있음

○ **품질검사(시험) 기준**

시험·검사방법	시험·검사종목	시험기준	시기 및 횟수
KS F 2459, 4039	28일 압축강도(MPa]	0.4폼 : 0.8 이상 0.5폼 : 1.4 이상 0.6폼 : 2.0 이상	1일 1회
	7일 압축강도(MPa)	0.4폼 : 0.5 이상 0.5폼 : 0.9 이상 0.6폼 : 1.5 이상	

- 7일 경량기포콘크리트 압축강도 시험 : 1조(3개) 평균값은 호칭강도 값 이상
- 28일 경량기포콘크리트 압축강도 시험 : 1조(3개) 평균값은 호칭강도 값 이상

○ **품질검사(시험) 방법**

- 3.2.2.9일 거푸집 탈형 콘크리트 압축강도 시험의 품질검사(시험) 방법 참조
- 하중속도는 초당 0.1~0.2MPa(=N/㎟)

○ **시공자**

- 시공자의 품질관리기술인(품질관리자)이 경량기포콘크리트 압축강도 시험 실시

○ **건설사업관리기술인, 감리원 검토 및 관리**

- 경량기포콘크리트 압축강도 시험을 정상적으로 진행하는지 확인 및 입회

▲ 경량기포콘크리트 압축강도 시험 전경

4.2.5.4 경량기포콘크리트 시험표

○ **법적근거**

- 「건설기술진흥법」 제55조(건설공사의 품질관리) 및 같은 법 시행령 제91조(품지시험 및 검사)
- 「건설공사 품질관리 업무지침」 제8조(품질 시험기준), 제38조(시공 품질관리 시험 · 검사 등) 제5항
- 「KCS 표준시방서」 온수 온돌공사 KCS 41 53 01 : 2021, 3.3 경량기포 콘크리트 타설
- 시공자의 품질관리계획서 및 품질시험계획서

○ **목적 및 필요성**

- 경량기포콘크리트 경화 전, 경화 후 시험 결과가 기준에 적합한지 여부 검토

○ **품질검사(시험) 기준**

- 4.2.5.1, 4.2.5.3 품질검사(시험) 기준 참조

○ **주요내용**

- **플로우 시험**은 오전, 오후 시료별(3개)로 4방향 값을 플로우값 (1), 플로우값 (2), 플로우값 (3), 플로우값 (4)의 값을 평균값으로 결과 산정
- **기포 슬러리 비중**은 오전, 오후 시료별(3개)로 시료의 중량(g)을 용기의 체적(mL)으로 나눈값을 결과 산정
- **기포율**은 시료별(2개)로 시료량(㎖), 소포전 체적(㎖), 소포후 제척(㎖), 결과 관리
- PH **수치**는 시료별(3개)로 측정값(pH) 산정
- 경량기포콘크리트 기포제(pH) 시험 · 검사 작업일지는 별도 작성
- **압축강도 시험**은 시료 1조(3개)를 시료별로 파괴하중, 단면적, 압축강도를 평균 압축강도, 결과를 관리
- 경량기포콘크리트의 플로우, 기포 슬러리 비중, 기포율, 압축강도 시험(7일, 28

일) 입회 사진을 첨부

○ **시공자**

- 시공자의 품질관리기술인(품질관리자)이 경량기포콘크리트 시험표, 기포제(pH) 시험 · 검사 작업 일지 작성 및 서명, 보관

○ **건설사업관리기술인, 감리원 검토 및 관리**

- 경량기포콘크리트 시험 결과가 시험 기준에 적합여부 확인 및 서명

경량기포 콘크리트 시험표
[플로우, 기포율, 기포슬러리 비중, pH]

시험번호	QDG-001-09	시료종류	0.4품
채취장소	현장내	타설부위	101동 26~29층, 102동 26~29층 107동 16~22층, 106동 18~21층
생 산 자		타설일자	2024년 05월 17일

1-1 플로우

시료번호	플로우값 (1)	플로우값 (2)	플로우값 (3)	플로우값 (4)	결과	관리기준 (mm)	판정
S - 1	288	293	290	292	291	180 이상	합격
S - 2	294	289	291	291	291		
S - 3	289	298	292	290	292		

1-2 플로우

시료번호	플로우값 (1)	플로우값 (2)	플로우값 (3)	플로우값 (4)	결과	관리기준 (mm)	판정
S - 1	295	292	296	293	294	180 이상	합격
S - 2	299	298	297	294	297		
S - 3	297	294	292	295	295		

2-1 기포 슬러리 비중

시료번호	시료의 중량 (g)	용기의 체적(mL)	결과	관리기준	판정
S - 1	539	1 000	0.54	0.39 이상	합격
S - 2	531	1 000	0.53		
S - 3	534	1 000	0.53		

2-2 기포 슬러리 비중

시료번호	시료의 중량 (g)	용기의 체적(mL)	결과	관리기준	판정
S - 1	603	1 000	0.60	0.39 이상	합격
S - 2	609	1 000	0.61		
S - 3	605	1 000	0.61		

3. 기포율 (단위 : %)

시료번호	시료량 (mℓ)	소포전 체적 (mℓ)	소포후 체적 (mℓ)	결과	관리기준 (%)	판정
S - 1	200	500	365	67.5	70 ± 5%	합격
S - 2	200	500	360	70.0		합격

품질관리 기술인 :	담당 건설사업관리 기술인 : (서명)

▲ 경량기포콘크리트 시험표(플로우, 기포율, 기포 슬러리 비중) 작성 사례

경량 기포콘크리트 기포제(pH) 시험 · 검사 작업일지

시험번호	QDG-001-09	타설부위	101동,102동,107동,106동(51세대)
시료종류	식물성 기포제	채취장소	현장 내 사일로
생 산 자		시험일자	2024. 05.17

시험항목	P H 수 치			
PH	시료번호	측정값(pH)	기 준	판 정
	S-1	7	6~8	합격
	S-2	7		합격
	S-3	7		합격

※ 비 고 : 1. 본 시험은 LH전문시방서(24010)에 의함.
2. 매 시공일 마다 1회 이상 측정

품질관리 기술인 :	담당 건설사업관리 기술인 : (서명)

▲ 경량기포콘크리트 기포제(PH) 시험표 작성 사례

경량기포 콘크리트 시험표

[압축강도]

시험번호	QDG-001-09	시료종류	0.4품
채취장소	현장내	타설부위	101동 26~29층, 102동 26~29층 107동 16~22층, 106동 18~21층
생 산 자		타설일자	2024년 05월 17일

5. 7일 강도 　　　　시험일자 : 2024년 05월 24일

시료번호	파괴하중 (N)	단면적 (㎟)	압축강도 (㎫)	평균 (㎫)	관리기준	판정
7 - 1	5,800	7,850	0.74	0.72	0.5 이상	
7 - 2	5,500	7,850	0.70			
7 - 3	5,600	7,850	0.71			

품질관리 기술인 : 　　　　담당 건설사업관리 기술인 : (서명)

6. 28일 강도 　　　　시험일자 : 2024년 06월 14일

시료번호	파괴하중 (N)	단면적 (㎟)	압축강도 (㎫)	평균 (㎫)	관리기준	판정
S - 1					0.8 이상	
S - 2						
S - 3						

품질관리 기술인 : (서명) 　　　　담당 건설사업관리 기술인 : (서명)

▲ 경량기포콘크리트 압축강도 시험표 작성 사례

4.2.5.5 바닥 및 측면 완충재 시험

○ **법적근거**

- 「건설기술진흥법」 제55조(건설공사의 품질관리), 제60조(품질검사의 대행 등) 제1항
- 「건설기술진흥법 시행령」 제91조(품질시험 및 검사), 제97조(품질검사의 대행 등) 제1항
- 「건설기술진흥법 시행규칙」 제53조(품질관리비의 산출 및 사용 기준) 제3항, 제97조(품질검사의 대행의뢰 등) 제1항
- 「건설공사 품질관리 업무지침」 제8조(품질 시험기준)
- 「KCS 표준시방서」 온수 온돌공사 KCS 41 53 01 : 2021, 2.1.1 단열 완충재
- 「공동주택 바닥충격음 차단구조 인정 및 검사기준」 제38조(완충재 등의 성능평가기준 및 시험방법)
- 시공자의 품질관리계획서 및 품질시험계획서

○ **목적 및 필요성**

- 설계도서에서 제시된 기준에 적합한 우수한 제품 확보

○ **품질검사(시험) 기준**

- **바닥 완충재**(30mm)

<table>
<tr><th>시험·검사방법</th><th>시험·검사종목</th><th>시험기준</th><th>시기 및 횟수</th></tr>
<tr><td rowspan="2">KS F 2868</td><td>동탄성계수(MN/㎥)</td><td>40 이하</td><td rowspan="9">1일 1회</td></tr>
<tr><td>손실계수</td><td>0.1~0.3</td></tr>
<tr><td rowspan="2">KS M ISO 4898</td><td>가열 후 동탄성계수(MN/㎥)</td><td>가열전 값의 +20% 이하</td></tr>
<tr><td>가열 후 손실계수</td><td>0.1~0.3</td></tr>
<tr><td rowspan="2">KS M ISO 845</td><td>밀도(kg/㎥)</td><td>19 이상</td></tr>
<tr><td>두께(㎜)</td><td>±0.5</td></tr>
<tr><td>KS M ISO 4898</td><td>흡수량(%, V/V)</td><td>4 이하</td></tr>
<tr><td>KS L 9016</td><td>열 전도율(W/m·k)</td><td>슬래브 및 온돌층 전체 열관류율 값 0.81 이하 적용</td></tr>
</table>

KS M ISO 4898	가열 후 (%)	치수 안전성 길이	5 이내	
		치수 안전성 나비	5 이내	
		치수 안전성 두께	5 이내	
KS F 2873	잔류변형량(㎜)		30mm 미만 : 2 이하 30mm 이상 : 3 이하	

○ 주요내용

- 바닥 완충재는 사이에 틈새가 없도록 밀착 시공하고, 접합부는 접착테이프 등으로 마감하며, 측면 완충재는 마감 모르타르가 벽에 직접 닿지 않도록 시공
- 완충재는 건축물의 에너지절약 설계기준 제2조에 따른 단열재기준 만족
- 지면에 접하는 최하층의 경우에는 바닥면 전면에 폴리에틸렌 필름을 빈틈없이 깔고, 이음 부위는 접착테이프를 사용하여 100 mm 이상 겹쳐 시공
- 단열 완충재의 교점과 연결 부위에는 가로 · 세로 각각 900 mm 간격으로 상부에 고정판을 설치하고, 타카핀 또는 콘크리트 못으로 슬래브 바닥면에 밀착하여 고정시킴
- 콘크리트 상부면에 직접 단열재 또는 완충재가 설치되는 경우 3미터당 7mm 이하 평단도 유지

○ 품질검사(시험)

- 국립 · 공립 시험기관 또는 건설엔지니어링사업자로 하여금 건설공사의 품질관리를 위한 시험 · 검사 등을 대행하여 시험실시

○ 품질검사(시험) 대행 절차(CSI)

- 품질검사 연간단가계약 입력 · 승인→봉인의뢰 승인→봉인 실시→ 품질검사의뢰 승인

○ 시공자

- 품질검사의 대행기관에 CSI 통하여 품질검사 의뢰(시료의 봉인, 품질검사 의뢰)
- 바닥구조 시공확인서를 작성하여 건설사업관리기술인, 감리원에게 제출

○ **사업주체**

- 건설사업관리기술인, 감리원이 제출한 바닥구조 시공확인서를 사용검사 신청 시 사업계획승인권자에게 제출

○ **건설사업관리기술인, 감리원 검토 및 관리**

- CSI 통하여 품질검사 봉인, 품질검사 의뢰 승인, 현장 시료 봉인 입회
- 시공자가 제출한 바닥구조 시공확인서 검토
- 건설사업관리기술인, 감리원은 바닥구조의 시공 완료 후 바닥구조 시공확인서(별지 제4호 서식)를 사업주체에 제출

품질검사 성적서 결과 대비표

<table>
<tr><td>현장명</td><td colspan="3">○○○○공동주택 신축공사</td><td>시료 또는 자재 생산자</td><td></td></tr>
<tr><td>의뢰일자</td><td colspan="3">2024년 11월 00일</td><td>발급일자</td><td>2025년 12월 01일</td></tr>
<tr><td>시료명</td><td colspan="6">바닥 완충재-30T</td></tr>
<tr><td colspan="7"></td></tr>
<tr><td colspan="2">시험·검사 종목</td><td>시험·검사 방법</td><td>단위</td><td>시험·검사 기준</td><td>시험·검사 결과</td><td>합부 판정</td></tr>
<tr><td colspan="2">동탄성계수</td><td rowspan="2">KS F 2868</td><td>MN/㎥</td><td>17.8 이하</td><td>13.5</td><td>합격</td></tr>
<tr><td colspan="2">손실계수</td><td></td><td>0.1~0.3</td><td>0</td><td>합격</td></tr>
<tr><td colspan="2">가열 후 동탄성계수</td><td rowspan="2">KS M ISO 4898</td><td>MN/㎥</td><td>14.29±20(%)</td><td>14.54</td><td>합격</td></tr>
<tr><td colspan="2">가열 후 손실계수</td><td></td><td>0.1~0.3</td><td>0.1</td><td>합격</td></tr>
<tr><td colspan="2">밀도</td><td rowspan="2">KS M ISO 845</td><td>kg/㎥</td><td>19 이상</td><td>19.04</td><td>합격</td></tr>
<tr><td colspan="2">두께</td><td>mm</td><td>30±0.5</td><td>30.3</td><td>합격</td></tr>
<tr><td colspan="2">흡수량</td><td>KS M ISO 4898</td><td>%,V/V</td><td>4 이하</td><td>3.3</td><td>합격</td></tr>
<tr><td colspan="2">열전도율</td><td>KS L 9016</td><td>W/m·k</td><td>0.034 이하</td><td>0.031</td><td>합격</td></tr>
<tr><td rowspan="3">가열 후</td><td>치수안전성 길이</td><td rowspan="3">KS M ISO 4898</td><td>%</td><td>5 이내</td><td>0</td><td>합격</td></tr>
<tr><td>치수안전성 폭</td><td>%</td><td>5 이내</td><td>0</td><td>합격</td></tr>
<tr><td>치수안전성 두께</td><td>%</td><td>5 이내</td><td>2</td><td>합격</td></tr>
<tr><td colspan="2">잔류변형량</td><td>KS F 2873</td><td>mm</td><td>3 이하</td><td>2.6</td><td>합격</td></tr>
<tr><td colspan="2"></td><td></td><td></td><td></td><td></td><td></td></tr>
<tr><td colspan="4">품질관리 기술인 : (서명)</td><td colspan="3">건설사업관리 기술인 : 박 하 용 (서명)</td></tr>
</table>

<table>
<tr><td colspan="6">품질검사 성적서 결과 대비표</td></tr>
<tr><td>현장명</td><td colspan="2">○○○○공동주택 신축공사</td><td>시료 또는 자재 생산자</td><td colspan="2"></td></tr>
<tr><td>의뢰일자</td><td colspan="2">2024년 11월 00일</td><td>발급일자</td><td colspan="2">2025년 12월 01일</td></tr>
<tr><td>시료명</td><td colspan="5">측면 완충재-10T</td></tr>
<tr><td colspan="6"></td></tr>
<tr><td>시험·검사 종목</td><td>시험·검사 방법</td><td>단위</td><td>시험·검사 기준</td><td>시험·검사 결과</td><td>합부 판정</td></tr>
<tr><td>동탄성계수</td><td rowspan="2">KS F 2868</td><td>MN/㎥</td><td>40 이하</td><td>28.28</td><td>합격</td></tr>
<tr><td>손실계수</td><td></td><td>0.1~0.3</td><td>0.3</td><td>합격</td></tr>
<tr><td>밀도</td><td>KS M ISO 845</td><td>kg/㎥</td><td>-</td><td>15.78</td><td>합격</td></tr>
<tr><td>흡수량</td><td>KS M ISO 4898</td><td>%,V/V</td><td>4 이하</td><td>2.7</td><td>합격</td></tr>
<tr><td></td><td></td><td></td><td></td><td></td><td></td></tr>
<tr><td></td><td></td><td></td><td></td><td></td><td></td></tr>
<tr><td></td><td></td><td></td><td></td><td></td><td></td></tr>
<tr><td></td><td></td><td></td><td></td><td></td><td></td></tr>
<tr><td></td><td></td><td></td><td></td><td></td><td></td></tr>
<tr><td></td><td></td><td></td><td></td><td></td><td></td></tr>
<tr><td></td><td></td><td></td><td></td><td></td><td></td></tr>
<tr><td colspan="3">품질관리 기술인 : (서명)</td><td colspan="3">건설사업관리 기술인 : 박하용 (서명)</td></tr>
</table>

▲ 바닥 및 측면 완충재 품질검사 성적서 결과 대비표 작성 사례

4.2.5.6 온돌마감 모르타르 경화 전 시험

○ **법적근거**

- 「건설기술진흥법」 제55조(건설공사의 품질관리) 및 같은 법 시행령 제91조(품지시험 및 검사)
- 「건설공사 품질관리 업무지침」 제8조(품질 시험기준)
- 「KCS 표준시방서」 온수 온돌공사 KCS 41 53 01 : 2021, 3.4 마감 모르타르 바르기, LHCS 41 53 02 온돌마감 3.4.2 온돌마감
- 시공자의 품질관리계획서 및 품질시험계획서

○ **목적 및 필요성**

- 실제의 구조물에 시공된 온돌마감 모르타르의 품질을 확보하고, 설계에서 가정한 플로우를 시험 할 수 있음

○ **품질검사(시험) 기준**

시험·검사방법	시험·검사종목	시험기준	시기 및 횟수
KS L 5111	플로우(mm)	목표값±20	1일 2회

○ **품질검사(시험) 기구(장비)**

- 틀, 유리 또는 아크릴계 평판(300㎜× 300㎜ 이상, 두께5㎜이상), 자

○ **품질검사(시험) 방법**

- 판위에 틀을 올려놓고 시료를 다짐없이 부어넣음
- 시료를 상부까지 붓고 남은 윗부분 제거
- 틀을 수직으로 들어 올림
- 1분후 시료가 퍼진 2방향에 대한 지름을 측정하여 평균값 구함(치수는 1㎜ 단위로 측정)

- 결과 및 판정은 2회(1회 : 2방향에 대한 측정 평균값) 측정한 평균값이 목표값 ± 20㎜이내 이어야 함

○ **시공자**

- 시공자의 품질관리기술인(품질관리자)이 온돌마감 모르타르 경화전 시험 실시

○ **건설사업관리기술인, 감리원 검토 및 관리**

- 시공자의 품질관리기술인(품질관리자)이 정상적으로 시험을 실시하는지 확인 및 입회

▲ 온돌마감 모르타르 플로우 시험 전경

4.2.5.7 온돌마감 모르타르 강도시험용 공시체 제작(시료 채취)

○ **법적근거**

- 「건설기술진흥법」 제55조(건설공사의 품질관리) 및 같은 법 시행령 제91조(품지시험 및 검사)
- 「건설공사 품질관리 업무지침」 제8조(품질 시험기준), 제38조(시공 품질관리 시험 · 검사 등) 제5항
- 「KCS 표준시방서」 온수 온돌공사 KCS 41 53 01 : 2021, 3.4 마감 모르타르 바르기
- 시공자의 품질관리계획서 및 품질시험계획서

○ **목적 및 필요성**

- 현장에서 제작된 온돌마감 모르타르 시험체의 품질을 평가
- 온돌마감 모르타르의 압축강도, 내구성, 기타 물리적 특성을 측정하여 구조물의 설계기준에 부합하는지 확인하는데 사용

○ **품질검사(시험) 기구(장비)**

- 공시체용 몰드(큐빅몰드 50× 50× 50㎜의 금속재질)

○ **품질검사(시험) 제작 기준**

시험·검사방법	시험·검사종목	제작기준	시기 및 횟수
KS L 5105	28일 압축강도 몰드(조)	1조(3개)	1일 1회
	7일 압축강도 몰드(조)	1조(3개)	

○ **공시체(몰드) 제작방법**

- 2개층(1층 25㎜)으로 나누어 채우며 층당 32회 찧기를 하여 성형
- 성형이 끝난 즉시 틀에 넣은 그대로 습기함에 20~24시간 보관
- 이후 탈형하여 시험 전까지 수중양생 실시

- 양생 온도는 : 21~25℃(습기함, 양생수조)

○ **시공자**

- 시공자의 품질관리기술인(품질관리자)이 온돌마감 모르타르 강도시험용 공시체(큐빅몰드) 제작

○ **건설사업관리기술인, 감리원 검토 및 관리**

- 온돌마감 모르타르 강도시험용 공시체(큐빅몰드)가 정상적으로 제작되는지 여부 등 서명 및 입회

▲ 온돌마감 모르타르 강도시험용 공시체 제작 과정 전경

4.2.5.8 온돌마감 모르타르 압축강도 시험

○ **법적근거**

- 「건설기술진흥법」 제55조(건설공사의 품질관리) 및 같은 법 시행령 제91조(품지시험 및 검사)
- 「건설공사 품질관리 업무지침」 제8조(품질 시험기준), 제38조(시공 품질관리 시험 · 검사 등) 제5항
- 「KCS 표준시방서」온수 온돌공사 KCS 41 53 01 : 2021, 3.4 마감 모르타르 바르기
- 시공자의 품질관리계획서 및 품질시험계획서

○ **목적 및 필요성**

- 온돌마감 모르타르를 만들 때 사용한 재료가 적합한지 조사하고, 소요의 성질을 갖는 온돌마감 모르타르를 가장 경제적으로 만들 수 있는 재료 선정
- 실제의 구조물에 시공된 온돌마감 모르타르의 품질을 확보하고, 설계에서 가정한 압축강도의 성질을 갖고 있는지 조사 할 수 있음

○ **품질검사(시험) 기준**

- 건조 시멘트 모르타르

시험·검사방법	시험·검사종목	시험기준	시기 및 횟수
KS L 5220	28일 압축강도(MPa]	21 이상	1일 1회
	7일 압축강도(MPa)	14 이상	

- 7일 온돌마감 모르타르 압축강도 시험 : 1조(3개) 평균값은 호칭강도 값 이상
- 28일 온돌마감 모르타르 압축강도 시험 : 1조(3개) 평균값은 호칭강도 값 이상

○ **품질검사(시험) 방법**

- 4.2.2.9일 거푸집 탈형 콘크리트 압축강도 시험의 품질검사(시험) 방법 참조
- 최대하중이 20초 이상 80초 이내에 미치는 속도로 가함

○ **시공자**

- 시공자의 품질관리기술인(품질관리자)이 온돌마감 모르타르 압축강도 시험 실시

○ **건설사업관리기술인, 감리원 검토 및 관리**

- 온돌마감 모르타르 압축강도 시험을 정상적으로 진행하는지 확인 및 입회

▲ 온돌마감 모르타르 압축강도 시험 전경

4.2.5.9 온돌마감 모르타르 시험표

○ **법적근거**

- 「건설기술진흥법」 제55조(건설공사의 품질관리) 및 같은 법 시행령 제91조(품지시험 및 검사)
- 「건설공사 품질관리 업무지침」 제8조(품질 시험기준), 제38조(시공 품질관리 시험 · 검사 등) 제5항
- 「KCS 표준시방서」 온수 온돌공사 KCS 41 53 01 : 2021, 3.4 마감 모르타르 바르기
- 시공자의 품질관리계획서 및 품질시험계획서

○ **목적 및 필요성**

- 온돌마감 모르타르의 플로우, 압축강도 시험 결과가 기준에 적합한지 여부 검토

○ **품질검사(시험) 기준**

- 4.2.5.6, 4.2.5.8 품질검사(시험) 기준 참조

○ **주요내용**

- **플로우 시험**은 오전, 오후 시료별(2개)로 2방향 값을 플로우값 (1), 플로우값 (2)의 값을 평균값으로 결과 산정
- **압축강도 시험**은 시료 1조(3개)를 시료별로 파괴하중, 단면적, 압축강도를 평균 압축강도, 결과를 관리
- 온돌마감 모르타르의 플로우, 압축강도 시험(7일, 28일) 입회 사진을 첨부

○ **시공자**

- 시공자의 품질관리기술인(품질관리자)이 온돌마감 모르타르 시험표, 기포제(pH) 시험 · 검사 작업 일지 작성 및 서명, 보관

○ **건설사업관리기술인, 감리원 검토 및 관리**

- 온돌마감 모르타르 시험 결과가 시험 기준에 적합여부 확인 및 서명

온돌마감 모르타르 시험표
[플로우, 압축강도]

현 장 명	공동주택 신축공사		
공 종	미장공사	타설부위	101동(26~29층)/102동(26~29층) 107동(20~22층)
납 품 사		시 험 일	2024년 05월 24일

1. 플로우 시험

시료번호	플로우 값 (1)	플로우 값 (2)	시료별 결과 (mm)	평균값 (mm)	기준	판정
S - 1	160	162	161	161	170±20 mm	합격
S - 2	161	160	161			
S - 1	159	159	159	159	170±20 mm	합격
S - 2	160	158	159			

시 험 자 :   확 인 자 : 박하용 / (서명)

2. 7일 강도

시험일자 : 2024년 05월 31일

시료번호	파괴하중 (N)	단면적 (㎟)	압축강도 (MPa)	평균값 (MPa)	기준 (MPa)	판정
S - 1	40,200	2,500	16.1	17.1	14 이상	합격
S - 2	42,400	2,500	17.0			
S - 3	41,600	2,500	16.6			

시 험 자 :   확 인 자 : 박하용 / (서명)

3. 28일 강도

시험일자 : 2024년 06월 21일

시료번호	파괴하중 (N)	단면적 (㎟)	압축강도 (MPa)	평균값 (MPa)	기준 (MPa)	판정
S - 1	68,000	2,500	27.2	26.7	21 이상	합격
S - 2	61,500	2,500	24.6			
S - 3	70,400	2,500	28.2			

Remark:

시 험 자 :   확 인 자 : 박하용 / (서명)

▲ 온돌마감 모르타르 시험표 작성 사례

4.2.5.10 품질검사(시험)대장

○ **법적근거**

- 「건설기술진흥법」 제55조(건설공사의 품질관리) 제2항
- 「건설기술진흥법 시행규칙」 제50조(품질시험 및 검사의 실시), 별지 제42호서식
- 「건설공사 사업관리방식 검토기준 및 업무수행지침」 제78조(보고서 작성, 제출)제1항제1호다목, 별지 제34호서식

  * 일자, 시험구분, 재료, 시험·검사종목, 시험기준, 시험결과, 시험결과 판정 등을 기재

○ **목적 및 필요성**

- 품질검사대장에 기재된 내용이 품질검사 성적서 결과 대비표와 일치하는 확인

○ **품질검사(시험) 기준**

- 4.2.5.1, 4.2.5.3, 4.2.5.5, 4.2.5.6, 4.2.5.8 품질검사(시험) 기준 참조

○ **주요내용**

- 품질검사(시험) 기준에 따라 시험 · 검사한 결과를 기재하여 적합 여부 확인 · 관리
- 품질검사(시험)대장은 품질검사(시험) 기준 및 품질검사 성적서 결과 대비표와 일치 하는지 확인

○ **시공자**

- 품질검사(시험) 결과를 품질검사(시험)대장에 기재 및 품질관리기술인(품질관리자) 서명

○ **건설사업관리기술인, 감리원 검토 및 관리**

- 품질검사(시험) 기준에 따라 시험 결과의 적합 여부 등 확인 및 서명

질 검 사 대 장(2024년 5월

○ 공사명 : 공동주택 신축공사

○ 구 분 : 기포콘크리트[0.4품]

일련번호	연.월.일	시험·검사 구 분	재 료	시험·검사종목	시험기준	시 험 결 과	시험결과 판정	시험·검사자 성 명	시험·검사자 서 명	건설사업관리기술인 성 명	건설사업관리기술인 서 명	비 고
24-05-001	2024-05-17	시험	경량기포 콘크리트 [0.4품]	플로우 (mm)	180 이상	291	합격			박하용		현장시험
						291	합격			박하용		
						292	합격			박하용		
				플로우 (mm)	180 이상	294	합격			박하용		
						297	합격			박하용		
						295	합격			박하용		
				기포슬러리 비중	0.39 이상	0.54	합격			박하용		
						0.53	합격			박하용		
						0.53	합격			박하용		
				기포슬러리 비중	0.39 이상	0.6	합격			박하용		
						0.61	합격			박하용		
						0.61	합격			박하용		
				기포율 (%)	66.5 ~ 73.5	67.5	합격			박하용		
						70	합격			박하용		
				기포제	6 ~ 8	7	합격			박하용		
				압축강도 [7일] (Mpa)	0.5 이상	0.72	합격			박하용		2024-05-24
				압축강도 [28일] (Mpa)	0.8 이상	1.04	합격			박하용		2024-06-14

▲ 경량기포콘크리트 품질검사대장 작성 사례

질 검 사 대 장(2024년 04

○ 공사명 : 공동주택 신축공사

○ 구 분 : 온돌마감 모르타르

일련번호	연.월.일	시험·검사 구 분	재 료	시험·검사종목	시험기준	시 험 결 과	시험결과 판정	시험·검사자 성 명	시험·검사자 서 명	건설사업관리기술인 성 명	건설사업관리기술인 서 명	비 고
24-04-004	2024-04-10	시험	온돌마감용 모르타르	플로우 (mm)	170±20	170	합격			박하용		현장시험
						175	합격			박하용		
				압축강도 [7일] (Mpa)	14 이상	17.3	합격			박하용		2024-04-17
				압축강도 [28일] (Mpa)	21 이상	25.3	합격			박하용		2024-05-08

▲ 온돌마감 모르타르 품질검사대장 작성 사례

품 질 검 사 대 장(2023년 12월)

○ 공사명 : [ ] 공동주택 신축공사

○ 구　분 : 외부의뢰

일렬번호	연.월.일	시험·검사 구분	재 료	시험·검사종목	시험기준	시 험 결 과	시험결과 판정	시험·검사자 성 명	시험·검사자 서 명	건설사업관리기술인확인 성 명	건설사업관리기술인확인 서 명	비 고
23-12-001	23-12-1	검사	바닥완충재 [S7-HB30B8-210]- 30T	동탄성계수 (MN/㎥)	17.8 이하	13.5	합격					
23-12-002				손실계수	0.1~0.3	0	합격					
23-12-003				가열 후 동탄성계수 (MN/㎥)	14.29 ± 20(%)	14.54	합격					
23-12-004				가열 후 손실계수	0.1~0.3	0.1	합격					
23-12-005				밀도 (kg/㎥)	19 이상	19.04	합격					
23-12-006				두께 (mm)	30 ± 0.5	30.3	합격					
23-12-007				흡수량 %(v/v)	4 이하	3.3	합격					
23-12-008				열전도율 W/(m·k)	0.034 이하	0.031	합격					
23-12-009				가열 후 (%) 치수안정성 길이	5 이내	0	합격					
23-12-010				가열 후 (%) 치수안정성 나비	5 이내	0	합격					
23-12-011				가열 후 (%) 치수안정성 두께	5 이내	2	합격					
23-12-012				잔류변형량 (mm)	3 이하	2.6	합격					
23-12-013	23-12-1	검사	측면 완충재 10T	동탄성계수 (MN/㎥)	40 이하	28.28	합격					
23-12-014				손실계수	0.1~0.3	0.3	합격					
23-12-015				밀도 (kg/㎥)	-	15.78	합격					
23-12-017				흡수량 (%)	4 이하	2.7	합격					

▲ 바닥 및 측면 완충재 품질검사대장 작성 사례

4.2.6 타일 및 석공사

4.2.6.1 타일 시험

○ **법적근거**

- 「건설기술진흥법」 제55조(건설공사의 품질관리), 제60조(품질검사의 대행 등) 제1항
- 「건설기술진흥법 시행령」 제91조(품질시험 및 검사), 제97조(품질검사의 대행 등) 제1항
- 「건설기술진흥법 시행규칙」 제53조(품질관리비의 산출 및 사용 기준) 제3항, 제97조(품질검사의 대행의뢰 등) 제1항
- 「건설공사 품질관리 업무지침」 제8조(품질 시험기준)
- 「KCS 표준시방서」 타일공사 KCS 41 48 01 : 2021, 2.1 타일
- 시공자의 품질관리계획서 및 품질시험계획서

○ **목적 및 필요성**

- 설계도서에서 제시된 기준에 적합한 우수한 제품 확보

○ **품질검사(시험) 기준**

- **도자기질 타일**(KS L 1001)

<table>
<tr><th>시험·검사방법</th><th>시험·검사종목</th><th>시험기준</th><th>시기 및 횟수</th></tr>
<tr><td rowspan="3">KS L 1001</td><td>겉모양</td><td>이상없을 것</td><td rowspan="3">제조회사별 마다
제품규격 마다</td></tr>
<tr><td>치수(길이, 너비/mm)</td><td><table>
<tr><th></th><th>자기
(내장)</th><th>석기·
도기
내장</th><th>석기·
도기
외장·
바닥</th></tr>
<tr><td>자기질</td><td>±1.0</td><td></td><td></td></tr>
<tr><td>1 5 5 ~
305이하</td><td></td><td>±1.5</td><td>±3.0</td></tr>
<tr><td>305초과</td><td></td><td>±2.0</td><td>±3.5</td></tr>
</table></td></tr>
<tr><td>치수(두께/mm)</td><td>▸ 내장 : ±0.7
▸ 외장·바닥 : ±1.5</td></tr>
</table>

<table>
<tr><td></td><td>치수의 불규칙도
(길이, 너비/mm)</td><td><table><tr><td></td><td>자기</td><td>석기</td><td>도기</td></tr><tr><td>1 5 5 ~
305이하</td><td>3.0</td><td>2.4</td><td>1.5</td></tr><tr><td>305초과</td><td>3.5</td><td>2.8</td><td>2.0</td></tr></table></td><td></td></tr>
<tr><td></td><td>뒤틀림(볼록/mm)</td><td><table><tr><td></td><td>자기·석기</td><td>도기</td></tr><tr><td>155~305이하</td><td>2.0</td><td>1.5</td></tr><tr><td>305초과</td><td>2.4</td><td>1.8</td></tr></table></td><td></td></tr>
<tr><td></td><td>뒤틀림(오목/mm)</td><td><table><tr><td></td><td>자기·석기</td><td>도기</td></tr><tr><td>155~305이하</td><td>1.5</td><td>1.0</td></tr><tr><td>305초과</td><td>1.8</td><td>1.2</td></tr></table></td><td></td></tr>
<tr><td></td><td>뒤틀림(옆면/mm)</td><td><table><tr><td></td><td>자기·석기·도기</td></tr><tr><td>155~305이하</td><td>2.0</td></tr><tr><td>305초과</td><td>2.5</td></tr></table></td><td></td></tr>
<tr><td></td><td>내약품성-내산성</td><td rowspan="2">소지 및 유약의 변색이 없어야 함</td><td></td></tr>
<tr><td></td><td>내약품성-내알칼리성</td><td></td></tr>
<tr><td></td><td>내균열성</td><td>균열 및 금 갈라짐이 생기지 않을 것</td><td></td></tr>
<tr><td></td><td>흡수성(%)</td><td>▸ 자기질(포셀린) : 3.0 이하
▸ 도기질 : 18 이하
▸ 석기질 : 5 이하</td><td></td></tr>
<tr><td></td><td>꺽임강도(N/cm)</td><td>외장·바닥
▸ 155mm 초과 : 100 이상
▸ 155mm 이하 : 80 이상
내장 : 12 이상</td><td></td></tr>
<tr><td></td><td>내마모성(g)</td><td>0.1 이하</td><td></td></tr>
<tr><td></td><td>내동해성</td><td>금 갈라짐, 깨어짐 및 균열이 없어야 함</td><td></td></tr>
<tr><td></td><td>동적마찰계수(욕실용 바닥타일/ 습윤)</td><td>0.4 이상</td><td></td></tr>
</table>

– **도자기질 타일용 접착제**(KS L 1593)

시험·검사방법	시험·검사종목	시험기준	시기 및 횟수
KS L 1593	겉모양	균질하고 해로운 이물질 혼입되어서는 안됨	제조회사별 마다 제품규격별 마다
	혼련 확인 종결 용이성 (2액 혼합형 적용)	색이 명확할 것	

	접착강도(N/㎟)-표준	0.6 이상	
	내열성	60℃, 24시간 4.5kg 추를 놓고 안정한 상태로 있을 것	
	미끄럼 저항성	어긋남이 생기지 않을 것	
	가사시간 및 부착 가능시간 (가사시간은 2액 혼합형 적용)	부착시간 : 0.6N/㎟ 이상	
	홈알데이드 방출량 (g/㎡)	300	

○ **품질검사(시험)**

– 국립・공립 시험기관 또는 건설엔지니어링사업자로 하여금 건설공사의 품질관리를 위한 시험・검사 등을 대행하여 시험실시

○ **품질검사(시험) 대행 절차(CSI)**

– 품질검사 연간단가계약 입력 · 승인→봉인의뢰 승인→봉인 실시→ 품질검사의뢰 승인

○ **시공자**

– 품질검사의 대행기관에 CSI 통하여 품질검사 의뢰(시료의 봉인, 품질검사 의뢰)

○ **건설사업관리기술인, 감리원 검토 및 관리**

– CSI 통하여 품질검사 봉인, 품질검사 의뢰 승인, 현장 시료 봉인 입회

4.2.6.2 타일 접착력(인장 부착강도) 시험

○ 법적근거

- 「건설기술진흥법」 제55조(건설공사의 품질관리), 제60조(품질검사의 대행 등) 제1항
- 「건설기술진흥법 시행령」 제91조(품질시험 및 검사), 제97조(품질검사의 대행 등) 제1항
- 「건설기술진흥법 시행규칙」 제53조(품질관리비의 산출 및 사용 기준) 제3항,
  제97조(품질검사의 대행의뢰 등) 제1항
- 「건설공사 품질관리 업무지침」 제8조(품질 시험기준)
- 「KCS 표준시방서」 타일공사 KCS 41 48 01 : 2021, 3.6 검사, 3.6.3 접착력 시험
- 시공자의 품질관리계획서 및 품질시험계획서

○ 목적 및 필요성

- 타일 붙이기의 접착용 모르타르 밀착 정도를 검사하여 탈락 등 부실시공 예방

○ 품질검사(시험) 기준

시험·검사방법	시험·검사종목	시험기준	시기 및 횟수
KCS 41 48 01	타일 인장 부착강도(N/㎟)	0.39 이상	일반건축물의 경우 타일면적 200m²당, **공동주택은 10호당 1호에 한 장씩 시험**

○ 주요내용

- 시험할 타일은 먼저 줄눈 부분을 콘크리트 면까지 절단하여 주위의 타일과 분리시킴
- 시험할 타일은 시험기 부속 장치의 크기로 하되, 그 이상은 180 mm×60mm 크기로 타일이 시공된 바탕면까지 절단한다. 다만, 40mm 미만의 타일은 4매를 1개조로 하여 부속 장치를 붙여 시험
- **시험은 타일 시공 후 4주 이상일 때 실시**
- **두들김 검사**는 건축표준시방서 타일공사 KCS 41 48 01 : 2021, 3.6 검사,

3.6.2 두들김 검사 (3)에 따라 벽타일 붙이기 중 **떠붙임공법의 경우는 접착용 모르타르 밀착 정도를 검사하여 중앙부를 기준으로 밀착 정도 80% 이상이면 합격처리**하고, 불합격시는 주변 8장을 다시 떼어내 확인하여 이 중 1장이라도 불합격이 있으면 시공물량을 재시공

○ 품질검사(시험) 방법

- 시험 위치의 타일을 지그(보통 40mm)의 크기로 바탕면까지 절단
- 자른 타일에 지그를 강력접착제로 붙임
- 지그와 시험기구를 연결함
- 시험기구의 영점조절기능(TARE)을 누름(TARE)
- 시험기구를 TEST 누름
- 시험기구를 돌림(힘을 가함)
- 타일이 떨어지면 시험기구의 결과를 얻음
- 시험기구의 결과 값을 지그의 면적(지그가 40mm인 경우 : 1,600)으로 나눔(인장부착 강도)

○ 품질검사(시험)

- 국립·공립 시험기관 또는 건설엔지니어링사업자로 하여금 건설공사의 품질관리를 위한 시험·검사 등을 대행하여 시험실시

○ 품질검사(시험) 대행 절차(CSI)

- 품질검사 연간단가계약 입력·승인→봉인의뢰 승인→봉인 실시→ 품질검사의뢰 승인

○ 시공자

- 품질검사의 대행기관에 CSI 통하여 품질검사 의뢰(시료의 봉인, 품질검사 의뢰), 현장 인장 접착력(부착강도) 시험 시 입회

○ 건설사업관리기술인, 감리원 검토 및 관리

- CSI 통하여 품질검사 봉인, 품질검사 의뢰 승인, 현장 시료 봉인, 시험 입회, 현장에서 품질검사(시험)을 실시하는 경우 입회

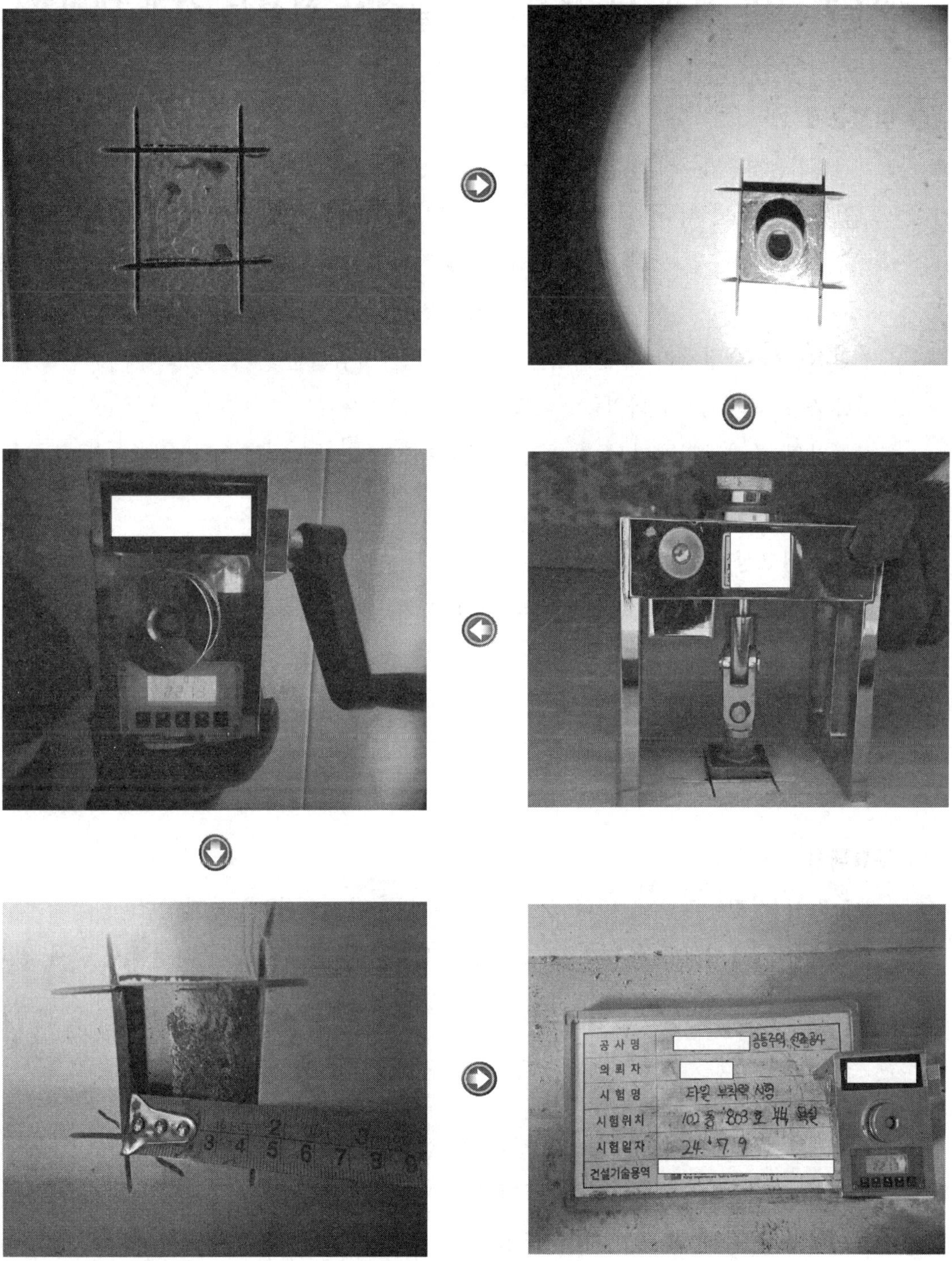

▲ 타일 접착력(인장 부착강도) 시험 과정 전경

4.2.6.3 타일 자재 및 접착력 품질검사 성적서 결과 대비표

○ **법적근거**

- 「건설기술진흥법」 제55조(건설공사의 품질관리), 제60조(품질검사의 대행 등) 제1항
- 「건설기술진흥법 시행령」 제91조(품질시험 및 검사), 제97조(품질검사의 대행 등) 제1항
- 「건설기술진흥법 시행규칙」 제53조(품질관리비의 산출 및 사용 기준) 제3항, 제97조(품질검사의 대행의뢰 등) 제1항
- 「건설공사 품질관리 업무지침」 제8조(품질 시험기준)
- 「KCS 표준시방서」 타일공사 KCS 41 48 01 : 2021
- 시공자의 품질관리계획서 및 품질시험계획서

○ **목적 및 필요성**

- 타일의 강도 및 접착력(인장 부착강도) 시험 결과가 기준에 적합한지 여부 검토

○ **품질검사(시험) 기준**

- 4.2.6.1, 4.2.6.2 품질검사(시험) 기준 참조

○ **주요내용**

- 품질검사(시험) 기준에 따라 품질검사 결과를 비교하여 합부 판정함
- 품질검사 대행기관에서 대행한 품질검사 성적서를 첨부하고, 품질검사 성적서 결과 대비표는 품질관리자가 작성하고 건설사업관리기술인, 감리원이 확인 및 서명함

○ **시공자**

- 시공자의 품질관리기술인(품질관리자)이 국립·공립 시험기관 또는 건설엔지니어링 사업자로 하여금 건설공사의 품질관리를 위한 시험·검사 등을 대행하여 시험 실시한 결과를 CSI 확인하여 품질검사 성적서 결과 대비표 작성 및 서명, 보관

○ **건설사업관리기술인, 감리원 검토 및 관리**

- 품질검사 대행기관의 성적서 결과가 시험·검사 기준에 적합여부 확인 및 서명

품질검사 성적서 결과 대비표

현 장 명	공동주택 신축공사	시료 또는 자재 생산자	
의뢰일자	2024년 12월 19일	발급일자	2025년 2월 20일
시 료 명	도자기질타일[FGA9254S (300*300*8)]		

시험·검사 종목		시험·검사 방법	단위	시험·검사 기준	시험·검사 결과	합 부 판정
겉모양		KS L 1001	-	이상없을 것	이상없음	합격
치수	길이		mm	±1.5	300.4	합격
	너비			±1.5	300.3	합격
	두께			±0.7	8	합격
뒤틀림	볼록		mm	2.0 이하	0	합격
	오목			1.5 이하	0.32	합격
	옆면			2.0 이하	0.32	합격
치수의 불규칙도	길이		mm	3.0 이하	0	합격
	너비				0.1	합격
흡수율			%	3 이하	2	합격
내균열성			-	균열 및 금 갈라짐이 생기지 않을 것	이상없음	합격
내마모성			g	0.1 이하	0	합격
꺽임강도			N/㎝	100 이상	121	합격
내동해성			-	금 갈라짐,깨어짐 및 균열이 없어야한다.	이상없음	합격
내약품성-내산성			-	소지 및 유약의 변색이 없어야 한다.	이상없음	합격
내약품성-내알칼리성			-		이상없음	합격

품질관리기술인 :	건설사업관리기술인 : 박하용(서명)

품질검사 성적서 결과 대비표

현 장 명	공동주택 신축공사	시료 또는 자재 생산자	
의뢰일자	2024년 12월 19일	발급일자	2025년 2월 20일
시 료 명	도자기질타일[FFA9254W (300*200*8)]		

시험·검사 종목		시험·검사 방법	단위	시험·검사 기준	시험·검사 결과	합 부 판정
겉모양		KS L 1001	-	이상없을 것	이상없음	합격
치수	길이		mm	±1.5	300.4	합격
	너비			±1.5	200.5	합격
	두께			±0.7	8.1	합격
뒤틀림	볼록		mm	2.0 이하	0	합격
	오목			1.5 이하	0.27	합격
	옆면			2.0 이하	0.32	합격
치수의 불규칙도	길이		mm	3.0 이하	0.1	합격
	너비				0.1	합격
흡수율			%	3 이하	2	합격
내균열성			-	균열 및 금 갈라짐이 생기지 않을 것	이상없음	합격
내마모성			g	0.1 이하	0	합격
꺾임강도			N/㎝	100 이상	108	합격
내동해성			-	금 갈라짐,깨어짐 및 균열이 없어야한다.	이상없음	합격
내약품성-내산성			-	소지 및 유약의 변색이 없어야 한다	이상없음	합격
내약품성-내알칼리성			-		이상없음	합격
품질관리기술인 :				건설사업관리기술인 : (서명)		

▲ 도자기타일 품질검사 성적서 결과 대비표 작성 사례

품질검사 성적서 결과 대비표

현 장 명	공동주택 신축공사	시료 또는 자재 생산자	
의뢰일자	2024년 3월 6일	발급일자	2024년 3월 21일
시 료 명	포셀린타일[MD-48036 400*800]		

시험·검사 종목		시험·검사 방법	단위	시험·검사 기준	시험·검사 결과	합 부 판정
겉모양		KS L 1001	-	이상없을것	이상없음	합격
치수	길이		mm	800±2	800.2	합격
	너비		mm	400±2	400.1	합격
	두께		mm	9±0.7	9	합격
치수의 불규칙도	길이		mm	3.5 이하	0.3	합격
	너비		mm	3.5 이하	0.3	합격
뒤틀림	볼록		mm	2.4 이하	0.12	합격
	오목		mm	1.0 이하	없음	합격
	옆면		mm	2.5 이하	0.15	합격
내약품성-내산성			-	유약의 변색이 없을 것	이상없음	합격
내약품성-내알칼리성			-	유약의 변색이 없을 것	이상없음	합격
내균열성			-	균열 및 금 갈라짐이 없을 것	이상없음	합격
흡수율			%	3 이하	0.1	합격
꺽임강도			N/㎝	12 이상	124	합격

품질관리기술인 :

건설사업관리기술인 : 박하용 (서명)

품질검사 성적서 결과 대비표

현 장 명	공동주택 신축공사	시료 또는 자재 생산자	
의뢰일자	2024년 10월 16일	발급일자	2024년 12월 2일
시 료 명	포셀린타일[TB-TERRAZZO DUE 600*600]		

시험·검사 종목		시험·검사 방법	단위	시험·검사 기준	시험·검사 결과	합 부 판정
뒤틀림	볼록	KS L 1001	mm	2.4 이하	0	합격
	오목		mm	1.8 이하	0.2	합격
	옆면		mm	2.5 이하	0.18	합격
겉모양			-	이상없을것	이상없음	합격
치수	길이		mm	600±3.5	600.4	합격
	너비		mm	600±3.5	600.2	합격
	두께		mm	10±1.5	9.7	합격
치수의 불규칙도	길이		mm	3.5 이하	0.1	합격
	너비		mm	3.5 이하	0.1	합격
흡수율			%	3 이하	1.6	합격
내균열성			-	균열 및 금 갈라짐이 없을 것	이상없음	합격
꺽임강도			N/㎝	100 이상	122	합격
내마모성			g	0.1 이하	0	합격
동결융해			-	금,갈라짐,께어짐 및 균열이 없을 것	이상없음	합격
내약품성-내산성			-	유약의 변색이 없을 것	이상없음	합격
내약품성-내알칼리성			-	유약의 변색이 없을 것	이상없음	합격

품질관리기술인 :	건설사업관리기술인 : 박 하 용 (서명)

품질검사 성적서 결과 대비표

현 장 명	공동주택 신축공사	시료 또는 자재 생산자	
의뢰일자	2024년 7월 8일	발급일자	2024년 8월 26일
시 료 명	포셀린타일[MD-PA6651W (600*600*9)]		

시험·검사 종목		시험·검사 방법	단위	시험·검사 기준	시험·검사 결과	합 부 판정
겉모양		KS L 1001	-	이상없을 것	이상없음	합격
치수	길이		mm	±1	600.5	합격
	너비			±1	600.5	합격
	두께			±0.7	9.5	합격
치수의 불규칙도	길이		mm	3.5 이하	0.4	합격
	너비				0.3	합격
뒤틀림	볼록		mm	2.4 이하	0.68	합격
	오목			1.8 이하	없음	합격
	옆면			2.5 이하	0.64	합격
내약품성-내산성			-	소지 및 유약의 변색이 없어야 한다	이상없음	합격
내약품성-내알칼리성			-		이상없음	합격
내균열성			-	균열 및 금 갈라짐이 생기지 않을 것	이상없음	합격
흡수율			%	3 이하	0.4	합격
꺾임강도			N/㎝	100 이상	150	합격
내마모성			g	0.1 이하	0.01	합격
내동해성			-	금 갈라짐,깨어짐 및 균열이 없어야한다.	이상없음	합격
품질관리기술인 :				건설사업관리기술인 : (서명)		

<table>
<tr><th colspan="6">품질검사 성적서 결과 대비표</th></tr>
<tr><td>현 장 명</td><td colspan="2">[ ] 공동주택 신축공사</td><td>시료 또는 자재 생산자</td><td colspan="2">[ ]</td></tr>
<tr><td>의뢰일자</td><td colspan="2">2024년 3월 6일</td><td>발급일자</td><td colspan="2">2024년 3월 21일</td></tr>
<tr><td>시 료 명</td><td colspan="5">포셀린타일[CALA CA TTA EXTRA NAT 600*1200]</td></tr>
</table>

시험·검사 종목		시험·검사 방법	단위	시험·검사 기준	시험·검사 결과	합 부 판정
겉모양		KS L 1001	-	이상없을것	이상없음	합격
치수	길이		mm	1200±2	1199.9	합격
	너비		mm	600±2	600	합격
	두께		mm	10±0.7	10	합격
치수의 불규칙도	길이		mm	3.5 이하	0.3	합격
	너비		mm	3.5 이하	0.2	합격
뒤틀림	볼록		mm	2.4 이하	0.54	합격
	오목		mm	1.8 이하	없음	합격
	옆면		mm	2.5 이하	0.17	합격
내약품성-내산성			-	유약의 변색이 없을 것	이상없음	합격
내약품성-내알칼리성			-	유약의 변색이 없을 것	이상없음	합격
내균열성			-	균열 및 금 갈라짐이 없을 것	이상없음	합격
흡수율			%	3 이하	0.1	합격
꺽임강도			N/㎝	12 이상	193	합격

품질관리기술인 : [ ]	건설사업관리기술인 : 박하용 (서명)

▲ 포셀린타일 품질검사 성적서 결과 대비표 작성 사례

품질검사 성적서 결과 대비표

현 장 명	공동주택 신축공사	시료 또는 자재 생산자	
의뢰일자	2024년 10월 28일	발급일자	2024년 11월 7일
시 료 명	타일 접착력 시험[108동]		

시험·검사 종목		시험·검사 방법	단위	시험·검사 기준	시험·검사 결과	합 부 판정
타일 접착력 시험	108동 1403호 거실 바닥	KCS 41 48 01 :2021	N/㎟	0.39 이상	1.53	합격
품질관리 기술인 :			담당 건설사업관리 기술인 : 박 하 용 (서명)			

품질검사 성적서 결과 대비표

현 장 명	공동주택 신축공사	시료 또는 자재 생산자	
의뢰일자	2024년 7월 8일	발급일자	2024년 7월 22일
시 료 명	타일 부착강도 시험[108동]		

시험·검사 종목		시험·검사 방법	단위	시험·검사 기준	시험·검사 결과	합 부 판정
타일 부착강도 시험	108동 101호 공용욕실 벽체	KCS 41 48 01 :2021	N/㎟	0.39 이상	0.68	합격
	108동 401호 부부욕실 벽체				0.73	합격
	108동 1202호 공용욕실 벽체				0.58	합격
	108동 1503호 부부욕실 벽체				0.7	합격
품질관리 기술인 :			담당 건설사업관리 기술인 : 박 하 용 (서명)			

▲ 타일 접착력(인장 부착강도) 품질검사 성적서 결과 대비표 작성 사례

품질검사 성적서 결과 대비표

현 장 명	공동주택 신축공사	시료 또는 자재 생산자	
의뢰일자	2024년 8월 7일	발급일자	2024년 9월 10일
시 료 명	시각장애인용 점자블록[도자기제]		

시험·검사 종목		시험·검사 방법	단위	시험·검사 기준	시험·검사 결과	합 부 판정
흡수율		KS L 1001	%	3 이하	0.14	합격
내동해성			–	이상없을 것	이상없음	합격
내마모성			g	0.1 이하	0.01	합격
내약품성	내산성		–	변색이 없을 것	이상없음	합격
	내알칼리성				이상없음	합격
꺽임강도			N/mm	10 이상	24.8	합격
겉모양		KS F 4561	–	이상없을 것	이상없음	합격
치수	가로		mm	300±2	299.9	합격
	세로			300±2	299.9	합격
	돌출부의 높이			6±1	5.5	합격
미끄럼저항성	1	KS F 2375	BPN	40 이상	55	합격
	2				50	합격
	3				50	합격

품질관리기술인 :	건설사업관리기술인 : 박 하 용 (서명)

▲ 점자블록 품질검사 성적서 결과 대비표 작성 사례

4.2.6.4 석재 시험

○ **법적근거**

- 「건설기술진흥법」 제55조(건설공사의 품질관리), 제60조(품질검사의 대행 등) 제1항
- 「건설기술진흥법 시행령」 제91조(품질시험 및 검사), 제97조(품질검사의 대행 등) 제1항
- 「건설기술진흥법 시행규칙」 제53조(품질관리비의 산출 및 사용 기준) 제3항, 제97조(품질검사의 대행의뢰 등) 제1항
- 「건설공사 품질관리 업무지침」 제8조(품질 시험기준)
- 「KCS 표준시방서」 석공사 일반 KCS 41 35 01 : 2021, 2. 자재, 3.5 시험
- 「LHCS 시방서」 LHCS 41 35 01 : 2020, 2. 자재
- 시공자의 품질관리계획서 및 품질시험계획서

○ **목적 및 필요성**

- 설계도서에서 제시된 기준에 적합한 우수한 제품 확보

○ **품질검사(시험) 기준**

시험·검사방법	시험·검사종목	시험기준		시기 및 횟수
		화강석(경석)	대리석	
KS F 2530	표면건조포화상태의 밀도(g/㎤)	2.5 이상	2.7 이상	골재원 마다 재질 변화시 마다
LHCS	철분함유량(%)	3 이하	-	
KS F 2530	흡수율(%)	5 미만	1 미만	
KS F 2519	압축강도(MPa)	50 이상	100 이상	

※ 시험기준 : LHCS 41 35 01 석재 바닥 깔기, 벽넣기의 자재 참조

○ **주요사항**

- 시료는 대표적인 것을 채취하여야 하며, 3개 이상의 시험체를 만들 수 있는 크기 채취
- 시험체 치수는 50mm~80mm의 육면체, 원기둥 또는 다른 규칙적인 것이어야 함
- 표면적에 대한 부피의 비율이 0.8~1.4인것
- 모든 표면은 톱질한 표면이나, 코어로 채취한 표면 정도로 편편해야 하며, 이 보다 거친 표면은 연마분으로 손실해야 함
- 시료마다 3개 이상의 시험체를 제작

○ **품질검사(시험)**

- 국립·공립 시험기관 또는 건설엔지니어링사업자로 하여금 건설공사의 품질관리를 위한 시험·검사 등을 대행하여 시험실시

○ **품질검사(시험) 대행 절차(CSI)**

- 품질검사 연간단가계약 입력·승인→봉인의뢰 승인→봉인 실시→ 품질검사의뢰 승인

○ **시공자**

- 품질검사의 대행기관에 CSI 통하여 품질검사 의뢰(시료의 봉인, 품질검사 의뢰)

○ **건설사업관리기술인, 감리원 검토 및 관리**

- CSI 통하여 품질검사 봉인, 품질검사 의뢰 승인, 현장 시료 봉인 입회

4.2.6.5 석재 앙카볼트 인발 시험

○ 법적근거

- 「건설기술진흥법」 제55조(건설공사의 품질관리), 제60조(품질검사의 대행 등) 제1항
- 「건설기술진흥법 시행령」 제91조(품질시험 및 검사), 제97조(품질검사의 대행 등) 제1항
- 「건설기술진흥법 시행규칙」 제53조(품질관리비의 산출 및 사용 기준) 제3항,
  제97조(품질검사의 대행의뢰 등) 제1항
- 「건설공사 품질관리 업무지침」 제8조(품질 시험기준)
- 「KCS 표준시방서」 석공사 일반 KCS 41 35 01 : 2021, 2. 자재, 3.5 시험
- 시공자의 품질관리계획서 및 품질시험계획서

○ 목적 및 필요성

- 석재의 앙카볼트의 인발 정도를 검사하여 부실시공 예방
- 앙카인발시험은 앙카볼트를 시공 후 볼트에 지그를 체결한 후 유압으로 시험을 진행하는 것

○ 품질검사(시험) 기준

시험·검사방법	시험·검사종목	시험기준	시기 및 횟수
-	인발하중(KN)	설계하중(구조설계)	

○ 주요내용

- 앵커볼트의 매립 깊이는 구조계산에 의하여 결정
- 천공 후 에어컴프레서를 이용하여 콘크리트 가루를 완벽하게 제거
- 앙카볼트는 습기나 물기가 있는 곳에 사용하는 제품이 있으므로 목적에 알맞게 적용
- 직접 인발시험을 진행하기 위해서는 시험체가 230mm 나와 있어야 시험 가능

○ **품질검사(시험) 방법**

- 시험 위치의 앙카볼트를 시험기구와 연결함
- 시험기구의 영점조절기능(TARE)을 누름(TARE)
- 시험기구를 TEST 누름
- 시험기구를 돌림(힘을 가함)
- 앙카볼트가 이격되면 시험기구의 결과 값을 읽음
- 설계도서에서 규정한 기준 값 이상인지 여부 확인

○ **품질검사(시험)**

- 국립·공립 시험기관 또는 건설엔지니어링사업자로 하여금 건설공사의 품질관리를 위한 시험·검사 등을 대행하여 시험실시

○ **품질검사(시험) 대행 절차(CSI)**

- 품질검사 연간단가계약 입력·승인→봉인의뢰 승인→봉인 실시→ 품질검사의뢰 승인

○ **시공자**

- 품질검사의 대행기관에 CSI 통하여 품질검사 의뢰(시료의 봉인, 품질검사 의뢰), 현장 인장하중 시험 시 입회

○ **건설사업관리기술인, 감리원 검토 및 관리**

- CSI 통하여 품질검사 봉인, 품질검사 의뢰 승인, 현장 시료 봉인, 시험 입회, 현장에서 품질검사(시험)을 실시하는 경우 입회

▲ 석재 앙카볼트 인발시험 전경

4.2.6.6 석재 자재 및 앙카볼트 인발 하중 품질검사 성적서 결과 대비표

○ **법적근거**

- 「건설기술진흥법」 제55조(건설공사의 품질관리), 제60조(품질검사의 대행 등) 제1항
- 「건설기술진흥법 시행령」 제91조(품질시험 및 검사), 제97조(품질검사의 대행 등) 제1항
- 「건설기술진흥법 시행규칙」 제53조(품질관리비의 산출 및 사용 기준) 제3항, 제97조(품질검사의 대행의뢰 등) 제1항
- 「건설공사 품질관리 업무지침」 제8조(품질 시험기준)
- 「KCS 표준시방서」 석공사 일반 KCS 41 35 01 : 2021, 2. 자재, 3.5 시험
- 시공자의 품질관리계획서 및 품질시험계획서

○ **목적 및 필요성**

- 석재 자재 및 앙카볼트의 인발 하중 시험 결과가 기준에 적합한지 여부 검토

○ **품질검사(시험) 기준**

- 4.2.6.4, 4.2.6.5 품질검사(시험) 기준 참조

○ **주요내용**

- 품질검사(시험) 기준에 따라 품질검사 결과를 비교하여 합부 판정함
- 품질검사 대행기관에서 대행한 품질검사 성적서를 첨부하고, 품질검사 성적서 결과 대비표는 품질관리자가 작성하고 건설사업관리기술인, 감리원이 확인 및 서명함

○ **시공자**

- 시공자의 품질관리기술인(품질관리자)이 국립・공립 시험기관 또는 건설엔지니어링 사업자로 하여금 건설공사의 품질관리를 위한 시험・검사 등을 대행하여 시험 실시한 결과를 CSI 확인하여 품질검사 성적서 결과 대비표 작성 및 서명, 보관

○ **건설사업관리기술인, 감리원 검토 및 관리**

- 품질검사 대행기관의 성적서 결과가 시험・검사 기준에 적합여부 확인 및 서명

품질검사 성적서 결과 대비표

현 장 명	공동주택 신축공사	시료 또는 자재 생산자	
의뢰일자	2023년 12월 20일	발급일자	2024년 1월 8일
시 료 명	석재[포천석-중국]		

시험·검사 종목	시험·검사 방법	단위	시험·검사 기준	시험·검사 결과	합 부 판정
압축강도	KS F 2519	MPa	50 이상	92	합격
흡수율	KS F 2020	%	5 미만	0.26	합격
표면건조포화상태의 밀도		g/㎤	2.5 이상	2.61	합격
철분 함유량	KS L 5222	%	3 이하	0.033	합격

품질관리 기술인 : 　　　담당 건설사업관리 기술인 :

품질검사 성적서 결과 대비표

현 장 명	공동주택 신축공사	시료 또는 자재 생산자	
의뢰일자	2023년 12월 20일	발급일자	2024년 1월 8일
시 료 명	석재[펄브라운-중국]		

시험·검사 종목	시험·검사 방법	단위	시험·검사 기준	시험·검사 결과	합 부 판정
압축강도	KS F 2519	MPa	50 이상	111	합격
흡수율	KS F 2020	%	5 미만	0.24	합격
표면건조포화상태의 밀도		g/㎤	2.5 이상	2.68	합격
철분 함유량	KS L 5222	%	3 이하	0.158	합격

품질검사 성적서 결과 대비표

현 장 명	공동주택 신축공사	시료 또는 자재 생산자	
의뢰일자	2023년 12월 20일	발급일자	2024년 1월 8일
시 료 명	석재[펄화이트-중국]		

시험·검사 종목	시험·검사 방법	단위	시험·검사 기준	시험·검사 결과	합 부 판정
압축강도	KS F 2519	MPa	50 이상	102	합격
흡수율	KS F 2020	%	5 미만	0.28	합격
표면건조포화상태의 밀도		g/㎤	2.5 이상	2.61	합격
철분 함유량	KS L 5222	%	3 이하	0.211	합격

품질검사 성적서 결과 대비표

현 장 명	신 공동주택 신축공사	시료 또는 자재 생산자	
의뢰일자	2023년 12월 20일	발급일자	2024년 1월 8일
시 료 명	석재[탄브라운 블랙-중국]		

시험·검사 종목	시험·검사 방법	단위	시험·검사 기준	시험·검사 결과	합 부 판정
압축강도	KS F 2519	MPa	50 이상	122	합격
흡수율	KS F 2020	%	5 미만	0.1	합격
표면건조포화상태의 밀도		g/㎤	2.5 이상	2.68	합격
철분 함유량	KS L 5222	%	3 이하	0.174	합격

품질관리 기술인 :	담당 건설사업관리 기술인 :

▲ 석재 품질검사 성적서 결과 대비표 작성 사례

<table>
<tr><td colspan="7">품질검사 성적서 결과 대비표</td></tr>
<tr><td>현 장 명</td><td colspan="2">[ ]공동주택 신축공사</td><td>시료 또는 자재 생산자</td><td colspan="3">[ ]</td></tr>
<tr><td>의뢰일자</td><td colspan="2">2024년 4월 3일</td><td>발급일자</td><td colspan="3">2024년 5월 7일</td></tr>
<tr><td>시 료 명</td><td colspan="6">석재고정용 앵글 및 조정판 5T[STS304]</td></tr>
<tr><td colspan="2">시험·검사 종목</td><td>시험·검사 방법</td><td>단위</td><td>시험·검사 기준</td><td>시험·검사 결과</td><td>합 부 판정</td></tr>
<tr><td rowspan="7">화학성분</td><td>C</td><td rowspan="7">KS D 1652</td><td rowspan="7">%</td><td>0.08 이하</td><td>0.06 ✓</td><td>합격 ✓</td></tr>
<tr><td>Si</td><td>1 이하</td><td>0.52 ✓</td><td>합격 ✓</td></tr>
<tr><td>Mn</td><td>2 이하</td><td>1.06 ✓</td><td>합격 ✓</td></tr>
<tr><td>P</td><td>0.045 이하</td><td>0.02 ✓</td><td>합격 ✓</td></tr>
<tr><td>S</td><td>0.030 이하</td><td>0.01 ✓</td><td>합격 ✓</td></tr>
<tr><td>Ni</td><td>8~10</td><td>8.6 ✓</td><td>합격 ✓</td></tr>
<tr><td>Cr</td><td>18~20</td><td>18.86 ✓</td><td>합격 ✓</td></tr>
<tr><td colspan="4">품질관리기술인 : [ ]</td><td colspan="3">건설사업관리기술인 : 박하용 (서명)</td></tr>
</table>

▲ 석재고정용 앵글 및 조정판 품질검사 성적서 결과 대비표 작성 사례

<table>
<tr><td colspan="7">품질검사 성적서 결과 대비표</td></tr>
<tr><td>현 장 명</td><td colspan="2">[ ]공동주택 신축공사</td><td>시료 또는 자재 생산자</td><td colspan="3">[ ]</td></tr>
<tr><td>의뢰일자</td><td colspan="2">2024년 4월 26일</td><td>발급일자</td><td colspan="3">2024년 5월 7일</td></tr>
<tr><td>시 료 명</td><td colspan="6">석재 Anchor Bolt : M10(3/8")</td></tr>
<tr><td colspan="2">시험·검사 종목</td><td>시험·검사 방법</td><td>단위</td><td>시험·검사 기준</td><td>시험·검사 결과</td><td>합 부 판정</td></tr>
<tr><td rowspan="2">인발 하중</td><td>108동 NO.1</td><td rowspan="2">-</td><td rowspan="2">KN</td><td rowspan="2">5KN 시 인발되지 않을 것 ✓</td><td>인발되지 않음 ✓</td><td>합격 ✓</td></tr>
<tr><td>107동 NO.2</td><td>인발되지 않음 ✓</td><td>합격 ✓</td></tr>
<tr><td colspan="4">품질관리기술인 : [ ]</td><td colspan="3">건설사업관리기술인 : 박하용 (서명)</td></tr>
</table>

품질검사 성적서 결과 대비표

현 장 명	공동주택 신축공사	시료 또는 자재 생산자	
의뢰일자	2024년 5월 16일	발급일자	2024년 6월 3일
시 료 명	석재 단열재 Anchor Bolt [보강형 지지대 100mm]		

시험·검사 종목	시험·검사 방법	단위	시험·검사 기준	시험·검사 결과	합 부 판정
인발하중	-	kN	9kN 인발되지 않을 것	인발되지 않음	합격
품질관리기술인 :			건설사업관리기술인 : 박희용 (서명)		

▲ 석재 앙카볼트 인발시험 품질검사 성적서 결과 대비표 작성 사례

3.2.6.7 품질검사(시험)대장

○ **법적근거**

- 「건설기술진흥법」 제55조(건설공사의 품질관리) 제2항
- 「건설기술진흥법 시행규칙」 제50조(품질시험 및 검사의 실시), 별지 제42호서식
- 「건설공사 사업관리방식 검토기준 및 업무수행지침」 제78조(보고서 작성, 제출)제1항제1호다목, 별지 제34호서식

* 일자, 시험구분, 재료, 시험·검사종목, 시험기준, 시험결과, 시험결과 판정 등을 기재

○ **목적 및 필요성**

- 품질검사대장에 기재된 내용이 품질검사 성적서 결과 대비표와 일치하는 확인

○ **품질검사(시험) 기준**

- 4.2.6.1, 4.2.6.2, 4.2.6.4, 4.2.6.5 품질검사(시험) 기준 참조

○ **주요내용**

- 품질검사(시험) 기준에 따라 시험 · 검사한 결과를 기재하여 적합 여부 확인 · 관리
- 품질검사(시험)대장은 품질검사(시험) 기준 및 품질검사 성적서 결과 대비표와 일치 하는지 확인

○ **시공자**

- 품질검사(시험) 결과를 품질검사(시험)대장에 기재 및 품질관리기술인(품질관리자) 서명

○ **건설사업관리기술인, 감리원 검토 및 관리**

- 품질검사(시험) 기준에 따라 시험 결과의 적합 여부 등 확인 및 서명

품질검사 실시대장(2024년 8월)

○ 공사명 : [ ] 공동주택 신축공사

○ 구 분 : 외부의뢰

일련번호	연.월.일	시험·검사 구 분	품질검사 대상 재료	건설자재·부재를 공급받은 공장	시험·검사 장소	시험·검사종목		시험기준	시 험 결 과	시험결과 판정	품질관리기술인		건설사업관리 기술인 확인		비 고
											성 명	서 명	성 명	서 명	
24-08-006	2024-08-26	검사	도자기질 타일 [YJ-3201]			겉모양		이상없을 것	이상없음	합격			박하용		
						치수 (mm)	길이	300±1.5	299.3	합격			박하용		
							너비	300±1.5	299.4	합격			박하용		
							두께	8±0.7	8.2	합격			박하용		
						치수의 불규칙도 (mm)	길이	3.0 이하	0.1	합격			박하용		
							너비		0.1	합격			박하용		
						뒤틀림 (mm)	볼록	1.5 이하	없음	합격			박하용		
							오목	1.0 이하	0.2	합격			박하용		
							옆면	2.0 이하	0.12	합격			박하용		
						내약품성	내산성	소지 및 유약의 변색이 없어야 한다	이상없음	합격			박하용		
							내알칼리성		이상없음	합격			박하용		
						내균열성		균열 및 금 갈라짐이 생기지 않을 것	이상없음	합격			박하용		
						흡수율		18 이하	2.6	합격			박하용		
						꺾임강도		100 이상	101	합격			박하용		
						내마모성		0.1 이하	0.03	합격			박하용		
						내동해성		금 갈라짐, 깨어짐 및 균열이 없어야 한다	이상없음	합격			박하용		

품질검사대장(2024년 5월)

○ 공사명 : [ ] 공동주택 신축공사

○ 구 분 : 외부의뢰

일련번호	연.월.일	시험·검사 구 분	재 료	시험·검사종목		시험기준	시 험 결 과	시험결과 판정	시험·검사자		건설사업관리기술인확인		비 고
									성 명	서 명	성 명	서 명	
24-5-002	24-4-29	검사	도자기질 타일 [DQP 1864] (300*600*10)	겉모양		이상없을 것	이상없음	합격			박하용		
				치수 (mm)	길이	±2	600	합격			박하용		
					너비	±1.5	299.9	합격			박하용		
					두께	±0.7	10.3	합격			박하용		
				치수의 불규칙도 (mm)	길이	2 이하	10.2	합격			박하용		
					너비		0.3	합격			박하용		
				뒤틀림 (mm)	볼록	1.8 이하	0.37	합격			박하용		
					오목	1.2 이하	없음	합격			박하용		
					옆면	2.5 이하	0.33	합격			박하용		
				내약품성-내산성		소지 및 유약의 변색이 없을 것	이상없음	합격			박하용		
				내약품성-내알칼리성			이상없음	합격			박하용		
				내균열성		균열 및 금 갈라짐이 없을 것	이상없음	합격			박하용		
				흡수율 (%)		18 이하	4.3	합격			박하용		
				꺾임강도 (N/㎝)		12 이상	119	합격			박하용		

▲ 도자기타일 품질검사대장 작성 사례

품질검사 실시대장(2024년 10월)

○ 공사명 : [redacted] 공동주택 신축공사

○ 구　분 : 외부의뢰

일련번호	연.월.일	시험·검사 구분	품질검사 대상 재료	건설자재·부재를 공급받은 공장	시험·검사 장소	시험·검사종목		시험기준	시험결과	시험결과 판정	품질관리기술인		건설사업관리기술인 확인		비고
											성명	서명	성명	서명	
2024-10-007	2024-10-24	검사	포셀린 타일 [TB-PA6666W]			겉모양		이상없을 것	이상없음	합격			박하용		
						치수 (mm)	길이	±1	600.5	합격			박하용		
							너비	±1	600.1	합격			박하용		
							두께	±1.5	9.7	합격			박하용		
						치수의 불규칙도 (mm)	길이	3.5 이하	0	합격			박하용		
							너비		0.1	합격			박하용		
						뒤틀림 (mm)	볼록	2.4 이하	1.91	합격			박하용		
							오목	1.8 이하	0	합격			박하용		
							옆면	2.5 이하	1.75	합격			박하용		
						내약품성	내산성	소지 및 유약의 변색이 없어야 한다	이상없음	합격			박하용		
							내알칼리성		이상없음	합격			박하용		
						내균열성		균열 및 금 갈라짐이 생기지 않을 것	이상없음	합격			박하용		
						흡수율		3 이하	0.05	합격			박하용		
						꺾임강도		100 이상	233	합격			박하용		
						내마모성		0.1 이하	0.01	합격			박하용		
						내동해성		금 갈라짐,깨어짐및 균열이 없어야 한다	이상없음	합격			박하용		

품질검사대장(2024년 3월)

○ 공사명 : [redacted] 공동주택 신축공사

○ 구　분 : 외부의뢰

일련번호	연.월.일	시험·검사 구분	재료	시험·검사종목		시험기준	시험결과	시험결과 판정	시험·검사자		건설사업관리기술인확인		비고
									성명	서명	성명	서명	
24-1-008	24-3-21	검사	포셀린타일 [MD-48036] (400*800)	겉모양		이상없을것	이상없음	합격			박하용		
				치수 (mm)	길이	800±2	800.2	합격			박하용		
					너비	400±2	400.1	합격			박하용		
					두께	9±0.7	9	합격			박하용		
				치수의 불규칙도 (mm)	길이	3.5 이하	0.3	합격			박하용		
					너비	3.5 이하	0.3	합격			박하용		
				뒤틀림 (mm)	볼록	2.4 이하	0.12	합격			박하용		
					오목	1.8 이하	없음	합격			박하용		
					옆면	2.5 이하	0.15	합격			박하용		
				내약품성-내산성		유약의 변색이 없을 것	이상없음	합격			박하용		
				내약품성-내알칼리성		유약의 변색이 없을 것	이상없음	합격			박하용		
				내균열성		균열 및 금 갈라짐이 없을 것	이상없음	합격			박하용		
				흡수율 (%)		3 이하	0.1	합격			박하용		
				꺾임강도 N/㎝		12 이상	124	합격			박하용		

품 질 검 사 대 장(2024년 3월)

○ 공사명 : [ ] 공동주택 신축공사

○ 구　분 : 외부의뢰

일련번호	연.월.일	시험·검사 구분	재료	시험·검사종목		시험기준	시험결과	시험결과 판정	시험·검사자 성명	시험·검사자 서명	건설사업관리기술인확인 성명	건설사업관리기술인확인 서명	비고
24-1-009	24-3-21	검사	포셀린타일 [TB-HOBEE SR CR] (400*800)	겉모양		이상없을것	이상없음	합격			박하용		
				치수 (mm)	길이	800±2	800.1	합격			박하용		
					너비	400±2	400.1	합격			박하용		
					두께	9±0.7	9	합격			박하용		
				치수의 불규칙도 (mm)	길이	3.5 이하	0.3	합격			박하용		
					너비	3.5 이하	0.2	합격			박하용		
				뒤틀림 (mm)	볼록	2.4 이하	0.24	합격			박하용		
					오목	1.8 이하	없음	합격			박하용		
					옆면	2.5 이하	0.19	합격			박하용		
				내약품성-내산성		유약의 변색이 없을 것	이상없음	합격			박하용		
				내약품성-내알칼리성		유약의 변색이 없을 것	이상없음	합격			박하용		
				내균열성		균열 및 금 갈라짐이 없을 것	이상없음	합격			박하용		
				흡수율 (%)		3 이하	2.1	합격			박하용		
				꺾임강도 N/cm		12 이상	127	합격			박하용		

▲ 포셀린타일 품질검사대장 작성 사례

품 질 검 사 실 시 대 장(2024년 9월)

○ 공사명 : [ ] 공동주택 신축공사

○ 구　분 : 외부의뢰

일련번호	연.월.일	시험·검사 구분	품질검사 대상 재료	건설자재·부재를 공급받은 공장	시험·검사 장소	시험·검사종목		시험기준	시험결과	시험결과 판정	품질관리기술인 성명	품질관리기술인 서명	건설사업관리 기술인 확인 성명	건설사업관리 기술인 확인 서명	비고
24-09-002	2024-09-10	검사	시각장애인용 점자블록 [도자기제]			흡수율 (%)		3 이하	0.14	합격			박하용		
						내동해성		이상없을것	이상없음	합격			박하용		
						내마모성 (g)		0.1 이하	0.01	합격			박하용		
						내약품성	내산성	변색이 없을것	이상없음	합격			박하용		
							내알칼리성		이상없음	합격			박하용		
						꺾임강도 (N/mm)		10 이상	24.8	합격			박하용		
						겉모양		이상없을것	이상없음	합격			박하용		
						치수 (mm)	가로	300±2	299.9	합격			박하용		
							세로	300±2	299.9	합격			박하용		
							돌출부의 높이	6±1	5.5	합격			박하용		
						미끄럼 저항성 (BPN)	1	40 이상	55	합격			박하용		
							2		50	합격			박하용		
							3		50	합격			박하용		

▲ 점자블록 품질점검대장 작성 사례

품질 검 사 실 시 대 장(2024년 11월)

○ 공사명 : [　　　　] 공동주택 신축공사

○ 구　분 : 외부의뢰

일련번호	연.월.일	시험·검사 구　분	품질검사 대상 재료	건설자재·부재를 공급받은 공장	시험·검사 장소	시험·검사종목	시험기준	시험결과	시험결과 판정	품질관리기술인		건설사업관리 기술인 확인		비 고
										성 명	서 명	성 명	서 명	
24-11-005	2024-11-07	검사	도자기질 타일 [103동]		103동 1503호 [거실 바닥]	타일 부착강도 (N/㎟)	0.39 이상	0.66	합격					
					103동 2502호 [부부욕실 벽체]			1.19	합격					
24-11-006	2024-11-07	검사	도자기질 타일 [104동]		104동 2501호 [거실 바닥]	타일 부착강도 (N/㎟)	0.39 이상	0.81	합격					
					104동 2901호 [공용욕실 벽체]			0.49	합격					
24-11-007	2024-11-07	검사	도자기질 타일 [105동]		105동 904호 [거실 바닥]	타일 부착강도 (N/㎟)	0.39 이상	2.01	합격					
24-11-008	2024-11-07	검사	도자기질 타일 [106동]		106동 1103호 [거실 바닥]	타일 부착강도 (N/㎟)	0.39 이상	2.28	합격					
					106동 1901호 [공용욕실 벽체]			0.45	합격					
24-11-009	2024-11-07	검사	도자기질 타일 [107동]		107동 1502호 [거실 바닥]	타일 부착강도 (N/㎟)	0.39 이상	0.58	합격					
					107동 1703호 [부부욕실 벽체]			1.86	합격					

▲ 타일 접착력(인장 부착강도) 품질검사대장 작성 사례

품 질 검 사 대 장(2024년 1월)

○ 공사명 : [　　　　] 공동주택 신축공사

○ 구　분 : 외부의뢰

일련번호	연.월.일	시험·검사 구　분	재　료	시험·검사종목	시험기준	시 험 결 과	시험결과 판정	시험·검사자		건설사업관리기술인확인		비 고
								성 명	서 명	성 명	서 명	
24-1-021	24-1-8	검사	석재[탄브라운 블럭]	압축강도 (㎫)	50 이상	122	합격					
				흡수율 (%)	5 미만	0.1	합격					
				표면건조포화상태의 밀도 (g/㎤)	2.5 이상	2.68	합격					
				철분함유량 (%)	3 이하	0.174	합격					
24-1-022	24-1-8	검사	석재[펄화이트]	압축강도 (㎫)	50 이상	102	합격					
				흡수율 (%)	5 미만	0.28	합격					
				표면건조포화상태의 밀도 (g/㎤)	2.5 이상	2.61	합격					
				철분함유량 (%)	3 이하	0.211	합격					
24-1-023	24-1-8	검사	석재[펄브라운]	압축강도 (㎫)	50 이상	111	합격					
				흡수율 (%)	5 미만	0.24	합격					
				표면건조포화상태의 밀도 (g/㎤)	2.5 이상	2.68	합격					
				철분함유량 (%)	3 이하	0.158	합격					
24-1-024	24-1-8	검사	석재[포천석]	압축강도 (㎫)	50 이상	92	합격					
				흡수율 (%)	5 미만	0.26	합격					
				표면건조포화상태의 밀도 (g/㎤)	2.5 이상	2.61	합격					
				철분함유량 (%)	3 이하	0.033	합격					

▲ 석재 품질검사대장 작성 사례

품 질 검 사 대 장(2024년 5월)

○ 공사명 : 　　　　 공동주택 신축공사

○ 구　분 : 외부의뢰

일련번호	연.월.일	시험·검사 구분	재료	시험·검사종목		시험기준	시험결과	시험결과 판정	시험·검사자 성명	시험·검사자 서명	건설사업관리기술인확인 성명	건설사업관리기술인확인 서명	비고
24-5-007	24-5-7	검사	석재 Anchor Bolt M10(3/8")	인발하중 (KN)	108동 NO.1	5KN 시 인발되지 않을 것	인발되지 않음	합격			박하용		
					1087 NO.2		인발되지 않음	합격			박하용		
24-5-008	24-5-7	검사	석재 고정용 앵글 및 조정판 5T [STS304]	C (%)		소지 및 유약의 변색이 없을 것	이상없음	합격			박하용		
				Si (%)			이상없음	합격			박하용		
				Mn (%)		균열 및 금 갈라짐이 없을 것	이상없음	합격			박하용		
				p (%)		18 이하	6.8	합격			박하용		
				S (%)		12 이상	120	합격			박하용		
				Ni (%)			이상없음	합격			박하용		
				Cr (%)		균열 및 금 갈라짐이 없을 것	이상없음	합격			박하용		
24-6-003	24-6-3	검사	석재 단열재 Anchor Bolt [보강형지지대 200mm]	인발하중 [kN]		9kN 인발되지 않을 것	인발되지 않음	합격			박하용		
24-6-004	24-6-3	검사	석재 단열재 Anchor Bolt [보강형지지대 100mm]	인발하중 [kN]		9kN 인발되지 않을 것	인발되지 않음	합격			박하용		

▲ 석재 고정용 및 조정판, 앙카볼트 인발시험 품질검사대장 작성 사례

4.2.7 철골 및 금속공사

4.2.7.1 일반 구조용 압연 강재 시험

○ **법적근거**

- 「건설기술진흥법」 제55조(건설공사의 품질관리), 제60조(품질검사의 대행 등) 제1항
- 「건설기술진흥법 시행령」 제91조(품질시험 및 검사), 제97조(품질검사의 대행 등) 제1항
- 「건설기술진흥법 시행규칙」 제53조(품질관리비의 산출 및 사용 기준) 제3항,
  제97조(품질검사의 대행의뢰 등) 제1항
- 「건설공사 품질관리 업무지침」 제8조(품질 시험기준)
- 「KCS 표준시방서」 건축물 강구조공사 일반사항 KCS 41 31 05 : 2022, 2.3 강재 및 재료의 품질관리 및 확인
- 시공자의 품질관리계획서 및 품질시험계획서

○ **목적 및 필요성**

- 설계도서에서 제시된 기준에 적합한 우수한 제품 확보

○ **품질검사(시험) 기준**

- **일반구조용 압연 강재**(SS275, KS D 3503)

시험·검사방법	시험·검사종목		시험기준	시기 및 횟수
KS D 3503	화학 성분	C	0.25 이하	제조회사별 마다 제품규격별 50톤 마다
		Si	0.45 이하	
		Mn	1.40 이하	
		P	0.050 이하	
		S	0.050 이하	
	항복강도(N/㎟)		16mm 이하 : 275 이상 16~40mm 이하 : 265 이상	

		40~100 이하 : 245 이상 100 초과 : 235 이상	
	인장강도(N/㎟)	410~550	
	연신율(%)	5호 : 21 이상 1A호(강판 5~16) : 18 이상 1A호(강판 16~40) : 21 이상 4호 : 23 이상 2호 : 20 이상 14A호 : 22 이상	
	굽힘성 (굽힘 각도)	180°	
	굽힘성 (안쪽반지름)	두께의 1.5배	
	모양		
	치수		
	무게		
	겉모양	이상없을 것	

※ 모양, 치수 무게는 KSD 3500 적용

○ 품질검사(시험)

- 국립 · 공립 시험기관 또는 건설엔지니어링사업자로 하여금 건설공사의 품질관리를 위한 시험 · 검사 등을 대행하여 시험실시
- KS제품일 경우 제조회사별 품질검사 전문기관에 의뢰한 시험성적서 및 제조사 Mill Sheet로 갈음

○ 품질검사(시험) 대행 절차(CSI)

- 품질검사 연간단가계약 입력 · 승인→봉인의뢰 승인→봉인 실시→ 품질검사의뢰 승인

○ 시공자

- 품질검사의 대행기관에 CSI 통하여 품질검사 의뢰(시료의 봉인, 품질검사 의뢰)

○ 건설사업관리기술인, 감리원 검토 및 관리

- CSI 통하여 품질검사 봉인, 품질검사 의뢰 승인, 현장 시료 봉인 입회

4.2.7.2 일반 구조용 각형 강관 시험

○ **법적근거**

- 「건설기술진흥법」 제55조(건설공사의 품질관리), 제60조(품질검사의 대행 등) 제1항
- 「건설기술진흥법 시행령」 제91조(품질시험 및 검사), 제97조(품질검사의 대행 등) 제1항
- 「건설기술진흥법 시행규칙」 제53조(품질관리비의 산출 및 사용 기준) 제3항,
  제97조(품질검사의 대행의뢰 등) 제1항
- 「건설공사 품질관리 업무지침」 제8조(품질 시험기준)
- 「KCS 표준시방서」 건축물 강구조공사 일반사항 KCS 41 31 05 : 2022, 2.3 강재 및 재료의 품질관리 및 확인
- 시공자의 품질관리계획서 및 품질시험계획서

○ **목적 및 필요성**

- 설계도서에서 제시된 기준에 적합한 우수한 제품 확보

○ **품질검사(시험) 기준**

- **일반 구조용 각형 강관**(SRT 275, KS D 3568)

시험·검사방법	시험·검사종목	시험기준	시기 및 횟수
KS B 0802	항복강도(N/㎟)	275 이상	제품규격 100톤 마다 공급자 마다
	인장강도(N/㎟)	410 이상	
	연신율(%)	23 이상	
KS D 3568	치수(변A/mm)	±1.5(%)/100mm 이하 ±1.5	
	치수(변B/mm)	±1.5(%)/100mm 이하 ±1.5	
	변두께(mm)	±1.5(%)/4mm 미만 ±0.6	
	겉모양	해로운 결점이 없을 것	
	단위무게(kg/m)		
KS D 1652	화학성분 C(%)	0.25 이하	
	화학성분 P, S(%)	0.040 이하	

○ **주요내용**

- **(긴변의 길이 100mm 이하)** 동일 종류, 동일 치수의 관 5000m 또는 그 끝수 마다 1개의 시험재를 채취하고 여기에서 인장 시험편을 1개 채취
- **(100mm 초과 200mm 이하)** 동일 종류, 동일 치수의 관 2500m 또는 그 끝수 마다 1개의 시험재를 채취하고 여기에서 인장 시험편을 1개 채취
- **(200mm 초과)** 동일 종류, 동일 치수의 관 1250m 또는 그 끝수 마다 1개의 시험재를 채취하고 여기에서 인장 시험편을 1개 채취

○ **품질검사(시험)**

- 국립·공립 시험기관 또는 건설엔지니어링사업자로 하여금 건설공사의 품질관리를 위한 시험·검사 등을 대행하여 시험실시
- KS제품일 경우 제조회사별 품질검사 전문기관에 의뢰한 시험성적서 및 제조사 Mill Sheet로 갈음

○ **품질검사(시험) 대행 절차(CSI)**

- 품질검사 연간단가계약 입력·승인→봉인의뢰 승인→봉인 실시→ 품질검사의뢰 승인

○ **시공자**

- 품질검사의 대행기관에 CSI 통하여 품질검사 의뢰(시료의 봉인, 품질검사 의뢰)

○ **건설사업관리기술인, 감리원 검토 및 관리**

- CSI 통하여 품질검사 봉인, 품질검사 의뢰 승인, 현장 시료 봉인 입회

4.2.7.3 건축용 강재 받침재 시험

○ 법적근거

- 「건설기술진흥법」 제55조(건설공사의 품질관리), 제60조(품질검사의 대행 등) 제1항
- 「건설기술진흥법 시행령」 제91조(품질시험 및 검사), 제97조(품질검사의 대행 등) 제1항
- 「건설기술진흥법 시행규칙」 제53조(품질관리비의 산출 및 사용 기준) 제3항, 제97조(품질검사의 대행의뢰 등) 제1항
- 「건설공사 품질관리 업무지침」 제8조(품질 시험기준)
- 「KCS 표준시방서」 천장공사 KCS 41 52 00 : 2021, 2.3 금속계 (4) 경량철골천정틀, LHCS 시방서- 경량철골천장 LHCS 41 52 00 : 2020, 2.1.3 품질기준
- 시공자의 품질관리계획서 및 품질시험계획서

○ 목적 및 필요성

- 설계도서에서 제시된 기준에 적합한 우수한 제품 확보

○ 품질검사(시험) 기준

- 벽의 스터드, 러너

<table>
<tr><th>시험·검사방법</th><th>시험·검사종목</th><th colspan="3">시험기준</th><th>시기 및 횟수</th></tr>
<tr><td rowspan="10">KS D 3609</td><td rowspan="2">아연 부착량(g/㎡)</td><td colspan="2">스터드</td><td>120(양면)</td><td rowspan="12"></td></tr>
<tr><td colspan="2">러너</td><td>120(양면)</td></tr>
<tr><td rowspan="4">부재모양 안전성</td><td rowspan="2">가로 굽음</td><td>스터드(L:1000mm)</td><td>L/1000 이하</td></tr>
<tr><td>러너(L:1000mm)</td><td>L/1000 이하</td></tr>
<tr><td rowspan="2">휘어 짐</td><td>스터드(L:1000mm)</td><td>2L/1000 이하</td></tr>
<tr><td>러너(L:1000mm)</td><td>2L/1000 이하</td></tr>
<tr><td rowspan="6">치수</td><td rowspan="2">A</td><td>스터드(mm)</td><td>±0.5</td></tr>
<tr><td>러너(mm)</td><td>±0.5</td></tr>
<tr><td rowspan="2">B</td><td>스터드(mm)</td><td>±1.0</td></tr>
<tr><td>러너(mm)</td><td>±1.0</td></tr>
<tr><td rowspan="2">KS D 3506</td><td rowspan="2">t</td><td>스터드(mm)</td><td>±0.16</td></tr>
<tr><td>러너(mm)</td><td>±0.16</td></tr>
</table>

– 천장의 엠바, 캐링(경량철골 천장틀)

<table>
<tr><th>시험·검사방법</th><th>시험·검사종목</th><th colspan="4">시험기준</th><th>시기 및 횟수</th></tr>
<tr><td rowspan="17">KS D 3609 : 2015</td><td rowspan="2">아연
부착량(g/㎡)</td><td colspan="3">엠바</td><td>80 이상(양면)</td><td rowspan="17"></td></tr>
<tr><td colspan="3">캐링</td><td>80 이상(양면)</td></tr>
<tr><td rowspan="4">부재모양
안전성</td><td rowspan="2">가로
굽음</td><td colspan="2">엠바
(L:1000mm)</td><td>2L/1000
mm 이하</td></tr>
<tr><td colspan="2">캐링
(L:1000mm)</td><td>2L/1000
mm 이하</td></tr>
<tr><td rowspan="2">휘어짐</td><td colspan="2">엠바
(L:1000mm)</td><td>2L/1000
mm 이하</td></tr>
<tr><td colspan="2">캐링(
L:1000mm)</td><td>2L/1000
mm 이하</td></tr>
<tr><td rowspan="5">재하강도</td><td rowspan="4">아래
방향
하중</td><td rowspan="2">엠바
(하중 :
12kgf)</td><td>최대
힘량
(mm)</td><td>10 이하</td></tr>
<tr><td>잔류
힘량
(mm)</td><td>2 이하</td></tr>
<tr><td rowspan="2">캐링
(하중 :
12kgf)</td><td>최대
힘량
(mm)</td><td>5 이하</td></tr>
<tr><td>잔류
힘량
(mm)</td><td>2 이하</td></tr>
<tr><td>윗
방향
하중</td><td>엠바
(하중 :
12kgf)</td><td>최대
힘량
(mm)</td><td>5 이하</td></tr>
<tr><td rowspan="6">치수</td><td rowspan="2">A</td><td colspan="2">엠바(mm)</td><td>±1.5</td></tr>
<tr><td colspan="2">캐링(mm)</td><td>±0.5</td></tr>
<tr><td rowspan="2">B</td><td colspan="2">엠바(mm)</td><td>±0.5</td></tr>
<tr><td colspan="2">캐링(mm)</td><td>±1.5</td></tr>
<tr><td rowspan="2">t</td><td colspan="2">엠바(mm)</td><td>±0.16</td></tr>
<tr><td colspan="2">캐링(mm)</td><td>±0.16</td></tr>
</table>

※ 두께는 표시두께 1.2mm 이상 1.6mm 미만은 너비 1200 미만은 ±0.16

○ **주요내용**

- 시험체는 벽 받침재 및 천장 받침재를 사용 상태로 조립한 것
- 아랫방향 하중 시험 높이는 50평형에 대해서는 2.7m, 65평 및 75평에 대해서는 4.5m, 100평형에 대해서는 5m로 함
- 천장재의 A, B 치수는 부재의 끝부에서 200mm 이상 안쪽에서 측정
- 보강 채널은 바닥면 러너 하단에서 약 1200mm 간격으로 넣어야 함. 다만, 상부 러너에서 보강 채널이 위치하는 경우에는 그 보강 채널은 생략하여도 좋음
- 스페이서는 각 스터드의 끝부분을 눌러 간격 600mm 마다 넣고 변형, 탈락이 없어야 함
- 굽은 면의 벽, 천장에 사용할 목적으로 가공된 러너 또는 캐링 채널은 정확히 굽은 면을 취할 수 있도록 가공되어 있어야 함

○ **품질검사(시험)**

- 국립·공립 시험기관 또는 건설엔지니어링사업자로 하여금 건설공사의 품질관리를 위한 시험·검사 등을 대행하여 시험실시
- KS제품일 경우 제조회사별 품질검사 전문기관에 의뢰한 시험성적서 및 제조사 Mill Sheet로 갈음

○ **품질검사(시험) 대행 절차(CSI)**

- 품질검사 연간단가계약 입력·승인→봉인의뢰 승인→봉인 실시→ 품질검사의뢰 승인

○ **시공자**

- 품질검사의 대행기관에 CSI 통하여 품질검사 의뢰(시료의 봉인, 품질검사 의뢰)

○ **건설사업관리기술인, 감리원 검토 및 관리**

- CSI 통하여 품질검사 봉인, 품질검사 의뢰 승인, 현장 시료 봉인 입회

4.2.7.4 일반구조용 압연 강판 및 각형강관 굽힘·충격·비파괴 검사

○ 법적근거

- 「건설기술진흥법」 제55조(건설공사의 품질관리), 제60조(품질검사의 대행 등) 제1항
- 「건설기술진흥법 시행령」 제91조(품질시험 및 검사), 제97조(품질검사의 대행 등) 제1항
- 「건설기술진흥법 시행규칙」 제53조(품질관리비의 산출 및 사용 기준) 제3항, 제97조(품질검사의 대행의뢰 등) 제1항
- 「건설공사 품질관리 업무지침」 제8조(품질 시험기준)
- 「KCS 표준시방서」 건축물 강구조공사 일반사항 KCS 41 31 05 : 2022, 2.3 강재 및 재료의 품질관리 및 확인, 용접 KCS 14 31 20 : 2024, 3.2 용접시공시험
- 시공자의 품질관리계획서 및 품질시험계획서

○ 목적 및 필요성

- 설계도서에서 제시된 기준에 적합한 우수한 제품 확보

○ 품질검사(시험) 기준

- 스터드 굽힘시험

시험·검사방법	시험·검사종목	시험기준	시기 및 횟수
KS B 0529	굽힘시험	구부림 각도 15°에서 용접부의 균열, 기타 결함이 발생하지 않은 경우에는 그 검사단위는 합격한 것	100개 또는 부재 1개에 용접된 숫자중 작은 쪽을 1개의 검사 단위로 하며, 검사 단위당 1개씩

※ 판정 : 용접부에 균열이 생겨서는 안 됨

- 충격시험

시험·검사방법	시험·검사종목	시험기준	시기 및 횟수
KS B 0810	충격시험	용착금속으로 모재의 규격치 이상	

※ 판정 : 3개의 평균치

- 방사선 투과검사

시험·검사방법	시험·검사종목	시험기준	시기 및 횟수
KS D 0213	자분탐상검사 (자외선 강도)	800㎼/㎠ 이상	

- 구조물용 토크-전단형 고장력볼트 축력 테스트(S10T, S13T)

시험·검사방법	규격	S10T(단위 : NT)		S13T(단위 : NT)		시기 및 횟수
		상온 (10~30℃)	비상온 (10℃이하, 30℃이상	상온 (10~30℃)	비상온 (10℃이하, 30℃이상	
S10T : KS B 2819 S13T : KS B 1010 KCS 14 31 25	M12	-	-	69.0~93.7	-	
	M16	110~133	106~139	128.3~174.2	-	
	M20	172~207	165~217	200.5~272.1	-	
	M22	212~256	205~268	248.5~337.2	-	
	M24	247~298	238~312	288.7~391.8	-	
	M27	322~388	310~406	375.8~510.0	-	
	M30	394~474	379~496	459.7~623.9	-	

○ **주요내용**

- 스터드 연결재는 머리부분이나 몸부분에 단면축소나 내부 결함 및 용접균열이 없어야 함
- 스터드 연결재는 용접을 위해서 열저항성이 있는 세라믹 링이나 기타 적합한 재료와 함께 공급되어야 함
- 용접은 실제의 시공에 사용하는 용접조건으로 하고 용접자세는 실제로 행하는 자세 중 가장 불리한 것으로 함
- 충격시험편은 길이기 55mm, 높이 및 나비가 10mm인 정사각형의 단면을 가기며 V노치 또는 U노치를 가져야 함
- (비파괴 검사) 제작자 자체 품질관리의 일환으로 시행하는 검사는 최소 5년 이상 경력자로서 제작자가 선임한 해당 종목의 비파괴검사 기술자가 수행
- (비파괴검사) 비파괴검사를 수행하는 검사자는 비파괴검사 기술의 진흥 및 관리에 관한 법 또는 KS B ISO 9712, 레벨 2 이상의 해당 종목 자격을 취득한 비파괴검사 기술자라야 함

- 용접부위 비파괴검사는 자분탐상검사 방식으로 실시하고, 용접기능공 기량테스트를 실시하여야 함
- **자분탐상검사보고서**에는 주문주, 공사명, 품명, 재질, 표면상태, 적용규격, 자화방법, 자화방향, 장비, 자화전류, 전류, 통전법, 거리, 자분을 기재하고, 확인번호, 합격, 불합격, 판정을 기재함
- **시험검사일지**에는 회사명, 공사명, 시험일자, 시료명, 재질, 성적서번호, 검사방법, 시험규격, 연번을 기재하고, 시험검사 환경점검표에는 UT, MT의 온도범위, 측정값, 조도값을 기재하고 점검결과 적합과 부적합을 체크함
- 장비 점검일지에는 사용장비(UT)의 장비명, 관리번호, 교정 유효기간, 교정성적서 번호를 기재하고 장비점검은 점검항목으로 외관상태, 스위치 작동, 케이블상태, 탐촉자상태, 점검결과 적합과 부적합 기재하고 사용장비(MT)의 장비명, 관리번호, 교정유효기간을 기개하고 장비점검으로 외관상태, 스위치 작동, 케이블상태, 점검결과는 적합과 부적합을 체크한다. 아울러 작업전 · 후 비교 사진대지를 첨부함
- **토오크전단형 고장력볼트**는 5개의 평균값을 가지고 판정하고, 힘 측정기(기계식)의 교정성적서를 첨부하여야 함

○ 품질검사(시험)

- 국립 · 공립 시험기관 또는 건설엔지니어링사업자로 하여금 건설공사의 품질관리를 위한 시험 · 검사 등을 대행하여 시험실시

○ 품질검사(시험) 대행 절차(CSI)

- 품질검사 연간단가계약 입력 · 승인→봉인의뢰 승인→봉인 실시→ 품질검사의뢰 승인

○ 시공자

- 품질검사의 대행기관에 CSI 통하여 품질검사 의뢰(시료의 봉인, 품질검사 의뢰)

○ 건설사업관리기술인, 감리원 검토 및 관리

- CSI 통하여 품질검사 봉인, 품질검사 의뢰 승인, 현장 시료 봉인 입회, 현장에서 품질검사(시험)을 실시하는 경우 입회

▲ 철골 고장력볼트 축력 TEST 사례

4.2.7.5 발코니 난간대 및 고정사다리 집중하중 시험

○ **법적근거**

- 「건설기술진흥법」 제55조(건설공사의 품질관리), 제60조(품질검사의 대행 등) 제1항
- 「건설기술진흥법 시행령」 제91조(품질시험 및 검사), 제97조(품질검사의 대행 등) 제1항
- 「건설기술진흥법 시행규칙」 제53조(품질관리비의 산출 및 사용 기준) 제3항, 제97조(품질검사의 대행의뢰 등) 제1항
- 「건설공사 품질관리 업무지침」 제8조(품질 시험기준)
- 「건축구조기준(KDS 41 12 00 : 2022)」 설계하중, 3.7 유사활하중, 3.7.1
- 「LHCS 한국토지주택공사」 금속난간 LHCS 41 49 02 : 2020, 3.3 현장품질관리
- 시공자의 품질관리계획서 및 품질시험계획서

○ **목적 및 필요성**

- 설계도서에서 제시된 기준에 적합한 우수한 제품 확보

○ **품질검사(시험) 기준**

- 손스침 하중

시험·검사방법	시험·검사종목	시험기준	시기 및 횟수
KDS 41 12 00	지붕, 발코니, 계단 등의 난간 손스침(KN)	0.9 집중하중	
	2세대 이하의 주거용 구조물(KN/m)	0.4	
	기타 구조물	0.8의 등분포하중을 임의의 방향으로 고려	

※ **안전난간**은 「산업안전보건기준에 관한 규칙」제13조제7호에 따라 구조적으로 가장 취약한 방향으로 작용하는 100킬로그램 이상의 하중에 견딜 수 있는 튼튼한 구조일 것

- 고정사다리

시험·검사방법	시험·검사종목	시험기준	시기 및 횟수
KDS 41 12 00	고정사다리 활하중(가로대)	1.5KN 집중하중을 각 부재에 가장 큰 하중효과를 일으키는 위치에 적용, 3m 이상 높이 마다 하나 이상이 작용	

○ **주요내용**

- 발코니 난간대공사 수평 집중하중 시험의 재하방법은 반력을 이용한 수평 집중하중 시험으로 「건축구조기준(KBC2016)」에서 정한 손스침 부위의 기준에 따라 발코니난간대 손스침 부위 시험 계획의 **최대 하중은** 90kgf까지로 함.
  - 시협방법은 완속 재하 시험을 함
- 시험 하중은 발코니 난간대 손스침 부위에 대한 집중하중시험의 증하시 하중 단계는 최초 0kgf에서부터 105kgf의 하중을 실시함

○ **품질검사(시험)**

- 국립·공립 시험기관 또는 건설엔지니어링사업자로 하여금 건설공사의 품질관리를 위한 시험·검사 등을 대행하여 시험실시
- KS제품일 경우 제조회사별 품질검사 전문기관에 의뢰한 시험성적서로 갈음

○ **품질검사(시험) 대행 절차(CSI)**

- 품질검사 연간단가계약 입력·승인→봉인의뢰 승인→봉인 실시→ 품질검사의뢰 승인

○ **시공자**

- 품질검사의 대행기관에 CSI 통하여 품질검사 의뢰(시료의 봉인, 품질검사 의뢰)

○ **건설사업관리기술인, 감리원 검토 및 관리**

- CSI 통하여 품질검사 봉인, 품질검사 의뢰 승인, 현장 시료 봉인 입회, 현장에서 품질검사(시험)을 실시하는 경우 입회

4.2.7.6 품질검사 성적서 결과 대비표

○ 법적근거

- 「건설기술진흥법」 제55조(건설공사의 품질관리), 제60조(품질검사의 대행 등) 제1항
- 「건설기술진흥법 시행령」 제91조(품질시험 및 검사), 제97조(품질검사의 대행 등) 제1항
- 「건설기술진흥법 시행규칙」 제53조(품질관리비의 산출 및 사용 기준) 제3항, 제97조(품질검사의 대행의뢰 등) 제1항
- 「건설공사 품질관리 업무지침」 제8조(품질 시험기준)
- 「KCS 표준시방서」 건축물 강구조공사 일반사항 KCS 41 31 05 : 2022, 2.3 강재 및 재료의 품질관리 및 확인, 천장공사 KCS 41 52 00 : 2021, 2.3 금속계 (4) 경량철골천정틀
- 「건축구조기준(KDS 41 12 00 : 2022)」 설계하중, 3.7 유사활하중, 3.7.1
- 시공자의 품질관리계획서 및 품질시험계획서

○ 목적 및 필요성

- 압연강판, 각형강관의 용접, 볼트의 강도 등과 굽힘시험, 충격시험, 비파괴 시험 결과가 기준에 적합한지 여부 검토

○ 품질검사(시험) 기준

- 4.2.7.1, 4.2.7.2, 4.2.7.3, 4.2.7.4, 4.2.7.5 품질검사(시험) 기준 참조

○ 주요내용

- 품질검사(시험) 기준에 따라 품질검사 결과를 비교하여 합부 판정함
- 품질검사 대행기관에서 대행한 품질검사 성적서를 첨부하고, 품질검사 성적서 결과 대비표는 품질관리자가 작성하고 건설사업관리기술인, 감리원이 확인 및 서명함

○ 시공자

- 시공자의 품질관리기술인(품질관리자)이 국립·공립 시험기관 또는 건설엔지니어링 사업자로 하여금 건설공사의 품질관리를 위한 시험·검사 등을 대행하여 시험 실시한 결과를 CSI 확인하여 품질검사 성적서 결과 대비표 작성 및 서명, 보관

○ 건설사업관리기술인, 감리원 검토 및 관리

- 품질검사 대행기관의 성적서 결과가 시험·검사 기준에 적합여부 확인 및 서명

품질검사 성적서 결과 대비표

현장명	○○○○공동주택 신축공사	시료 또는 자재 생산자	
의뢰일자	2025년 02월 00일	발급일자	2025년 3월 4일
시료명	일반구조용 압연 강재(300*300*10*15)		

시험·검사 종목	시험·검사 방법	단위	시험·검사 기준	시험·검사 결과	합부 판정
겉모양	KS D 3503		이상없을 것	이상없음	합격
변(B)		mm	300±3.0	299.6	합격
높이(H)		mm	300±2.5	299.5	합격
두께(T1)		mm	10±0.7	9.96	합격
두께(T2)		mm	15±1.0	14.94	합격
단위무게		kg/m	94	94.44	합격
인장강도		N/㎟	410~550	494	합격
항복강도		N/㎟	275 이상	353	합격
연신율		%	18 이상	25	합격
굽힘강도			이상없을 것	이상없음	합격
화학성분(C)		%	0.25 이하	0.12	합격
화학성분(SI)		%	0.45 이하	0.25	합격
화학성분(Mn)		%	1.4 이하	0.75	합격
화학성분(P)		%	0.05 이하	0.015	합격
화학성분(S)		%	0.05 이하	0.009	합격

품질관리 기술인 : (서명)	건설사업관리 기술인 : 박하용 (서명)

품질검사 성적서 결과 대비표

현장명	○○○○공동주택 신축공사	시료 또는 자재 생산자	
의뢰일자	2024년 07월 00일	발급일자	2024년 08월 01일
시료명	일반구조용 각형 강관 SRT 275(100*50*2T)		

시험·검사 종목		시험·검사 방법	단위	시험·검사 기준	시험·검사 결과	합부 판정
항복강도		KS B 0802	N/mm²	275 이상	381	합격
인장강도			N/mm²	410 이상	487	합격
연신율			%	23 이상	26	합격
치수	변A	KS D 3568	mm	±1.5	100.1	합격
	변B		mm		50.2	합격
	변 두께		mm	±0.6	2.13	합격
겉모양				해로운 결점이 없을 것	이상없음	합격
단위무게			kg/m		4.78	합격
화학성분	C	KS D 1652	%	0.25 이하	0.162	합격
	P		%	0.04 이하	0.020	합격
	S		%	0.04 이하	0.027	합격

품질관리 기술인 : (서명) 건설사업관리 기술인 : 박하용 (서명)

<table>
<tr><th colspan="9">품질검사 성적서 결과 대비표</th></tr>
<tr><td colspan="4">현장명</td><td colspan="2">○○○○공동주택 신축공사</td><td>시료 또는 자재 생산자</td><td colspan="2"></td></tr>
<tr><td colspan="4">의뢰일자</td><td colspan="2">2023년 10월 00일</td><td>발급일자</td><td colspan="2">2023년 11월 16일</td></tr>
<tr><td colspan="4">시료명</td><td colspan="5">건축용 강재 받침대(천장)/25평형</td></tr>
<tr><td colspan="9"></td></tr>
<tr><td colspan="4">시험·검사 종목</td><td>시험·검사 방법</td><td>단위</td><td>시험·검사 기준</td><td>시험·검사 결과</td><td>합부 판정</td></tr>
<tr><td colspan="3" rowspan="2">아연부착량</td><td>엠바</td><td rowspan="17">KS D 3609 : 2015</td><td>g/m²</td><td rowspan="2">120 이상</td><td>147</td><td>합격</td></tr>
<tr><td>케링</td><td>g/m²</td><td>187</td><td>합격</td></tr>
<tr><td rowspan="4">부채모양안전성</td><td rowspan="2">가로 굽음</td><td colspan="2">엠바 L:1000</td><td>mm</td><td rowspan="4">2 이하</td><td>0.3</td><td>합격</td></tr>
<tr><td colspan="2">케링 L:1000</td><td>mm</td><td>0.1</td><td>합격</td></tr>
<tr><td rowspan="2">휘어짐</td><td colspan="2">엠바 L:1000</td><td>mm</td><td>0.3</td><td>합격</td></tr>
<tr><td colspan="2">케링 L:1000</td><td>mm</td><td>0.5</td><td>합격</td></tr>
<tr><td rowspan="5">재하강도</td><td rowspan="4">아래방향하중</td><td rowspan="2">엠바 (하중 : 12kgf)</td><td>최대힘량</td><td>mm</td><td>10 이하</td><td>6.6</td><td>합격</td></tr>
<tr><td>잔류힘량</td><td>mm</td><td>2 이하</td><td>0.5</td><td>합격</td></tr>
<tr><td rowspan="2">캐링 (하중 : 12kgf)</td><td>최대힘량</td><td>mm</td><td>5 이하</td><td>3.5</td><td>합격</td></tr>
<tr><td>잔류힘량</td><td>mm</td><td>2 이하</td><td>0.6</td><td>합격</td></tr>
<tr><td>위방향하중</td><td>엠바 (하중 : 12kgf)</td><td>잔류힘량</td><td>mm</td><td>5 이하</td><td>3.4</td><td>합격</td></tr>
<tr><td rowspan="6">치수</td><td rowspan="2">A</td><td colspan="2">엠바</td><td>mm</td><td>36±1.5</td><td>36</td><td>합격</td></tr>
<tr><td colspan="2">캐링</td><td>mm</td><td>25±0.5</td><td>25.2</td><td>합격</td></tr>
<tr><td rowspan="2">B</td><td colspan="2">엠바</td><td>mm</td><td>14±1.5</td><td>14</td><td>합격</td></tr>
<tr><td colspan="2">캐링</td><td>mm</td><td>14±0.5</td><td>14.1</td><td>합격</td></tr>
<tr><td rowspan="2">t</td><td colspan="2">엠바</td><td>mm</td><td>0.4±0.05</td><td>0.42</td><td>합격</td></tr>
<tr><td colspan="2">캐링</td><td>mm</td><td>0.8±0.08</td><td>0.78</td><td>합격</td></tr>
<tr><td colspan="6">품질관리 기술인 : (서명)</td><td colspan="3">건설사업관리 기술인 : 박하용 (서명)</td></tr>
</table>

▲ 압연 강재, 각형 강관, 받침대 품질검사 성적서 결과 대비표 작성 사례

토오크전단형 고장력볼트 현장검사 기록지

1. 공 사 명 : [redacted] 공동주택 신축공사.
2. 시 험 일 : 20 25 년 1 월 2 일
3. 날 씨 : 맑음 온도(-2 ℃)
4. 축력계 No. : 12937
5. 시 험 자 : [redacted]
6. 입 회 자
   1) 감리사 : [redacted] [illegible]
   2) 시공사 : [redacted]
7. 시험결과(볼트 5개 평균값 적용)

품 명 / 등 급		TORQUE SHEAR BOLT SETS (S10T)			
규 격		M20			
볼트축력값 (KN)	No.1	170			
	No.2	180			
	No.3	170			
	No.4	170			
	No.5	170			
	평 균	172			
판 정		적합			

8. 판정기준 (S10T : KS B 2819, S13T : KS B 1010, KCS 14 31 25) (단위 : KN)

강 도 / 규 격	S10T		S13T	
	상온(10~30℃)	비상온(10℃이하, 30℃이상)	상온(10~30℃)	비상온(10℃이하, 30℃이상)
M12	–	–	69.0~93.7	–
M16	110~133	106~139	128.3~174.2	–
M20	172~207	165~217	200.5~272.1	–
M22	212~256	205~268	248.5~337.2	–
M24	247~298	238~312	288.7~391.8	–
M27	322~388	310~406	375.8~510.0	–
M30	394~474	379~496	459.7~623.9	–

▲ 고장력볼트 현장검사 결과 작성 사례

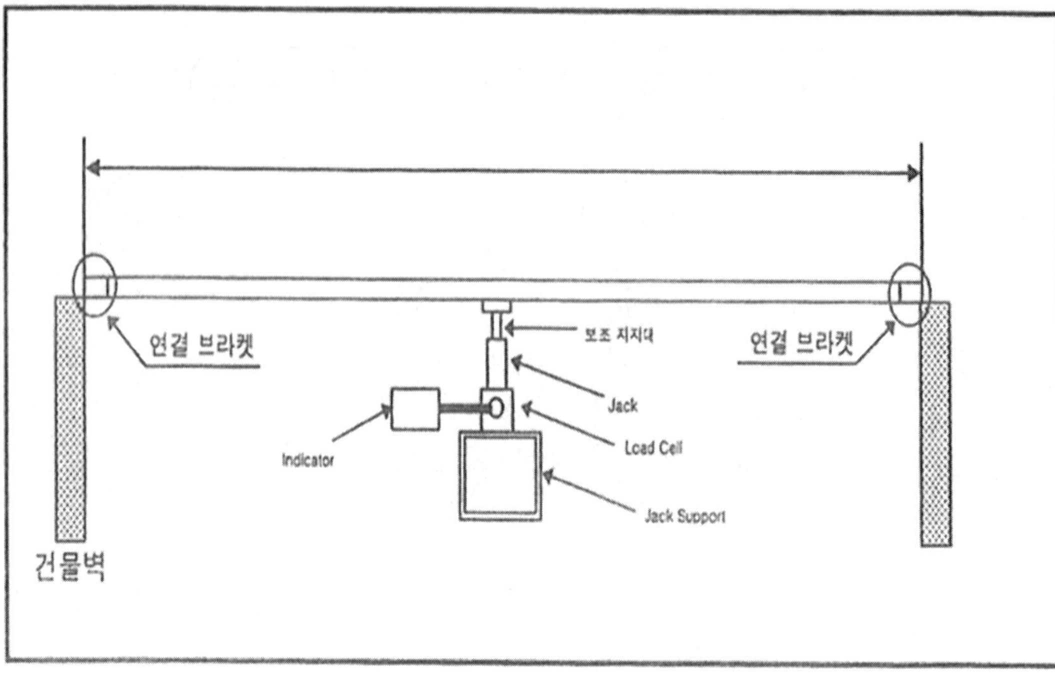

집중 하중	105 kgf	변위량	56 mm

시 험 결 과 보 고 서

1. 시험내용 : 발코니난간대 수평 집중 하중 시험

2. 현 장 명 : 신축공사 현장

3. 시 공 사 : 건설

4. 입 회 자 :

5. 시험장소 : 102동 5층 2호 세대 거실

6. 시험일자 : 2023년 07월 31일

7. 시 험 결 과

시험하중(kgf)	시험방법	결과	비고
105 <기준 : 90>	반력을 이용한 수평 집중 하중 시험	이상없음	시험내용참조

시 험 자

2023년 07월 31일

주식회사

주 소 :

▲ 발코니 난간대 수평집중하중 시험 결과 작성 사례(공문 통보)

4.2.7.7 품질검사(시험)대장

○ **법적근거**

- 「건설기술진흥법」 제55조(건설공사의 품질관리) 제2항
- 「건설기술진흥법 시행규칙」 제50조(품질시험 및 검사의 실시), 별지 제42호 서식
- 「건설공사 사업관리방식 검토기준 및 업무수행지침」 제78조(보고서 작성, 제출) 제1항제1호다목, 별지 제34호 서식

  * 일자, 시험구분, 재료, 시험·검사종목, 시험기준, 시험결과, 시험결과 판정 등을 기재

○ **목적 및 필요성**

- 품질검사대장에 기재된 내용이 품질검사 성적서 결과 대비표와 일치하는 확인

○ **품질검사(시험) 기준**

- 4.2.7.1, 4.2.7.2, 4.2.7.3, 4.2.7.4, 4.2.7.5 품질검사(시험) 기준 참조

○ **주요내용**

- 품질검사(시험) 기준에 따라 시험 · 검사한 결과를 기재하여 적합 여부 확인 · 관리
- 품질검사(시험)대장은 품질검사(시험) 기준 및 품질검사 성적서 결과 대비표와 일치 하는지 확인

○ **시공자**

- 품질검사(시험) 결과를 품질검사(시험)대장에 기재 및 품질관리기술인(품질관리자) 서명

○ **건설사업관리기술인, 감리원 검토 및 관리**

- 품질검사(시험) 기준에 따라 시험 결과의 적합 여부 등 확인 및 서명

품 질 검 사 대 장(2022년 9월)

○ 공사명 : [ ] 공동주택 신축공사

○ 구 분 : 외부의뢰시험

일련번호	연.월.일	시험·검사 구분	재 료	시험·검사종목	시험기준	시 험 결 과	시험결과 판정	시험·검사자 성 명	시험·검사자 서 명	건설사업관리기술인확인 성 명	건설사업관리기술인확인 서 명	비 고
22-9-001	22-8-11	검사	일반구조용압연강재 (300*300*10*15)	겉모양	이상없을것	이상없음	합 격					
[illegible]-9-002				변(B)	300mm ±3.0	299.6mm	합 격					
22-9-003				높이(H)	300mm ±2.5	299.5mm	합 격					
22-9-004				두께(T1)	10mm ±0.7	9.96mm	합 격					
22-9-005				두께(T2)	15mm ±1.0	14.94mm	합 격					
22-9-006				단위무게	94kg/m	94.44kg/m	합 격					
22-9-007				인장강도	410~550N/m㎡	494N/m㎡	합 격					
22-9-008				항복강도	275N/m㎡ 이상	353N/mm'	합 격					
22-9-009				연신율	18% 이상	25%	합 격					
[illegible]-010				굽힘시험	이상없을것	이상없음	합 격					
22-9-011				화학성분 [C]	0.25% 이하	0.12%	합 격					
22-9-012				화학성분 [Si]	0.45% 이하	0.25%	합격					
22-9-013				화학성분 [Mn]	1.40% 이하	0.75%	합격					
22-9-014				화학성분 [P]	0.050% 이하	0.015%	합격					
22-9-015				화학성분 [S]	0.050% 이하	0.009%	합 격					

품 질 검 사 실 시 대 장(2024년 8월)

○ 공사명 : [ ] 공동주택 신축공사

○ 구 분 : 외부의뢰

일련번호	연.월.일	시험·검사 구분	품질검사 대상 재료	건설자재·부재를 공급받은 공장	시험·검사 장소	시험·검사종목		시험기준	시 험 결 과	시험결과 판정	품질관리기술인 성 명	품질관리기술인 서 명	건설사업관리 기술인 확인 성 명	건설사업관리 기술인 확인 서 명	비 고
24-08-003	2024-08-01	검사	일반 구조용 각형강관 SRT 275 [100*50*2T]			항복강도 (N/㎟)		275 이상	381	합격			박하용		
						인장강도 (N/㎟)		410 이상	487	합격			박하용		
						연신율 (%)		23 이상	26	합격			박하용		
						치수 (mm)	변A	±1.5	100.1	합격			박하용		
							변B		50.2	합격			박하용		
							변 두께	±0.6	2.13	합격			박하용		
						겉모양		해로운 결점이 없을 것	이상없음	합격			박하용		
						단위무게 (kg/m)		-	4.78	합격			박하용		
						화학성분 (%)	C	0.25 이하	0.162	합격			박하용		
							P	0.040 이하	0.020	합격			박하용		
							S	0.040 이하	0.027	합격			박하용		
24-08-004	2024-08-01	검사	일반 구조용 각형강관 SRT 275 [100*100*2.9T]			항복강도 (N/㎟)		275 이상	403	합격			박하용		
						인장강도 (N/㎟)		410 이상	519	합격			박하용		
						연신율 (%)		23 이상	29	합격			박하용		
						치수 (mm)	변A	±1.5	100.2	합격			박하용		
							변B		100.3	합격			박하용		
							변 두께	±0.6	3.09	합격			박하용		
						겉모양		해로운 결점이 없을 것	이상없음	합격			박하용		
						단위무게 (kg/m)		-	9.22	합격			박하용		
						화학성분 (%)	C	0.25 이하	0.106	합격			박하용		
							P	0.040 이하	0.015	합격			박하용		
							S	0.040 이하	0.013	합격			박하용		

품 질 검 사 실 시 대 장(2024년 8월)

○ 공사명 : [ ] 공동주택 신축공사

○ 구 분 : 외부의뢰

일련번호	연.월.일	시험·검사 구분	품질검사 대상 재료	건설자재·부재를 공급받은 공장	시험·검사 장소	시험·검사종목		시험기준	시험결과	시험결과 판정	품질관리기술인 성명	품질관리기술인 서명	건설사업관리기술인 확인 성명	건설사업관리기술인 확인 서명	비고
24-08-005	2024-08-01	검사	일반 구조용 각형강관 SRT 275 [150*150*4T]			항복강도 (N/㎟)		275 이상	404	합격			박하용		
						인장강도 (N/㎟)		410 이상	490	합격			박하용		
						연신율 (%)		23 이상	30	합격			박하용		
						치수 (mm)	변A	±1.5(%)	150.0	합격			박하용		
							변B		150.1	합격			박하용		
							변 두께	±15(%)	4.3	합격			박하용		
						겉모양		해로운 결점이 없을 것	이상없음	합격			박하용		
						단위무게 (kg/m)		-	19.29	합격			박하용		
						화학성분 (%)	C	0.25 이하	0.170	합격			박하용		
							P	0.040 이하	0.022	합격			박하용		
							S	0.040 이하	0.029	합격			박하용		

일련번호	연.월.일	시험·검사 구분	품질검사 대상 재료	건설자재·부재를 공급받은 공장	시험·검사 장소	시험·검사종목		시험기준	시험결과	시험결과 판정	품질관리기술인 성명	품질관리기술인 서명	건설사업관리기술인 확인 성명	건설사업관리기술인 확인 서명	비고
24-08-002	2024-08-01	검사	일반 구조용 각형강관 SRT 275 [50*50*2T]			항복강도 (N/㎟)		275 이상	345	합격			박하용		
						인장강도 (N/㎟)		410 이상	478	합격			박하용		
						연신율 (%)		23 이상	26	합격			박하용		
						치수 (mm)	변A	±1.5	50.4	합격			박하용		
							변B		50.3	합격			박하용		
							변 두께	±0.6	2.07	합격			박하용		
						겉모양		해로운 결점이 없을 것	이상없음	합격			박하용		
						단위무게 (kg/m)		-	3.05	합격			박하용		
						화학성분 (%)	C	0.25 이하	0.096	합격			박하용		
							P	0.040 이하	0.023	합격			박하용		
							S	0.040 이하	0.017	합격			박하용		

품 질 검 사 대 장(2023년 11월)

○ 공사명 : [ ] 공동주택 신축공사

○ 구 분 : 외부의뢰

일련번호	연.월.일	시험·검사 구분	재료	시험·검사종목				시험기준	시험결과	시험결과 판정	시험·검사자 성명	시험·검사자 서명	건설사업관리기술인확인 성명	건설사업관리기술인확인 서명	비고
23-11-001	23-11-16	검사	건축용 강제 받침재(천장)	아연부착량 (g/㎡)			엠바	120 이상	147	합격					
23-11-002			[APT M-BAR/CARRIER 25형]				캐링		187	합격					
23-11-003				부재모양 안정성		가로 굽힘 (mm)	엠바 (L=1000 mm)	2 이하	0.3	합격					
23-11-004							캐링 (L=1000 mm)		0.1	합격					
23-11-005						휘어짐 (mm)	엠바 (L=1000 mm)		0.3	합격					
23-11-006							캐링 (L=1000 mm)		0.5	합격					
23-11-007				재하강도	아랫방향 하중	엠바 (하중: 12kgf)	최대휨량 (mm)	10 이하	6.6	합격					
23-11-008							잔류휨량 (mm)	2 이하	0.5	합격					
23-11-009						캐링 (하중: 12kgf)	최대휨량 (mm)	5 이하	3.5	합격					
23-11-010							잔류휨량 (mm)	2 이하	0.6	합격					
23-11-011					윗방향 하중	엠바 (하중: 12kgf)	최대휨량 (mm)	5 이하	3.4	합격					
23-11-012				치수 (mm)	A	엠바		36 ±1.5	36	합격					
23-11-013						캐링		25 ± 0.5	25.2	합격					
23-11-014					B	엠바		14 ± 1.5	14	합격					
23-11-015						캐링		14 ±0.5	14.1	합격					
23-11-016					C	엠바		0.4 ±0.05	0.42	합격					
23-11-017						캐링		0.8 ±0.08	0.78	합격					

품 질 검 사 대 장(2023년 11월)

○ 공사명 : [   ] 공동주택 신축공사
○ 구　분 : 외부의뢰

일렬번호	연.월.일	시험·검사 구분	재료	시험·검사종목				시험기준	시험결과	시험결과 판정	시험·검사자		건설사업관리기술인확인		비고
											성명	서명	성명	서명	
23-11-018	23-11-16	검사	건축용 강재 받침재(백)	아연부착량 (g/㎡)			웹바	120 이상	154	합격					
23-11-019			[STUD/RUNNER 60형]				계형		155	합격					
23-11-020				부재모양 안정성		가로 굽음 (mm)	웹바 (L=1000 mm)	1 이하	0	합격					
23-11-021							계형 (L=1000 mm)		0.1	합격					
23-11-022						휘어짐 (mm)	웹바 (L=1000 mm)	2 이하	0.3	합격					
23-11-023							계형 (L=1000 mm)		0.4	합격					
23-11-024				치수 (mm)	A	웹바		60 ± 0.5	60.2	합격					
23-11-025						계형		62 ± 0.5	62.2	합격					
23-11-026					B	웹바		45 ± 1.0	45.4	합격					
23-11-027						계형		40 ±1.0	39.6	합격					
23-11-028					C	웹바		0.8 ±0.08	0.8	합격					
23-11-029						계형		0.8 ±0.08	0.76	합격					

▲ 압형 강판, 각형 강관, 받침대 품질검사대장 작성 사례

4.2.8 창호공사

4.2.8.1 창호 자재 시험

○ **법적근거**

- 「건설기술진흥법」 제55조(건설공사의 품질관리), 제60조(품질검사의 대행 등) 제1항
- 「건설기술진흥법 시행령」 제91조(품질시험 및 검사), 제97조(품질검사의 대행 등) 제1항
- 「건설기술진흥법 시행규칙」 제53조(품질관리비의 산출 및 사용 기준) 제3항, 제97조(품질검사의 대행의뢰 등) 제1항
- 「건축법」 제52조의4(건축자재의 품질관리 등) 제1항, 제2항, 제52조의5(건축자재등의 품질인정)
- 「건축법 시행령」 제62조(건축자재의 품질관리) 제1항
- 「건설공사 품질관리 업무지침」 제8조(품질 시험기준)
- 「KCS 표준시방서」 창호공사 일반 KCS 41 55 01 : 2021, 합성수지제 창호공사 KCS 41 55 03 : 2023, 목제 창호공사 KCS 41 55 05 : 2021
- 「LHCS 시방서」 목제창호 LHCS 41 55 05 : 2020, 2.2.2 2.2.2 문짝표면 마감재, 판재 및 심재의 품질, 강제창호 LHCS 41 55 06 : 2020, 2.1.1.2 문짝
- 「특별피난계단의 계단실 및 부속실 제연설비의 화재안전성능기준(NFPC 501A)」 제25조(성능확인)
- 시공자의 품질관리계획서 및 품질시험계획서

○ **목적 및 필요성**

- 설계도서에서 제시된 기준에 적합한 우수한 제품 확보

○ **품질검사(시험) 기준**

- 창호 목재 틀재(KS F 3108)

시험·검사방법	시험·검사종목	시험기준	시기 및 횟수
KS F 3108	두께(mm)	24±0.3	제조회사별 마다 제품규격 마다
	함수율(%)	12 이하	
	휨감도(N/㎟)	35.7 이상	
	나사못 유지력-평면(N)	735 이상	
	나사못 유지력-측면(N)	735 이상	
	겉모양-변색	이상없을 것	
	겉모양-갈라짐	이상없을 것	
	겉모양-분할	이상없을 것	
	겉모양-파인목리, 솟은목리	이상없을 것	
	겉모양-거친대패질	이상없을 것	
	겉모양-너비굽음	이상없을 것	
	겉모양-측면굽음	이상없을 것	
	겉모양-길이굽음	이상없을 것	
	겉모양-비틀림	이상없을 것	
	겉모양-둥근모	이상없을 것	
	겉모양-옹이	이상없을 것	
	겉모양-수지침적	이상없을 것	
	겉모양-수지선	이상없을 것	
	겉모양-주머니	이상없을 것	
	겉모양-썩음	이상없을 것	

- 문세트(철재방화문-새대현관문, 계단실문, 대피공간문/KS F 3109)

시험·검사방법	시험·검사종목	시험기준	시기 및 횟수
KS F 3109	겉모양	이상없을 것	제조회사별 마다 제품규격 마다
	치수-나비(mm)	±2 이내	
	치수-높이(mm)		
	치수-두께(mm)		
	치수-LOCK(mm)		
	치수-대각선 단차(mm)	±2 이내	
	도장-겉모양	이상없을 것	

<table>
<tr><th>시험·검사방법</th><th colspan="3">시험·검사종목</th><th colspan="2">시험기준</th><th>시기 및 횟수</th></tr>
<tr><td></td><td colspan="3">도장-도막두께</td><td colspan="2">50㎛ 이하</td><td rowspan="23"></td></tr>
<tr><td>KS F 3109</td><td colspan="3">비틀림 강도(60등급)</td><td colspan="2">개폐에 이상이 없고,
사용상 지장이 없을 것</td></tr>
<tr><td>KS F 2631</td><td colspan="3">연직하중 강도(100등급)</td><td colspan="2">잔휴 변이 3mm
이내에서 개폐에
이상이 없고, 사용상
지장이 없을 것</td></tr>
<tr><td>KS F 2237</td><td colspan="3">개폐력(여닫이 개폐하중 50N)</td><td colspan="2">문이 원활하게
작동할 것</td></tr>
<tr><td>KS F 4534</td><td colspan="3">개폐 반복성(여닫이 개폐 횟수
100,000회)</td><td colspan="2">개폐에 이상이 없고,
사용상 지장이 없을 것</td></tr>
<tr><td>KS F 2236</td><td colspan="3">내충격성(100등급)</td><td colspan="2">1회의 충격으로
해로운 변형이 없고,
개폐에 지장이 없을 것</td></tr>
<tr><td>KS F 2846</td><td colspan="3">차연성(차압 25Pa일 때
공기누설량)</td><td colspan="2">공기 누설량이
0.9㎡/min.㎡
초과하지 않을 것</td></tr>
<tr><td rowspan="9">KS F 2268-1</td><td rowspan="9">내화시험</td><td rowspan="5">차염성</td><td rowspan="2">면패트차화유·무</td><td>당기는면</td><td>미는면</td></tr>
<tr><td colspan="2">이상없을것</td></tr>
<tr><td>6mm 균열게이지
관통후 150mm
이동유무</td><td colspan="2">관통되지 않을 것</td></tr>
<tr><td>25mm 균열게이지
관통 유, 무</td><td colspan="2">관통되지 않을 것</td></tr>
<tr><td>10초 이상 지속되는
화열방생 유, 무</td><td colspan="2">화염 발생이 없을 것</td></tr>
<tr><td rowspan="3">차열성</td><td>문짝 평균 상승온도
140K 이하</td><td colspan="2">140k이하</td></tr>
<tr><td>문짝 평균 상승온도
180K 이하</td><td colspan="2">180k이하</td></tr>
<tr><td>문짝 평균 상승온도
360K 이하</td><td colspan="2">360k이하</td></tr>
<tr><td>KS F 2292</td><td colspan="3">기밀성</td><td colspan="2">1등급</td></tr>
<tr><td rowspan="3">KS F 2278</td><td colspan="3">결로방지성능-문틀(Ⅰ)</td><td colspan="2">0.22 이하</td></tr>
<tr><td colspan="3">결로방지성능-문짝(Ⅰ)</td><td colspan="2">0.30 이하</td></tr>
<tr><td colspan="3">열관류율(W/(㎡·K))</td><td colspan="2">1.548 이하</td></tr>
<tr><td rowspan="3">KS F 2638</td><td colspan="3">동하중 재하시험
(침입저항/mm)-틈새의 변형량</td><td colspan="2">10 이하</td></tr>
<tr><td colspan="3">동하중 재하시험
(침입저항/mm)-하중점 F2 변형량</td><td colspan="2">20 이하</td></tr>
<tr><td colspan="3">동하중 재하시험
(침입저항/mm)-하중점 F3 변형량</td><td colspan="2">10 이하</td></tr>
</table>

※ 대피공간, 계단실은 기밀성, 결로방지성능, 열관류율, 동하중 재하시험 미적용

※ 대피공간 : 차염성, 차열성/ 세대현관문, 계단실문 : 차염성

- 문세트(목재문)-KS F 3109

시험·검사방법	시험·검사종목	시험기준	시기 및 횟수
KS F 3109	개폐력(개폐하중 50N-여는힘)	개폐에 이상이 없고, 사용상 지장이 없을 것	제조회사별 마다 제품규격 마다
	개폐력(개폐하중 50N-닫는힘)		
	비틀림 강도(40등급)	문이 원활하게 작동할 것	
	연직하중 강도(100등급-겉모양)	개폐에 이상이 없고, 사용상 지장이 없을 것	
	연직하중 강도(100등급-잔류변위)	3 이하	
	내충격성	공기 누설량이 0.9㎥/min.㎡ 초과하지 않을 것	
	안전성	손가락 끼임 상해방지 성능을 보유할 것	
LHCS 41 55 05	총 휘발성 유기 화합물(mg/㎥)	0.25 이하	
	폼알데하이드((mg/㎥)	0.03 dlgk	

※ 총 휘발성 유기 화합물, 폼알데하이드는 대형챔버법 시험[KS I 2007] 기준임

- 창세트(합성수지제 창/S3-250/KS F 3117)

시험·검사방법	시험·검사종목	시험기준	시기 및 횟수
KS F 3117, 1515	치수-창틀 바깥쪽 나비(mm)	1500±2	제조회사별 마다 제품규격 마다
	시수-상틀 바깥쪽 높이(mm)	1500±2	
	치수-창틀대각선 치수의 차(mm)	2 이하	
KS F 2237	개폐력-여는힘	이상없을 것	
	개폐력-닫는힘	이상없을 것	
KS F 4534	개폐반복성	이상없을 것	
KS F 2239	손잡이 강도-면내	-	
	손잡이 강도-면외	-	
KS F 2292	기밀성	-	
KS F 2293	수밀성	-	
KS F 2296	내풍압성	-	
KS F 2278	단열성-열관류 저항((㎡·K)/W)	-	
	단열성-열관류율(W/(㎡·K))	-	

– **합성수지 창호용 형재**(KS F 5602)

시험·검사방법	시험·검사종목	시험기준	시기 및 횟수
KS M 2274	샤르피 충격강도-표준(kj/㎡)	12.7 이상	제조회사별 마다 제품규격 마다
	샤르피 충격강도-저온(kj/㎡)	4.9 이상	
KS M ISO 147282	색차	1.3 이하	
KS M ISO 306	비카 연화온도(℃)	83 이상	
KS F 5602	저온 추 낙하강도	이상없을 것	
	가열변형	이상없을 것	
	가열신축성(%)	2.5 이하	
	냉열 반복에 의한 신축성(%)	0.2 이하	
KS M 3015	내연소성	이상없을 것	
KS M ISO 2039-2	경도	85 이상	
KS M ISO 527-1	인장 항복강도(MN/㎡)	36.8 이상	
	인장파단 신장률(%)-PVC수지계	100 이상	
KS M ISO 178	굴곡 탄성률(MN/㎡)	1960 이상	

– **경첩**(KS F 4519)

시험·검사방법	시험·검사종목	시험기준	시기 및 횟수
KS F 2275	내구성(mm) *개폐 횟수가 20만 회 일 때 마모량	0.8 이하	제조회사별 마다 제품규격 마다
KS F 4519	인장내구성	변화가 심하지 않으며 손상이 없을 것	
	겉모양	이상없을 것	

○ **주요내용**

- 창호를 설치한 후, 전 수량의 창호에 대하여 담당원의 검사를 받음
- 목재 문세트의 목재는 수분 함유량이 15% 이하 건조재 사용

○ **품질검사(시험)**

- 국립·공립 시험기관 또는 건설엔지니어링사업자로 하여금 건설공사의 품질관리를 위한 시험·검사 등을 대행하여 시험실시
- 「과학기술분야 정부출연연구기관 등의 설립·운영 및 육성에 관한 법률」에 따른 한국건설기술연구원 등 대통령령*으로 정하는 시험기관에 건축자재의 성능시험을 의뢰하여 실시

  * 한국건설기술연구원, 「건설기술 진흥법」에 따른 건설엔지니어링사업자로서 건축 관련 품질시험의 수행능력이 국토교통부장관이 정하여 고시하는 기준에 해당하는 자, 「국가표준기본법」 제23조에 따라 인정받은 시험·검사기관
- KS제품일 경우 제조회사별 품질검사 전문기관에 의뢰한 시험성적서 징구로 갈음

○ **품질검사(시험) 대행 절차(CSI)**

- 품질검사 연간단가계약 입력 · 승인→봉인의뢰 승인→봉인 실시→ 품질검사의뢰 승인

○ **시공자**

- 품질검사의 대행기관에 CSI 통하여 품질검사 의뢰(시료의 봉인, 품질검사 의뢰)

○ **건설사업관리기술인, 감리원 검토 및 관리**

- CSI 통하여 품질검사 봉인, 품질검사 의뢰 승인, 현장 시료 봉인 입회

4.2.8.2 방화문 차압 시험

○ 법적근거

- 「건설기술진흥법」 제55조(건설공사의 품질관리), 제60조(품질검사의 대행 등) 제1항
- 「건설기술진흥법 시행령」 제91조(품질시험 및 검사), 제97조(품질검사의 대행 등) 제1항
- 「건설기술진흥법 시행규칙」 제53조(품질관리비의 산출 및 사용 기준) 제3항, 제97조(품질검사의 대행의뢰 등) 제1항
- 「건설공사 품질관리 업무지침」 제8조(품질 시험기준)
- 「건축법」 제52조의4(건축자재의 품질관리 등) 제1항, 제2항, 제52조의5(건축자재등의 품질인정)
- 「건축법 시행령」 제62조(건축자재의 품질관리) 제1항
- 「LHCS 시방서」 강제창호 LHCS 41 55 06 : 2020, 2.1.1.2 문짝
- 「특별피난계단의 계단실 및 부속실 제연설비의 화재안전성능기준(NFPC 501 A)」 제25조(성능확인)
- 시공자의 품질관리계획서 및 품질시험계획서

○ 목적 및 필요성

- 설계도서에서 제시된 기준에 적합한 우수한 제품 확보

○ 품질검사(시험) 기준

시험·검사방법	시험·검사종목	시험기준	시기 및 횟수
KS F 2268-1 8.1 차염적용	차염성 (비차열 60분)	시험 중 문지방 주위를 제외하고 비가열면에 발생되는 모든 개부부에 6mm 균열게이지를 적용하고, 게이지가 시험체를 관통하여 길이 450mm 이상 이동하지 않아야 함	제조회사별 마다 제품규격 마다
		시험 중 비가열면에 발생되는 모든 개구부에 25mm 균열게이지를 적용하고, 게이지가 시험체를 관통하지 않아야 함	
		시험 중 비가열면에 10초 이상 지속되는 화염발생이 없어야 함	
KS F 2846, 3109	차연성	차압 25Pa 일 때 공기 누설량이 0.9㎥/min·㎡를 초과하지 않아야 함	

○ **주요내용**

- 제연설비가 작동하는 경우 방연풍속, 차압, 및 출입문의 개방력과 자동 닫힘 등이 적합한지 여부를 확인하는 시험을 실시할 것
- 계단실형 세대현관문을 열지 않고 적정한 차압 형성 여부를 측정하기 위하여 지정 위치에 차압측정공을 설치함
- 방화성능 및 내구성 향상을 위해 문짝 상·하부 외판과 내판 결합 시 솔기접기 방식등의 접합은 제조사별 결합 방법을 적용하여 문짝을 견고히 제작 함
- 대피공간 방화문은 문짝 및 문틀에 사용되는 채움재는 가스유해성(KS F 2271의 가스유해성) 적합성능을 보유해야 함
- 강제 창호틀 및 창호의 설치허용오차는 수직, 수평오차가 각기 ±3mm 이내가 되도록 함

○ **품질검사(시험)**

- 국립·공립 시험기관 또는 건설엔지니어링사업자로 하여금 건설공사의 품질관리를 위한 시험·검사 등을 대행하여 시험실시
- 「과학기술분야 정부출연연구기관 등의 설립·운영 및 육성에 관한 법률」에 따른 한국건설기술연구원 등 대통령령*으로 정하는 시험기관에 건축자재의 성능시험을 의뢰하여 실시

  * 한국건설기술연구원, 「건설기술 진흥법」에 따른 건설엔지니어링사업자로서 건축 관련 품질시험의 수행능력이 국토교통부장관이 정하여 고시하는 기준에 해당하는 자, 「국가표준기본법」 제23조에 따라 인정받은 시험·검사기관
- KS제품일 경우 제조회사별 품질검사 전문기관에 의뢰한 시험성적서 징구로 갈음

○ **품질검사(시험) 대행 절차(CSI)**

- 품질검사 연간단가계약 입력·승인→봉인의뢰 승인→봉인 실시→ 품질검사의뢰 승인

○ **시공자**

- 품질검사의 대행기관에 CSI 통하여 품질검사 의뢰(시료의 봉인, 품질검사 의뢰)

○ **건설사업관리기술인, 감리원 검토 및 관리**

- CSI 통하여 품질검사 봉인, 품질검사 의뢰 승인, 현장 시료 봉인 입회

※ 세대 출입문 차압 시험은 소방에서 실시

◀ 세대 현관문 차압측정공

개방력 측정

방연풍속 측정

차압 및 비개방차압 측정

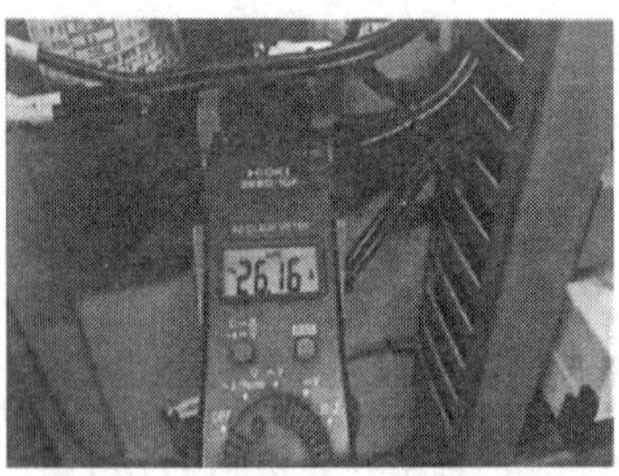

전류전압 측정

연막시험

휀 측정

▲ 세대 현관문 차압측정 전경

4.2.8.3 품질검사 성적서 결과 대비표

○ 법적근거

- 「건설기술진흥법」 제55조(건설공사의 품질관리), 제60조(품질검사의 대행 등) 제1항
- 「건설기술진흥법 시행령」 제91조(품질시험 및 검사), 제97조(품질검사의 대행 등) 제1항
- 「건설기술진흥법 시행규칙」 제53조(품질관리비의 산출 및 사용 기준) 제3항, 제97조(품질검사의 대행의뢰 등) 제1항
- 「건설공사 품질관리 업무지침」 제8조(품질 시험기준)
- 「KCS 표준시방서」 창호공사 일반 KCS 41 55 01 : 2021, 합성수지제 창호공사 KCS 41 55 03 : 2023, 목제 창호공사 KCS 41 55 05 : 2021
- 「건축법」 제52조의4(건축자재의 품질관리 등) 제1항, 제2항, 제52조의5(건축자재등의 품질인정)
- 「건축법 시행령」 제62조(건축자재의 품질관리) 제1항
- 「LHCS 시방서」 강제창호 LHCS 41 55 06 : 2020, 2.1.1.2 문짝
- 「특별피난계단의 계단실 및 부속실 제연설비의 화재안전성능기준(NFPC 501 A)」 제25조(성능확인)
- 시공자의 품질관리계획서 및 품질시험계획서

○ 목적 및 필요성

- 목재문틀, 문세트, 창세트, 합성수지 창호형제, 방화문 등 시험 결과가 기준에 적합한지 여부 검토

○ 품질검사(시험) 기준

- 4.2.8.1, 4.2.8.2 품질검사(시험) 기준 참조

○ 주요내용

- 품질검사(시험) 기준에 따라 품질검사 결과를 비교하여 합부 판정함
- 품질검사 대행기관에서 대행한 품질검사 성적서를 첨부하고, 품질검사 성적서 결과 대비표는 품질관리자가 작성하고 건설사업관리기술인, 감리원이 확인 및 서명함

○ **시공자**

- 시공자의 품질관리기술인(품질관리자)이 국립·공립 시험기관 또는 건설엔지니어링 사업자로 하여금 건설공사의 품질관리를 위한 시험·검사 등을 대행하여 시험 실시한 결과를 CSI 확인하여 품질검사 성적서 결과 대비표 작성 및 서명, 보관

○ **건설사업관리기술인, 감리원 검토 및 관리**

- 품질검사 대행기관의 성적서 결과가 시험·검사 기준에 적합여부 확인 및 서명

품질검사 성적서 결과 대비표

현 장 명	공동주택 신축공사	시료 또는 자재 생산자	
의뢰일자	2025년 1월 8일	발급일자	2025년 2월 4일
시 료 명	강철제 방화문[대피공간문]		

시험·검사 종목			시험·검사 방법	단위	시험·검사 기준	시험·검사 결과	합 부 판정
내화 시험 (미는면)	차염성	면패드착화유.무	KS F 2268-1:2021	N	이상없을 것	착화 안 됨	합격
		6mm 균열게이지 관통 후 150mm 이동유무		-	관통되지 않을 것	관통 안 됨	합격
		25mm 균열게이지 관통 유.무		%	관통되지 않을 것	관통 안 됨	합격
		10초 이상 지속되는 화염발생 유.무			화염 발생이 없을 것	화염 발생 없음	합격
	차열성	문짝 평균 상승 온도 140K 이하			140K 이하	89.2 K	합격
		문짝 평균 상승 온도 180K 이하			180K 이하	130.3 K	합격
		문짝 평균 상승 온도 360K 이하		%	360K 이하	190.3 K	합격
내화 시험 (당기는면)	차염성	면패드착화유.무		N	이상없을 것	착화 안 됨	합격
		6mm 균열게이지 관통 후 150mm 이동유무		-	관통되지 않을 것	관통 안 됨	합격
		25mm 균열게이지 관통 유.무		%	관통되지 않을 것	관통 안 됨	합격
		10초 이상 지속되는 화염발생 유.무			화염 발생이 없을 것	화염 발생 없음	합격
	차열성	문짝 평균 상승 온도 140K 이하			140K 이하	105.1 K	합격
		문짝 평균 상승 온도 180K 이하			180K 이하	154.4 K	합격
		문짝 평균 상승 온도 360K 이하		%	360K 이하	92.5 K	합격
차연시험 (미는면)	차압 25 Pa일 때 공기누설량		KS F 2846:2013	㎡/min·㎡	0.9 이하	0.24	합격
차연시험 (당기는면)	차압 25 Pa일 때 공기누설량			㎡/min·㎡		0.25	합격
개폐력	여닫이 개폐하중 50N		KS F 3109:2021	N	적합 할 것	적합	합격
개폐 반복성	여닫이 개폐 횟수 100 000회			회	적합 할 것	적합	합격

비틀림 강도	60등급	KS F 3109:2021	급	적합 할 것	적합	합격
연직 하중강도	100등급		급	적합 할 것	적합	합격
내충격성	100등급		급	적합 할 것	적합	합격
품질관리기술인 :			건설사업관리기술인 : 박 하 용 (서명)			

품질검사 성적서 결과 대비표

현 장 명	[ ]공동주택 신축공사	시료 또는 자재 생산자	[ ]
의뢰일자	2025년 1월 8일	발급일자	2025년 2월 4일
시 료 명	강철제 방화문[세대현관문]		

시험·검사 종목			시험·검사 방법	단위	시험·검사 기준	시험·검사 결과	합 부 판정
내화 시험 (미는면)	차염성	면패드착화유.무	KS F 2268-1:2021	N	이상없을 것	–	–
		6mm 균열게이지 관통 후 150mm 이동유무		–	관통되지 않을 것	관통 안 됨	합격
		25mm 균열게이지 관통 유.무		%	관통되지 않을 것	관통 안 됨	합격
		10초 이상 지속되는 화열발생 유.무			화염 발생이 없을 것	화염 발생 없음	합격
	차열성	문짝 평균 상승 온도 140K 이하			140K 이하	– K	–
		문짝 평균 상승 온도 180K 이하			180K 이하	– K	–
		문짝 평균 상승 온도 360K 이하		%	360K 이하	– K	–
내화 시험 (당기는면)	차염성	면패드착화유.무		N	이상없을 것	–	–
		6mm 균열게이지 관통 후 150mm 이동유무		–	관통되지 않을 것	관통 안 됨	합격
		25mm 균열게이지 관통 유.무		%	관통되지 않을 것	관통 안 됨	합격
		10초 이상 지속되는 화열발생 유.무			화염 발생이 없을 것	화염 발생 없음	합격
	차열성	문짝 평균 상승 온도 140K 이하			140K 이하	– K	–
		문짝 평균 상승 온도 180K 이하			180K 이하	– K	–
		문짝 평균 상승 온도 360K 이하		%	360K 이하	– K	–
차연시험 (미는면)	차압 25 Pa일 때 공기누설량		KS F 2846:2013	m^3/min·m^2	0.9 이하	0.38	합격
차연시험 (당기는면)	차압 25 Pa일 때 공기누설량			m^3/min·m^2		0.35	합격
개폐력	여닫이 개폐하중 50N		KS F 3109:2021	N	적합 할 것	적합	합격
개폐 반복성	여닫이 개폐 횟수 100 000회			회	적합 할 것	적합	합격

비틀림 강도	60등급	KS F 3109:2021	급	적합 할 것	적합	합격
연직 하중강도	100등급		급	적합 할 것	적합	합격
내충격성	100등급		급	적합 할 것	적합	합격
품질관리기술인 : [ ]			건설사업관리기술인 : 박 하 용 (서명)			

품질검사 성적서 결과 대비표

현 장 명	공동주택 신축공사	시료 또는 자재 생산자	
의뢰일자	2025년 1월 8일	발급일자	2025년 2월 4일
시 료 명	강철제 방화문[계단실문]		

시험·검사 종목			시험·검사 방법	단위	시험·검사 기준	시험·검사 결과	합 부 판정
내화 시험 (미는면)	차염성	면패드착화유.무	KS F 2268-1:2021	N	이상없을 것	–	–
		6mm 균열게이지 관통 후 150mm 이동유무		–	관통되지 않을 것	관통 안 됨	합격
		25mm 균열게이지 관통 유.무		%	관통되지 않을 것	관통 안 됨	합격
		10초 이상 지속되는 화열발생 유.무			화염 발생이 없을 것	화염 발생 없음	합격
	차열성	문짝 평균 상승 온도 140K 이하			140K 이하	– K	–
		문짝 평균 상승 온도 180K 이하			180K 이하	– K	–
		문짝 평균 상승 온도 360K 이하		%	360K 이하	– K	–
내화 시험 (당기는면)	차염성	면패드착화유.무		N	이상없을 것	–	–
		6mm 균열게이지 관통 후 150mm 이동유무		–	관통되지 않을 것	관통 안 됨	합격
		25mm 균열게이지 관통 유.무		%	관통되지 않을 것	관통 안 됨	합격
		10초 이상 지속되는 화열발생 유.무			화염 발생이 없을 것	화염 발생 없음	합격
	차열성	문짝 평균 상승 온도 140K 이하			140K 이하	– K	–
		문짝 평균 상승 온도 180K 이하			180K 이하	– K	–
		문짝 평균 상승 온도 360K 이하		%	360K 이하	– K	–
차연시험 (미는면)	차압 25 Pa일 때 공기누설량		KS F 2846:2013	㎥/min·㎡	0.9 이하	0.37	합격
차연시험 (당기는면)	차압 25 Pa일 때 공기누설량			㎥/min·㎡		0.33	합격
개폐력	여닫이 개폐하중 50N		KS F 3109:2021	N	적합 할 것	적합	합격
개폐 반복성	여닫이 개폐 횟수 100 000회			회	적합 할 것	적합	합격
비틀림 강도	60등급		KS F 3109:2021	급	적합 할 것	적합	합격
연직 하중강도	100등급			급	적합 할 것	적합	합격
내충격성	100등급			급	적합 할 것	적합	합격

품질관리기술인 :	건설사업관리기술인 : 박 하 용 (서명)

품질검사 성적서 결과 대비표

현장명	○○○○공동주택 신축공사	시료 또는 자재 생산자	
의뢰일자	2023년 08월 00일	발급일자	2023년 09월 20일
시료명	문세트(보통문-목재문)		

시험·검사 종목	시험·검사 방법	단위	시험·검사 기준	시험·검사 결과	합부 판정
개폐력 (개폐하중-50N-여는힘)	KS F 3109		개폐에 지장이 없고 사용에 지장이 없을 것	이상없음	합격
개폐력 (개폐하중-50N-닫는힘)				이상없음	합격
비틀림 강도(40등급)			문이 원활하게 작동할 것	이상없음	합격
연직 하중 강도 (70등급-걸모양)			개폐에 지장이 없고 사용에 지장이 없을 것	이상없음	합격
연직 하중 강도 (70등급-잔류변위)			3 이하	1	합격
내충격성 (100등급)		$m^2/min.m^2$	공기누설량이 0.9 초과하지 않을 것	이상없음	합격

품질관리 기술인 : (서명)	건설사업관리 기술인 : 박하용 (서명)

품질검사 성적서 결과 대비표

현장명	○○○○공동주택 신축공사	시료 또는 자재 생산자	
의뢰일자	2023년 08월 00일	발급일자	2023년 09월 20일
시료명	문세트(보통문-합성수지제)		

<table>
<tr><th>시험·검사 종목</th><th>시험·검사 방법</th><th>단위</th><th>시험·검사 기준</th><th>시험·검사 결과</th><th>합부 판정</th></tr>
<tr><td>개폐력
(개폐하중-50N-여는힘)</td><td rowspan="6">KS F 3109</td><td></td><td rowspan="2">개폐에 지장이 없고 사용에 지장이 없을 것</td><td>이상없음</td><td>합격</td></tr>
<tr><td>개폐력
(개폐하중-50N-닫는힘)</td><td></td><td>이상없음</td><td>합격</td></tr>
<tr><td>비틀림 강도(40등급)</td><td></td><td>문이 원활하게 작동할 것</td><td>이상없음</td><td>합격</td></tr>
<tr><td>연직 하중 강도
(70등급-겉모양)</td><td></td><td>개폐에 지장이 없고 사용에 지장이 없을 것</td><td>이상없음</td><td>합격</td></tr>
<tr><td>연직 하중 강도
(70등급-잔류변위)</td><td></td><td>3 이하</td><td>0.5</td><td>합격</td></tr>
<tr><td>내충격성
(100등급)</td><td>$m^2/min.m^2$</td><td>공기누설량이 0.9 추과하지 않은 것</td><td>이상없음</td><td>합격</td></tr>
<tr><td>안전성</td><td></td><td></td><td>손가락 끼임 상해방지 성능을 보유할 것</td><td>손끼임 방지 장치가 설치함</td><td>합격</td></tr>
<tr><td></td><td></td><td></td><td></td><td></td><td></td></tr>
<tr><td></td><td></td><td></td><td></td><td></td><td></td></tr>
<tr><td></td><td></td><td></td><td></td><td></td><td></td></tr>
<tr><td></td><td></td><td></td><td></td><td></td><td></td></tr>
</table>

품질관리 기술인 : (서명)	건설사업관리 기술인 : 박하용 (서명)

품질검사 성적서 결과 대비표

현장명	○○○○공동주택 신축공사	시료 또는 자재 생산자	
의뢰일자	2023년 08월 00일	발급일자	2023년 09월 20일
시료명	창호 목재 틀재		

<table>
<tr><th>시험·검사 종목</th><th>시험·검사 방법</th><th>단위</th><th>시험·검사 기준</th><th>시험·검사 결과</th><th>합부 판정</th></tr>
<tr><td>두께</td><td rowspan="19">KS F 3108</td><td>mm</td><td>24±0.3</td><td>24</td><td>합격</td></tr>
<tr><td>함수율</td><td>%</td><td>12 이하</td><td>7</td><td>합격</td></tr>
<tr><td>힘강도</td><td>N/㎟</td><td>35.7 이상</td><td>40</td><td>합격</td></tr>
<tr><td>나사못 유지력-평면</td><td>N</td><td>735 이상</td><td>1,230</td><td>합격</td></tr>
<tr><td>나사못 유지력-측면</td><td>N</td><td>735 이상</td><td>1,160</td><td>합격</td></tr>
<tr><td>겉모양-변색</td><td></td><td>이상없을 것</td><td>이상없음</td><td>합격</td></tr>
<tr><td>겉모양-갈라짐</td><td></td><td>이상없을 것</td><td>이상없음</td><td>합격</td></tr>
<tr><td>겉모양-분할</td><td></td><td>이상없을 것</td><td>이상없음</td><td>합격</td></tr>
<tr><td>겉모양-파인목리, 솟은목리</td><td></td><td>이상없을 것</td><td>이상없음</td><td>합격</td></tr>
<tr><td>겉모양-거친대패질</td><td></td><td>이상없을 것</td><td>이상없음</td><td>합격</td></tr>
<tr><td>겉모양-너비굽음</td><td></td><td>이상없을 것</td><td>이상없음</td><td>합격</td></tr>
<tr><td>겉모양-측면굽음</td><td></td><td>이상없을 것</td><td>이상없음</td><td>합격</td></tr>
<tr><td>겉모양-비틀림</td><td></td><td>이상없을 것</td><td>이상없음</td><td>합격</td></tr>
<tr><td>겉모양-둥근모</td><td></td><td>이상없을 것</td><td>이상없음</td><td>합격</td></tr>
<tr><td>겉모양-옹이</td><td></td><td>이상없을 것</td><td>이상없음</td><td>합격</td></tr>
<tr><td>겉모양-수지참적</td><td></td><td>이상없을 것</td><td>이상없음</td><td>합격</td></tr>
<tr><td>겉모양-수지선</td><td></td><td>이상없을 것</td><td>이상없음</td><td>합격</td></tr>
<tr><td>겉모양-주머니</td><td></td><td>이상없을 것</td><td>이상없음</td><td>합격</td></tr>
<tr><td>겉모양-썩음</td><td></td><td>이상없을 것</td><td>이상없음</td><td>합격</td></tr>
<tr><td colspan="3">품질관리 기술인 : (서명)</td><td colspan="3">건설사업관리 기술인 : 박하용 (서명)</td></tr>
</table>

품질검사 성적서 결과 대비표

<table>
<tr><td>현장명</td><td>○○○○공동주택 신축공사</td><td>시료 또는 자재 생산자</td><td></td></tr>
<tr><td>의뢰일자</td><td>2023년 04월 00일</td><td>발급일자</td><td>2023년 05월 19일</td></tr>
<tr><td>시료명</td><td colspan="3">합성수지제 창(S3-250)</td></tr>
</table>

<table>
<tr><th colspan="2">시험·검사 종목</th><th>시험·검사 방법</th><th>단위</th><th>시험·검사 기준</th><th>시험·검사 결과</th><th>합부 판정</th></tr>
<tr><td rowspan="3">치수</td><td>창틀바깥쪽나비</td><td rowspan="3">KS F 3117, 1515</td><td>mm</td><td>(1500)±2</td><td>1500</td><td>합격</td></tr>
<tr><td>창틀바깥쪽높이</td><td>mm</td><td>(1500)±2</td><td>1501</td><td>합격</td></tr>
<tr><td>창틀 대각선 치수의 차</td><td>mm</td><td>2 이하</td><td>1</td><td>합격</td></tr>
<tr><td rowspan="2">개폐력</td><td>여는힘</td><td rowspan="2">KS F 2237</td><td></td><td>이상없을 것</td><td>이상없음</td><td>합격</td></tr>
<tr><td>닫는힘</td><td></td><td>이상없을 것</td><td>이상없음</td><td>합격</td></tr>
<tr><td colspan="2">개폐반복성</td><td>KS F 4534</td><td></td><td>이상없을 것</td><td>이상없음</td><td>합격</td></tr>
<tr><td rowspan="2">손잡이대 강도</td><td>면내</td><td rowspan="2">KS F 2239</td><td></td><td>-</td><td>0.1</td><td>합격</td></tr>
<tr><td>면외</td><td></td><td>-</td><td>0.3</td><td>합격</td></tr>
<tr><td colspan="2">기밀성</td><td>KS F 2292</td><td></td><td>-</td><td>1등급</td><td>합격</td></tr>
<tr><td colspan="2">수밀성</td><td>KS F 2293</td><td></td><td>-</td><td>50등급</td><td>합격</td></tr>
<tr><td colspan="2">내풍압성</td><td>KS F 2296</td><td></td><td>-</td><td>400등급</td><td>합격</td></tr>
<tr><td rowspan="2">단열성</td><td>열관류 저항</td><td rowspan="2">KS F 2278</td><td>(m²·K)/W</td><td>-</td><td>1.126</td><td>합격</td></tr>
<tr><td>열관류 율</td><td>W/(m²·K)</td><td>-</td><td>0.888</td><td>합격</td></tr>
<tr><td colspan="3">품질관리 기술인 : (서명)</td><td colspan="4">건설사업관리 기술인 : 박하용 (서명)</td></tr>
</table>

품질검사 성적서 결과 대비표

<table>
<tr><td>현장명</td><td>○○○○공동주택 신축공사</td><td>시료 또는 자재 생산자</td><td></td></tr>
<tr><td>의뢰일자</td><td>2023년 04월 00일</td><td>발급일자</td><td>2023년 05월 19일</td></tr>
<tr><td>시료명</td><td colspan="3">합성수지 창호형 형재</td></tr>
<tr><td colspan="4"></td></tr>
</table>

<table>
<tr><th colspan="2">시험·검사 종목</th><th>시험·검사 방법</th><th>단위</th><th>시험·검사 기준</th><th>시험·검사 결과</th><th>합부 판정</th></tr>
<tr><td rowspan="2">샤르피 충격강도</td><td>표준</td><td rowspan="2">KS M 2274</td><td>kj/m²</td><td>12.7 이상</td><td>94.1</td><td>합격</td></tr>
<tr><td>저온</td><td>kj/m²</td><td>4.9 이상</td><td>23.6</td><td>합격</td></tr>
<tr><td colspan="2">색차</td><td>KS M ISO 147282</td><td></td><td>1.3 이하</td><td>0.1</td><td>합격</td></tr>
<tr><td colspan="2">비카 연화온도</td><td rowspan="5">KS F 5602</td><td>℃</td><td>83 이상</td><td>85.4</td><td>합격</td></tr>
<tr><td colspan="2">저온추 낙하강도</td><td></td><td>이상없을 것</td><td>이상없음</td><td>합격</td></tr>
<tr><td colspan="2">가열변형</td><td></td><td>이상없을 것</td><td>이상없음</td><td>합격</td></tr>
<tr><td colspan="2">가열신축성</td><td>%</td><td>2.5 이하</td><td>2</td><td>합격</td></tr>
<tr><td colspan="2">냉열 반복에 의한 신축성</td><td>%</td><td>0.2 이하</td><td>0.1</td><td>합격</td></tr>
<tr><td colspan="2">내연소성</td><td>KS M 3015</td><td></td><td>이상없을 것</td><td>이상없음</td><td>합격</td></tr>
<tr><td colspan="2">경도</td><td>KS M ISO 2039-2</td><td></td><td>85 이상</td><td>93</td><td>합격</td></tr>
<tr><td colspan="2">인장 항복강도</td><td rowspan="2">KS M ISO 527-1</td><td>MN/m²</td><td>36.8 이상</td><td>41.4</td><td>합격</td></tr>
<tr><td colspan="2">인장파단 신장률</td><td>%</td><td>100 이상</td><td>104</td><td>합격</td></tr>
<tr><td colspan="2">굴곡 탄성률</td><td>KS M ISO 178</td><td>MN/m²</td><td>1960 이상</td><td>3713</td><td>합격</td></tr>
<tr><td colspan="4">품질관리 기술인 : (서명)</td><td colspan="3">건설사업관리 기술인 : 박하용 (서명)</td></tr>
</table>

품질검사 성적서 결과 대비표

현 장 명	공동주택 신축공사	시료 또는 자재 생산자			
의뢰일자	2024년 12월 17일	발급일자	2025년 1월 10일		
시 료 명	경첩[MKR-EZ4035 VN]				
시험·검사 종목	시험·검사 방법	단위	시험·검사 기준	시험·검사 결과	합 부 판정
내구성	KS F 2275	mm	0.8 이하 ✓	0.43 ✓	합격✓
인장내구성	KS F 4519	–	변화가 심하지 않으며 손상이 없을 것 ✓	이상없음 ✓	합격✓
겉모양	KS F 4519	–	이상없을 것 ✓	이상없음 ✓	합격✓
품질관리 기술인 :		건설사업관리 기술인 : 박 하 용 (서명)			

▲ 창호 자재 품질검사 성적서 결과 대비표 작성 사례

4.2.8.4 품질검사(시험)대장

○ **법적근거**

- 「건설기술진흥법」 제55조(건설공사의 품질관리) 제2항
- 「건설기술진흥법 시행규칙」 제50조(품질시험 및 검사의 실시), 별지 제42호 서식
- 「건설공사 사업관리방식 검토기준 및 업무수행지침」 제78조(보고서 작성, 제출)제1항제1호다목, 별지 제34호 서식

  * 일자, 시험구분, 재료, 시험·검사종목, 시험기준, 시험결과, 시험결과 판정 등을 기재

○ **목적 및 필요성**

- 품질검사대장에 기재된 내용이 품질검사 성적서 결과 대비표와 일치하는 확인

○ **품질검사(시험) 기준**

- 4.2.8.1, 4.2.8.2 품질검사(시험) 기준 참조

○ **주요내용**

- 품질검사(시험) 기준에 따라 시험 · 검사한 결과를 기재하여 적합 여부 확인 · 관리
- 품질검사(시험)대장은 품질검사(시험) 기준 및 품질검사 성적서 결과 대비표와 일치 하는지 확인

○ **시공자**

- 품질검사(시험) 결과를 품질검사(시험)대장에 기재 및 품질관리기술인(품질관리자) 서명

○ **건설사업관리기술인, 감리원 검토 및 관리**

- 품질검사(시험) 기준에 따라 시험 결과의 적합 여부 등 확인 및 서명

품 질 검 사 대 장(2023년 9월)

공사명 : [ ] 공동주택 신축공사

구 분 : 창호공사

일련번호	연.월.일	시험·검사 구분	재 료	시험·검사종목		시험기준	시 험 결 과	시험결과 판정	시험·검사자		건설사업관리기술인확인		비 고
									성 명	서 명	성 명	서 명	
23-9-001	23-9-8	검사	문세트 (철재방화문-세대현관문)	겉모양		이상없을 것	이상없음	합격					
23-9-002				치수 (mm)	나비	±1 이내	이상없음	합격					
23-9-003					높이		이상없음	합격					
23-9-004					두께		이상없음	합격					
23-9-005					LOCK 높이		이상없음	합격					
23-9-006					대각선단차	±2 이내	이상없음	합격					
23-9-007				도장	겉모양	이상없을 것	이상없음	합격					
23-9-008					도막두께	50㎛ 이하	이상없음	합격					
23-9-009				비틀림강도		개폐에 이상이 없고 사용상 지장이 없을 것	이상없음	합격					
23-9-010				연직하중 강도		잔류 변위 3mm 이내에서 개폐에 이상없고 사용상 지장이 없을 것	이상없음	합격					
23-9-011				개폐력		문이 원활하게 작동할 것	이상없음	합격					
23-9-012				개폐 반복성		개폐에 이상이 없고 사용상 지장이 없을 것	이상없음	합격					
23-9-013				내충격성		1회의 충격으로 해로운 변형이 없고 개폐에 지장이 없을 것	이상없음	합격					
23-9-014				차연성		공기 누설량이 0.9㎥/min.㎡ 초과하지 않을 것	이상없음	합격					
23-9-015				내화성		성능기준을 만족할 것	이상없음	합격					
23-9-016				기밀성		1등급	0.39	합격					
23-9-017				결로방지성능	문틀	0.22 이하	0.22	합격					
23-9-018					문짝	0.30 이하	0.3	합격					
23-9-019				열관류율 (W/(㎡·K))		1.548 이하	1.231	합격					
23-9-020				동하중 재하시험 [침입저항] (mm)	틈새의 변형량	10 이하	0.99	합격					
23-9-021					하중점 F2 변형량	20 이하	7.62						
23-9-022					하중점 F3 변형량	10 이하	7.28	합격					

품 질 검 사 대 장(2023년 9월)

공사명 : [ ] 공동주택 신축공사

구 분 : 창호공사

일련번호	연.월.일	시험·검사 구분	재 료	시험·검사종목		시험기준	시 험 결 과	시험결과 판정	시험·검사자		건설사업관리기술인확인		비 고
									성 명	서 명	성 명	서 명	
23-9-023	23-9-8	검사	문세트 (철재방화문-대피공간)	겉모양		이상없을 것	이상없음	합격					
23-9-024				치수 (mm)	나비	±1 이내	이상없음	합격					
23-9-025					높이		이상없음	합격					
23-9-026					두께		이상없음	합격					
23-9-027					LOCK 높이		이상없음	합격					
23-9-028					대각선단차	±2 이내	이상없음	합격					
23-9-029				비틀림강도		개폐에 이상이 없고 사용상 지장이 없을 것	이상없음	합격					
23-9-030				연직하중 강도		잔류 변위 3mm 이내에서 개폐에 이상없고 사용상 지장이 없을 것	이상없음	합격					
23-9-031				개폐력		문이 원활하게 작동할 것	이상없음	합격					
23-9-032				개폐 반복성		개폐에 이상이 없고 사용상 지장이 없을 것	이상없음	합격					
23-9-033				내충격성		1회의 충격으로 해로운 변형이 없고 개폐에 지장이 없을 것	이상없음	합격					
23-9-034				차연성		공기 누설량이 0.9㎥/min.㎡ 초과하지 않을 것	이상없음	합격					
23-9-035				내화성		성능기준을 만족할 것	이상없음	합격					
23-9-036	23-9-8	검사	문세트 (철재방화문-계단실)	겉모양		이상없을 것	이상없음	합격					
23-9-037				치수 (mm)	나비	±1 이내	이상없음	합격					
23-9-038					높이		이상없음	합격					
23-9-039					두께		이상없음	합격					
23-9-040					LOCK 높이		이상없음	합격					
23-9-041					대각선단차	±2 이내	이상없음	합격					
23-9-042				도장	겉모양	이상없을 것	이상없음	합격					
23-9-043					도막두께	50㎛ 이하	이상없음	합격					
23-9-044				비틀림강도		개폐에 이상이 없고 사용상 지장이 없을 것	이상없음	합격					

품 질 검 사 대 장(2023년 9월)

◦ 공사명 : [ ] 공동주택 신축공사
◦ 구 분 : 창호공사

일련번호	연.월.일	시험·검사 구분	재 료	시험·검사종목	시험기준	시 험 결 과	시험결과 판정	시험·검사자		건설사업관리기술인확인		비 고
								성 명	서 명	성 명	서 명	
23-9-045	23-9-8	검사	문세트 (철재방화문-계단실)	연직하중 강도	잔류 변위 3mm 이내에서 개폐에 이상없고 사용상 지장이 없을 것	이상없음	합격					
23-9-046				개폐력	문이 원활하게 작동할 것	이상없음	합격					
23-9-047				개폐 반복성	개폐에 이상이 없고 사용상 지장이 없을 것	이상없음	합격					
23-9-048				내충격성	1회의 충격으로 해로운 변형이 없고 개폐에 지장이 없을 것	이상없음	합격					
23-9-049				차연성	공기 누설량이 0.9㎥/min.㎡ 초과하지 않을 것	이상없음	합격					
23-9-050				내화성	성능기준을 만족할 것	이상없음	합격					
23-9-051	23-9-20	검사	문세트 [보통문-목재문]	개폐력 [개폐하중 50N - 여는힘]	개폐에 이상이 없고 사용상 지장이 없을 것	이상없음	합격					
23-9-052				개폐력 [개폐하중 50N - 닫는힘]		이상없음	합격					
23-9-053				비틀림강도 [40 등급]	문이 원활하게 작동할 것	이상없음	합격					
23-9-054				연직 하중 강도 [75등급-겉모양]	개폐에 이상이 없고 사용상 지장이 없을 것	이상없음	합격					
23-9-055				연직 하중 강도 [75등급-잔류변위]	3 이하	1	합격					
23-9-056				내충격성 [100 등급]	공기 누설량이 0.9㎥/min.㎡ 초과하지 않을 것	이상없음	합격					
23-9-057	23-9-20	검사	문세트 [보통문-합성수지재문]	개폐력 [개폐하중 50N - 여는힘]	개폐에 이상이 없고 사용상 지장이 없을 것	이상없음	합격					
23-9-058				개폐력 [개폐하중 50N - 닫는힘]		이상없음	합격					
23-9-059				비틀림강도 [40 등급]	문이 원활하게 작동할 것	이상없음	합격					
23-9-060				연직 하중 강도 [100 등급-겉모양]	개폐에 이상이 없고 사용상 지장이 없을 것	이상없음	합격					
23-9-061				연직 하중 강도 [100 등급-잔류변위]	3 이하	0.5	합격					
23-9-062				내충격성 [100 등급]	공기 누설량이 0.9㎥/min.㎡ 초과하지 않을 것	이상없음	합격					
23-9-063				안정성	손가락 끼임 상해 방지 성능을 보유 할 것	손끼임 방지 장치가 설치 됨	합격					

품 질 검 사 대 장(2023년 9월)

◦ 공사명 : [ ] 공동주택 신축공사
◦ 구 분 : 창호공사

일련번호	연.월.일	시험·검사 구분	재 료	시험·검사종목	시험기준	시 험 결 과	시험결과 판정	시험·검사자		건설사업관리기술인확인		비 고
								성 명	서 명	성 명	서 명	
23-9-064	23-9-20	검사	창호 목재 틀재	두께 (mm)	24±0.3	24	합격					
23-9-065				함수율 (%)	12 이하	7	합격					
23-9-066				휨강도 (N/㎟)	35.7 이상	40	합격					
23-9-067				나사못 유지력-평면 (N)	735 이상	1,230	합격					
23-9-068				나사못 유지력-측면 (N)	735 이상	1,160	합격					
23-9-069				겉모양-변색	이상없을 것	이상없음	합격					
23-9-070				겉모양-갈라짐	이상없을 것	이상없음	합격					
23-9-071				겉모양-분할	이상없을 것	이상없음	합격					
23-9-072				겉모양-파인옹이,숨은옹이	이상없을 것	이상없음	합격					
23-9-073				겉모양-거친대패질	이상없을 것	이상없음	합격					
23-9-074				겉모양-너비굽음	이상없을 것	이상없음	합격					
23-9-075				겉모양-측면굽음	이상없을 것	이상없음	합격					
23-9-076				겉모양-길이굽음	이상없을 것	이상없음	합격					
23-9-077				겉모양-비틀림	이상없을 것	이상없음	합격					
23-9-078				겉모양-둥근모	이상없을 것	이상없음	합격					
23-9-079				겉모양-옹이	이상없을 것	이상없음	합격					
23-9-080				겉모양-수지침적	이상없을 것	이상없음	합격					
23-9-081				겉모양-수지선	이상없을 것	이상없음	합격					
23-9-082				겉모양-주머니	이상없을 것	이상없음	합격					
23-9-083				겉모양-썩음	이상없을 것	이상없음	합격					

품 질 검 사 대 장(2023년 월)

○ 공사명 : 공동주택 신축공사

○ 구 분 : 창호공사

일련번호	연.월.일	시험·검사 구분	재 료	시험·검사종목		시험기준	시 험 결 과	시험결과 판정	시험·검사자 성 명	시험·검사자 서 명	건설사업관리기술인확인 성 명	건설사업관리기술인확인 서 명	비 고
23-6-001	23-5-19	검사	합성 수지제 창 (S3-250)	치수 (mm)	창틀 바깥쪽 나비	1500 ± 2	1500	합격					
23-6-002					창틀 바깥쪽 높이	1500 ± 2	1501	합격					
23-6-003					창틀 대각선 치수의 차	2 이하	11	합격					
23-6-004				개폐력	여는힘	이상없을 것	이상없음	합격					
23-6-005					닫는힘	이상없을 것	이상없음	합격					
23-6-006				개폐반복성		이상없을 것	이상없음	합격					
23-6-007				손잡이대 강도	면내	-	0.1	합격					
23-6-008					면외	-	0.3	합격					
23-6-009	5/19	검사	합성 수지제 창 (S3-250)	기밀성		-	1등급	합격					
23-6-010				수밀성		-	50등급	합격					
23-6-011				내풍압성		-	400등급	합격					
23-6-012				단열성	열 관류저항 (㎡·K)/W	-	1.126	합격					
23-6-013					열관류 율 (W/(㎡·K)	-	0.888	합격					
23-6-014	5/19	검사	합성 수지제 창 (S3-125)	기밀성		-	2등급	합격					
23-6-015				수밀성		-	15등급	합격					
23-6-016				내풍압성		-	240등급	합격					
23-6-017				단열성	열 관류저항 (㎡·K)/W	-	0.478	합격					
23-6-018					열관류 율 (W/(㎡·K)	-	2.092	합격					
23-6-019	5/19	검사	합성 수지제 창 (P-235)	기밀성		-	1등급	합격					
23-6-020				단열성	열 관류저항 (㎡·K)/W	-	0.759	합격					
23-6-021					열관류 율 (W/(㎡·K)	-	1.318	합격					
23-6-022	5/19	검사	합성 수지제 창 (TD-200)	열관류 율 (W/(㎡·K)		-	1.013	합격					

품 질 검 사 대 장(2023년 월)

○ 공사명 : 공동주택 신축공사

○ 구 분 : 창호공사

일련번호	연.월.일	시험·검사 구분	재 료	시험·검사종목		시험기준	시 험 결 과	시험결과 판정	시험·검사자 성 명	시험·검사자 서 명	건설사업관리기술인확인 성 명	건설사업관리기술인확인 서 명	비 고
23-5-001	23-5-19	검사	합성수지 창호용 형재	샤르피 충격강도 (kj/㎡)	표준	12.7 이상	94.1	합격					
23-5-002					저온	4.9 이상	23.6	합격					
23-5-003				색차		1.3 이하	0.1	합격					
23-5-004				비카 연화연도 (℃)		83 이상	85.4	합격					
23-5-005				저온추 낙하강도		이상없을 것	이상없음	합격					
23-5-006				가열변형		이상없을 것	이상없음	합격					
23-5-007				가열신축성 (%)		2.5 이하	2	합격					
23-5-008				냉열 반복에 의한 신축성 (%)		0.2 이하	0.1	합격					
23-5-009				내연소성		이상없을 것	이상없음	합격					
23-5-010				경도		85 이상	93	합격					
23-5-011				인장항복강도 (MN/㎡)		36.8 이상	41.4	합격					
23-5-012				인장파단신장률 (%)		100 이상	104	합격					
23-5-013				굴곡탄성률 (MN/㎡)		1960 이상	3713	합격					

품질검사 실시대장(2025년 1월)

○ 공사명 : [   ] 공동주택 신축공사

○ 구　분 : 외부의뢰

일련번호	연.월.일	시험·검사 구분	품질검사 대상 재료	건설자재·부재를 공급받은 공장	시험·검사 장소	시험·검사종목	시험기준	시험결과	시험결과 판정	품질관리기술인		건설사업관리기술인 확인		비고
										성명	서명	성명	서명	
2025-01-006	2025-01-10	검사	경첩 [MKR-EZ4035 VN]			내구성 (mm)	0.8 이하	0.43	합격			박하용		
						인장내구성	변화가 심하지 않으며 손상이 없을 것	이상없음	합격			박하용		
						겉모양	이상없을 것	이상없음	합격			박하용		

▲ 창호공사 품질검사대장 작성 사례

4.2.9 유리공사

4.2.9.1 유리 시험

○ **법적근거**

- 「건설기술진흥법」 제55조(건설공사의 품질관리), 제60조(품질검사의 대행 등) 제1항
- 「건설기술진흥법 시행령」 제91조(품질시험 및 검사), 제97조(품질검사의 대행 등) 제1항
- 「건설기술진흥법 시행규칙」 제53조(품질관리비의 산출 및 사용 기준) 제3항,
  제97조(품질검사의 대행의뢰 등) 제1항
- 「건설공사 품질관리 업무지침」 제8조(품질 시험기준)
- 「KCS 표준시방서」 유리공사 KCS 41 55 09 : 2023, 2.1.2 제품성능, 3.4 검사
- 시공자의 품질관리계획서 및 품질시험계획서

○ **목직 및 필요성**

- 설계도서에서 제시된 기준에 적합한 우수한 제품 확보

○ **품질검사(시험) 기준**

- **복층유리**(KS L 2003)

시험·검사방법	시험·검사종목	시험기준	시기 및 횟수
KS L 2003	두께(mm)	17mm 미만 : ±1.0 17~22mm 미만: ±1.5 22mm 이상 : ±2	제조회사별 마다 제품규격별 마다
	이슬점(℃)	-35 이하	
	봉착의 가속 내구성	-30 이하	
KS L 2525	열성능(열관류율-W/㎡·K)	-	
	열성능(열관류저항-㎡·K/W)	U2 : 0.31 이상 U3-2 : 0.43 이상	

- **플로트 판유리**(KS L 2012)

시험·검사방법	시험·검사종목	시험기준	시기 및 횟수
KS L 2012	겉모양(기포, 이물질, 점상결점밀집도, 선상·대상결점, 흠, 파상, 잔금, 절단면결점)	이상없을 것	제조회사별 마다 제품규격별 마다
	길이, 너비(mm)-허용차 3000 이하	2, 3, 4mm : +1, -2 5, 6mm : ±2 8, 10mm : +2, -3	
	두께(mm)	2mm : ±0.2 3, 4, 5, 6mm : ±0.3 8. 10mm : ±0.6	

- **배강도유리**(KS L 2015)

시험·검사방법	시험·검사종목	시험기준	시기 및 횟수
KS L 2015	겉모양(가는금, 모서리 결함, 긁힌 흠)	이상없을 것	제조회사별 마다 제품규격별 마다
	두께(mm)	3, 4, 5, 6mm : ±0.3 8, 10mm : ±0.6	
	변의길이(mm)-1변의 길이가 1000mm 이하	3, 4, 5, 6mm : +1, -2 8, 10, 12mm : +2, -3	
	휨(전체적인-%)-1000mm 이하의 변 또는대각선	3, 4, 5mm : 0.6 이하 6, 8 1 10, 12mm : 0.3 이하	
	휨(부분적인-mm)	1.5 이하	
	표면압축응력(MN/㎡)	20~60 이하	

○ **주요내용**

- 플로트 판유리, 배강도 유리는 원칙적으로 적절한 완충재를 사용하여 포장함
- 복층유리의 모양은 원칙적으로 정사각형 또는 직사각형으로 함

○ **품질검사(시험)**

- 국립·공립 시험기관 또는 건설엔지니어링사업자로 하여금 건설공사의 품질관리를 위한 시험·검사 등을 대행하여 시험실시
- KS제품일 경우 제조회사별 품질검사 전문기관에 의뢰한 시험성적서 징구로 갈음

○ **품질검사(시험) 대행 절차(CSI)**

- 품질검사 연간단가계약 입력 · 승인→봉인의뢰 승인→봉인 실시→ 품질검사의뢰 승인

○ **시공자**

- 품질검사의 대행기관에 CSI 통하여 품질검사 의뢰(시료의 봉인, 품질검사 의뢰)

○ **건설사업관리기술인, 감리원 검토 및 관리**

- CSI 통하여 품질검사 봉인, 품질검사 의뢰 승인, 현장 시료 봉인 입회

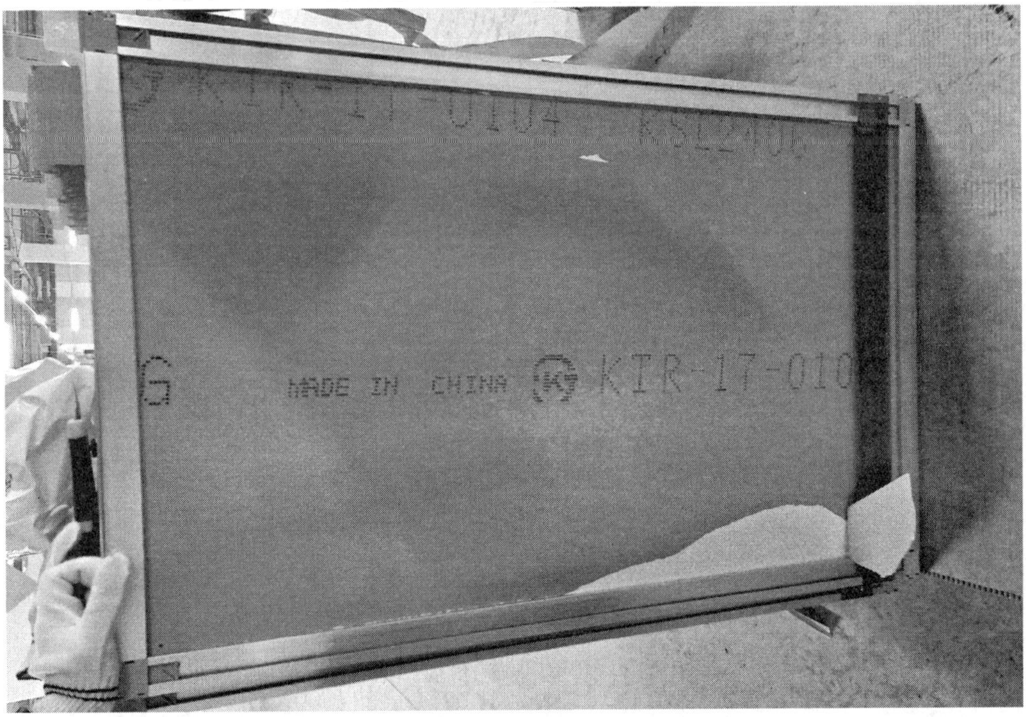

▲ 욕실 화장경 KS 자재 현장 확인 사례

4.2.9.2 품질검사 성적서 결과 대비표

○ **법적근거**

- 「건설기술진흥법」 제55조(건설공사의 품질관리), 제60조(품질검사의 대행 등) 제1항
- 「건설기술진흥법 시행령」 제91조(품질시험 및 검사), 제97조(품질검사의 대행 등) 제1항
- 「건설기술진흥법 시행규칙」 제53조(품질관리비의 산출 및 사용 기준) 제3항, 제97조(품질검사의 대행의뢰 등) 제1항
- 「건설공사 품질관리 업무지침」 제8조(품질 시험기준)
- 「KCS 표준시방서」 유리공사 KCS 41 55 09 : 2023, 2.1.2 제품성능, 3.4 검사
- 시공자의 품질관리계획서 및 품질시험계획서

○ **목적 및 필요성**

- 복층유리, 플로트 판유리, 배강도 유리의 시험 결과가 기준에 적합한지 여부 검토

○ **품질검사(시험) 기준**

- 4.2.9.1 품질검사(시험) 기준 참조

○ **주요내용**

- 품질검사(시험) 기준에 따라 품질검사 결과를 비교하여 합부 판정함
- 품질검사 대행기관에서 대행한 품질검사 성적서를 첨부하고, 품질검사 성적서 결과 대비표는 품질관리자가 작성하고 건설사업관리기술인, 감리원이 확인 및 서명함

○ **시공자**

- 시공자의 품질관리기술인(품질관리자)이 국립·공립 시험기관 또는 건설엔지니어링 사업자로 하여금 건설공사의 품질관리를 위한 시험·검사 등을 대행하여 시험 실시한 결과를 CSI 확인하여 품질검사 성적서 결과 대비표 작성 및 서명, 보관

○ **건설사업관리기술인, 감리원 검토 및 관리**

- 품질검사 대행기관의 성적서 결과가 시험·검사 기준에 적합여부 확인 및 서명

품질검사 성적서 결과 대비표

현장명	○○○○공동주택 신축공사	시료 또는 자재 생산자	
의뢰일자	2023년 08월 00일	발급일자	2023년 09월 15일
시료명	복층유리(B종(U3-2)-Ⅱ류))		

<table>
<tr><th>시험·검사 종목</th><th>시험·검사 방법</th><th>단위</th><th>시험·검사 기준</th><th>시험·검사 결과</th><th>합부 판정</th></tr>
<tr><td>겉모양-①</td><td></td><td></td><td>이상없을 것</td><td>이상없음</td><td>합격</td></tr>
<tr><td>겉모양-②</td><td></td><td></td><td>이상없을 것</td><td>이상없음</td><td>합격</td></tr>
<tr><td>모양</td><td></td><td></td><td>정사각형 또는 직사각형</td><td>직사각형</td><td>합격</td></tr>
<tr><td>변의길이-①</td><td rowspan="6">KS L 2003</td><td>mm</td><td>(500)±2</td><td>500</td><td>합격</td></tr>
<tr><td>변의길이-②</td><td>mm</td><td>(500)±2</td><td>500</td><td>합격</td></tr>
<tr><td>변의길이-①</td><td>mm</td><td>(350)±2</td><td>350</td><td>합격</td></tr>
<tr><td>변의길이-②</td><td>mm</td><td>(350)±2</td><td>350</td><td>합격</td></tr>
<tr><td>두께-①</td><td>mm</td><td>(22)±2</td><td>21.03</td><td>합격</td></tr>
<tr><td>두께-②</td><td>mm</td><td>(22)±2</td><td>21.4</td><td>합격</td></tr>
<tr><td>열관류 저항</td><td>KS L 2525</td><td>$m^2 \cdot K/W$</td><td>0.43 이상</td><td>0.55</td><td>합격</td></tr>
<tr><td>광학 박막 성능의 가속내구성</td><td></td><td></td><td>반사율의 차 0.02 이하</td><td>0.01</td><td>합격</td></tr>
<tr><td>이슬점-①</td><td rowspan="3">KS L 2003</td><td>℃</td><td>-35 이하</td><td>이상없음</td><td>합격</td></tr>
<tr><td>이슬점-②</td><td>℃</td><td>-35 이하</td><td>이상없음</td><td>합격</td></tr>
<tr><td>봉착의 가속내구성</td><td></td><td>-30 이하</td><td>이상없음</td><td>합격</td></tr>
<tr><td colspan="3">품질관리 기술인 : (서명)</td><td colspan="3">건설사업관리 기술인 : 박하용 (서명)</td></tr>
</table>

품질검사 성적서 결과 대비표

현장명	○○○○공동주택 신축공사	시료 또는 자재 생산자	
의뢰일자	2023년 08월 00일	발급일자	2023년 09월 15일
시료명	플로트 판유리 5T		

시험·검사 종목	시험·검사 방법	단위	시험·검사 기준	시험·검사 결과	합부 판정
겉모양(기포)	KS L 2012		이상없을 것	이상없음	합격
겉모양(이물질)			이상없을 것	이상없음	합격
겉모양(점상결점 밀집도)			이상없을 것	이상없음	합격
겉모양(선상, 대상결정)			이상없을 것	이상없음	합격
겉모양(흠)			이상없을 것	이상없음	합격
겉모양(파상)			이상없을 것	이상없음	합격
겉모양(잔금)			이상없을 것	이상없음	합격
겉모양(절단면 결점)			이상없을 것	이상없음	합격
길이		mm	(600)±2	600	합격
너비		mm	(400)±2	400	합격
두께		mm	(5)±0.3	4.9	합격

품질관리 기술인 : (서명)	건설사업관리 기술인 : 박하용 (서명)

<table>
<tr><th colspan="6">품질검사 성적서 결과 대비표</th></tr>
<tr><td>현장명</td><td colspan="2">○○○○공동주택 신축공사</td><td>시료 또는 자재 생산자</td><td colspan="2"></td></tr>
<tr><td>의뢰일자</td><td colspan="2">2023년 08월 00일</td><td>발급일자</td><td colspan="2">2023년 09월 19일</td></tr>
<tr><td>시료명</td><td colspan="5">배강도 유리-5T</td></tr>
<tr><td colspan="6"></td></tr>
<tr><td>시험·검사 종목</td><td>시험·검사 방법</td><td>단위</td><td>시험·검사 기준</td><td>시험·검사 결과</td><td>합부 판정</td></tr>
<tr><td>겉모양(가는금)</td><td rowspan="12">KS L 2015</td><td></td><td>이상없을 것</td><td>이상없음</td><td>합격</td></tr>
<tr><td>겉모양(모서리 결함)</td><td></td><td>이상없을 것</td><td>이상없음</td><td>합격</td></tr>
<tr><td>겉모양(긁힌 흠)</td><td></td><td>이상없을 것</td><td>이상없음</td><td>합격</td></tr>
<tr><td>두께</td><td>mm</td><td>(5)±0.3</td><td>4.8</td><td>합격</td></tr>
<tr><td>변의길이-①</td><td>mm</td><td>(610)±2</td><td>610</td><td>합격</td></tr>
<tr><td>변의길이-②</td><td>mm</td><td>(610)±2</td><td>610</td><td>합격</td></tr>
<tr><td>휨(전체적인)</td><td>%</td><td>0.6 이하</td><td>0.01</td><td>합격</td></tr>
<tr><td>휨(부분적인)</td><td>mm</td><td>3 이하</td><td>0.1</td><td>합격</td></tr>
<tr><td>표면압축응력-①</td><td>MN/m²</td><td rowspan="4">20~60</td><td>56</td><td>합격</td></tr>
<tr><td>표면압축응력-②</td><td>MN/m²</td><td>58</td><td>합격</td></tr>
<tr><td>표면압축응력-③</td><td>MN/m²</td><td>56</td><td>합격</td></tr>
<tr><td>표면압축응력-④</td><td>MN/m²</td><td>54</td><td>합격</td></tr>
<tr><td colspan="3">품질관리 기술인 : (서명)</td><td colspan="3">건설사업관리 기술인 : 박하용 (서명)</td></tr>
</table>

▲ 유리 품질검사 성적서 결과 대비표 작성 사례

4.2.9.3 품질검사(시험)대장

○ 법적근거

- 「건설기술진흥법」 제55조(건설공사의 품질관리) 제2항
- 「건설기술진흥법 시행규칙」제50조(품질시험 및 검사의 실시), 별지 제42호 서식
- 「건설공사 사업관리방식 검토기준 및 업무수행지침」제78조(보고서 작성, 제출)제1항제1호다목, 별지 제34호 서식

  * 일자, 시험구분, 재료, 시험·검사종목, 시험기준, 시험결과, 시험결과 판정 등을 기재

○ 목적 및 필요성

- 품질검사대장에 기재된 내용이 품질검사 성적서 결과 대비표와 일치하는 확인

○ 품질검사(시험) 기준

- 4.2.9.1 품질검사(시험) 기준 참조

○ 주요내용

- 품질검사(시험) 기준에 따라 시험 · 검사한 결과를 기재하여 적합 여부 확인 · 관리
- 품질검사(시험)대장은 품질검사(시험) 기준 및 품질검사 성적서 결과 대비표와 일치 하는지 확인

○ 시공자

- 품질검사(시험) 결과를 품질검사(시험)대장에 기재 및 품질관리기술인(품질관리자) 서명

○ 건설사업관리기술인, 감리원 검토 및 관리

- 품질검사(시험) 기준에 따라 시험 결과의 적합 여부 등 확인 및 서명

품 질 검 사 대 장(2023년 9월)

- 공사명 : [　　　　　　]공동주택 신축공사
- 구　분 : 유리공사

일련번호	연.월.일	시험·검사 구　분	재　료	시험·검사종목	시험기준	시 험 결 과	시험결과 판정	시험·검사자		건설사업관리기술인확인		비 고
								성 명	서 명	성 명	서 명	
23-9-001	2023-09-15	검사	열선흡수 판유리 5T	겉모양 [기포]	이상없을 것	이상없음	합격					
23-9-002				겉모양 [이물질]	이상없을 것	이상없음	합격					
23-9-003				겉모양 [점상 결점 밀집도]	이상없을 것	이상없음	합격					
23-9-004				겉모양 [선상,대상 결점]	이상없을 것	이상없음	합격					
23-9-005				겉모양 [흠]	이상없을 것	이상없음	합격					
23-9-006				겉모양 [파상]	이상없을 것	이상없음	합격					
23-9-007				겉모양 [잔금]	이상없을 것	이상없음	합격					
23-9-008				겉모양 [절단면 결점]	이상없을 것	이상없음	합격					
23-9-009				길이 (mm)	600±2	600	합격					
23-9-010				너비 (mm)	400±2	400	합격					
23-9-011				두께 (mm)	5±0.3	4.9	합격					
23-9-012				5mm 태양열취득률	0.8 이하	0.63	합격					

품 질 검 사 대 장(2023년 9월)

- 공사명 : [　　　　　　]공동주택 신축공사
- 구　분 : 유리공사

일련번호	연.월.일	시험·검사 구　분	재　료	시험·검사종목	시험기준	시 험 결 과	시험결과 판정	시험·검사자		건설사업관리기술인확인		비 고
								성 명	서 명	성 명	서 명	
23-9-013	2023-09-15	검사	플로트 판유리 5T	겉모양 [기포]	이상없을 것	이상없음	합격					
23-9-014				겉모양 [이물질]	이상없을 것	이상없음	합격					
23-9-015				겉모양 [점상 결점 밀집도]	이상없을 것	이상없음	합격					
23-9-016				겉모양 [선상,대상 결점]	이상없을 것	이상없음	합격					
23-9-017				겉모양 [흠]	이상없을 것	이상없음	합격					
23-9-018				겉모양 [파상]	이상없을 것	이상없음	합격					
23-9-019				겉모양 [잔금]	이상없을 것	이상없음	합격					
23-9-020				겉모양 [절단면 결점]	이상없을 것	이상없음	합격					
23-9-021				길이 (mm)	600±2	600	합격					
23-9-022				너비 (mm)	400±2	400	합격					
23-9-023				두께 (mm)	5±0.3	4.9	합격					

품 질 검 사 대 장(2023년 9월)

공사명 : 공동주택 신축공사

구 분 : 유리공사

일련번호	연.월.일	시험·검사 구 분	재 료	시험·검사종목	시험기준	시 험 결 과	시험결과 판정	시험·검사자		건설사업관리기술인확인		비 고
								성 명	서 명	성 명	서 명	
23-9-024	2023-09-15	검사	저방사 유리 5T (1종 A류)	치수-길이	300±2	300	합격					
23-9-025				치수-너비	300±2	300	합격					
23-9-026				치수-두께	5±0.3	4.8	합격					
23-9-027				겉모양-색 얼룩	이상없을 것	이상없음	합격					
23-9-028				겉모양-막 손상	이상없을 것	이상없음	합격					
23-9-029				겉모양-핀홀 개수 (2mm 초과)	0	0	합격					
23-9-030				겉모양-핀홀 개수 (2mm 이하 1mm 이상)	5 이하	0	합격					
23-9-031				방사율	0.06 이하	0.06	합격					
23-9-032				내습성-2시간 경과 후 색차	1 이하	0.1	합격					
23-9-033				내습성- 168시간 경과 후 핀홀 개수 (0.5mm 초과)	3 이하	0	합격					
23-9-034				내습성- 168시간 경과 후 핀홀 개수 (0.2mm 이상 0.5mm 이하)	3 이하	0	합격					
23-9-035	2023-09-15	검사	복층유리 A종(U2) II류	두께 (mm)	22±2	21.7	합격					
23-9-036				이슬점 (℃)	-35 이하	-35 이하	합격					
23-9-037				봉착의 가속내구성	-30 이하	이상없음	합격					
23-9-038				열성능[열관류율] [W/(㎡.K)	-	2.82	합격					
23-9-039				열성능[열관류저항] [K.㎡/W)	0.31 이상	0.36	합격					

품 질 검 사 대 장(2023년 9월)

공사명 : 공동주택 신축공사

구 분 : 유리공사

일련번호	연.월.일	시험·검사 구 분	재 료	시험·검사종목	시험기준	시 험 결 과	시험결과 판정	시험·검사자		건설사업관리기술인확인		비 고
								성 명	서 명	성 명	서 명	
23-9-040	2023-09-15	검사	복층유리 B종(U3-2) II류	겉모양-①	이상없을 것	이상없음	합격					
23-9-041				겉모양-②	이상없을 것	이상없음	합격					
23-9-042				모양	정사각형 또는 직사각형	직사각형	합격					
23-9-043				변의길이-①	500±2	500	합격					
23-9-044				변의길이-②	500±2	500	합격					
23-9-045				변의길이-①	350±2	350	합격					
23-9-046				변의길이-②	350±2	350	합격					
23-9-047				두께-①	22±2	21.3	합격					
23-9-048				두께-②	22±2	21.4	합격					
23-9-049				열관류저항 [K.㎡/W)	0.43 이상	0.55	합격					
23-9-050				광학 박막 성능의 가속내구성	방사율의 차 0.02 이하	0.01	합격					
23-9-051				이슬점-①	-35 이하	이상없음	합격					
23-9-052				이슬점-②	-35 이하	이상없음	합격					
23-9-053				봉착의 가속내구성	-30 이하	이상없음	합격					

품 질 검 사 대 장(2023년 9월)

공사명 : [ ]공동주택 신축공사
구 분 : 유리공사

일련번호	연.월.일	시험·검사 구분	재 료	시험·검사종목	시험기준	시 험 결 과	시험결과 판정	시험·검사자		건설사업관리기술인확인		비 고
								성 명	서 명	성 명	서 명	
23-9-054	2023-09-19	검사	배강도유리 5T	겉모양[가는금]	이상없을 것	이상없음	합격					
23-9-055				겉모양[모서리결함]	이상없을 것	이상없음	합격					
23-9-056				겉모양[긁힌 흠]	이상없을 것	이상없음	합격					
23-9-057				두께 (mm)	5±0.3	4.8	합격					
23-9-058				변의길이-① (mm)	610±2	610	합격					
23-9-059				변의길이-② (mm)	610±2	610	합격					
23-9-060				휨[전체적인] (%)	0.6 이하	0.01	합격					
23-9-061				휨[부분적인] (mm)	3 이하	0.1	합격					
23-9-062				표면압축응력-① (MN/㎡)	20~60	56	합격					
23-9-063				표면압축응력-② (MN/㎡)		58	합격					
23-9-064				표면압축응력-③ (MN/㎡)		56	합격					
23-9-065				표면압축응력-④ (MN/㎡)		54	합격					

품 질 검 사 대 장(2023년 9월)

공사명 [ ]공동주택 신축공사
구 분 : 유리공사

일련번호	연.월.일	시험·검사 구분	재 료	시험·검사종목	시험기준	시 험 결 과	시험결과 판정	시험·검사자		건설사업관리기술인확인		비 고
								성 명	서 명	성 명	서 명	
23-9-066	2023-09-20	검사	접합유리 [II-I류 8.76T]	겉모양[기포]	이상없을 것	이상없음	합격					
23-9-067				겉모양[이물질]	이상없을 것	이상없음	합격					
23-9-068				겉모양[판 어긋남]	이상없을 것	이상없음	합격					
23-9-069				겉모양[잔금]	이상없을 것	이상없음	합격					
23-9-070				겉모양[이빠짐]	이상없을 것	이상없음	합격					
23-9-071				겉모양[흐림 및 긁힌 흠]	이상없을 것	이상없음	합격					
23-9-072				모양	-	평면접합유리	합격					
23-9-073				변의길이-① (mm)	610±2	610	합격					
23-9-074				변의길이-② (mm)	610±2	610	합격					
23-9-075				두께 (mm)	8.75±0.4	8.5	합격					
23-9-076				만곡[활모양] (%)	0.3 이하	0.02	합격					
23-9-077				내광성 [가시광선투과율의 감소율] (%)	10 이하	0.9	합격					
23-9-078				내광성 [외관]	이상없을 것	이상없음	합격					
23-9-079				내열성	이상없을 것	이상없음	합격					
23-9-080				내습성	이상없을 것	이상없음	합격					
23-9-081				낙구충격박리특성	유리의 결락에 따른 노출 부분이 없을 것	합격	합격					
23-9-082				쇼트백충격특성	유리가 파괴되지 않을 것	적합	합격					

▲ 유리공사 품질검사대장 작성 사례

4.2.10 단열공사

4.2.10.1 단열재 시험

○ **법적근거**

- 「건설기술진흥법」 제55조(건설공사의 품질관리), 제60조(품질검사의 대행 등) 제1항
- 「건설기술진흥법 시행령」 제91조(품질시험 및 검사), 제97조(품질검사의 대행 등) 제1항
- 「건설기술진흥법 시행규칙」 제53조(품질관리비의 산출 및 사용 기준) 제3항, 제97조(품질검사의 대행의뢰 등) 제1항
- 「건설공사 품질관리 업무지침」 제8조(품질 시험기준)
- 「KCS 표준시방서」 단열공사 일반 KCS 41 42 01 : 2021, 2.3 자재의 검사
- 시공자의 품질관리계획서 및 품질시험계획서

○ **목적 및 필요성**

- 설계도서에서 제시된 기준에 적합한 우수한 제품 확보

○ **품질검사(시험) 기준**

- **경질발포플라스틱-건축물 단열재(XPS)**

시험·검사방법	시험·검사종목	시험기준	시기 및 횟수
KS M ISO 4898	길이, 너비 허용차(mm)	<1000 : ±8 ≥1000 : 10	제조회사별 마다
	두께 허용차(mm)	<50 : ±2 50~≤75 : ±3 >75~≤100 : ±4 >100 : 제조사와 구매자간에 합의사항	
	밀도(최소, kg/㎥)	제조자 제시값 이상	
	10% 변형 또는 항복에서 압축강도, 압축응력(KPa)	Ⅰ : 150 Ⅱ : A 200, B 250 Ⅲ : A 350 B 450 C 550	
	초기 열전도도(최대), 평균	Ⅰ : A-1 26, A-2 29	

시험·검사방법	시험·검사종목	시험기준	시기 및 횟수
	23℃, 28일	Ⅱ : A 28, B-1 27, B-2 27 Ⅲ : 26	
	치수안전성(%)	5	
	압축크리프(%)	5	
	수증기 투과도(ng)	2.0~1.5	
	흡수성(%)	1	
	굴곡파괴하중(N)	35	
	연소성(등급)	HF-2	
	폼 알데하이드 (최대, mg/㎡·h)	0.02	
	톨루엔(mg/㎡·h)	0.08	
	총휘발성 유기화합물 (최대, mg/㎡·h)	4.0	

– 경질발포플라스틱–건축물 단열재(PUR)

시험·검사방법	시험·검사종목	시험기준	시기 및 횟수
KS M ISO 4898	길이, 너비 허용차(mm)	<1000 : ±8 ≥1000 : 10	제조회사별 마다
	두께 허용차(mm)	<50 : ±2 50~≤75 : ±3 >75~≤100 : ±4 >100 : 제조사와 구매자간에 합의사항	
	밀도(최소, kg/㎥)	제조자 제시값 이상	
	10% 변형 또는 항복에서 압축강도, 압축응력(KPa)	Ⅰ : A, B, C 80, D, E 100 Ⅱ : 100 Ⅲ : 150	
	초기 열전도도(최대), 평균 23℃, 28일	Ⅰ : A 24, B 29, C 24, D, E 23 Ⅱ : A 23, B 24, C 29 Ⅲ : A 23, B 24, C 29	
	치수안전성(%)	5	
	압축크리프(%)	Ⅱ : 5	
	수증기 투과도(ng)	6.5	

시험·검사방법	시험·검사종목	시험기준	시기 및 횟수
	흡수성(%)	Ⅰ : A , B 4, C, D, E 3 Ⅱ : A 3, B, C 4 Ⅲ : 3	
	굴곡파괴하중(N)	Ⅰ: A~C 15, Ⅱ:25, Ⅲ:35	
	연소성(등급)	Ⅰ : A , B , C HF-1 Ⅱ : HF-1 Ⅲ : HF-1	
	폼 알데하이드 (최대, mg/㎡·h)	0.02	
	톨루엔(mg/㎡·h)	0.08	
	총휘발성 유기화합물 (최대, mg/㎡·h)	4.0	

– **단열 모르타르**(KS F 4040)

시험·검사방법	시험·검사종목	시험기준	시기 및 횟수
KS F 4040	열전도율(W/m·K)	1종 : 0.071 이하 2종 : 0.095 이하 3종 : 0.149 이하	제조회사별 마다 시공면적 1,000제곱미터 마다
	부착강도(MPa)	0.10 이상	
	길이 변화율(%)	0.5 이하	

※ 발포폴리스티렌 단열재 KS M 3808, 경질폴리스티렌 단열재 KS M 3809는 2024.7.18. 폐지

○ 주요내용

- 밀도는 등급체제 확립 여부에 따른 선택사항임
- 흡수성은 최종용도 및 유사한 용도에서 물과 직접 첩촉이 예상되는 경우에 요구됨
- 난연성은 건축물의 화재발생 시 재료에서의 유독가스 발생 및 화재 확산 등을 방지하여 인명 및 재산을 보호하기 위한 건축법 등의 국가 법령에 따름
- 단멸 모르타르의 품질시험은 공시체를 3개 제작하고, 부착강도 및 길이 변화율은 28일 기준임

○ **품질검사(시험)**

- 국립·공립 시험기관 또는 건설엔지니어링사업자로 하여금 건설공사의 품질관리를 위한 시험·검사 등을 대행하여 시험실시
- KS제품일 경우 제조회사별 품질검사 전문기관에 의뢰한 시험성적서 징구로 갈음

○ **품질검사(시험) 대행 절차(CSI)**

- 품질검사 연간단가계약 입력 · 승인→봉인의뢰 승인→봉인 실시→ 품질검사의뢰 승인

○ **시공자**

- 품질검사의 대행기관에 CSI 통하여 품질검사 의뢰(시료의 봉인, 품질검사 의뢰)

○ **건설사업관리기술인, 감리원 검토 및 관리**

- CSI 통하여 품질검사 봉인, 품질검사 의뢰 승인, 현장 시료 봉인 입회

4.2.10.2 품질검사 성적서 결과 대비표

○ 법적근거

- 「건설기술진흥법」 제55조(건설공사의 품질관리), 제60조(품질검사의 대행 등) 제1항
- 「건설기술진흥법 시행령」 제91조(품질시험 및 검사), 제97조(품질검사의 대행 등) 제1항
- 「건설기술진흥법 시행규칙」 제53조(품질관리비의 산출 및 사용 기준) 제3항, 제97조(품질검사의 대행의뢰 등) 제1항
- 「건설공사 품질관리 업무지침」 제8조(품질 시험기준)
- 「KCS 표준시방서」 단열공사 일반 KCS 41 42 01 : 2021, 2.3 자재의 검사
- 시공자의 품질관리계획서 및 품질시험계획서

○ 목적 및 필요성

- 건축물 단열재용(XPS, PUR), 단열 모르타르의 시험 결과가 기준에 적합한지 여부 검토

○ 품질검사(시험) 기준

- 4.2.10.1 품질검사(시험) 기준 참조

○ 주요내용

- 품질검사(시험) 기준에 따라 품질검사 결과를 비교하여 합부 판정함
- 품질검사 대행기관에서 대행한 품질검사 성적서를 첨부하고, 품질검사 성적서 결과 대비표는 품질관리자가 작성하고 건설사업관리기술인, 감리원이 확인 및 서명함

○ 시공자

- 시공자의 품질관리기술인(품질관리자)이 국립・공립 시험기관 또는 건설엔지니어링 사업자로 하여금 건설공사의 품질관리를 위한 시험・검사 등을 대행하여 시험 실시한 결과를 CSI 확인하여 품질검사 성적서 결과 대비표 작성 및 서명, 보관

○ 건설사업관리기술인, 감리원 검토 및 관리

- 품질검사 대행기관의 성적서 결과가 시험・검사 기준에 적합여부 확인 및 서명

품질검사 성적서 결과 대비표

현 장 명	공동주택 신축공사		시료 또는 자재 생산자		
의뢰일자	2024년 5월 16일		발급일자	2024년 6월 11일	
시 료 명	발포 폴리스티렌 단열재 압출법 1호 80T				
시험·검사 종목		시험·검사 방법	단위	시험·검사 기준	시험·검사 결과	합 부 판정
겉모양		KS M 3808	-	이상없을 것	이상없음	합격
치수 (두께)			mm	80±3	80	합격
굴곡파괴하중			N	35 이상	56	합격
연소성	연소시간		S	120 이내	60	합격
	연소길이		mm	60 이하	40	합격
초기 열전도도			W/(m·K)	0.028 이하	0.028	합격
압축강도			N/㎠	18 이상	35	합격
품질관리기술인 :			건설사업관리기술인 : 박기용 (서명)			

품질검사 성적서 결과 대비표

현 장 명	공동주택 신축공사		시료 또는 자재 생산자		
의뢰일자	2024년 4월 26일		발급일자	2024년 6월 11일	
시 료 명	발포 폴리스티렌 단열재 압출법 특호 150T				
시험·검사 종목		시험·검사 방법	단위	시험·검사 기준	시험·검사 결과	합 부 판정
겉모양		KS M 3808	-	이상없을 것	이상없음	합격
치수 (두께)			mm	150±3	150	합격
굴곡파괴하중			N	45 이상	56	합격
연소성	연소시간		S	120 이내	60	합격
	연소길이		mm	60 이하	45	합격
초기 열전도도			W/(m·K)	0.027 이하	0.027	합격
압축강도			N/㎠	25 이상	26	합격
품질관리기술인 :			건설사업관리기술인 : 박기용 (서명)			

품질검사 성적서 결과 대비표

현 장 명	공동주택 신축공사	시료 또는 자재 생산자	
의뢰일자	2024년 5월 16일	발급일자	2024년 6월 13일
시 료 명	발포 폴리스티렌 단열재 압출법 특호 110T		

시험·검사 종목		시험·검사 방법	단위	시험·검사 기준	시험·검사 결과	합 부 판정
겉모양		KS M 3808	–	이상없을 것	이상없음	합격
치수 (두께)			mm	110±3	110	합격
굴곡파괴하중			N	45 이상	58	합격
연소성	연소시간		S	120 이내	60	합격
	연소길이		mm	60 이하	35	합격
초기 열전도도			W/(m·K)	0.027 이하	0.026	합격
압축강도			N/㎠	25 이상	40	합격

품질관리기술인 :　　　　건설사업관리기술인 : (서명)

품질검사 성적서 결과 대비표

현 장 명	공동주택 신축공사	시료 또는 자재 생산자	
의뢰일자	2024년 5월 22일	발급일자	2024년 6월 12일
시 료 명	경질 폴리우레탄 폼 단열재 [NF BOARD PLUS] 2종2호 110T		

시험·검사 종목	시험·검사 방법	단위	시험·검사 기준	시험·검사 결과			합 부 판정
총 열방출량 (앞뒷면)	국토교통부고시 제2023-24호	MJ/㎡	8 이하	0.2	0.1	0.0	합격
총 열방출량 (측면)		MJ/㎡		5.3	3.9	3.4	합격
200 kW/㎡ 초과 시간(초) (앞뒷면)		kW/㎡	10 이하	0	0	0	합격
200 kW/㎡ 초과 시간(초) (측면)		kW/㎡		0	0	0	합격
가열 후 시험체 검사 (앞뒷면)		–	이상없을 것	이상없음	이상없음	이상없음	합격
가열 후 시험체 검사 (측면)		–		이상없음	이상없음	이상없음	합격
가스유해성		(분:초)	9분 이상	14:02			합격
가스유해성		(분:초)		14:37			합격

품질관리기술인 :　　　　건설사업관리기술인 : 박 하 용 (서명)

품질검사 성적서 결과 대비표					
현 장 명	공동주택 신축공사		시료 또는 자재 생산자		
의뢰일자	2024년 6월 5일		발급일자	2024년 8월 1일	
시 료 명	경질우레탄 폼 단열재 2종1호 90T				
시험·검사 종목	시험·검사 방법	단위	시험·검사 기준	시험·검사 결과	합 부 판정
겉모양	KS M 3808	–	이상없을 것	이상없음	합격
치수 (두께)		mm	90±3	93	합격
겉보기 밀도		kg/㎥	45 이상	46	합격
굴곡파괴하중		N	35 이상	65	합격
흡수량		g/100㎠	3 이하	2.19	합격
열전도율		W/(m·K)	0.023 이하	0.020	합격
압축강도		N/㎠	15 이상	22	합격
품질관리기술인 :			건설사업관리기술인 : 박희용(서명)		

▲ 단열재 품질검사 성적서 결과 대비표 작성 사례

4.2.10.3 품질검사(시험)대장

○ 법적근거

- 「건설기술진흥법」 제55조(건설공사의 품질관리) 제2항
- 「건설기술진흥법 시행규칙」 제50조(품질시험 및 검사의 실시), 별지 제42호 서식
- 「건설공사 사업관리방식 검토기준 및 업무수행지침」 제78조(보고서 작성, 제출) 제1항제1호다목, 별지 제34호 서식

  * 일자, 시험구분, 재료, 시험·검사종목, 시험기준, 시험결과, 시험결과 판정 등을 기재

○ 목적 및 필요성

- 품질검사대장에 기재된 내용이 품질검사 성적서 결과 대비표와 일치하는 확인

○ 품질검사(시험) 기준

- 4.2.10.1 품질검사(시험) 기준 참조

○ 주요내용

- 품질검사(시험) 기준에 따라 시험 · 검사한 결과를 기재하여 적합 여부 확인 · 관리
- 품질검사(시험)대장은 품질검사(시험) 기준 및 품질검사 성적서 결과 대비표와 일치 하는지 확인

○ 시공자

- 품질검사(시험) 결과를 품질검사(시험)대장에 기재 및 품질관리기술인(품질관리자) 서명

○ 건설사업관리기술인, 감리원 검토 및 관리

- 품질검사(시험) 기준에 따라 시험 결과의 적합 여부 등 확인 및 서명

질 검 사 대 장(2024년 4)

○ 공사명 : 공동주택 신축공사

○ 구 분 : 단열·보온 공사

일련번호	연.월.일	시험·검사 구 분	재 료	시험·검사종목	시험기준	시 험 결 과	시험결과 판정	시험·검사자 성 명	시험·검사자 서 명	건설사업관리기술인확인 성 명	건설사업관리기술인확인 서 명	비 고
24-4-001	24-4-12	검사	경질 우레탄 폼 단열재 [2종1호 60T]	겉보기 밀도 (kg/㎥)	45 이상	45.9 ✓	합 격			박하용		
				열전도율 [W/(m·k)]	0.023 이하	0.02 ✓	합 격			박하용		
				굴곡파괴하중 (N)	35 이상	36.7 ✓	합 격			박하용		
				압축강도 (N/㎠)	15 이상	26.1 ✓	합 격			박하용		
				흡수량 (g/100㎠)	3 이하	0.5 ✓	합 격			박하용		
24-4-002	24-4-13	검사	경질 우레탄 폼 단열재 [2종1호 120T]	겉보기 밀도 (kg/㎥)	45 이상	45.7 ✓	합 격			박하용		
				열전도율 [W/(m·k)]	0.023 이하	0.02 ✓	합 격			박하용		
				굴곡파괴하중 (N)	35 이상	36.6 ✓	합 격			박하용		
				압축강도 (N/㎠)	15 이상	26.4 ✓	합 격			박하용		
				흡수량 (g/100㎠)	3 이하	0.5 ✓	합 격			박하용		
24-04-003	24-4-17	검사	단열모르타르 [경우용 슈퍼-200]	길이변화율 (%)	0.5 이하	0.19 ✓	합격			박하용		
				열전도율 [W/(m·k)]	0.071 이하	0.039 ✓	합 격			박하용		
				밀도 (kg/㎥)	250 이상	270 ✓	합 격			박하용		
				부착강도 (Mpa)	0.10 이상	0.29 ✓	합 격			박하용		

질 검 사 대 장(2024년 4)

○ 공사명 : 공동주택 신축공사

○ 구 분 : 단열·보온 공사

일련번호	연.월.일	시험·검사 구 분	재 료	시험·검사종목		시험기준	시 험 결 과	시험결과 판정	시험·검사자 성 명	시험·검사자 서 명	건설사업관리기술인확인 성 명	건설사업관리기술인확인 서 명	비 고
24-04-004	24-4-17	검사	발포 폴리스티렌 단열재 [압출법 특호 150T]	겉모양,치수		이상없을 것	이상없음 ✓	합격			박하용		
				초기열전도율 [W/(m·k)]		0.028 이하	0.024 ✓	합 격			박하용		
				굴곡파괴하중 (N)		35 이상	49 ✓	합 격			박하용		
				압축강도 (N/㎠)		18 이상	34 ✓	합 격			박하용		
				연소성	[연소길이-1] (mm)	60 이내	35 ✓	합 격			박하용		
					[연소길이-2] (mm)		38 ✓	합 격			박하용		
					[연소길이-3] (mm)		39 ✓	합 격			박하용		
					[연소길이-4] (mm)		41 ✓	합 격			박하용		
					[연소길이-5] (mm)		38 ✓	합 격			박하용		
					[연소시간-1] (sec)	120초 이내	60 ✓	합 격			박하용		
					[연소시간-2] (sec)		60 ✓	합 격			박하용		
					[연소시간-3] (sec)		50 ✓	합 격			박하용		
					[연소시간-4] (sec)		60 ✓	합 격			박하용		
					[연소시간-5] (sec)		60 ✓	합 격			박하용		

질 검 사 대 장(2024년 3)

○ 공사명 : 공동주택 신축공사

○ 구 분 : 단열·보온 공사

일련번호	연.월.일	시험·검사 구 분	재 료	시험·검사종목		시험기준	시 험 결 과	시험결과 판정	시험·검사자 성 명	시험·검사자 서 명	건설사업관리기술인확인 성 명	건설사업관리기술인확인 서 명	비 고
24-03-001	24-3-21	검사	발포 폴리스티렌 단열재 [압출법 1호 120T]	겉모양,치수		이상없을 것	이상없음	합격			박하용		
				초기열전도율 [W/(m·k)]		0.028 이하	0.025	합 격					
				굴곡파괴하중 (N)	1	35 이상	49	합 격					
					2		49	합 격					
					3		48	합 격					
				압축강도 (N/㎠)	1	18 이상	34	합 격					
					2		33	합 격					
					3		34	합 격					
				연소성	[연소길이] (mm)	60 이내	37~43	합 격					
					[연소시간] (sec)	120초 이내	60	합 격					

품 질 검 사 대 장(2024년 6월)

○ 공사명 : 공동주택 신축공사

○ 구 분 : 외부의뢰

일련번호	연.월.일	시험·검사 구 분	재 료	시험·검사종목		시험기준	시 험 결 과	시험결과 판정	시험·검사자 성 명	시험·검사자 서 명	건설사업관리기술인확인 성 명	건설사업관리기술인확인 서 명	비 고
24-6-011	24-6-11	검사	발포 폴리스티렌 단열재 압출법 1호 80T	겉모양		-	이상없음	합격			박하용		
				치수-두께 (mm)		80±3	80	합격			박하용		
				굴곡파괴하중 (N)		35 이상	56	합격			박하용		
				연소성	연소시간 (S)	120 이내	60	합격			박하용		
					연소길이 (mm)	60 이하	40	합격			박하용		
				초기 열전도도 (W/(m·K)		0.028 이하	0.028	합격			박하용		
				압축강도 (N/㎠)		18 이상	35	합격			박하용		

24-1-002	24-1-29	검사	발포 폴리스티렌 단열재 [압출법 특호 30T]	겉모양,치수		이상없을 것	이상없음	합격					
				초기열전도율 [W/(m·k)]		0.028 이하	0.024	합 격					
				굴곡파괴하중 (N)	1	45 이상	47	합 격					
					2		48	합 격					
					3		48	합 격					
				압축강도 (N/㎠)	1	25 이상	35	합 격					
					2		34	합 격					
					3		35	합 격					
				연소성 [연소길이] (mm)	1	60 이내	39~55	합 격					
				연소성 [연소시간] (sec)	1	120초 이내	60	합 격					

품 질 검 사 대 장(2023년 12월)

○ 공사명 : 　　　　　　　공동주택 신축공사

○ 구　분 : 단열·보온 공사

일련번호	연.월.일	시험·검사 구분	재료	시험·검사종목		시험기준	시험결과	시험결과 판정	시험·검사자		건설사업관리기술인확인		비고
									성명	서명	성명	서명	
23-12-035	23-12-18	검사	발포 폴리스티렌 단열재 [압출법 1호 120T]	겉모양,치수		이상없을 것	이상없음	합격					
23-12-036				초기열전도율 [W/(m·k)]		0.028 이하	0.025	합격					
23-12-037				굴곡파괴하중 (N)	1	35 이상	48	합격					
23-12-038					2		47	합격					
23-12-039					3		48	합격					
23-12-040				압축강도 (N/㎠)	1	18 이상	34	합격					
23-12-041					2		34	합격					
23-12-042					3		33	합격					
23-12-043				연소성[연소길이] (mm)		60 이내	60	합격					
23-12-044				연소성[연소시간] (sec)		120초 이내	37~43	합격					

품 질 검 사 대 장(2023년 11월)

○ 공사명 : 　　　　　　　공동주택 신축공사

○ 구　분 : 단열·보온 공사

일련번호	연.월.일	시험·검사 구분	재료	시험·검사종목		시험기준	시험결과	시험결과 판정	시험·검사자		건설사업관리기술인확인		비고
									성명	서명	성명	서명	
23-11-016	23-11-30	검사	발포 폴리스티렌 단열재 [방습판 1호 10T]	겉모양,치수		이상없을 것	이상없음	합격					
23-11-017				밀도 (kg/㎥)		30 이상	38						
23-11-018				초기열전도율 [W/(m·k)]		0.031 이하	0.027	합격					
23-11-019				압축강도 (N/㎠)		12 이상	28	합격					
23-11-020				연소성 [연소길이] (mm)	1	60 이내	41	합격					
23-11-021					2	60 이내	41	합격					
23-11-022					3	60 이내	41	합격					
23-11-023					4	60 이내	41	합격					
23-11-024					5	60 이내	41	합격					
23-11-025				연소성 [연소시간] (sec)	1	120초 이내	27	합격					
23-11-026					2	120초 이내	27	합격					
23-11-027					3	120초 이내	27	합격					
23-11-028					4	120초 이내	27	합격					
23-11-029					5	120초 이내	27	합격					

품질검사대장(2024년 6월)

○ 공사명 : 공동주택 신축공사

○ 구 분 : 외부의뢰

일련번호	연.월.일	시험·검사 구분	재료	시험·검사종목			시험기준	시험결과	시험결과 판정	시험·검사자		건설사업관리기술인확인		비고
										성명	서명	성명	서명	
24-6-013	24-6-12	검사	경질 폴리우레탄 폼 단열재 [NF BOARD PLUS] 2종2호 110T	총 열방출량 (MJ/㎡)	앞뒷면	1	8 이하	0.2	합격			박하용		
						2		0.1	합격			박하용		
						3		0	합격			박하용		
					측면	1		5.3	합격			박하용		
						2		3.9	합격			박하용		
						3		3.4	합격			박하용		
				200 kW/㎡ 초과 시간(초) (kW/㎡)	앞뒷면	1	10 이하	0	합격			박하용		
						2		0	합격			박하용		
						3		0	합격			박하용		
					측면	1		0	합격			박하용		
						2		0	합격			박하용		
						3		0	합격			박하용		
				가열 후 시험체 검사	앞뒷면	1	이상없을 것	이상없음	합격			박하용		
						2		이상없음	합격			박하용		
						3		이상없음	합격			박하용		
					측면	1		이상없음	합격			박하용		
						2		이상없음	합격			박하용		
						3		이상없음	합격			박하용		
				가스유해성 (분:초)			9분 이상	14:02	합격			박하용		
								14:37	합격			박하용		

▲ 단열재 품질검사대장 작성 사례

4.2.11 방수공사

4.2.11.1 방수 자재 시험

○ 법적근거

- 「건설기술진흥법」 제55조(건설공사의 품질관리), 제60조(품질검사의 대행 등) 제1항
- 「건설기술진흥법 시행령」 제91조(품질시험 및 검사), 제97조(품질검사의 대행 등) 제1항
- 「건설기술진흥법 시행규칙」 제53조(품질관리비의 산출 및 사용 기준) 제3항, 제97조(품질검사의 대행의뢰 등) 제1항
- 「건설공사 품질관리 업무지침」 제8조(품질 시험기준)
- 「KCS 표준시방서」 방수공사일반 KCS 41 40 01 : 2021, 3.7 검사 및 시험, 도막방수공사 KCS 41 40 06 : 2021, 3.11 검사, 시멘트 모르타르계 방수공사 KCS 41 40 08 : 2021, 2.1.6 시멘트 액체 방수층의 품질
- 시공자의 품질관리계획서 및 품질시험계획서

○ 목적 및 필요성

- 설계도서에서 제시된 기준에 적합한 우수한 제품 확보

○ 품질검사(시험) 기준

- 시멘트 액체형 방수재(KS F 4925)

시험·검사방법	시험·검사종목		시험기준	시기 및 횟수
KS F 4925	안전성		팽창성 균열, 비틀림 없을 것	제조회사별 마다 제품규격 마다
	투수비		0.5 이하	
	부착강도(MPa)		0.8 이상	
	물흡수계수		0.5 이하	
	응결시간	초결	1시간 이상	
		종결	10시간 이내	
	압축강도(MPa)		30 이상	

– **건설용 도막 방수재**(KS F 3211)

시험·검사방법	시험·검사종목		시험기준		시기 및 횟수
			우레탄 고무계 1류 (노출)	우레탄 고무계 2류 (비노출)	
KS F 3211	인장성능 (N/㎜)	인장강도	2.5 이상	2.0 이상	제조회사별 마다 제품규격 마다
		신장률	450 이상	550 이상	
		항장적	294.2 이상	294.2 이상	
	인열성능 (N/㎜)	인열강도	14.7 이상	12.8 이상	
	온도의존성 (인장강도 비) (%)	-20℃	100 이상	100 이상	
		60℃	60 이상	35 이상	
	온도의존성 (신장률) (%)	-20℃	250 이상	300 이상	
		20℃	300 이상	350 이상	
		60℃	200 이상	200 이상	
	가열 신축성상(%)	신축률	-4 이상 1 이하	-4 이상 1 이하	
	열화처리후 의 인장성능 (인장강도비) (%)	가열처리	80 이상 150 이하	80 이상 150 이하	
		촉진노출거리		-	
		알칼리처리	60 이상 150 이하	80 이상 150 이하	
		산처리	80 이상 150 이하		
	열화처리후 의 인장성능 (신장률) (%)	가열처리	400 이상	500 이상	
		촉진노출처리		-	
		알칼리처리		500 이상	
		산처리			
	신장시의 열화성상	가열처리	갈라짐 잔금 및 변형이 없을 것		
	부착성능 (무처리) (N/㎟)	부착강도	0.7 이상	0.7 이상	
	부착성능 (냉온반복 처리 후) (N/㎟)	부착강도	0.5 이상	0.5 이상	
		도막상태	들뜸, 박리부분이 없을 것		
	흐러내림 저항		이상없을 것		
	내피로 성능		구멍뚫림, 찢김, 파단이 없을 것		

– **개량 아스팔트 방수 시트**(노출 복층 방수용/비노출 복층 방수용, A종/2류) (KS F 4917)

시험·검사방법	시험·검사종목		시험기준	시기 및 횟수
KS F 4917	인장성능 (인장강도) (N/㎜)	무처리	5 이상	제조회사별 마다 제품규격 마다
		가열처리	무처리 시험체의 80% 이상	
		알칼리처리		
	인장성능 (신장률) (%)	무처리	15 이상	
		가열처리	무처리 시험체의 80% 이상	
		알칼리처리		
	인장성능 (향적성) (N·%/㎜)	무처리	200 이상	
	인열성능(N)		20 이상	
	내열성능	흘러내림 길이(㎜)	5 이하	
		겉모양	흘러내려가 발포되지 않을 것	
	내피로 성능		잔금, 찢김, 파단이 없을 것	
	치수안정성	치수변화율 (%)	0.0±1.0	
		겉모양	주름, 휨, 층간의 박리가 생기지 않을 것	
	접합성능(N/㎜)		5 이상	
	내움푹패임 성능		구멍이 생기지 않을 것	
	치수 및 단위면적 무게		이상없을 것	
	굴곡성능 (무처리)	표면측	-15℃에서 잔금이 생기지 않을 것	
		이면측		
	굴곡성능 (가열 후)	표면측	-5℃에서 잔금이 생기지 않을 것	
		이면측		

○ **주요내용**

- 강우 및 강설 시 혹은 강우 및 강설이 예상되는 경우, 담당원과 협의하여 방수시공 여부를 결정하여야 하며, **강우 및 강설 후 바탕이 아직 건조되지 않은 경우에는 방수시공을 하지 않는 것을 원칙**
- **기온이 5 ℃ 미만**으로 현저하게 낮고, 바탕이 동결되어 있어서 시공에 지장이 있다고 예상되는 경우에는 **방수시공을 하지 않는 것을 원칙**
- **보관 및 취급에 있어서는 소방기본법, 산업안전보건법, 폐기물관리법 등의 관계법규에 따라 안전을 확보**
- 방수층 끝 부분이 잠기지 않도록 물을 채우고, **48시간 정도 누수 여부를 확인**

○ **품질검사(시험)**

- 국립·공립 시험기관 또는 건설엔지니어링사업자로 하여금 건설공사의 품질관리를 위한 시험·검사 등을 대행하여 시험실시
- KS제품일 경우 제조회사별 품질검사 전문기관에 의뢰한 시험성적서 징구로 갈음

○ **품질검사(시험) 대행 절차(CSI)**

- 품질검사 연간단가계약 입력·승인→봉인의뢰 승인→봉인 실시→ 품질검사의뢰 승인

○ **시공자**

- 품질검사의 대행기관에 CSI 통하여 품질검사 의뢰(시료의 봉인, 품질검사 의뢰)

○ **건설사업관리기술인, 감리원 검토 및 관리**

- CSI 통하여 품질검사 봉인, 품질검사 의뢰 승인, 현장 시료 봉인 입회, 현장에서 품질검사(시험)을 실시하는 경우 입회

4.2.11.2 품질검사 성적서 결과 대비표

○ **법적근거**

- 「건설기술진흥법」 제55조(건설공사의 품질관리), 제60조(품질검사의 대행 등) 제1항
- 「건설기술진흥법 시행령」 제91조(품질시험 및 검사), 제97조(품질검사의 대행 등) 제1항
- 「건설기술진흥법 시행규칙」 제53조(품질관리비의 산출 및 사용 기준) 제3항, 제97조(품질검사의 대행의뢰 등) 제1항
- 「건설공사 품질관리 업무지침」 제8조(품질 시험기준)
- 「KCS 표준시방서」 방수공사일반 KCS 41 40 01 : 2021, 3.7 검사 및 시험, 도막방수공사 KCS 41 40 06 : 2021, 3.11 검사, 시멘트 모르타르계 방수공사 KCS 41 40 08 : 2021, 2.1.6 시멘트 액체 방수층의 품질
- 시공자의 품질관리계획서 및 품질시험계획서

○ **목적 및 필요성**

- 건축물 단열재용(XPS, PUR), 단열 모르타르의 시험 결과가 기준에 적합한지 여부 검토

○ **품질검사(시험) 기준**

- 4.2.11.1 품질검사(시험) 기준 참조

○ **주요내용**

- 품질검사(시험) 기준에 따라 품질검사 결과를 비교하여 합부 판정함
- 품질검사 대행기관에서 대행한 품질검사 성적서를 첨부하고, 품질검사 성적서 결과 대비표는 품질관리자가 작성하고 건설사업관리기술인, 감리원이 확인 및 서명함

○ **시공자**

- 시공자의 품질관리기술인(품질관리자)이 국립·공립 시험기관 또는 건설엔지니어링 사업자로 하여금 건설공사의 품질관리를 위한 시험·검사 등을 대행하여 시험 실시한 결과를 CSI 확인하여 품질검사 성적서 결과 대비표 작성 및 서명, 보관

○ **건설사업관리기술인, 감리원 검토 및 관리**

- 품질검사 대행기관의 성적서 결과가 시험·검사 기준에 적합여부 확인 및 서명

품질검사 성적서 결과 대비표

<table>
<tr><td>현장명</td><td colspan="2">○○○○공동주택 신축공사</td><td colspan="2">시료 또는 자재
생산자</td><td colspan="2"></td></tr>
<tr><td>의뢰일자</td><td colspan="2">2023년 02월 00일</td><td colspan="2">발급일자</td><td colspan="2">2023년 03월 02일</td></tr>
<tr><td>시료명</td><td colspan="6">시멘트 액체형 방수재</td></tr>
<tr><td colspan="7"></td></tr>
<tr><td colspan="2">시험·검사 종목</td><td>시험·검사 방법</td><td>단위</td><td>시험·검사 기준</td><td>시험·검사 결과</td><td>합부
판정</td></tr>
<tr><td colspan="2">안전성</td><td rowspan="7">KS F 4925</td><td></td><td>45 이상</td><td>이상없음</td><td>합격</td></tr>
<tr><td colspan="2">투수비</td><td></td><td>0.5 이하</td><td>0.45</td><td>합격</td></tr>
<tr><td colspan="2">부착강도</td><td>MPa</td><td>0.8 이상</td><td>1.2</td><td>합격</td></tr>
<tr><td colspan="2">물 흡수계수</td><td></td><td>0.5 이하</td><td>0.44</td><td>합격</td></tr>
<tr><td rowspan="2">응결시간</td><td>초결</td><td></td><td>1시간 이상</td><td>4:00</td><td>합격</td></tr>
<tr><td>종결</td><td></td><td>10시간 이내</td><td>6:00</td><td>합격</td></tr>
<tr><td colspan="2">압축강도</td><td>MPa</td><td>30 이상</td><td>65.3</td><td>합격</td></tr>
<tr><td colspan="2"></td><td></td><td></td><td></td><td></td><td></td></tr>
<tr><td colspan="2"></td><td></td><td></td><td></td><td></td><td></td></tr>
<tr><td colspan="2"></td><td></td><td></td><td></td><td></td><td></td></tr>
<tr><td colspan="2"></td><td></td><td></td><td></td><td></td><td></td></tr>
<tr><td colspan="2"></td><td></td><td></td><td></td><td></td><td></td></tr>
<tr><td colspan="2"></td><td></td><td></td><td></td><td></td><td></td></tr>
<tr><td colspan="4">품질관리 기술인 : (서명)</td><td colspan="3">건설사업관리 기술인 : 박하용 (서명)</td></tr>
</table>

품질검사 성적서 결과 대비표

현 장 명	공동주택 신축공사	시료 또는 자재 생산자	
의뢰일자	2024년 5월 22일	발급일자	2024년 7월 26일
시 료 명	건설용 도막 방수재-우레탄 고무계 1류[노출용]/PU-W		

시험·검사 종목		시험·검사 방법	단위	시험·검사 기준	시험·검사 결과	합 부 판정
인장 성능	인장강도	KS F 3211	N/㎟	2.5 이상	3.8	합격
	파단 시의 신장률		%	450 이상	1182	합격
	항장적		N/㎜	294.2 이상	895.6	합격
인열성능	인열강도		N/㎜	14.7 이상	15.9	합격
온도의존성 -20℃	인장 강도 비		%	100 이상	203	합격
	파단 시의 신장률		%	250 이상	556	합격
온도의존성 60℃	인장 강도 비		%	60 이상	61	합격
	파단 시의 신장률		%	200 이상	308	합격
온도의존성 20℃	파단 시의 신장률		%	300 이상	504	합격
가열신축성상	신축률		%	-4 이상 1 이하	-0.4	합격
열화 처리 후의 인장성능	가열 처리 인장강도 비		%	80 이상 150 이하	111	합격
	촉진 노출 처리 인장강도 비		%	80 이상 150 이하	109	합격
	알칼리 처리 인장강도 비		%	60 이상 150 이하	86	합격
	산 처리 인장강도 비		%	80 이상 150 이하	90	합격
	가열처리 파단 시의 신장률		%	400 이상	1314	합격
	촉진 노출 처리 파단 시의 신장률		%	400 이상	1361	합격
	알칼리 처리 파단 시의 신장률		%	400 이상	1235	합격
	산 처리 파단 시의 신장률		%	400 이상	1326	합격
신장 시의 열화 성상	가열처리		-	잔금 및 변형이 없을 것	이상없음	합격
	촉진 노출 처리		-	잔금 및 변형이 없을 것	이상없음	합격
부착성능	무처리		N/㎟	0.7 이상	0.7	합격
	냉온 반복 처리 후		-	0.5 이상	0.5	합격
	냉온 반복 처리 후 도막상태		-	들뜸,박리 부분이 없을 것	이상없음	합격
내피로성능			-	뚫림,찢김,파단이 없을 것	이상없음	합격
고형분			%	99±3	98.8	합격

품질관리기술인 :	건설사업관리기술인 : 박 하 용 (서명)

품질검사 성적서 결과 대비표

현 장 명	공동주택 신축공사	시료 또는 자재 생산자	
의뢰일자	2024년 3월 27일	발급일자	2024년 6월 3일
시 료 명	건설용 도막 방수재-우레탄 고무계2류[비노출용] / PU-T		

시험·검사 종목		시험·검사 방법	단위	시험·검사 기준	시험·검사 결과	합 부 판정
인장성능	인장강도	KS F 3211	N/㎟	2 이상	5.1	합격
	파단 시의 신장률		%	550 이상	809	합격
	항장적		N/㎜	294.2 이상	826	합격
인열성능	인열강도		N/㎜	12.8 이상	18.2	합격
온도의존성 인장강도 비	-20℃		%	100 이상	158	합격
	60℃		%	35 이상	65	합격
온도의존성 파단 시의 신장률	-20℃		%	300 이상	509	합격
	20℃		%	350 이상	439	합격
	60℃		%	200 이상	269	합격
가열 신축 성상 신축률			%	-4 ~ 1	-0.2	합격
열화 처리 후의 인장성능	가열 처리 인장강도비		%	80 ~ 150	101	합격
	알칼리 처리 인장강도 비		%	80 ~ 150	90	합격
	가열 처리 파단 시의 신장률		%	500 이상	791	합격
	알칼리 처리 파단 시의 신장률		%	500 이상	797	합격
신장 시의 열화성상 가열 처리			-	잔금 및 변형이 없을 것	이상없음	합격
부착성능	무처리		N/㎟	0.7 이상	1.3	합격
	냉온 반복 처리 후		N/㎟	0.5 이상	1.2	합격
	냉온 반복 처리 후 도막상태		-	들뜸,박리 부분이 없을 것	이상없음	합격
내피로 성능			-	구멍뚫림,찢김, 파단이 없을 것	이상없음	합격
고형분			%	95±3	95.7	합격

품질관리기술인 : 　　　　건설사업관리기술인 : (서명)

품질검사 성적서 결과 대비표

현장명	○○○○공동주택 신축공사	시료 또는 자재 생산자	
의뢰일자	2023년 02월 00일	발급일자	2023년 03월 02일
시료명	개량 아스팔트 방수시트(1.0/ A종2류)		

시험·검사 종목		시험·검사 방법	단위	시험·검사 기준	시험·검사 결과		합부 판정
인장성능 (인장강도)	무처리	KS F 4917	mm	5 이상	9.5	9.1	합격
	가열처리		mm	무처리 시험체의 60% 이상	11.4	11	합격
	알카리처리		mm		10.4	8.5	합격
인장성능 (신장률)	무처리		%	15 이상	37	42	합격
	가열처리		%	무처리 시험체의 80% 이상	47	49	합격
	알카리처리		%		39	39	합격
인장성능 (항장적)	무처리		n,%/mm	200 이상	346	383	합격
인열성능				20 이상	61	76	합격
내열성능	흘러내림 길이		mm	5 이하	0.9		합격
	겉모양			흘러내려가 발포되지 않을 것	이상없음		합격
내피로성능				잔금, 찢김, 파단이 없을 것	이상없음		합격
치수 안전성	치수변화율		%	0.0±1.0	0.5	0.4	합격
	겉모양			주름,휨,층간의 박리가 생기지 않을 것	이상없음		합격
접합성능			N/mm	5 이상	6		합격
내움푹패임 성능				구멍이 생기지 않을 것	이상없음		합격
치수 및 단위면적 무게				이상없을 것	이상없음		합격
굴곡성능 (무처리)	표면측			-15℃에서 잔금이 생기지 않을 것	이상없음		합격
	이면측				이상없음		합격
굴곡성능 (가열 후)	표면측			-5℃에서 잔금이 생기지 않을 것	이상없음		합격
	이면측				이상없음		합격
품질관리 기술인 : (서명)				건설사업관리 기술인 : 박하용 (서명)			

▲ 방수 자재 품질검사 성적서 결과 대비표 작성 사례

4.2.11.3 품질검사(시험)대장

○ **법적근거**

- 「건설기술진흥법」 제55조(건설공사의 품질관리) 제2항
- 「건설기술진흥법 시행규칙」 제50조(품질시험 및 검사의 실시), 별지 제42호 서식
- 「건설공사 사업관리방식 검토기준 및 업무수행지침」 제78조(보고서 작성, 제출) 제1항제1호다목, 별지 제34호 서식

* 일자, 시험구분, 재료, 시험·검사종목, 시험기준, 시험결과, 시험결과 판정 등을 기재

○ **목적 및 필요성**

- 품질검사대장에 기재된 내용이 품질검사 성적서 결과 대비표와 일치하는 확인

○ **품질검사(시험) 기준**

- 4.2.11.1 품질검사(시험) 기준 참조

○ **주요내용**

- 품질검사(시험) 기준에 따라 시험 · 검사한 결과를 기재하여 적합 여부 확인 · 관리
- 품질검사(시험)대장은 품질검사(시험) 기준 및 품질검사 성적서 결과 대비표와 일치 하는지 확인

○ **시공자**

- 품질검사(시험) 결과를 품질검사(시험)대장에 기재 및 품질관리기술인(품질관리자) 서명

○ **건설사업관리기술인, 감리원 검토 및 관리**

- 품질검사(시험) 기준에 따라 시험 결과의 적합 여부 등 확인 및 서명

품 질 검 사 대 장(2024년 7월)

○ 공사명 : 공동주택 신축공사

○ 구 분 : 외부의뢰

일련번호	연.월.일	시험·검사 구분	재 료	시험·검사종목		시험기준	시 험 결 과	시험결과 판정	시험·검사자 성 명	시험·검사자 서 명	건설사업관리기술인확인 성 명	건설사업관리기술인확인 서 명	비 고
24-7-012	24-7-26	검사	건설용 도막 방수재 - 우레탄 고무계 1류 [노출용] / PU-W	인장 성능	인장강도 (N/㎟)	2.5 이상	3.8	합격			박하용		
					파단 시의 신장률 (%)	450 이상	1182	합격			박하용		
					항장적 (N/mm)	294.2 이상	895.6	합격			박하용		
				인열 성능	인열강도 (N/mm)	14.7 이상	15.9	합격			박하용		
				온도 의존성 -20℃	인장 강도 비 (%)	100 이상	203	합격			박하용		
					파단 시의 신장률 (%)	250 이상	556	합격			박하용		
				온도 의존성 60℃	인장 강도 비 (%)	60 이상	61	합격			박하용		
					파단 시의 신장률 (%)	200 이상	308	합격			박하용		
				온도 의존성 20℃	파단 시의 신장률 (%)	300 이상	504	합격			박하용		
				가열 신축 성상	신축률 (%)	-4 이상 1 이하	-0.4	합격			박하용		
				열화 처리 후의 인장 성능	가열 처리 인장강도 비 (%)	80 이상 150 이하	111	합격			박하용		
					촉진 노출처리 인장강도 비 (%)	80 이상 150 이하	109	합격			박하용		
					알칼리 처리 인장강도 비 (%)	60 이상 150 이하	66	합격			박하용		
					산 처리 인장강도 비 (%)	80 이상 150 이하	90	합격			박하용		

품 질 검 사 대 장(2023년 3월)

○ 공사명 : 공동주택 신축공사

○ 구 분 : 방수공사

일련번호	연.월.일	시험·검사 구분	재 료	시험·검사종목		시험기준	시 험 결 과	시험결과 판정	시험·검사자 성 명	시험·검사자 서 명	건설사업관리기술인확인 성 명	건설사업관리기술인확인 서 명	비 고
23-3-063	23-3-2	검사	건설용 도막 방수재	인장성능 (N/mm)	인장강도	2.5 이상	2.6	합격					
23-3-064			우레탄 고무계 2류 (PU-T)		신장률	550 이상	997	합격					
23-3-065					항장적	294.2 이상	518.8	합격					
23-3-066				인열성능 (N/mm)	인열강도	12.8 이상	15.7	합격					
23-3-067				온도의존성 (인장강도 비) (%)	-20℃	100 이상	148	합격					
23-3-068					60℃	35 이상	79	합격					
23-3-069				온도의존성 (신장률) (%)	-20℃	300 이상	436	합격					
23-3-070					20℃	350 이상	585	합격					
23-3-071					60℃	200 이상	409	합격					
23-3-072				가열 신축 성상 (%)	신축률	-4 이상 1 이하	-0.2	합격					
23-3-073				열화 처리후의 인장성능 (인장강도 비) (%)	가열처리	80 이상 150 이하	98	합격					
23-3-074					알칼리 처리		91	합격					
23-3-075				열화 처리후의 인장성능 (신장률) (%)	가열처리	500 이상	1188	합격					
23-3-076					알칼리 처리		1194	합격					
23-3-077				신장시의 열화성상	가열처리	갈라진 잔금 및 변형이 없을 것	이상없음	합격					
23-3-078				부착성능 (무처리) (N/㎟)	부착강도	0.7 이상	0.9	합격					
23-3-079				부착성능 (냉온 반복처리 후) (N/㎟)	부착강도	0.5 이상	0.6	합격					
23-3-080					도막상태	들뜸, 박리 부분이 없을 것	이상없음	합격					
23-3-081				흘러내림 저항		이상없을 것	이상없음	합격					
23-3-082				내피로 성능		구멍 뚫림, 찢김, 파단이 없을 것	이상없음	합격					

품 질 검 사 대 장(2024년 6월)

○ 공사명 : 공동주택 신축공사

○ 구 분 : 외부의뢰

일련번호	연.월.일	시험·검사 구분	재 료	시험·검사종목		시험기준	시 험 결 과	시험결과 판정	시험·검사자		건설사업관리기술인확인		비 고
									성 명	서 명	성 명	서 명	
24-6-001	24-6-3	검사	건설용 도막방수재 우레탄 고무계 2류 [비노출형-수평부 / PU-T]	인장성능	인장강도 (N/㎟)	2 이상	5.1	합격			박하용		
					파단 시의 신장률 (%)	550 이상	809	합격			박하용		
					항장점 (N/㎜)	294.2 이상	826	합격			박하용		
				인열성능	인열강도 (N/㎜)	12.8 이상	18.2	합격			박하용		
				온도의존성 인장강도 비 (%)	-20℃	100 이상	158	합격			박하용		
					60℃	35 이상	65	합격			박하용		
				온도의존성 파단 시의 신장률 (%)	-20℃	300 이상	509	합격			박하용		
					20℃	350 이상	439	합격			박하용		
					60℃	200 이상	269	합격			박하용		
				가열 신축 성상 신축률 (%)		-4 ~ 1	-0.2	합격			박하용		
				열화 처리 후의 인장성능 (%)	가열 처리 인장강도 비	80 ~ 150	101	합격			박하용		
					알칼리 처리 인장강도 비	80 ~ 150	90	합격			박하용		
					가열 처리 파단 시의 신장률	500 이상	791	합격			박하용		
					알칼리 처리 파단 시의 신장률	500 이상	797	합격			박하용		
				신장 시의 열화성상 가열 처리		잔금 및 변형 없을 것	이상없음	합격			박하용		
				부착성능 (N/㎟)	무처리	0.7 이상	1.3	합격			박하용		
					냉온 반복 처리 후	0.5 이상	1.2	합격			박하용		
					냉온 반복 처리 후 도막상태	들뜸,박리 부분이 없을 것	이상없음	합격			박하용		
				내피로 성능		구멍뚫림,찢김 파단이 없을 것	이상없음	합격			박하용		
				고형분 (%)		95±3	95.7	합격			박하용		

품 질 검 사 대 장(2023년 3월)

○ 공사명 : 공동주택 신축공사

○ 구 분 : 방수공사

일련번호	연.월.일	시험·검사 구분	재 료	시험·검사종목		시험기준	시 험 결 과		시험결과 판정	시험·검사자		건설사업관리기술인확인		비 고
										성 명	서 명	성 명	서 명	
23-3-001	23-3-2	검사	개량 아스팔트 방수시트	인장성능 (인장강도) (N/mm)	무처리	5 이상	9.5	9.1	합격					
23-3-002			EVER SHEET 1.0 (A종 2류)		가열처리	무처리 시험체의 60% 이상	11.4	11	합격					
23-3-003					알칼리 처리		10.4	8.5	합격					
23-3-004				인장성능 (신장률) (%)	무처리	15 이상	37	42	합격					
23-3-005					가열처리	무처리 시험체의 80% 이상	47	49	합격					
23-3-006					알칼리 처리		39	39	합격					
23-3-007				인장성능 (항장적) (N·%/mm)	무처리	200 이상	346	383	합격					
23-3-008				인열성능 (N)		20 이상	61	76	합격					
23-3-009				내열성능	흘러내림 길이 (mm)	5 이하	0.9		합격					
23-3-010					겉모양	흘러내리거 발포 되지 않을 것	이상없음		합격					
23-3-011				내피로성능		잔금,찢김, 파단이 없을 것	이상없음		합격					
23-3-012				치수 안정성	치수 변화율 (%)	0.0±1.0	0.5	0.4	합격					
23-3-013					겉모양	주름,휨,층간의 박리가 생기지 않을 것	이상없음		합격					
23-3-014				접합성능 (N/mm)		5 이상	6		합격					
23-3-015				내충격패임 성능		구멍이 생기지 않을것	이상없음		합격					
23-3-016				치수 및 단위면적 무게		이상없을 것	이상없음		합격					
23-3-017				굴곡성능 (무처리)	표면측	-15℃에서 잔금이 생기지 않을 것	이상없음		합격					
23-3-018					이면측		이상없음		합격					
23-3-019				굴곡성능 (가열 후)	표면측	-5℃에서 잔금이 생기지 않을 것	이상없음		합격					
23-3-020					이면측		이상없음		합격					

품질검사대장(2023년 [illegible]월)

○ 공사명 : 공동주택 신축공사

○ 구 분 : 방수공사

일련번호	연.월.일	시험·검사 구 분	재 료	시험·검사종목		시험기준	시 험 결 과	시험결과 판정	시험·검사자		건설사업관리기술인확인		비 고
									성 명	서 명	성 명	서 명	
23-3-083	23-3-2	검사	시멘트 액체형 방수재	안정성		45 이상	이상없음	합격					
23-3-084				투수비		0.5 이하	0.45	합격					
23-3-085				부착강도 (㎫)		0.8 이상	1.2	합격					
23-3-086				물흡수 계수		0.5 이하	0.44	합격					
23-3-087				응결시간	초결	1시간 이상	4:00	합격					
23-3-088					종결	10시간 이내	6:00	합격					
23-3-089				압축강도 (㎫)		30 이상	65.3	합격					

▲ 방수공사 품질검사대장 작성 사례

4.2.12 내장목공사

4.2.12.1 석고보드 및 치장 목질 마루판 시험

○ 법적근거

- 「건설기술진흥법」 제55조(건설공사의 품질관리), 제60조(품질검사의 대행 등) 제1항
- 「건설기술진흥법 시행령」 제91조(품질시험 및 검사), 제97조(품질검사의 대행 등) 제1항
- 「건설기술진흥법 시행규칙」 제53조(품질관리비의 산출 및 사용 기준) 제3항, 제97조(품질검사의 대행의뢰 등) 제1항
- 「건설공사 품질관리 업무지침」 제8조(품질 시험기준)
- 「KCS 표준시방서」 수장공사 일반 KCS 41 51 01 : 2021, 1.5.2 품질관리 및 검사, 2.1 품질, 바닥 공사 KCS 41 51 03 : 2021, 2.1 목질계, 벽공사 KCS 41 51 04 : 2021, 2.2 무기질계, 온돌마루재 LHCS 41 51 03 15 : 2020, 2.2 강화마루
- 시공자의 품질관리계획서 및 품질시험계획서

○ 목적 및 필요성

- 설계도서에서 제시된 기준에 적합한 우수한 제품 확보

○ 품질검사(시험) 기준

- 일반 석고보드(GB-R)(KS F 3504)

시험·검사방법	시험·검사종목		시험기준		시기 및 횟수
			9.5T	12.5T	
KS F 3504	겉모양		이상없을 것		제조회사별 마다 제품규격 마다
	두께(㎜)		±0.5 ※길이 +2, -1 너비 +1, -2		
	함수율(%)		3 이하		
	힘파괴 하중(N)	길이방향	360 이상	500 이상	
		너비방향	140 이상	180 이상	

시험·검사방법	시험·검사종목	시험기준		시기 및 횟수
		9.5T	12.5T	
	연소성능	준불연재료	불연재료	
	열저항(㎡·K/W)	0.043 이상	0.060 이상	
LHCS 41 51 02	TVOC 방출량 (mg/㎡·h)	0.10 이하		
	톨루엔 방출량 (mg/㎡·h)	0.079 이하		
	폼알데하이드 방출량 (mg/㎡·h)	0.015 이하		

– 방수 석고보드(GB–S)(KS F 3504)

시험·검사방법	시험·검사종목		시험기준		시기 및 횟수
			9.5T	12.5T	
KS F 3504	겉모양		이상없을 것		제조회사별 마다 제품규격 마다
	두께(㎜)		±0.5 ※길이 +2, -1 너비 +1, -2		
	함수율(%)		3 이하		
	흡수시 내박리성		석고와 원지가 박리되지 않을 것		
	힘파괴 하중(N)	건조 시	360 이상	500 이상	
		흡윤 시	220 이상	300 이상	
	연소성능		준불연재료		
	흡수성	전체 흡수율	10 이하		
		표면 흡수량	2 이하		
	열저항(㎡·K/W)		0.043 이상	0.052 이상	
LHCS 41 51 02	TVOC 방출량 (mg/㎡·h)		0.10 이하		
	톨루엔 방출량 (mg/㎡·h)		0.079 이하		
	폼알데하이드 방출량 (mg/㎡·h)		0.015 이하		

- 치장 석고보드(GB-D)(KS F 3504)

<table>
<tr><th rowspan="2">시험·검사방법</th><th rowspan="2" colspan="2">시험·검사종목</th><th colspan="2">시험기준</th><th rowspan="2">시기 및 횟수</th></tr>
<tr><th>9.5T</th><th>12.5T</th></tr>
<tr><td rowspan="10">KS F 3504</td><td colspan="2">겉모양</td><td colspan="2">이상없을 것</td><td rowspan="13">제조회사별 마다
제품규격 마다</td></tr>
<tr><td colspan="2">두께(㎜)</td><td colspan="2">±0.5 ※길이 +2, -1 너비 +1, -2</td></tr>
<tr><td colspan="2">함수율(%)</td><td colspan="2">3 이하</td></tr>
<tr><td rowspan="2">힘파괴 하중(N)</td><td>길이방향</td><td>360 이상</td><td>500 이상</td></tr>
<tr><td>너비방향</td><td>140 이상</td><td>180 이상</td></tr>
<tr><td colspan="2">내변퇴색성</td><td colspan="2">변색은 변퇴색용 표준 회색 색표에서 3호 이상을 합격
표면에 갈라짐, 부풂, 주름 등이 생기지 않을 것</td></tr>
<tr><td colspan="2">내충격성</td><td colspan="2">오목부의 지름이 25㎜ 이하이고 균열이 관통하지 않을 것</td></tr>
<tr><td colspan="2">연소성능</td><td>준불연재료</td><td>불연재료</td></tr>
<tr><td colspan="2">열저항(㎡·K/W)</td><td>0.043 이상</td><td>0.060 이상</td></tr>
<tr><td colspan="2">TVOC 방출량 (mg/㎡·h)</td><td colspan="2">0.10 이하</td></tr>
<tr><td rowspan="2">LHCS 41 51 02</td><td colspan="2">톨루엔 방출량 (mg/㎡·h)</td><td colspan="2">0.079 이하</td></tr>
<tr><td colspan="2">폼알데하이드 방출량 (mg/㎡·h)</td><td colspan="2">0.015 이하</td></tr>
</table>

- 치장 목질 마루판(KS F 3126)

시험·검사방법	시험·검사종목	시험기준	시기 및 횟수
KS F 3126	휨강도(MPa)	40 이상	제조회사별 마다 제품규격 마다
	습윤 시 휨강도(MPa)	20 이상	
	평면 인장강도(MPa)	0.4 이상	
	함수량(건량, %)	13 이하	
	흡수두께 팽창률(%)	6 이하	

시험·검사방법	시험·검사종목	시험기준	시기 및 횟수
	치수 변화율(%)	길이 0.3 이하, 두께 2 이하	
	내오염성	시편의 표면에 색이 남아 있지 않을 것	
	내마모성	A법 : 마모값 350 이상, 마모량(100회전당 g) 0.08 이하 B법 : 1,000회전 이상	
	내충격성	방사상의 균열, 파괴, 치장재의 박리가 생기지 않을 것	
	내긁힘성	LPL·HPL : 스크레치 경도 3N 이상 기타 : 스크레치 경도 1.5N 이상	
	도막밀찰력	1등급	
	내산성, 내알칼리성, 내시너성, 습열성, 내변퇴성, 내한성, 내열성	시편의 표면에 갈라짐, 부풂, 벗겨짐 및 현저한 광택의 변하가 없을 것	
	접착기능(MPa)	내수 인장 전단 접착력 : 0.7 이상	
	TVOC 방출량 (mg/㎡·h)	0.40 이하	
	톨루엔 방출량 (mg/㎡·h)	0.08 이하	
	폼알데하이드 방출량 (mg/㎡·h)	0.05 이하	

※ **TVOC, 톨루엔, 폼알데하이드 방출량은 환경부 실내공기실 공정시험방법**(실내공기질관리법 시행규칙 별표 5)

※ **휨강도, 습윤 시 휨강도는 두께 10mm 이하의 제품인 경우에는 이를 생략할 수 있음**

※ **KS F 3126 :** 폼알데하이드 방출량(E_0형) 평균 0.5mg/L 이하, 최대 075mg/L 이하

- 온돌마루재

시험·검사 방법	시험·검사종목	시험기준			시기 및 횟수
		합판마루	강화마루	강화합판마루	
LHCS 41 51 03	내수성(내수 인장 전단 접착력 시험)	0.7N/mm2 이상		접착력 : 0.7MPa 이상	제조회사별 마다 제품규격 마다
	습열성, 내열성, 내산성, 내알칼리성, 내시너성, 내변퇴색성	표면에 갈라짐, 부풂, 벗겨짐 및 현저한 광택의 변화가 없을 것		표면에 갈라짐, 부풂, 벗겨짐 및 현저한 광택의 변화가 없을 것	
	휨강도(N/㎠)	-	4,000 이상	-	
	습윤 시 휨강도(N/㎠)	-	2,200 이상	-	
	평면 인장강도(N/㎠)	-	80 이상	-	
	함수량(건량, %)	13 이하			
	흡수두께 팽창률(%)	-	0.5 이하	-	
	치수 변화율(%)	-	0.3 이하	-	
	내오염성	표면에 색이 남아 있지 않을 것			
	내마모성	1,000회전 이상	3,000회전 이상	마모값 : 350 이상 .마모량(100회전당 g) : 0.08 이하	
	도박 밀착력	1등급		-	
	내충격성	-	방사상의 균열, 파괴, 치장재의 박리가 생기지 않을 것		
	내긁힘성	-	스크레치 경도 3N 이상		
	내시가래트성	-	3등급 이상	-	
	내변퇴성	-	겉모양 : 표면에 갈라짐, 부풀음 등의 결점이 없어야함 색 차 : 표	-	

시험·검사방법	시험·검사종목	시험기준			시기 및 횟수
		합판마루	강화마루	강화합판마루	
			준 회색 색표 4호 이상 또는 색차 3.0이하		
	TVOC 방출량 (mg/m²·h)	0.10 이하			
	톨루엔 방출량 (mg/m²·h)	0.079 이하			
	폼알데하이드 방출량 (mg/m²·h)	0.015 이하			

※ TVOC, 톨루엔, 폼알데하이드 방출량은 환경부 실내공기실 공정시험방법

※ 시헙방법은 KS F 3126에 따름

– **온돌마루용 접착제**(친환경 원목마루 접착제)

시험·검사방법	시험·검사종목	시험기준	시기 및 횟수
LHCS 41 51 03 15	인장접착강도(N/㎟)	0.8 이상	제조회사별 마다 제품규격 마다
LHCS 41 47 00	가사시간(min)	80±30	
실내공기질 공정시험 기준 (LHCS 41 51 03)	TVOC 방출량 (mg/m²·h)	0.10 이하	
	톨루엔 방출량 (mg/m²·h)	0.079 이하	
	폼알데하이드 방출량 (mg/m²·h)	0.015 이하	

※ 실내공기질 관리법 시행규칙 제10조, 별표 5 **건축자재의 오염물질 방출 기준**

- 접착제 : 폼알데하이드 0.02 이하, 톨루엔 0.08 이하, 총휘발성유기화합물 2.0 이하
- 바닥재 : 폼알데하이드 0.02 이하, 톨루엔 0.08 이하, 총휘발성유기화합물 4.0 이하

※ **가사시간은 기준은 없으며, 제품회사의 기준 명시한 것임**

○ **주요내용**

- 석고보드의 시험편 3개 마련
- 수장공사에 사용되는 자재는 환경관리 및 친환경시공이 고려된 것을 우선적으로 선정
- 접착제는 포름알데히드 방치량이 환경정책기본법에 적합한 제품을 사용

○ **품질검사(시험)**

- 국립・공립 시험기관 또는 건설엔지니어링사업자로 하여금 건설공사의 품질관리를 위한 시험・검사 등을 대행하여 시험실시
- KS제품일 경우 제조회사별 품질검사 전문기관에 의뢰한 시험성적서 징구로 갈음

○ **품질검사(시험) 대행 절차(CSI)**

- 품질검사 연간단가계약 입력 · 승인→봉인의뢰 승인→봉인 실시→ 품질검사의뢰 승인

○ **시공자**

- 품질검사의 대행기관에 CSI 통하여 품질검사 의뢰(시료의 봉인, 품질검사 의뢰)

○ **건설사업관리기술인, 감리원 검토 및 관리**

- CSI 통하여 품질검사 봉인, 품질검사 의뢰 승인, 현장 시료 봉인 입회

4.2.12.2 치장목질 마루판 인장접착강도 시험

○ 법적근거

- 「건설기술진흥법」 제55조(건설공사의 품질관리), 제60조(품질검사의 대행 등) 제1항
- 「건설기술진흥법 시행령」 제91조(품질시험 및 검사), 제97조(품질검사의 대행 등) 제1항
- 「건설기술진흥법 시행규칙」 제53조(품질관리비의 산출 및 사용 기준) 제3항, 제97조(품질검사의 대행의뢰 등) 제1항
- 「건설공사 품질관리 업무지침」 제8조(품질 시험기준)
- 「LHCS시방서」 온돌마루재 LHCS 41 51 03 15 : 2020, 2.1.2 접착제
- 시공자의 품질관리계획서 및 품질시험계획서

○ 목적 및 필요성

- 설계도서에서 제시된 기준에 적합한 우수한 제품 확보

○ 품질검사(시험) 기준

시험·검사방법	시험·검사종목	시험기준	시기 및 횟수
LHCS 41 51 03 15	인장접착강도(N/mm2)	0.8 이상	제조회사별 마다

○ 주요내용

- 접착제는 유화(emulsification) 처리한 수용성에폭시 접착제 또는 무기질 접착제를 사용함. 단, 무기질 접착제는 자재선정시 KS L 1593 저온경화시험에 의한 기준 인장접착강도 이상임을 확인하여야 함
- 품질기준은 LHCS 10 40 00 부록6 품질시험 및 검사기준의 V. 친환경시험 자재부문에 규정된 품질기준을 만족하여야 함
- **치장목질마루판 접착제 접착강도 TEST는 방통샌딩, 균열샌딩, 균열, 방통 부위에 견본 시공하고, 각 샘플마다 5개의 시험을 실시**한다.
- **치장목질마루판 시공은 샌딩 후 시공하여야 접착강도가 높아 짐**

○ **품질검사(시험) 방법**

- 시험 위치의 강화마루를 지그(보통 40mm)의 크기로 바탕면까지 절단
- 자른 강화마루에 지그를 강력접착제로 붙임
- 지그와 시험기구를 연결함
- 시험기구의 영점조절기능(TARE)을 누름(TARE)
- 시험기구를 TEST 누름
- 시험기구를 돌림(힘을 가함)
- 강화마루가 떨어지면 시험기구의 결과를 얻음
- 시험기구의 결과 값을 지그의 면적(지그가 40mm인 경우 : 1,600)으로 나눔(인장접착 강도)

○ **품질검사(시험)**

- 국립·공립 시험기관 또는 건설엔지니어링사업자로 하여금 건설공사의 품질관리를 위한 시험·검사 등을 대행하여 시험실시
- KS제품일 경우 제조회사별 품질검사 전문기관에 의뢰한 시험성적서 징구로 갈음

○ **품질검사(시험) 대행 절차(CSI)**

- 품질검사 연간단가계약 입력·승인→봉인의뢰 승인→봉인 실시→ 품질검사의뢰 승인

○ **시공자**

- 품질검사의 대행기관에 CSI 통하여 품질검사 의뢰(시료의 봉인, 품질검사 의뢰)

○ **건설사업관리기술인, 감리원 검토 및 관리**

- CSI 통하여 품질검사 봉인, 품질검사 의뢰 승인, 현장 시료 봉인 입회
- 현장에서 품질검사(시험)를 실시하는 경우 입회

▶ 치장목질 마루판
인장접착강도 시험 전경

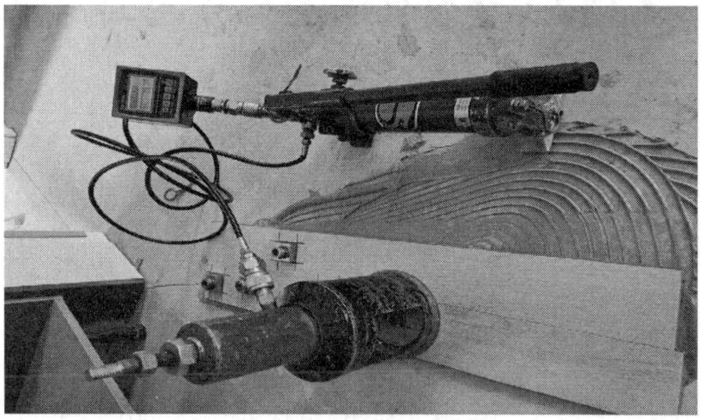

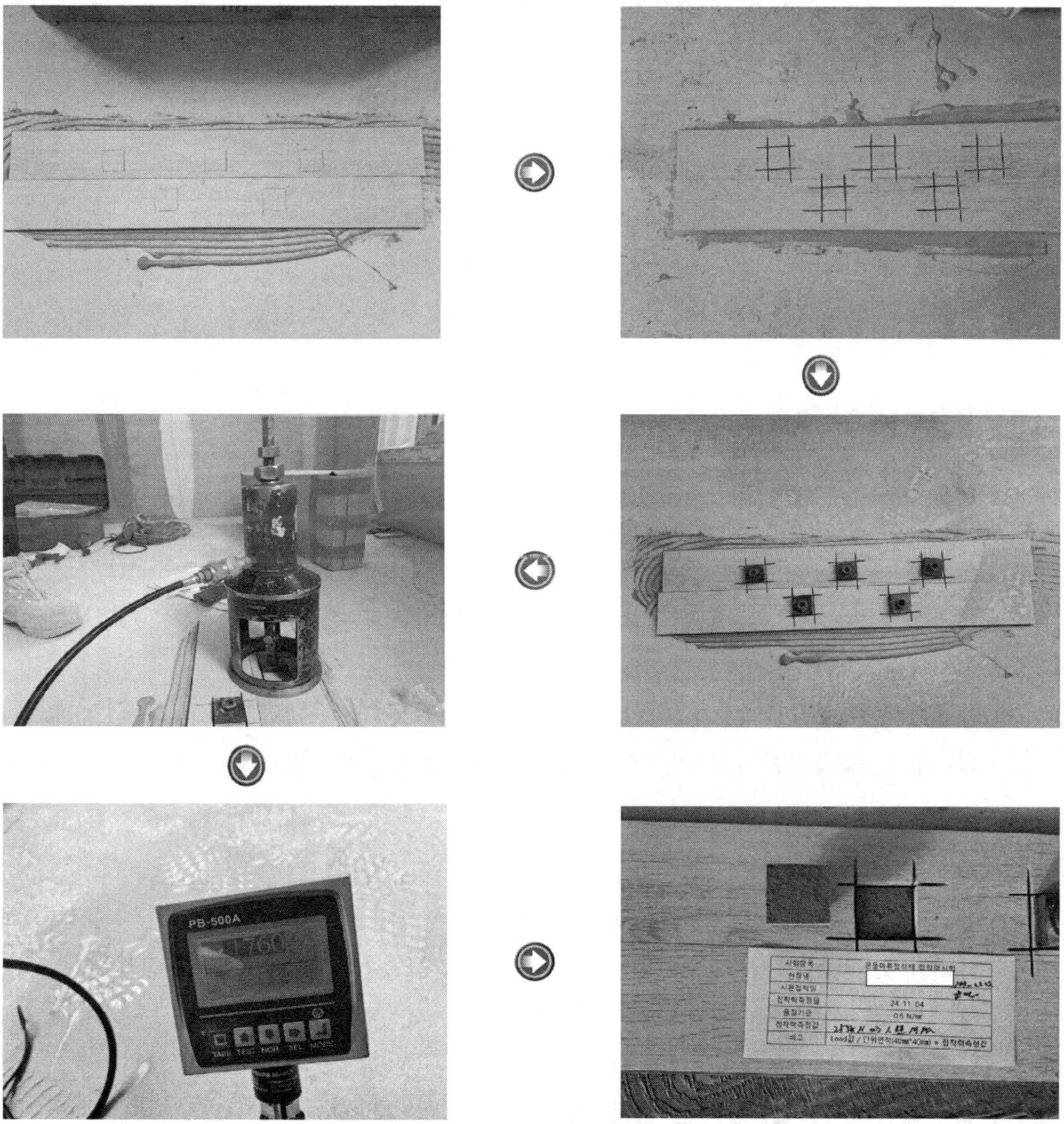

▲ 치장목질 마루판 인장접착강도 시험 과정

4.2.12.3 품질검사 성적서 결과 대비표

○ **법적근거**

- 「건설기술진흥법」 제55조(건설공사의 품질관리), 제60조(품질검사의 대행 등) 제1항
- 「건설기술진흥법 시행령」 제91조(품질시험 및 검사), 제97조(품질검사의 대행 등) 제1항
- 「건설기술진흥법 시행규칙」 제53조(품질관리비의 산출 및 사용 기준) 제3항, 제97조(품질검사의 대행의뢰 등) 제1항
- 「건설공사 품질관리 업무지침」 제8조(품질 시험기준)
- 「KCS 표준시방서」 수장공사 일반 KCS 41 51 01 : 2021, 1.5.2 품질관리 및 검사, 2.1 품질, 바닥 공사 KCS 41 51 03 : 2021, 2.1 목질계, 벽공사 KCS 41 51 04 : 2021, 2.2 무기질계
- 시공자의 품질관리계획서 및 품질시험계획서

○ **목적 및 필요성**

- 석고보드 및 치장 목질 마루판의 시험 결과가 기준에 적합한지 여부 검토

○ **품질검사(시험) 기준**

- 4.2.12.1, 4.2.12.2 품질검사(시험) 기준 참조

○ **주요내용**

- 치장목질마루판 접착강도는 각 샘플마다 시험결과 평균 기준치(0.8Mpa) 이상의 결과를 얻어야 함
- 품질검사 대행기관에서 대행한 품질검사 성적서를 첨부하고, 품질검사 성적서 결과 대비표는 품질관리자가 작성하고 건설사업관리기술인, 감리원이 확인 및 서명함

○ **시공자**

- 시공자의 품질관리기술인(품질관리자)이 국립・공립 시험기관 또는 건설엔지니어링 사업자로 하여금 건설공사의 품질관리를 위한 시험・검사 등을 대행하여 시험 실시한 결과를 CSI 확인하여 품질검사 성적서 결과 대비표 작성 및 서명, 보관

○ **건설사업관리기술인, 감리원 검토 및 관리**

- 품질검사 대행기관의 성적서 결과가 시험・검사 기준에 적합여부 확인 및 서명

품질검사 성적서 결과 대비표

<table>
<tr><td>현장명</td><td colspan="2">○○○○공동주택 신축공사</td><td colspan="2">시료 또는 자재 생산자</td><td colspan="2"></td></tr>
<tr><td>의뢰일자</td><td colspan="2">2023년 09월 00일</td><td colspan="2">발급일자</td><td colspan="2">2023년 10월 23일</td></tr>
<tr><td>시료명</td><td colspan="6">일반 석고보드-9.5t</td></tr>
<tr><td colspan="7"></td></tr>
<tr><td colspan="2">시험·검사 종목</td><td>시험·검사 방법</td><td>단위</td><td>시험·검사 기준</td><td>시험·검사 결과</td><td>합부 판정</td></tr>
<tr><td colspan="2">겉모양</td><td rowspan="7">KS F 3504</td><td></td><td>이상없을 것</td><td>이상없음</td><td>합격</td></tr>
<tr><td colspan="2">두께</td><td>mm</td><td>(9.5)±0.3</td><td>9.7</td><td>합격</td></tr>
<tr><td colspan="2">함수율</td><td>%</td><td>3 이하</td><td>0.4</td><td>합격</td></tr>
<tr><td rowspan="2">휨 파괴하중</td><td>길이방향</td><td>N</td><td>360 이상</td><td>449</td><td>합격</td></tr>
<tr><td>너비방향</td><td>N</td><td>140 이상</td><td>189</td><td>합격</td></tr>
<tr><td colspan="2">연소성능</td><td></td><td>-</td><td>준불연</td><td>합격</td></tr>
<tr><td colspan="2">열 저항</td><td>㎡·K/W</td><td>0.043 이상</td><td>0.072</td><td>합격</td></tr>
<tr><td colspan="2">TVOV 방출량</td><td rowspan="3">LHCS 41 51 02</td><td>mg/㎡·h</td><td>0.10 미만</td><td>0.004 미만</td><td>합격</td></tr>
<tr><td colspan="2">톨루엔 방출량</td><td>mg/㎡·h</td><td>0.08 미만</td><td>0.001 미만</td><td>합격</td></tr>
<tr><td colspan="2">폼알데하이드 방출량</td><td>mg/㎡·h</td><td>0.008 미만</td><td>0.002</td><td>합격</td></tr>
<tr><td colspan="2"></td><td></td><td></td><td></td><td></td><td></td></tr>
<tr><td colspan="2"></td><td></td><td></td><td></td><td></td><td></td></tr>
<tr><td colspan="2"></td><td></td><td></td><td></td><td></td><td></td></tr>
<tr><td colspan="4">품질관리 기술인 : (서명)</td><td colspan="3">건설사업관리 기술인 : 박하용 (서명)</td></tr>
</table>

품질검사 성적서 결과 대비표

<table>
<tr><td>현장명</td><td>○○○○공동주택 신축공사</td><td>시료 또는 자재 생산자</td><td></td></tr>
<tr><td>의뢰일자</td><td>2023년 09월 00일</td><td>발급일자</td><td>2023년 10월 23일</td></tr>
<tr><td>시료명</td><td colspan="3">방수 석고보드-9.5t</td></tr>
<tr><td colspan="4"></td></tr>
</table>

<table>
<tr><th colspan="2">시험·검사 종목</th><th>시험·검사 방법</th><th>단위</th><th>시험·검사 기준</th><th>시험·검사 결과</th><th>합부 판정</th></tr>
<tr><td colspan="2">겉모양</td><td rowspan="11">KS F 3504</td><td></td><td>이상없을 것</td><td>이상없음</td><td>합격</td></tr>
<tr><td colspan="2">두께</td><td>mm</td><td>(9.5)±0.3</td><td>9.4</td><td>합격</td></tr>
<tr><td colspan="2">함수율</td><td>%</td><td>3 이하</td><td>0.5</td><td>합격</td></tr>
<tr><td colspan="2">흡수시 내 박리성(표면)</td><td></td><td>이상없을 것</td><td>이상없음</td><td>합격</td></tr>
<tr><td colspan="2">흡수시 내 박리성(이면)</td><td></td><td>이상없을 것</td><td>이상없음</td><td>합격</td></tr>
<tr><td rowspan="2">휨 파괴하중</td><td>건조시</td><td>N</td><td>360 이상</td><td>423</td><td>합격</td></tr>
<tr><td>습윤시</td><td>N</td><td>220 이상</td><td>342</td><td>합격</td></tr>
<tr><td rowspan="2">흡수성</td><td>전 흡수율</td><td>%</td><td>10 이하</td><td>5</td><td>합격</td></tr>
<tr><td>표면 흡수율</td><td>g</td><td>2 이하</td><td>1</td><td>합격</td></tr>
<tr><td colspan="2">연소성능</td><td></td><td>-</td><td>준불연</td><td>합격</td></tr>
<tr><td colspan="2">열 저항</td><td>$m^2 \cdot K/W$</td><td>0.043 이상</td><td>0.069</td><td>합격</td></tr>
<tr><td colspan="2">TVOV 방출량</td><td rowspan="3">LHCS 41 51 02</td><td>$mg/m^2 \cdot h$</td><td>0.10 미만</td><td>0.005</td><td>합격</td></tr>
<tr><td colspan="2">톨루엔 방출량</td><td>$mg/m^2 \cdot h$</td><td>0.08 미만</td><td>0.001 미만</td><td>합격</td></tr>
<tr><td colspan="2">폼알데하이드 방출량</td><td>$mg/m^2 \cdot h$</td><td>0.008 미만</td><td>0.002</td><td>합격</td></tr>
<tr><td colspan="3">품질관리 기술인 : (서명)</td><td colspan="4">건설사업관리 기술인 : 박하용 (서명)</td></tr>
</table>

▲ 석고보드 품질검사 성적표 결과 대비표 작성 사례

품질검사 성적서 결과 대비표

<table>
<tr><td>현 장 명</td><td colspan="3">[ ] 공동주택 신축공사</td><td>시료 또는 자재 생산자</td><td colspan="2">[ ]</td></tr>
<tr><td>의뢰일자</td><td colspan="3">2024년 11월 18일</td><td>발급일자</td><td colspan="2">2025년 1월 21일</td></tr>
<tr><td>시 료 명</td><td colspan="6">치장 목질 마루판[울트라강]</td></tr>
<tr><th colspan="2">시험·검사 종목</th><th>시험·검사 방법</th><th>단위</th><th>시험·검사 기준</th><th>시험·검사 결과</th><th>합 부 판정</th></tr>
<tr><td colspan="2">내긁힘성</td><td rowspan="21">KS F 3126</td><td>N</td><td>3 이상</td><td>9.8</td><td>합격</td></tr>
<tr><td colspan="2">내변퇴색성</td><td>-</td><td>갈라짐,부풂,벗겨짐,광택 변화가 없을 것</td><td>이상없음</td><td>합격</td></tr>
<tr><td rowspan="4">치수변화율</td><td>길이 (건조)</td><td rowspan="4">%</td><td rowspan="2">0.3 이하</td><td>0.1</td><td>합격</td></tr>
<tr><td>길이 (습윤)</td><td>0.2</td><td>합격</td></tr>
<tr><td>두께 (건조)</td><td rowspan="2">2 이하</td><td>0.2</td><td>합격</td></tr>
<tr><td>두께 (습윤)</td><td>1</td><td>합격</td></tr>
<tr><td colspan="2">흡수두께 팽창률</td><td>%</td><td>6 이하</td><td>4</td><td>합격</td></tr>
<tr><td rowspan="4">접착성</td><td>침지박지 접착 측면-1</td><td rowspan="4">mm</td><td rowspan="4">50 이상</td><td>75/75/75/75</td><td>합격</td></tr>
<tr><td>침지박지 접착 측면-2</td><td>75/75/75/75</td><td>합격</td></tr>
<tr><td>침지박지 접착 측면-3</td><td>75/75/75/75</td><td>합격</td></tr>
<tr><td>침지박지 접착 측면-4</td><td>75/75/75/75</td><td>합격</td></tr>
<tr><td colspan="2">내산성</td><td>-</td><td>갈라짐,부풂,벗겨짐,광택 변화가 없을 것</td><td>이상없음</td><td>합격</td></tr>
<tr><td colspan="2">내오염성</td><td>-</td><td>시편 표면에 색이 남아 있지 않을 것</td><td>이상없음</td><td>합격</td></tr>
<tr><td colspan="2">내한성</td><td>-</td><td>갈라짐,부풂,벗겨짐,광택 변화가 없을 것</td><td>이상없음</td><td>합격</td></tr>
<tr><td colspan="2">휨강도</td><td rowspan="2">MPa</td><td>40 이상</td><td>43</td><td>합격</td></tr>
<tr><td colspan="2">습윤 시 휨강도</td><td>20 이상</td><td>23</td><td>합격</td></tr>
<tr><td colspan="2">습열성</td><td>-</td><td>갈라짐,부풂,벗겨짐,광택 변화가 없을 것</td><td>이상없음</td><td>합격</td></tr>
<tr><td colspan="2">함수율</td><td>%</td><td>13 이하</td><td>5</td><td>합격</td></tr>
<tr><td colspan="2">평면인장강도</td><td>Mpa</td><td>0.4 이상</td><td>0.9</td><td>합격</td></tr>
</table>

항목		시험방법	단위	기준	결과	판정
내마모성	마모량	KS F 3126	g	0.08 이하	0.01	합격
	마모값		-	350 이상	1 767	합격
내알칼리성			-	갈라짐,부풀,벗겨짐,광택 변화가 없을 것	이상없음	합격
폼알데하이드 방출량	최대		mg/L	0.4 이하	0.2	합격
	평균			0.3 이하	0.2	합격
내충격성			-	반사균열,파괴,박리가 생기지 않을 것	이상없음	합격
내열성			-	갈라짐,부풀,벗겨짐,광택 변화가 없을 것	이상없음	합격
겉모양			-	결점이 없을 것	이상없음	합격
치수	길이		mm	+ 제한하지 않음 - 0	800	합격
	너비			95±0.3	95.1	합격
	두께			7±0.3	7.3	합격
	이음매 단차(최대)			0.3 이하	0.09	합격
	이음매 단차(평균)			0.15 이하	0.07	합격
내시너성			-	갈라짐,부풀,벗겨짐,광택 변화가 없을 것	이상없음	합격
도막밀착력			급	1등급에 해당 될 것	1	합격
TVOC 방출량		KS M 1998 또는 실내공기질 공정시험 기준 (환경부 고시)	mg/m²·h	0.4 이하	0.19	합격
폼알데하이드 방출량			mg/m²·h	0.05 이하	0.019	합격
톨루엔 방출량			mg/m²·h	0.08 이하	0.001	합격
품질관리기술인 :				건설사업관리기술인 : 박 하 용 (서명)		

품질검사 성적서 결과 대비표

<table>
<tr><td>현 장 명</td><td colspan="3">[redacted] 공동주택 신축공사</td><td>시료 또는 자재 생산자</td><td colspan="2">[redacted]</td></tr>
<tr><td>의뢰일자</td><td colspan="3">2024년 11월 14일</td><td>발급일자</td><td colspan="2">2025년 1월 7일</td></tr>
<tr><td>시 료 명</td><td colspan="6">친환경 HI-S 원목마루 접착제[SEP-6100]</td></tr>
<tr><td colspan="2">시험·검사 종목</td><td>시험·검사 방법</td><td>단위</td><td>시험·검사 기준</td><td>시험·검사 결과</td><td>합 부 판정</td></tr>
<tr><td rowspan="3">인장접착강도</td><td>표준</td><td rowspan="3">LHCS 41 51 03 15</td><td rowspan="3">N/㎟</td><td rowspan="3">0.8 이상</td><td>2.8</td><td>합격</td></tr>
<tr><td>내수</td><td>2.4</td><td>합격</td></tr>
<tr><td>내열</td><td>2.6</td><td>합격</td></tr>
<tr><td colspan="2">가사시간</td><td>LHCS 41 47 00</td><td>min</td><td>80±30</td><td>100</td><td>합격</td></tr>
<tr><td colspan="2">TVOC 방출량</td><td rowspan="3">실내공기질 공정시험 기준 (환경부 고시)</td><td>mg/㎡·h</td><td>0.1 이하</td><td>0.03 미만</td><td>합격</td></tr>
<tr><td colspan="2">폼알데하이드 방출량</td><td>mg/㎡·h</td><td>0.015 이하</td><td>0.005 미만</td><td>합격</td></tr>
<tr><td colspan="2">톨루엔 방출량</td><td>mg/㎡·h</td><td>0.08 이하</td><td>0.005 미만</td><td>합격</td></tr>
<tr><td colspan="3">품질관리기술인 : [redacted]</td><td colspan="4">건설사업관리기술인 : 박 하 용 (서명)</td></tr>
</table>

▲ 치장목질마루판 및 접착제 품질검사 성적서 결과 대비표 작성 사례

4.2.12.4 품질검사(시험)대장

○ **법적근거**

- 「건설기술진흥법」 제55조(건설공사의 품질관리) 제2항
- 「건설기술진흥법 시행규칙」 제50조(품질시험 및 검사의 실시), 별지 제42호 서식
- 「건설공사 사업관리방식 검토기준 및 업무수행지침」 제78조(보고서 작성, 제출)제1항제1호다목, 별지 제34호 서식

* 일자, 시험구분, 재료, 시험·검사종목, 시험기준, 시험결과, 시험결과 판정 등을 기재

○ **목적 및 필요성**

- 품질검사대장에 기재된 내용이 품질검사 성적서 결과 대비표와 일치하는 확인

○ **품질검사(시험) 기준**

- 4.2.12.1, 4.2.12.2 품질검사(시험) 기준 참조

○ **주요내용**

- 품질검사(시험) 기준에 따라 시험 · 검사한 결과를 기재하여 적합 여부 확인 · 관리
- 품질검사(시험)대장은 품질검사(시험) 기준 및 품질검사 성적서 결과 대비표와 일치 하는지 확인

○ **시공자**

- 품질검사(시험) 결과를 품질검사(시험)대장에 기재 및 품질관리기술인(품질관리자) 서명

○ **건설사업관리기술인, 감리원 검토 및 관리**

- 품질검사(시험) 기준에 따라 시험 결과의 적합 여부 등 확인 및 서명

품 질 검 사 대 장(2023년 12월)

○ 공사명 : 공동주택 신축공사

○ 구　분 : 마감공사

일련번호	연.월.일	시험·검사 구분	재 료	시험·검사종목		시험기준	시 험 결 과	시험결과 판정	시험·검사자		건설사업관리기술인확인		비 고
									성 명	서 명	성 명	서 명	
23-12-018	23-12-13	검사	섬유판	밀도 (g/㎤)	1	0.35~0.85	0.81	합격					
23-12-019			중밀도 섬유판 [MDF U 35형 EO]		2		0.81	합격					
23-12-020					3		0.8	합격					
23-12-021				함수율 (%)	1	5~13	5	합격					
23-12-022					2		5	합격					
23-12-023					3		5.1	합격					
23-12-024				휨강도-나비방향 (Mpa)	1	35 이상	41.6	합격					
23-12-025					2		44.4	합격					
23-12-026					3		46.7	합격					
23-12-027				휨강도-길이방향 (Mpa)	1	35 이상	44.5	합격					
23-12-028					2		41.6	합격					
23-12-029					3		45.7	합격					
23-12-030				박리강도 (Mpa)	1	0.6 이상	0.84	합격					
23-12-031					2		0.82	합격					
23-12-032					3		0.75	합격					
23-12-033				나사못 유지력-평면 (N)	1	700 이상	778	합격					
23-12-034					2		746	합격					
23-12-035					3		783	합격					
23-12-036				나사못 유지력-측면 (N)	1	350 이상	518	합격					
23-12-037					2		484	합격					
23-12-038					3		524	합격					
23-12-039				폼알데하이드 방출량-평균값 (mg/L)		0.5 이하	0.3	합격					
23-12-040				폼알데하이드 방출량-최대값 (mg/L)		0.7 이하	0.3	합격					

품 질 검 사 대 장(2023년 10월)

○ 공사명 : 공동주택 신축공사

○ 구　분 : 마감공사

일련번호	연.월.일	시험·검사 구분	재 료	시험·검사종목		시험기준	시 험 결 과	시험결과 판정	시험·검사자		건설사업관리기술인확인		비 고
									성 명	서 명	성 명	서 명	
23-10-074	23-10-19	검사	인조 광물섬유 단열재 [그라스울 24K 50T]	밀도 (kg/㎥)		+3 ~ -2	26	합격					
23-10-075				열전도율 20℃ [W/(m.K)]		0.037 이하	0.034	합격					
23-10-076				열전도율 70℃ [W/(m.K)]		0.048 이하	0.042	합격					
23-10-077				열간수축온도 (℃)		300 이상	335	합격					
23-10-078	23-10-23	검사	일반 석고보드 9.5T	겉모양		이상없을 것	이상없음	합격					
23-10-079				두께 (mm)		9.5±0.3	9.7	합격					
23-10-080				함수율 (%)		3 이하	0.4	합격					
23-10-081				휨파괴하중 (N)	길이방향	360 이상	449	합격					
23-10-082					너비방향	140 이상	189	합격					
23-10-083				연소성능		-	준불연	합격					
23-10-084				열저항 (㎡.K/W)		0.043 이상	0.072	합격					
23-10-085				TVOC 방출량 (mg/㎡.h)		0.10 미만	0.004 미만	합격					
23-10-086				톨루엔 방출량 (mg/㎡.h)		0.08 미만	0.001 미만	합격					
23-10-087				폼알데하이드 방출량 (mg/㎡.h)		0.008 미만	0.002	합격					
23-10-088	23-10-23	검사	일반 석고보드 12.5T	겉모양		이상없을 것	이상없음	합격					
23-10-089				두께 (mm)		12.5±0.3	12.5	합격					
23-10-090				함수율 (%)		3 이하	0.2	합격					
23-10-091				휨파괴하중 (N)	길이방향	500 이상	569	합격					
23-10-092					너비방향	180 이상	217	합격					
23-10-093				연소성능		-	불연	합격					
23-10-094				열저항 (㎡.K/W)		0.060 이상	0.089	합격					
23-10-095				TVOC 방출량 (mg/㎡.h)		0.10 미만	0.004 미만	합격					
23-10-096				톨루엔 방출량 (mg/㎡.h)		0.08 미만	0.001 미만	합격					
23-10-097				폼알데하이드 방출량 (mg/㎡.h)		0.008 미만	0.001	합격					

품질검사대장(2023년 10월)

○ 공사명 : 보라 공동주택 신축공사

○ 구 분 : 마감공사

일련번호	연.월.일	시험·검사 구분	재료	시험·검사종목		시험기준	시험결과	시험결과 판정	시험·검사자		건설사업관리기술인확인		비고
									성명	서명	성명	서명	
23-10-098	23-10-23	검사	방수 석고보드 9.5T	겉모양		이상없을 것	이상없음	합격					
23-10-099				두께 (mm)		9.5±0.3	9.4	합격					
23-10-100				함수율 (%)		3 이하	0.5	합격					
23-10-101				흡수 시 내 박리성(표면)		이상없을 것	이상없음	합격					
23-10-102				흡수 시 내 박리성(이면)		이상없을 것	이상없음	합격					
23-10-103				휨파괴하중 (N)	건조 시	360 이상	423	합격					
23-10-104					습윤 시	220 이상	342	합격					
23-10-105				흡수성	전 흡수율 (%)	10 이하	5	합격					
23-10-106					표면 흡수량 (g)	2 이하	1	합격					
23-10-107				연소성능		-	준불연	합격					
23-10-108				열저항 (㎡.K/W)		0.043 이상	0.069	합격					
23-10-109				TVOC 방출량 (mg/㎡.h)		0.10 미만	0.005	합격					
23-10-110				톨루엔 방출량 (mg/㎡.h)		0.08 미만	0.001 미만	합격					
23-10-111				폼알데하이드 방출량 (mg/㎡.h)		0.008 미만	0.002	합격					

품질검사대장(2023년 10월)

○ 공사명 : 공동주택 신축공사

○ 구 분 : 마감공사

일련번호	연.월.일	시험·검사 구분	재료	시험·검사종목		시험기준	시험결과	시험결과 판정	시험·검사자		건설사업관리기술인확인		비고
									성명	서명	성명	서명	
23-10-112	23-10-23	검사	방수 석고보드 12.5T	겉모양		이상없을 것	이상없음	합격					
23-10-113				두께 (mm)		12.5±0.3	12.5	합격					
23-10-114				함수율 (%)		3 이하	0.4	합격					
23-10-115				흡수 시 내 박리성(표면)		이상없을 것	이상없음	합격					
23-10-116				흡수 시 내 박리성(이면)		이상없을 것	이상없음	합격					
23-10-117				휨파괴하중 (N)	건조 시	360 이상	543	합격					
23-10-118					습윤 시	220 이상	406	합격					
23-10-119				흡수성	전 흡수율 (%)	10 이하	6	합격					
23-10-120					표면 흡수량 (g)	2 이하	1	합격					
23-10-121				연소성능		-	준불연	합격					
23-10-122				열저항 (㎡.K/W)		0.043 이상	0.087	합격					
23-10-123				TVOC 방출량 (mg/㎡.h)		0.10 미만	0.004 미만	합격					
23-10-124				톨루엔 방출량 (mg/㎡.h)		0.08 미만	0.001 미만	합격					
23-10-125				폼알데하이드 방출량 (mg/㎡.h)		0.008 미만	0.003	합격					

품질검사대장(2024년 7월)

○ 공사명 : 공동주택 신축공사
○ 구 분 : 외부의뢰

일련번호	연.월.일	시험·검사 구분	재료	시험·검사종목		시험기준	시험결과	시험결과 판정	시험·검사자		건설사업관리기술인확인		비고
									성명	서명	성명	서명	
24-7-014	24-7-31	검사	복합단열재용 폴리프로필렌 표면판 [PP보드 3T]	단위무게 (g/㎡)		800 이상	999	합격			박하용		
				내연성(B법) - 수리상태	1차 불꽃점염 후 연소시간	10 이내	0	합격			박하용		
							0	합격			박하용		
							0	합격			박하용		
							0	합격			박하용		
							0	합격			박하용		
				내연성(B법) - 수리상태 시편	2차 불꽃점염 후 연소시간	10 이내	0	합격			박하용		
							0	합격			박하용		
							0	합격			박하용		
							0	합격			박하용		
							0	합격			박하용		
					2차 불꽃점염 후 글로잉 시간	30 이내	1.8	합격			박하용		
							2.2	합격			박하용		
							3.4	합격			박하용		
							5.1	합격			박하용		
							5.6	합격			박하용		
					외과용 솜 적화물의 유무	유,무	무	합격			박하용		
							무	합격			박하용		
							무	합격			박하용		
							무	합격			박하용		
							무	합격			박하용		
					클램프까지 연소 및 글로잉의 유무	유,무	무	합격			박하용		
							무	합격			박하용		
							무	합격			박하용		
							무	합격			박하용		
							무	합격			박하용		

▲ 석고보드 품질검사대장 작성 사례

품질검사 실시대장(2025년 1월)

○ 공사명 : 공동주택 신축공사
○ 구 분 : 외부의뢰

일련번호	연.월.일	시험·검사 구분	품질검사 대상 재료	건설자재·부재를 공급받은 공장	시험 검사 장소	시험·검사종목		시험기준	시험결과	시험결과 판정	품질관리기술인		건설사업관리기술인 확인		비고
											성명	서명	성명	서명	
2025-01-007	2025-01-21	검사	치장 목질 마루판 [울트라강]			습열성		갈라짐,부풀,벗겨짐 광택 변화가 없을 것	이상없음	합격			박하용		
						함수율 (%)		13 이하	5	합격			박하용		
						평면인장강도 (Mpa)		0.4 이상	0.9	합격			박하용		
						내마모성	마모량 (g)	0.08 이하	0.01	합격			박하용		
							마모값	350 이상	1 767	합격			박하용		
						내알칼리성		갈라짐,부풀,벗겨짐 광택 변화가 없을 것	이상없음	합격			박하용		
						폼알데하이드 방출량 (mg/L)	최대	0.4 이하	0.2	합격			박하용		
							평균	0.3 이하	0.2	합격			박하용		
						내충격성		반사균열,파괴,박리가 생기지 않을 것	이상없음	합격			박하용		
						내열성		갈라짐,부풀,벗겨짐 광택 변화가 없을 것	이상없음	합격			박하용		
						결모양		결점이 없을 것	이상없음	합격			박하용		
						치수 (mm)	길이	• 제한하지 않음 - 0	800	합격			박하용		
							너비	95±0.3	95.1	합격			박하용		
							두께	7±0.3	7.3	합격			박하용		
							이음매 단차 (최대)	0.3 이하	0.08	합격			박하용		
							이음매 단차 (평균)	0.15 이하	0.07	합격			박하용		
2025-01-007	2025-01-21	검사	치장 목질 마루판 [울트라강]			내시너성		갈라짐,부풀,벗겨짐 광택 변화가 없을 것	이상없음	합격			박하용		
						도막밀착력 (급)		1등급에 해당할 것	1	합격			박하용		
						TVOC 방출량 (mg/㎡·h)		0.4 이하	0.19	합격			박하용		
						폼알데하이드 방출량 (mg/㎡·h)		0.05 이하	0.019	합격			박하용		
						톨루엔 방출량 (mg/㎡·h)		0.08 이하	0.001	합격			박하용		

품 질 검 사 실 시 대 장(2025년 1월)

○ 공사명 : [ ] 공동주택 신축공사
○ 구　분 : 외부의뢰

일련번호	연.월.일	시험·검사 구분	품질검사 대상 재료	건설자재·부재를 공급받은 공장	시험·검사 장소	시험·검사종목		시험기준	시험결과	시험결과 판정	품질관리기술인		건설사업관리기술인 확인		비 고
											성 명	서 명	성 명	서 명	
2025-01-001	2025-01-07	검사	친환경 HI-S 원목마루 접착제 [SEP-6100]			인장접착강도 (N/㎟)	표준	0.8 이상	2.8	합격			박하용		
							내수		2.4	합격			박하용		
							내열		2.6	합격			박하용		
						가사시간 (min)		80±30	100	합격			박하용		
						TVOC 방출량 (mg/㎡·h)		0.1 이하	0.03 미만	합격			박하용		
						폼알데하이드 방출량 (mg/㎡·h)		0.015 이하	0.005 미만	합격			박하용		
						톨루엔 (㎎/㎡·h)		0.08 이하	0.005 미만	합격			박하용		

▲ 치장목질마루판 및 접착제 품질검사대장 작성 사례

4.2.13 도장공사

4.2.13.1 도장 자재 시험

○ 법적근거

- 「건설기술진흥법」 제55조(건설공사의 품질관리), 제60조(품질검사의 대행 등) 제1항
- 「건설기술진흥법 시행령」 제91조(품질시험 및 검사), 제97조(품질검사의 대행 등) 제1항
- 「건설기술진흥법 시행규칙」 제53조(품질관리비의 산출 및 사용 기준) 제3항, 제97조(품질검사의 대행의뢰 등) 제1항
- 「건설공사 품질관리 업무지침」 제8조(품질 시험기준)
- 「KCS 표준시방서」 도장공사 KCS 41 47 00 : 2023, 2.2 도료의 종류 및 품질
- 「LHCS 한국토지주택공사」 도장공사 LHCS 41 47 00 : 2020, 2.11 에폭시 바닥마감재
- 시공자의 품질관리계획서 및 품질시험계획서

○ 목적 및 필요성

- 설계도서에서 제시된 기준에 적합한 우수한 제품 확보

○ 품질검사(시험) 기준

- **수성 도료**(KS M 6010)

시험·검사방법	시험·검사종목	시험기준		시기 및 횟수
		1종 1급	2종 1급	
KS M 6010	주도(KU)	80~110	80~110	제조회사별 마다 제품규격 마다
	비휘발분(%)	56 이상	50 이상	
	안료분(%)	38 이하	-	
	고화건조시간(분)	60 이내	60 이내	
	45°,0° 확산반사율(%)	87 이상	82 이상	

시험·검사방법	시험·검사종목	시험기준		시기 및 횟수
		1종 1급	2종 1급	
	광택(85°)	-	10 이하	
	은폐율(%)	96 이상	92 이상	
	내세척성(%)	1000회 이상	500회 이상	
	열안전성-외관	이상없을 것	-	
	열안전성-주도변화	8KU 이하	-	
	냉동 안전성-외관	이상없을 것	이상없을 것	
	냉동 안전성-주도변화	8KU 이하	8 이하	
	적신도막 은폐율	건조도막 은폐율과의 차이 2 이하	-	
	용기내에서의 상태	이상없을 것	이상없을 것	
	내알칼리성	이상없을 것	이상없을 것	
	저장 안전성	-	이싱없을 것	
	냄새	-	이상없을 것	
	내곰팡이성	-	시험도막의 표면손상도 6 이상	
	촉진 내후성	이상없을 것	-	
LHCS 41 47 00	TVOC 방출량 (mg/m²·h)	0.10 이하		
	톨루엔 방출량 (mg/m²·h)	0.079 이하		
	폼알데하이드 방출량 (mg/m²·h)	0.015 이하		
	납(Pb), 카드뮴(Cd), 수은(Hg), 및 6가크롬(Cr+6)의 합(wt%)	0.10 이하		
	납(Pb)(wt%)	0.06 이하		

– **유성 도료**(KS M 6020)

<table>
<tr><th rowspan="2">시험·검사방법</th><th rowspan="2">시험·검사종목</th><th colspan="2">시험기준</th><th rowspan="2">시기 및 횟수</th></tr>
<tr><th>1종 1급</th><th>1종 2급</th></tr>
<tr><td rowspan="11">KS M 6020</td><td>안료분(%)</td><td>53 이하</td><td>40 이하</td><td rowspan="16">제조회사별 마다
제품규격 마다</td></tr>
<tr><td>비휘발전색제분(%)</td><td>58 이상</td><td>50 이상</td></tr>
<tr><td>광택(60°, GU)</td><td>60 이상</td><td>60 이상</td></tr>
<tr><td>은폐율(%)</td><td>95 이상</td><td>85 이상</td></tr>
<tr><td>45°,0° 확산반사율(%)</td><td>86 이상</td><td>70 이상</td></tr>
<tr><td>고화건조시간(h)</td><td>48 이내</td><td>48 이내</td></tr>
<tr><td>용기내에서의 상태</td><td>이상없을 것</td><td>이상없을 것</td></tr>
<tr><td>내굴곡성</td><td>이상없을 것</td><td>이상없을 것</td></tr>
<tr><td>촉진 내후성-외관</td><td>이상없을 것</td><td>이상없을 것</td></tr>
<tr><td>촉진 내후성- 광택 감소율</td><td>60 이하</td><td>60 이하</td></tr>
<tr><td>촉진내후성-황변도차</td><td>0.15 이하</td><td>0.15 이하</td></tr>
<tr><td rowspan="5">LHCS 41 47 00</td><td>TVOC 방출량 (mg/㎡·h)</td><td>0.10 이하</td><td></td></tr>
<tr><td>톨루엔 방출량 (mg/㎡·h)</td><td>0.079 이하</td><td></td></tr>
<tr><td>폼알데하이드 방출량 (mg/㎡·h)</td><td>0.015 이하</td><td></td></tr>
<tr><td>납(Pb), 카드뮴(Cd), 수은(Hg), 및 6가크롬 (Cr+6)의 합(wt%)</td><td>0.10 이하</td><td></td></tr>
<tr><td>납(Pb)(wt%)</td><td>0.06 이하</td><td></td></tr>
</table>

– **다채 무늬 도료**(KS M 6090)

시험·검사방법	시험·검사종목	시험기준		시기 및 횟수
		중도	상도	
KS M 6090	용기내에서의 상태	이상없을 것		제조회사별 마다 제품규격 마다
	작업성	이상없을 것		
	주도(KU)	85 이상	유성 : 74~90 수성 : 60~90	
	비휘발분(%)	15 이상	유성 : 35 이상 수성 : 30 이상	
	건조시간(h)	6시간 이내	24시간 이내 LHCS : 지촉 40분 경화 2시간 이내	
	도막외관	이상없을 것		
	내알칼리성	이상없을 것		
	내세척성(%)	100회 이상		
	폼알데하이드 방출량(mg/L)	0.12 이하		
LHCS 41 47 00	비휘발분(%)	15 이상	30 이상	
	광택 (60°)	-	10 이상	

– 에폭시 도료

시험·검사 방법	시험·검사종목	시험기준			시기 및 횟수
		중상도 (용제계)	중상도 (무용제계)	하도	
LHCS 41 47 00	비휘발분(%)	55 이상	95 이상	30 이상	제조회사별 마다 제품규격 마다
	용기내에서 상태	이상없을 것		-	
	연화도(NS)	4 이상	1 이상	-	
	주도(KU)	60~80	95 이상	34~45	
	지촉 건조시간	60분 이내	4시간 이내	60분 이내	
	경화 건조시간(시간)	6시간 이내	24시간 이내	6시간 이내	
	가사시간(시간)	6시간 이상	30분 이상	6시간 이상	
	내수성-외관	이상없을 것		-	
	내수성-광택 감소율(%)	60 이하		-	
	내알칼리성-외관	이상없을 것		-	
	내알칼리성-광택 감소율(%)	60 이하		-	
	부착강도(N/㎟)	1.2 이상		-	
	도막상태	이상없을 것 하도: 상도 접합성(이상 없음)			
	광택(GU)	80 이상		-	
	내충격성	이상없을 것		-	

※ **우레탄 칩 바닥 도포제**(LHCS 41 47 00, 2.10 우레탄 칩 도포 바닥재)

- 인장강도 : 11(108)kg/㎠(N/㎠) 이상
- 신장률 : 30% 이상
- 마모질량 : 870mg 이하

○ **주요내용**

- 도료는 한국산업표준(KS)에 적합한 제품을 사용
- 녹색기술인증, 환경마크, 탄소마크, 환경성적표지 등 공인된 친환경 도료를 우선 사용
- 실내에 사용하는 도료는 실내공기질 관리법에 적합한 제품을 우선 사용

○ **품질검사(시험)**

- 국립·공립 시험기관 또는 건설엔지니어링사업자로 하여금 건설공사의 품질관리를 위한 시험·검사 등을 대행하여 시험실시
- KS제품일 경우 제조회사별 품질검사 전문기관에 의뢰한 시험성적서 징구로 갈음

○ **품질검사(시험) 대행 절차(CSI)**

- 품질검사 연간단가계약 입력·승인→봉인의뢰 승인→봉인 실시→ 품질검사의뢰 승인

○ **시공자**

- 품질검사의 대행기관에 CSI 통하여 품질검사 의뢰(시료의 봉인, 품질검사 의뢰)

○ **건설사업관리기술인, 감리원 검토 및 관리**

- CSI 통하여 품질검사 봉인, 품질검사 의뢰 승인, 현장 시료 봉인 입회

4.2.13.2 품질검사 성적서 결과 대비표

○ 법적근거

- 「건설기술진흥법」 제55조(건설공사의 품질관리), 제60조(품질검사의 대행 등) 제1항
- 「건설기술진흥법 시행령」 제91조(품질시험 및 검사), 제97조(품질검사의 대행 등) 제1항
- 「건설기술진흥법 시행규칙」 제53조(품질관리비의 산출 및 사용 기준) 제3항, 제97조(품질검사의 대행의뢰 등) 제1항
- 「건설공사 품질관리 업무지침」 제8조(품질 시험기준)
- 「KCS 표준시방서」 도장공사 KCS 41 47 00 : 2023, 2.2 도료의 종류 및 품질
- 「LHCS 한국토지주택공사」 도장공사 LHCS 41 47 00 : 2020, 2.11 에폭시 바닥마감재
- 시공자의 품질관리계획서 및 품질시험계획서

○ 목적 및 필요성

- 수성 도료, 유성도료, 다채 무늬 도료, 에폭시 도료의 시험 결과가 기준에 적합한지 여부 검토

○ 품질검사(시험) 기준

- 4.2.13.1 품질검사(시험) 기준 참조

○ 주요내용

- 품질검사(시험) 기준에 따라 품질검사 결과를 비교하여 합부 판정함
- 품질검사 대행기관에서 대행한 품질검사 성적서를 첨부하고, 품질검사 성적서 결과 대비표는 품질관리자가 작성하고 건설사업관리기술인, 감리원이 확인 및 서명함

○ 시공자

- 시공자의 품질관리기술인(품질관리자)이 국립·공립 시험기관 또는 건설엔지니어링 사업자로 하여금 건설공사의 품질관리를 위한 시험·검사 등을 대행하여 시험 실시한 결과를 CSI 확인하여 품질검사 성적서 결과 대비표 작성 및 서명, 보관

○ 건설사업관리기술인, 감리원 검토 및 관리

- 품질검사 대행기관의 성적서 결과가 시험·검사 기준에 적합여부 확인 및 서명

품질검사 성적서 결과 대비표

현 장 명	공동주택 신축공사	시료 또는 자재 생산자	
의뢰일자	2024년 4월 23일	발급일자	2024년 6월 10일
시 료 명	수성도료 1종1급 [자연N 외벽용]		

시험·검사 종목	시험·검사 방법	단위	시험·검사 기준	시험·검사 결과	합 부 판정
주도	KS M 6010	K.U	80 ~ 110	109	합격
비휘발분		%	56 이상	58.2	합격
안료분		%	38 이하	32.8	합격
고화 건조시간		min	60 이내	40	합격
45˚,0˚ 확산반사율		%	87 이상	91	합격
은폐율		%	96 이상	98	합격
내세척성 [1000회]		-	이상없을 것	이상없음	합격
열안정성		-	이상없을 것	이상없음	합격
냉동안정성		-	이상없을 것	이상없음	합격
적신도막은폐율		%	98±2	97	합격
용기 내에서의 상태		-	이상없을 것	이상없음	합격
내알칼리성		-	이상없을 것	이상없음	합격
촉진내후성 [300h]		-	이상없을 것	이상없음	합격
품질관리기술인 :			건설사업관리기술인 : 박하용 (서명)		

품질검사 성적서 결과 대비표

현 장 명	공동주택 신축공사	시료 또는 자재 생산자	
의뢰일자	2024년 4월 23일	발급일자	2024년 6월 10일
시 료 명	수성도료 2종1급 [자연N 내벽용]		

시험·검사 종목	시험·검사 방법	단위	시험·검사 기준	시험·검사 결과	합 부 판정
주도	KS M 6010	K.U	80 ~ 110	109	합격
비휘발분		%	50 이상	60.1	합격
고화 건조시간		min	60 이내	40	합격
45˚,0˚ 확산반사율		%	82 이상	91	합격
광택 [85˚]		-	10 이하	5	합격
은폐율		%	92 이상	99	합격
내세척성 [5000회]		-	이상없을 것	이상없음	합격
냉동안정성		-	이상없을 것	이상없음	합격
용기 내에서의 상태		-	이상없을 것	이상없음	합격
내알칼리성		-	이상없을 것	이상없음	합격
저장안정성		-	이상없을 것	이상없음	합격
냄새		-	이상없을 것	이상없음	합격
내곰팡이성		-	6 이상	8	합격

품질관리기술인 :　　　　건설사업관리기술인 : (서명)

품질검사 성적서 결과 대비표

현 장 명	공동주택 신축공사	시료 또는 자재 생산자	
의뢰일자	2024년 4월 23일	발급일자	2024년 6월 10일
시 료 명	에폭시 바닥 마감재 상도 [에피푸로아 EP-4]		

시험·검사 종목	시험·검사 방법	단위	시험·검사 기준	시험·검사 결과	합 부 판정
비휘발분 [혼합]	LHCS 41 47 00	%	55 이상	63.3	합격
용기내상태 [주제]		-	이상없을 것	이상없음	합격
연화도 [주제]		NS	4 이상	6.0	합격
주도 [주제]		K.U	60 ~ 80	74	합격
지촉건조시간		min	60분 이내	30	합격
경화건조시간		h	6시간 이내	1:30	합격
가사시간		h	6시간 이상	8 이상	합격
내수성		h	이상없을 것	이상없음	합격
내알칼리성		h	이상없을 것	이상없음	합격
부착성능		N/㎟	1.2 이상	2.3	합격
도막의 상태		-	이상없을 것	이상없음	합격
광택 [60°]		GU	80 이상	99	합격
내충격성		-	이상없을 것	이상없음	합격
내마모성	LH 45510	mg	6 이상	7	합격

품질관리기술인 :　　　　건설사업관리기술인 : 박하용 (서명)

품질검사 성적서 결과 대비표

현 장 명	공동주택 신축공사	시료 또는 자재 생산자	
의뢰일자	2024년 4월 23일	발급일자	2024년 6월 10일
시 료 명	자연N 크랙카바		

시험·검사 종목	시험·검사 방법	단위	시험·검사 기준	시험·검사 결과	합부 판정
점도	KS M 2555	mPa·s	180,000 ~ 250,000	247,600	합격
비중	KS M ISO 2811-1	-	1.55 ~ 1.65	1.59	합격
비휘발분	KS M ISO 3251	%	75 ~ 85	78	합격
건조 도막의 상태	KS M 5000	-	이상없을 것	이상없음	합격
작업성			이상없을 것	이상없음	합격
품질관리기술인 :			건설사업관리기술인 : 박해용 (서명)		

품질검사 성적서 결과 대비표

현 장 명	공동주택 신축공사	시료 또는 자재 생산자	
의뢰일자	2024년 4월 23일	발급일자	2024년 6월 10일
시 료 명	CK 탄성피막코트		

시험·검사 종목	시험·검사 방법	단위	시험·검사 기준	시험·검사 결과	합부 판정
밀도	KS M ISO 2811-1	g/㎤	1.38 ~ 1.44	1.41	합격
비휘발분	KS M ISO 3251	%	56 이상	60.5	합격
건조 도막의 상태	KS M 5000	-	이상없을 것	이상없음	합격
작업성			이상없을 것	이상없음	합격
연화도	KS M ISO 1524	㎛	50 이하	30	합격
주도	KS M 5000	K.U	96 ~ 100	99	합격
품질관리기술인 :			건설사업관리기술인 : 박해용 (서명)		

품질검사 성적서 결과 대비표

현 장 명	공동주택 신축공사	시료 또는 자재 생산자	
의뢰일자	2024년 4월 23일	발급일자	2024년 6월 10일
시 료 명	에폭시 바닥 마감재 하도 [에피졸 타일 프라이머]		

시험·검사 종목	시험·검사 방법	단위	시험·검사 기준	시험·검사 결과	합 부 판정
비휘발분	LHCS 41 47 00	%	30 이상	41.5	합격
지촉건조시간		min	60분 이내	20	합격
경화건조시간		h	6시간 이내	1:00	합격
도막의 상태		-	이상없을 것	이상없음	합격
상도 적합성		-	이상없을 것	이상없음	합격
주도		K.U	35 ~ 45	44	합격
가사시간		h	6 이상	8 이상	합격
품질관리기술인 :			건설사업관리기술인 : 박하용 (서명)		

품질검사 성적서 결과 대비표

현 장 명	공동주택 신축공사	시료 또는 자재 생산자	
의뢰일자	2024년 8월 27일	발급일자	2024년 10월 23일
시 료 명	에폭시 바닥 마감재 엠보코트 [프로아 엠보싱 엠보코트]		

시험·검사 종목	시험·검사 방법	단위	시험·검사 기준	시험·검사 결과	합 부 판정
비휘발분 [혼합]	LHCS 41 47 00	%	95 이상	95.4	합격
용기내상태 [주제]		-	이상없을 것	이상없음	합격
연화도 [주제]		NS	1 이상	5	합격
주도 [주제]		K.U	95 이상	141	합격
지촉건조시간		min	4시간 이내	2:30	합격
경화건조시간		h	24시간 이내	3:00	합격
가사시간		h	30분 이상	1:40	합격
내수성		h	부풀음,변색 등 이상이 없을 것	이상없음	합격
내알칼리성		h	부풀음,변색 등 이상이 없을 것	이상없음	합격
부착강도		N/㎟	1.2 이상	1.7	합격
내마모성	LH 45510	mg	120 이하	68	합격
도막의 상태	LHCS 41 47 00	-	이상없을 것	이상없음	합격
광택 [60˚]		GU	80 이상	100	합격
내충격성		-	구멍뚫림,균열,잔갈림 등 현상이 없을 것	이상없음	합격
수밀성		-	바탕체 표면으로 투수 되지 않을 것	이상없음	합격
품질관리기술인 :			건설사업관리기술인 : 박하몽 (서명)		

품질검사 성적서 결과 대비표

현 장 명	공동주택 신축공사	시료 또는 자재 생산자	
의뢰일자	2024년 8월 27일	발급일자	2024년 10월 23일
시 료 명	에폭시 바닥 마감재 중상도 [프로아 코팅]		

시험·검사 종목	시험·검사 방법	단위	시험·검사 기준	시험·검사 결과	합 부 판정
비휘발분 [혼합]	LHCS 41 47 00	%	55 이상	72.5	합격
용기내상태 [주제]		-	이상없을 것	이상없음	합격
연화도 [주제]		NS	4 이상	7	합격
주도 [주제]		K.U	60 ~ 80	80	합격
지촉건조시간		min	60분 이내	15	합격
경화건조시간		h	6시간 이내	1:00	합격
가사시간		h	6시간 이상	7:00	합격
내수성		h	부풀음,변색 등 이상이 없을 것	이상없음	합격
내알칼리성		h	부풀음,변색 등 이상이 없을 것	이상없음	합격
부착강도		N/㎟	1.2 이상	1.9	합격
내마모성	LH 45510	mg	120 이하	40	합격
도막의 상태	LHCS 41 47 00	-	이상없을 것	이상없음	합격
광택 [60°]		GU	80 이상	86	합격
내충격성		-	구멍뚫림,균열,잔갈림 등 현상이 없을 것	이상없음	합격
수밀성		-	바탕체 표면으로 투수 되지 않을 것	이상없음	합격

품질관리기술인 :	건설사업관리기술인 : 박하용 (서명)

품질검사 성적서 결과 대비표

현 장 명	[redacted] 공동주택 신축공사	시료 또는 자재 생산자	[redacted]
의뢰일자	2024년 8월 27일	발급일자	2024년 10월 23일
시 료 명	에폭시 바닥 마감재 중상도 [프로아 라이닝]		

시험·검사 종목	시험·검사 방법	단위	시험·검사 기준	시험·검사 결과	합 부 판정
비휘발분 [혼합]	LHCS 41 47 00	%	95 이상	96	합격
용기내상태 [주제]		-	이상없을 것	이상없음	합격
연화도 [주제]		NS	1 이상	5	합격
주도 [주제]		K.U	95 이상	119	합격
지촉건조시간		min	4시간 이내	2:00	합격
경화건조시간		h	24시간 이내	4:00	합격
가사시간		h	30분 이상	1:40	합격
내수성		h	부풀음,변색 등 이상이 없을 것	이상없음	합격
내알칼리성		h	부풀음,변색 등 이상이 없을 것	이상없음	합격
부착강도		N/㎟	1.2 이상	1.8	합격
내마모성	LH 45510	mg	120 이하	43	합격
도막의 상태	LHCS 41 47 00	-	이상없을 것	이상없음	합격
광택 [60˚]		GU	80 이상	100	합격
내충격성		-	구멍뚫림,균열,잔갈림 등 현상이 없을 것	이상없음	합격
수밀성		-	바탕체 표면으로 투수 되지 않을 것	이상없음	합격

품질관리기술인 : [redacted]	건설사업관리기술인 : (서명)

<table>
<tr><th colspan="6">품질검사 성적서 결과 대비표</th></tr>
<tr><td>현 장 명</td><td colspan="2">공동주택 신축공사</td><td>시료 또는 자재 생산자</td><td colspan="2"></td></tr>
<tr><td>의뢰일자</td><td colspan="2">2024년 8월 27일</td><td>발급일자</td><td colspan="2">2024년 10월 23일</td></tr>
<tr><td>시 료 명</td><td colspan="5">에폭시 바닥 마감재 하도 [프로아 실러 투명]</td></tr>
<tr><td>시험·검사 종목</td><td>시험·검사 방법</td><td>단위</td><td>시험·검사 기준</td><td>시험·검사 결과</td><td>합 부 판정</td></tr>
<tr><td>비휘발분</td><td rowspan="7">LHCS 41 47 00</td><td>%</td><td>30 이상</td><td>32.9</td><td>합격</td></tr>
<tr><td>지촉건조시간</td><td>min</td><td>60분 이내</td><td>10</td><td>합격</td></tr>
<tr><td>경화건조시간</td><td>h</td><td>6시간 이내</td><td>0:30</td><td>합격</td></tr>
<tr><td>도막의 상태</td><td>–</td><td>이상없을 것</td><td>이상없음</td><td>합격</td></tr>
<tr><td>상도 적합성</td><td>–</td><td>이상없을 것</td><td>이상없음</td><td>합격</td></tr>
<tr><td>주도</td><td>K.U</td><td>35 ~ 45</td><td>44</td><td>합격</td></tr>
<tr><td>가사시간</td><td>h</td><td>6:00 이상</td><td>8:00 이상</td><td>합격</td></tr>
<tr><td colspan="3">품질관리기술인 :</td><td colspan="3">건설사업관리기술인 : 박 하 용 (서명)</td></tr>
</table>

<table>
<tr><th colspan="6">품질검사 성적서 결과 대비표</th></tr>
<tr><td>현 장 명</td><td colspan="2">공동주택 신축공사</td><td>시료 또는 자재 생산자</td><td colspan="2"></td></tr>
<tr><td>의뢰일자</td><td colspan="2">2024년 8월 27일</td><td>발급일자</td><td colspan="2">2024년 10월 22일</td></tr>
<tr><td>시 료 명</td><td colspan="5">프로아 에폭시 퍼티</td></tr>
<tr><td>시험·검사 종목</td><td>시험·검사 방법</td><td>단위</td><td>시험·검사 기준</td><td>시험·검사 결과</td><td>합 부 판정</td></tr>
<tr><td>비휘발분</td><td>KS M ISO 3251</td><td>%</td><td>90 이상</td><td>98.4</td><td>합격</td></tr>
<tr><td>경화건조시간</td><td>KS M 5000</td><td>h</td><td>4시간 이내</td><td>3:30</td><td>합격</td></tr>
<tr><td>지촉건조시간</td><td>KS M 5000</td><td>h</td><td>2시간 이내</td><td>1:30</td><td>합격</td></tr>
<tr><td>부착성능</td><td>KS F 4937</td><td>N/㎟</td><td>1 이상</td><td>1.4</td><td>합격</td></tr>
<tr><td>가사시간</td><td>LHCS 41 47 00</td><td>min</td><td>30분 이상</td><td>1:00</td><td>합격</td></tr>
<tr><td>밀도</td><td>KS M ISO 2811</td><td>g/㎤</td><td>1.7~1.9</td><td>1.77</td><td>합격</td></tr>
<tr><td colspan="3">품질관리기술인 :</td><td colspan="3">건설사업관리기술인 : 박 하 용 (서명)</td></tr>
</table>

품질검사 성적서 결과 대비표

현 장 명	공동주택 신축공사	시료 또는 자재 생산자	
의뢰일자	2025년 1월 20일	발급일자	2025년 3월 24일
시 료 명	에폭시 바닥마감재[에피테크 300 엠보]		

시험·검사 종목	시험·검사 방법	단위	시험·검사 기준	시험·검사 결과	합 부 판정
비휘발분(혼합)	LHCS 41 47 00 도장공사	%	95 이상	95.7	합격
용기내상태(주제)		N/A	이상없을것	이상없음	합격
연화도(주제)		NS	1 이상	6	합격
주도(주제)		KU	95 이상	141 초과	합격
지촉건조		h	4시간 이내	3:30	합격
경화건조		h	24시간 이내	8:00	합격
가사시간		min	30분 이상	2:30	합격
내수성(168hr)		N/A	부풀음,변색 등 이상 없을것	이상없음	합격
내알카리성(168hr)		N/A	부풀음,변색 등 이상 없을것	이상없음	합격
부착강도		N/㎟	1.20 이상	1.7	합격
내마모성		mg	120 이하	98	합격
도막의 상태		N/A	이상없을것	이상없음	합격
광택(60°)		GU	80 이상	81	합격
내충격성		N/A	구멍뚫림, 균열등 이상없을것	이상없음	합격
수밀성		N/A	바탕체 표면으로 투수되지 않을것	이상없음	합격
품질관리 기술인 :			담당 건설사업관리 기술인 : 박 하 용 (서명)		

품질검사 성적서 결과 대비표

현 장 명	공동주택 신축공사	시료 또는 자재 생산자	
의뢰일자	2025년 1월 20일	발급일자	2025년 3월 24일
시 료 명	에폭시 바닥마감재[에피테크 3000 PLUS LC FREE]		

시험·검사 종목	시험·검사 방법	단위	시험·검사 기준	시험·검사 결과	합 부 판정
비휘발분(혼합)	LHCS 41 47 00 도장공사	%	95 이상	95.1	합격
용기내상태(주제)		N/A	이상없을것	이상없음	합격
연화도(주제)		NS	1 이상	6	합격
주도(주제)		KU	95 이상	141	합격
지촉건조		h	4시간 이내	2:30	합격
경화건조		h	24시간 이내	4:30	합격
가사시간		min	30분 이상	2:30	합격
내수성(168hr)		N/A	부풀음,변색 등 이상 없을것	이상없음	합격
내알카리성(168hr)		N/A	부풀음,변색 등 이상 없을것	이상없음	합격
부착강도		N/㎟	1.20 이상	2.3	합격
내마모성		mg	120 이하	84	합격
도막의 상태		N/A	이상없을것	이상없음	합격
광택(60°)		GU	80 이상	101	합격
내충격성		N/A	구멍뚫림, 균열등 이상없을것	이상없음	합격
수밀성		N/A	바탕체 표면으로 투수되지 않을것	이상없음	합격
품질관리 기술인 :			담당 건설사업관리 기술인 : 박 하 용 (서명)		

▲ 도장 품질검사 성적서 결과 대비표 작성 사례

4.2.13.3 품질검사(시험)대장

○ **법적근거**

- 「건설기술진흥법」 제55조(건설공사의 품질관리) 제2항
- 「건설기술진흥법 시행규칙」 제50조(품질시험 및 검사의 실시), 별지 제42호 서식
- 「건설공사 사업관리방식 검토기준 및 업무수행지침」 제78조(보고서 작성, 제출)제1항제1호다목, 별지 제34호 서식

  * 일자, 시험구분, 재료, 시험·검사종목, 시험기준, 시험결과, 시험결과 판정 등을 기재

○ **목적 및 필요성**

- 품질검사대장에 기재된 내용이 품질검사 성적서 결과 대비표와 일치하는 확인

○ **품질검사(시험) 기준**

- 4.2.13.1 품질검사(시험) 기준 참조

○ **주요내용**

- 품질검사(시험) 기준에 따라 시험 · 검사한 결과를 기재하여 적합 여부 확인 · 관리
- 품질검사(시험)대장은 품질검사(시험) 기준 및 품질검사 성적서 결과 대비표와 일치 하는지 확인

○ **시공자**

- 품질검사(시험) 결과를 품질검사(시험)대장에 기재 및 품질관리기술인(품질관리자) 서명

○ **건설사업관리기술인, 감리원 검토 및 관리**

- 품질검사(시험) 기준에 따라 시험 결과의 적합 여부 등 확인 및 서명

품 질 검 사 대 장(2024년 6월)

○ 공사명 : [ ] 공동주택 신축공사

○ 구 분 : 외부의뢰

일련번호	연.월.일	시험·검사 구 분	재 료	시험·검사종목	시험기준	시 험 결 과	시험결과 판정	시험·검사자		건설사업관리기술인확인		비 고
								성 명	서 명	성 명	서 명	
24-6-005	24-6-10	검사	수성도료 1종1급 [자연N 외벽용]	주도 (K.U)	80 ~ 110	109	합격			박하용		
				비휘발분 (%)	56 이상	58.2	합격			박하용		
				안료분 (%)	38 이하	32.8	합격			박하용		
				고화건조시간 (min)	60 이내	40	합격			박하용		
				45˚,0˚ 확산반사율 (%)	87 이상	91	합격			박하용		
				은폐율 (%)	96 이상	98	합격			박하용		
				내세척성 [1000회]	이상없을 것	이상없음	합격			박하용		
				열안정성	이상없을 것	이상없음	합격			박하용		
				냉동안정성	이상없을 것	이상없음	합격			박하용		
				착산도막은폐율 (%)	98±2	97	합격			박하용		
				용기 내에서의 상태	이상없을 것	이상없음	합격			박하용		
				내알칼리성	이상없을 것	이상없음	합격			박하용		
				촉진내후성 [300h]	이상없을 것	이상없음	합격			박하용		

품 질 검 사 대 장(2024년 6월)

○ 공사명 : [ ] 공동주택 신축공사

○ 구 분 : 외부의뢰

일련번호	연.월.일	시험·검사 구 분	재 료	시험·검사종목	시험기준	시 험 결 과	시험결과 판정	시험·검사자		건설사업관리기술인확인		비 고
								성 명	서 명	성 명	서 명	
24-6-006	24-6-10	검사	수성도료 2종1급 [자연N 내벽용]	주도 (K.U)	80 ~ 110	109	합격			박하용		
				비휘발분 (%)	50 이상	60.1	합격			박하용		
				고화건조시간 (min)	60 이내	40	합격			박하용		
				45˚,0˚ 확산반사율 (%)	82 이상	91	합격			박하용		
				광택 (G.U)	10 이하	5	합격			박하용		
				은폐율 (%)	92 이상	99	합격			박하용		
				내세척성 [5000회]	이상없을 것	이상없음	합격			박하용		
				냉동안정성	이상없을 것	이상없음	합격			박하용		
				용기 내에서의 상태	이상없을 것	이상없음	합격			박하용		
				내알칼리성	이상없을 것	이상없음	합격			박하용		
				저장안정성	이상없을 것	이상없음	합격			박하용		
				냄새	이상없을 것	이상없음	합격			박하용		
				내곰팡이성	6 이상	8	합격			박하용		

품 질 검 사 대 장(2024년 3월)

○ 공사명 : 공동주택 신축공사

○ 구 분 : 도장공사

일련번호	연.월.일	시험·검사 구분	재 료	시험·검사종목	시험기준	시 험 결 과	시험결과 판정	시험·검사자		건설사업관리기술인확인		비 고
								성 명	서 명	성 명	서 명	
24-3-003	24-3-13	검사	유성도료 1종1급	안료분 (%)	53 이하	50	합격			박하용		
				비휘발 전색제분 (%)	58 이상	59	합격			박하용		
				광택(60°) (GU)	60 이상	81	합격			박하용		
				은폐율 (%)	95 이상	99	합격			박하용		
				45°,0° 확산반사율 (%)	86 이상	88	합격			박하용		
				고화건조시간 (h)	48 이내	8	합격			박하용		
				용기 내에서의 상태	이상없을 것	기준에 적합	합격			박하용		
				내굴곡성	이상없을 것	기준에 적합	합격			박하용		
				촉진내후성 – 외관	이상없을 것	기준에 적합	합격			박하용		
				촉진내후성 – 광택 감소율	60 이하	30	합격			박하용		
				촉진내후성 – 황변도 차	0.15 이하	0.06	합격			박하용		

품 질 검 사 대 장(2024년 3월)

○ 공사명 : 공동주택 신축공사

○ 구 분 : 도장공사

일련번호	연.월.일	시험·검사 구분	재 료	시험·검사종목	시험기준	시 험 결 과	시험결과 판정	시험·검사자		건설사업관리기술인확인		비 고
								성 명	서 명	성 명	서 명	
24-3-004	24-3-13	검사	유성도료 1종2급	안료분 (%)	40 이하	33	합격			박하용		
				비휘발 전색제분 (%)	50 이상	51	합격			박하용		
				광택(60°) (%)	60 이상	85	합격			박하용		
				은폐율 (%)	85 이상	90	합격			박하용		
				45°,0° 확산반사율 (%)	70 이상	89	합격			박하용		
				고화건조시간 (h)	48 이내	4	합격			박하용		
				용기 내에서의 상태	이상없을 것	기준에 적합	합격			박하용		
				내굴곡성	이상없을 것	기준에 적합	합격			박하용		
				촉진내후성 – 외관	이상없을 것	기준에 적합	합격			박하용		
				촉진내후성 – 광택 감소율	60 이하	6	합격			박하용		
				촉진내후성 – 황변도 차	0.15 이하	0.01	합격			박하용		

품 질 검 사 대 장(2024년 6월)

○ 공사명 : 공동주택 신축공사

○ 구 분 : 외부의뢰

일련번호	연.월.일	시험·검사 구분	재 료	시험·검사종목	시험기준	시 험 결 과	시험결과 판정	시험·검사자 성 명	시험·검사자 서 명	건설사업관리기술인확인 성 명	건설사업관리기술인확인 서 명	비 고
24-6-007	24-6-10	검사	자연N 크랙카바	점도 (mPs·s)	180,000 ~ 250,000	247,600	합격			박하용		
				비중	1.55 ~ 1.65	1.59	합격			박하용		
				비휘발분 (%)	75 ~ 85	78	합격			박하용		
				건조도막의 상태	-	이상없음	합격			박하용		
				작업성		이상없음	합격			박하용		
24-6-008	24-6-10	검사	CK 탄성피막코트	밀도 (g/㎤)	1.38 ~ 1.44	1.41	합격			박하용		
				비휘발분 (%)	56 이상	60.5	합격			박하용		
				건조도막의 상태	이상없을 것	이상없음	합격			박하용		
				작업성		이상없음	합격			박하용		
				연화도 (㎛)	50 이하	30	합격			박하용		
				주도 (K.U)	96 ~ 100	99	합격			박하용		

품 질 검 사 대 장(2024년 6월)

○ 공사명 : 공동주택 신축공사

○ 구 분 : 외부의뢰

일련번호	연.월.일	시험·검사 구분	재 료	시험·검사종목	시험기준	시 험 결 과	시험결과 판정	시험·검사자 성 명	시험·검사자 서 명	건설사업관리기술인확인 성 명	건설사업관리기술인확인 서 명	비 고
24-6-009	24-6-10	검사	에폭시 바닥 마감재 상도 [에피푸로아 EP-4]	비휘발분[혼합] (%)	55 이상	63.3	합격			박하용		
				용기 내에서의 상태[주제]	이상없을 것	이상없음	합격			박하용		
				연화도[주제] (㎛)	4 이상	6	합격			박하용		
				주도[주제] (K.U)	60 ~ 80	74	합격			박하용		
				지촉건조시간 (min)	60분 이내	30	합격			박하용		
				경화건조시간 (h)	6시간 이내	1:30	합격			박하용		
				가사시간 (h)	6시간 이상	8:00 이상	합격			박하용		
				내수성 (h)	이상없을 것	이상없음	합격			박하용		
				내알칼리성	이상없을 것	이상없음	합격			박하용		
				부착성능 (N/㎟)	1.2 이상	2.3	합격			박하용		
				도막의 상태	이상없을 것	이상없음	합격			박하용		
				광택[60°] (G.U)	80 이상	99	합격			박하용		
				내충격성	이상없을 것	이상없음	합격			박하용		
				내마모성 (mg)	6 이상	7	합격			박하용		

품 질 검 사 대 장(2024년 6월)

○ 공사명 : 공동주택 신축공사

○ 구　분 : 외부의뢰

일련번호	연.월.일	시험·검사 구분	재료	시험·검사종목	시험기준	시험결과	시험결과 판정	시험·검사자		건설사업관리기술인확인		비고
								성명	서명	성명	서명	
24-6-010	24-6-10	검사	에폭시 바닥 마감재 하도 [에피폴 타일 프라이머]	비휘발분 (%)	30 이상	41.5	합격			박하용		
				지촉건조시간 (min)	60분 이내	20	합격			박하용		
				경화건조시간 (h)	6시간 이내	1:00	합격			박하용		
				도막의 상태	이상없을 것	이상없음	합격			박하용		
				상도 적합성	이상없을 것	이상없음	합격			박하용		
				주도 (K.U)	35 ~ 45	44	합격			박하용		
				가사시간 (h)	6 이상	8 이상	합격			박하용		

품 질 검 사 대 장(2024년 6월)

○ 공사명 : 공동주택 신축공사

○ 구　분 : 외부의뢰

일련번호	연.월.일	시험·검사 구분	재료	시험·검사종목	시험기준	시험결과	시험결과 판정	시험·검사자	건설사업관리기술인확인		비고
									성명	서명	
24-6-023	24-6-24	검사	다채무늬 도료 하도 [무늬코트 하도]	주도 (K.U)	98~103	101	합격		박하용		
				비휘발분 (%)	50 이상	57.6	합격		박하용		
				밀도 (g/㎖)	1.48~1.54	1.5	합격		박하용		
24-6-024	24-6-24	검사	다채무늬 도료 중도 [타일코트]	용기 내에서의 상태	이상없을 것	이상없음	합격		박하용		
				도장작업성	이상없을 것	이상없음	합격		박하용		
				주도 (K.U)	80 이상	120	합격		박하용		
				비휘발분 (%)	15 이상	18.8	합격		박하용		
				고화 건조시간 (h)	6 이내	3:50	합격		박하용		
				도막외관	이상없을 것	이상없음	합격		박하용		
				내광성	이상없을 것	이상없음	합격		박하용		
				내알칼리성 (18h)	이상없을 것	이상없음	합격		박하용		
				내세척성 (100회)	이상없을 것	이상없음	합격		박하용		
				폼알데하이드 방출량 (㎎/L)	0.12 이하	0.06	합격		박하용		

품 질 검 사 대 장(2024년 6월)

○ 공사명 : [   ]공동주택 신축공사

○ 구　분 : 외부의뢰

일렬번호	연.월.일	시험·검사 구분	재 료	시험·검사종목	시험기준	시 험 결 과	시험결과 판정	시험·검사자 성 명	시험·검사자 서 명	건설사업관리기술인확인 성 명	건설사업관리기술인확인 서 명	비 고
24-6-025	24-6-24	검사	다채무늬 도료 상도 [타일코팅]	비휘발분 (%)	30 이상	31	합격			박하용		
				주도 (K.U)	60~90	75	합격			박하용		
				지촉건조시간 (min)	40분 이내	20	합격			박하용		
				경화 건조시간 (h)	2시간 이내	0:40	합격			박하용		
				건조도막상태	이상없을 것	이상없음	합격			박하용		
				광택 [60°]	7 이상	18	합격			박하용		
				폼알데하이드 방출량 (㎎/L)	0.12 이하	0.09	합격			박하용		
24-6-026	24-6-24	검사	텍스빠데#100 [내부용]	비휘발분 (%)	60 이상	73.8	합격			박하용		
				건조도막상태	이상없을 것	이상없음	합격			박하용		
				작업성	이상없을 것	이상없음	합격			박하용		

▲ 도장공사 품질검사대장 작성 사례

4.2.14 도배공사

4.2.14.1 도배지 시험

○ **법적근거**

- 「건설기술진흥법」 제55조(건설공사의 품질관리), 제60조(품질검사의 대행 등) 제1항
- 「건설기술진흥법 시행령」 제91조(품질시험 및 검사), 제97조(품질검사의 대행 등) 제1항
- 「건설기술진흥법 시행규칙」 제53조(품질관리비의 산출 및 사용 기준) 제3항, 제97조(품질검사의 대행의뢰 등) 제1항
- 「건설공사 품질관리 업무지침」 제8조(품질 시험기준)
- 「KCS 표준시방서」 도배공사 KCS 41 51 05 : 2021
- 「LHCS 한국토지주택공사」 도배공사 LHCS 41 51 05 : 2020, 친환경자연소재(Non-PVC)벽지 LHCS 41 51 05 05:2020, 2. 자재
- 시공자의 품질관리계획서 및 품질시험계획서

○ **목적 및 필요성**

- 설계도서에서 제시된 기준에 적합한 우수한 제품 확보

○ **품질검사(시험) 기준**

- **벽지**(KS M 7305)

시험·검사방법	시험·검사종목		시험기준	시기 및 횟수
KS M 7305	겉모양		색의 오염 등 없을 것	
	치수(mm)		+30, 0	
	난연성	잔염시간(초)	3 이내	
		잔진시간(초)	5 이내	
		탄화면적(㎠)	30 이내	

시험·검사방법	시험·검사종목			시험기준	시기 및 횟수
		탄화길이(cm)		20 이내	
		접염횟수(회)		3 이상	
	습윤강도(N/15mm)			1.96 이상	
	시공성			들뜸, 벗겨짐이 없을 것	
	일광견뢰도(급)			4 이상	
KS M ISO 536	평량(g/㎡)			300 이상	
KS M 7305	마찰 견뢰도 (급)	건	길이 방향	4 이상	
			너비 방향	4 이상	
		습	길이 방향	4 이상	
			너비 방향	4 이상	
	내황화성			4급 이상	
KS M ISO 536	중량				
KS M 7305	은폐성(급)			3 이상	
LHCS 41 51 05 05 KS M 1991	프탈레이트계 (DEHP ,DBP, BBP)			불검출	
	프탈레스계 가소제 함량			불검출	
환경유해인자공정시험 LHCS 41 51 05 05	중금속 함량(mg/kg)			불검출	
KS M 7305	폼알데하이드 방출량(mg/L)			2 이하	
LHCS 41 51 05 05 KS M 1998	TVOC 방출량 (mg/㎡·h)			0.10 이하	
	톨루엔 방출량 (mg/㎡·h)			0.079 이하	
	폼알데하이드 방출량 (mg/㎡·h)			0.015 이하	

– 벽지용 전분계 접착제(KS F 3217)

시험·검사방법	시험·검사종목	시험기준	시기 및 횟수
KS F 3217	내한성(N/25mm)	8.0 이상	
	비휘발분(%)	18 이상	
	PH	4~8	
	접착강도(N/25mm)	8.0 이상	
	회분(%)	3 이하	
	곰팡이 저항성	0	
	TVOC 방출량 (mg/㎡·h)	2.0 미만	
	톨루엔 방출량 (mg/㎡·h)	0.080 미만	
	폼알데하이드 방출량 (mg/㎡·h)	0.5 미만	

※ 실재공기질 관리법 시행규칙 제10조, 별표 5 건축자재의 오염물질 방출기준

- 접착제 : 폼알데하이드 0.02 이하, 톨루엔 0.08 이하, 총휘발성유기화합물 2.0 이하
- 벽지 : 폼알데하이드 0.02 이하, 톨루엔 0.08 이하, 총휘발성유기화합물 4.0 이하

– 합성수지 에멀젼 퍼티(KS M 6010) SPL 피니쉬/도배용)

시험·검사방법	시험·검사종목	시험기준	시기 및 횟수
KS M 6010	건조시간(h)	얇게 : 5시간 이내 두껍게 : 24시간 이내	
	부착강도(N/㎠)	얇게 : 24.5 이상 두껍게 : 24.5 이상	
	비휘발분(%)	60 이상	

시험·검사방법	시험·검사종목	시험기준	시기 및 횟수
	상도적합성 (얇게, 두껍게)	상도 도장시 지장이 없을 것	
	용기내에서의 상태	덩어리가 없고 균일할 것	
	저온안전성	4시간 내강시켜도 변질되지 않을 것	
	연마용이성 (얇게, 두껍게)	견본품에 비하여 연마가 쉬울것	

○ **주요내용**

- 벽지는 친환경시험 자재부문에 규정된 품질기준을 만족
- 벽지용 전분계 접착제(풀)는 친환경시험 자재부문에 규정된 품질기준을 만족 및 곰팡이 저항성 시험에서 적합한 자재 사용
- 초배지는 10mm 이상 겹침이음으로 시공하고 풀을 초배지에 고르게 도포하여 붙이고, 정배지는 맞댄이음으로 시공
- 이음부에 묻어난 접착제와 표면에 묻은 이물질은 깨끗이 청소

○ **품질검사(시험)**

- 국립 · 공립 시험기관 또는 건설엔지니어링사업자로 하여금 건설공사의 품질관리를 위한 시험 · 검사 등을 대행하여 시험실시
- KS제품일 경우 제조회사별 품질검사 전문기관에 의뢰한 시험성적서 징구로 갈음

○ **품질검사(시험) 대행 절차(CSI)**

- 품질검사 연간단가계약 입력 · 승인→봉인의뢰 승인→봉인 실시→ 품질검사의뢰 승인

○ **시공자**

- 품질검사의 대행기관에 CSI 통하여 품질검사 의뢰(시료의 봉인, 품질검사 의뢰)

○ **건설사업관리기술인, 감리원 검토 및 관리**

- CSI 통하여 품질검사 봉인, 품질검사 의뢰 승인, 현장 시료 봉인 입회

4.2.14.2 품질검사 성적서 결과 대비표

○ 법적근거

- 「건설기술진흥법」 제55조(건설공사의 품질관리), 제60조(품질검사의 대행 등) 제1항
- 「건설기술진흥법 시행령」 제91조(품질시험 및 검사), 제97조(품질검사의 대행 등) 제1항
- 「건설기술진흥법 시행규칙」 제53조(품질관리비의 산출 및 사용 기준) 제3항, 제97조(품질검사의 대행의뢰 등) 제1항
- 「건설공사 품질관리 업무지침」 제8조(품질 시험기준)
- 「KCS 표준시방서」 도배공사 KCS 41 51 05 : 2021
- 「LHCS 한국토지주택공사」 도배공사 LHCS 41 51 05 : 2020, 친환경자연소재 (Non-PVC)벽지 LHCS 41 51 05 05:2020, 2. 자재
- 시공자의 품질관리계획서 및 품질시험계획서

○ 목적 및 필요성

- 수성 도료, 유성도료, 다채 무늬 도료, 에폭시 도료의 시험 결과가 기준에 적합한지 여부 검토

○ 품질검사(시험) 기준

- 4.2.14.1 품질검사(시험) 기준 참조

○ 주요내용

- 품질검사(시험) 기준에 따라 품질검사 결과를 비교하여 합부 판정함
- 품질검사 대행기관에서 대행한 품질검사 성적서를 첨부하고, 품질검사 성적서 결과 대비표는 품질관리자가 작성하고 건설사업관리기술인, 감리원이 확인 및 서명함

○ 시공자

- 시공자의 품질관리기술인(품질관리자)이 국립·공립 시험기관 또는 건설엔지니어링 사업자로 하여금 건설공사의 품질관리를 위한 시험·검사 등을 대행하여 시험 실시한 결과를 CSI 확인하여 품질검사 성적서 결과 대비표 작성 및 서명, 보관

○ 건설사업관리기술인, 감리원 검토 및 관리

- 품질검사 대행기관의 성적서 결과가 시험·검사 기준에 적합여부 확인 및 서명

품질검사 성적서 결과 대비표

현 장 명	보라 공동주택 신축공사	시료 또는 지재 생산자	
의뢰일자	2024년 11월 14일	발급일자	2025년 1월 10일
시 료 명	벽지[루체(55074-1)]		

시험·검사 종목			시험·검사 방법	단위	시험·검사 기준	시험·검사 결과	합 부 판정
TVOC 방출량			실내공기질 공정시험 기준 (환경부 고시)	mg/㎡·h	0.1 이하	0.01	합격
폼알데하이드 방출량				mg/㎡·h	0.015 이하	0.001 미만	합격
톨루엔 방출량				mg/㎡·h	0.08 이하	0.001 미만	합격
폼알데하이드 방출량			KS M 7305	mg/L	2 이하	0.01	합격
습윤강도		길이	KS M 7305	N/15mm	1.96 이상	13.15	합격
		너비				8.46	합격
시공성		길이	KS M 7305	-	들뜸,벗겨짐이 없을 것	이상없음	합격
		너비				이상없음	합격
일광견뢰도			KS M 7305	급	4 이상	4-5	합격
마찰 견뢰도	건식	길이	KS M 7305	급	4 이상	4-5	합격
		너비				4-5	합격
	너비	길이				4-5	합격
		너비				4-5	합격
은폐성				급	3 이상	4	합격
평량				g/㎡	300 이상	302	합격

품질관리기술인 :	건설사업관리기술인 : 박 하 용 (서명)

품질검사 성적서 결과 대비표

현 장 명	공동주택 신축공사	시료 또는 자재 생산자	
의뢰일자	2024년 12월 18일	발급일자	2025년 1월 8일
시 료 명	벽지[잇스페이스(10397-3)]		

시험·검사 종목			시험·검사 방법	단위	시험·검사 기준	시험·검사 결과	합 부 판정
TVOC 방출량			실내공기질 공정시험 기준 (환경부 고시)	mg/㎡·h	0.1 이하	0.08 미만	합격
폼알데하이드 방출량				mg/㎡·h	0.015 이하	0.001 미만	합격
톨루엔 방출량				mg/㎡·h	0.08 이하	0.001 미만	합격
폼알데하이드 방출량			KS M 7305	mg/L	2 이하	0.01	합격
습윤강도		길이	KS M 7305	N/15mm	1.96 이상	9.95	합격
		너비				7.62	합격
시공성		길이	KS M 7305	-	들뜸,벗겨짐이 없을 것	이상없음	합격
		너비				이상없음	합격
일광견뢰도			KS M 7305	급	4 이상	4-5	합격
마찰 견뢰도	건식	길이	KS M 7305	급	4 이상	4-5	합격
		너비				4-5	합격
	너비	길이				4-5	합격
		너비				4-5	합격
은폐성				급	3 이상	4	합격
평량				g/㎡	300 이상	324	합격

품질관리기술인 :	건설사업관리기술인 : 박 하 용 (서명)

품질검사 성적서 결과 대비표

현 장 명	공동주택 신축공사	시료 또는 자재 생산자	
의뢰일자	2024년 12월 18일	발급일자	2025년 1월 8일
시 료 명	벽지[카라(4194-1)]		

시험·검사 종목			시험·검사 방법	단위	시험·검사 기준	시험·검사 결과	합 부 판정
폼알데하이드 방출량			KS M 7305	mg/L	2 이하	0.01	합격
습윤강도	길이		KS M 7305	N/15mm	1.96 이상	12.64	합격
	너비					11.87	합격
시공성	길이		KS M 7305	-	들뜸,벗겨짐이 없을 것	이상없음	합격
	너비					이상없음	합격
일광견뢰도			KS M 7305	급	4 이상	4-5	합격
평량			KS M 7305	g/㎡	300 이상	309	합격
은폐성				급	3 이상	4	합격
마찰 견뢰도	건식	길이		급	4 이상	4-5	합격
		너비				4-5	합격
	너비	길이				4-5	합격
		너비				4-5	합격
TVOC 방출량			실내공기질 공정시험 기준 (환경부 고시)	mg/㎡·h	0.1 이하	0.01 미만	합격
폼알데하이드 방출량				mg/㎡·h	0.015 이하	0.001 미만	합격
톨루엔 방출량				mg/㎡·h	0.08 이하	0.001 미만	합격

품질관리기술인 :	건설사업관리기술인 : 박 하 용 (서명)

품질검사 성적서 결과 대비표

현 장 명	공동주택 신축공사	시료 또는 자재 생산자	
의뢰일자	2024년 10월 25일	발급일자	2024년 12월 20일
시 료 명	벽지용 전분계 접착제[청정친환경풀]		

시험·검사 종목	시험·검사 방법	단위	시험·검사 기준	시험·검사 결과	합부 판정
내한성	KS F 3217	N/25mm	8.0 이상	10.4	합격
비휘발분		%	18 이상	18.2	합격
pH		-	4~8	4.3	합격
접착강도		N/25mm	8.0 이상	12.6	합격
회분		%	3 이하	0.1	합격
곰팡이저항성		-	0	0	합격
총휘발성유기화합물		mg/m²·h	2.0 미만	0.02 미만	합격
톨루엔		mg/m²·h	0.080 미만	0.005 미만	합격
폼알데하이드		mg/m²·h	0.5 미만	0.005 미만	합격

품질관리기술인 :	건설사업관리기술인 : 박 하 용 (서명)

품질검사 성적서 결과 대비표

현 장 명	공동주택 신축공사	시료 또는 자재 생산자	
의뢰일자	2024년 12월 17일	발급일자	2025년 1월 24일
시 료 명	합성수지 에멀젼 퍼티 3종[SPL 피니쉬(도배용)]		

시험·검사 종목		시험·검사 방법	단위	시험·검사 기준	시험·검사 결과	합 부 판정
건조시간	얇게	KS M 6010	h	5시간 이내	1:30	합격
	두껍게		h	24시간 이내	4:00	합격
부착강도	얇게		N/㎠	24.5 이상	55.5	합격
	두껍게				50.3	합격
비휘발분			%	60 이상	74	합격
상도적합성	얇게		-	상도 도장 시 지장이 없을 것	이상없음	합격
	두껍게		-		이상없음	합격
용기내에서의 상태			-	덩어리가 없고 균일 할 것	이상없음	합격
저온안정성			-	4시간 냉각시켜도 변질되지 않을 것	이상없음	합격
연마 용이성	얇게		-	견본품에 비하여 연마가 쉬울 것	이상없음	합격
	두껍게		-		이상없음	합격
품질관리기술인 :				건설사업관리기술인 : 박 하 용 (서명)		

▲ 도배공사 품질검사 성적서 결과 대비표 작성 사례

4.2.14.3 품질검사(시험)대장

○ **법적근거**

- 「건설기술진흥법」 제55조(건설공사의 품질관리) 제2항
- 「건설기술진흥법 시행규칙」 제50조(품질시험 및 검사의 실시), 별지 제42호 서식
- 「건설공사 사업관리방식 검토기준 및 업무수행지침」 제78조(보고서 작성, 제출)제1항제1호다목, 별지 제34호 서식

 * 일자, 시험구분, 재료, 시험·검사종목, 시험기준, 시험결과, 시험결과 판정 등을 기재

○ **목적 및 필요성**

- 품질검사대장에 기재된 내용이 품질검사 성적서 결과 대비표와 일치하는 확인

○ **품질검사(시험) 기준**

- 4.2.14.1 품질검사(시험) 기준 참조

○ **주요내용**

- 품질검사(시험) 기준에 따라 시험 · 검사한 결과를 기재하여 적합 여부 확인 · 관리
- 품질검사(시험)대장은 품질검사(시험) 기준 및 품질검사 성적서 결과 대비표와 일치 하는지 확인

○ **시공자**

- 품질검사(시험) 결과를 품질검사(시험)대장에 기재 및 품질관리기술인(품질관리자) 서명

○ **건설사업관리기술인, 감리원 검토 및 관리**

- 품질검사(시험) 기준에 따라 시험 결과의 적합 여부 등 확인 및 서명

품 질 검 사 실 시 대 장(2025년 1월)

○ 공사명 : 공동주택 신축공사

○ 구　분 : 외부의뢰

일련번호	연.월.일	시험·검사 구분	품질검사 대상 재료	건설자재·부재를 공급받은 공장	시험·검사 장소	시험·검사종목		시험기준	시험결과	시험결과 판정	품질관리기술인		건설사업관리 기술인 확인		비 고
											성 명	서 명	성 명	서 명	
2025-01-002	2025-01-08	검사	벽지 [핫스페이스(10397-3)]			TVOC 방출량 (mg/㎡·h)		0.1 이하	0.08	합격			박하용		
						폼알데하이드 방출량 (mg/㎡·h)		0.015 이하	0.001 미만	합격			박하용		
						톨루엔 (㎎/㎡·h)		0.08 이하	0.001 미만	합격			박하용		
						폼알데하이드 방출량 (mg/L)		2 이하	0.01	합격			박하용		
						습윤강도 (N/15mm)	길이	1.96 이상	9.95	합격			박하용		
							너비		7.62	합격			박하용		
						시공성	길이	들뜸,벗겨짐이 없을 것	이상없음	합격			박하용		
							너비		이상없음	합격			박하용		
						일광견뢰도 (급)		4 이상	4-5	합격			박하용		
						마찰견뢰도	건식 (길이)	4 이상	4-5	합격			박하용		
							건식 (너비)		4-5	합격			박하용		
							습식 (길이)		4-5	합격			박하용		
							습식 (너비)		4-5	합격			박하용		
						은폐성 (급)		3 이상	4	합격			박하용		
						평량 (g/㎡)		300 이상	324	합격			박하용		

품 질 검 사 실 시 대 장(2025년 1월)

○ 공사명 : 공동주택 신축공사

○ 구　분 : 외부의뢰

일련번호	연.월.일	시험·검사 구분	품질검사 대상 재료	건설자재·부재를 공급받은 공장	시험·검사 장소	시험·검사종목		시험기준	시험결과	시험결과 판정	품질관리기술인		건설사업관리 기술인 확인		비 고
											성 명	서 명	성 명	서 명	
2025-01-005	2025-01-10	검사	벽지 [루체(55074-1)]			TVOC 방출량 (mg/㎡·h)		0.1 이하	0.01	합격			박하용		
						폼알데하이드 방출량 (mg/㎡·h)		0.015 이하	0.001 미만	합격			박하용		
						톨루엔 (㎎/㎡·h)		0.08 이하	0.001 미만	합격			박하용		
						폼알데하이드 방출량 (mg/L)		2 이하	0.01	합격			박하용		
						습윤강도 (N/15mm)	길이	1.96 이상	13.15	합격			박하용		
							너비		8.46	합격			박하용		
						시공성	길이	들뜸,벗겨짐이 없을 것	이상없음	합격			박하용		
							너비		이상없음	합격			박하용		
						일광견뢰도 (급)		4 이상	4-5	합격			박하용		
						마찰견뢰도	건식 (길이)	4 이상	4-5	합격			박하용		
							건식 (너비)		4-5	합격			박하용		
							습식 (길이)		4-5	합격			박하용		
							습식 (너비)		4-5	합격			박하용		
						은폐성 (급)		3 이상	4	합격			박하용		
						평량 (g/㎡)		300 이상	302	합격			박하용		

품질검사 실시대장(2024년 12월)

○ 공사명 : 공동주택 신축공사

○ 구 분 : 외부의뢰

일련번호	연.월.일	시험·검사 구 분	품질검사 대상 제품	건설자재·부재를 공급받은 공장	시험·검사 장소	시험·검사종목	시험기준	시험결과	시험결과 판정	품질관리기술인 성 명	품질관리기술인 서 명	건설사업관리 기술인 확인 성 명	건설사업관리 기술인 확인 서 명	비 고
2024-12-008	2024-12-20	검사	벽지용 전분계 접착제 [청정친환경풀]			내한성 (N/25mm)	8.0 이상	10.4	합격			박하용		
						비휘발분 (%)	18 이상	18.2	합격			박하용		
						pH	4~8	4.3	합격			박하용		
						접착강도 (N/25mm)	8.0 이상	12.6	합격			박하용		
						회분 (%)	3 이하	0.1	합격			박하용		
						곰팡이저항성	0	0	합격			박하용		
						총휘발성유기화합물 (mg/m²·h)	2.0 미만	0.02 미만	합격			박하용		
						톨루엔 (mg/m²·h)	0.080 미만	0.005 미만	합격			박하용		
						폼알데하이드 (mg/m²·h)	0.5 미만	0.005 미만	합격			박하용		

품질검사 실시대장(2025년 1월)

○ 공사명 : 공동주택 신축공사

○ 구 분 : 외부의뢰

일련번호	연.월.일	시험·검사 구 분	품질검사 대상 제품	건설자재·부재를 공급받은 공장	시험·검사 장소	시험·검사종목		시험기준	시험결과	시험결과 판정	품질관리기술인 성 명	품질관리기술인 서 명	건설사업관리 기술인 확인 성 명	건설사업관리 기술인 확인 서 명	비 고
2025-01-008	2025-01-24	검사	합성수지 에멀젼 퍼티 3종 [SPL 피니쉬 도배용]			건조시간 (h)	얇게	5시간 이내	1:30	합격			박하용		
							두껍게	24시간 이내	4:00	합격			박하용		
						부착강도 (N/㎠)	얇게	24.5 이상	55.5	합격			박하용		
							두껍게		50.3	합격			박하용		
						비휘발분 (%)		60 이상	74	합격			박하용		
						상도적합성	얇게	상도 도장 시 지장이 없을 것	이상없음	합격			박하용		
							두껍게		이상없음	합격			박하용		
						용기내에서의 상태		덩어리가 없고 균일 할 것	이상없음	합격			박하용		
						저온안정성		4시간 냉각시켜도 변질되지 않을 것	이상없음	합격			박하용		
						연마용이성	얇게	견본품에 비하여 연마가 쉬울 것	이상없음	합격			박하용		
							두껍게		이상없음	합격			박하용		

▲ 도배공사 품질검사대장 작성 사례

4.2.15 가구공사

4.2.15.1 일반 및 주방가구 안전성 시험

○ 법적근거

- 「건설기술진흥법」 제55조(건설공사의 품질관리), 제60조(품질검사의 대행 등) 제1항
- 「건설기술진흥법 시행령」 제91조(품질시험 및 검사), 제97조(품질검사의 대행 등) 제1항
- 「건설기술진흥법 시행규칙」 제53조(품질관리비의 산출 및 사용 기준) 제3항, 제97조(품질검사의 대행의뢰 등) 제1항
- 「건설공사 품질관리 업무지침」 제8조(품질 시험기준)
- 「LHCS 시방서」 가구공사 LHCS 41 57 01 : 2020, 3.3 현장 품질관리
- 시공자의 품질관리계획서 및 품질시험계획서

○ 목적 및 필요성

- 설계도서에서 제시된 기준에 적합한 우수한 제품 확보

○ 품질검사(시험) 기준

시험·검사방법	시험·검사종목	시험기준	시기 및 횟수
단체표준 SPS-KHFC 004-6244:2022 (가구의 안전 설치 기준)	주방가구 추락안전성 시험	하중 2,230N에 도달시킨 후 4분간 유지	제조회사별 마다
	벽 부착 가구의 전도안전성 시험	4분 이내에 약 735 N의 힘에 도달시킨 후 1분간 유지	

○ 주요내용

- 시험빈도는 3회 측정하여야 함. 단, 시공방법이 다르거나, 안전성 확인이 필요한 경우 시험 횟수를 추가할 수 있음

- 수급인은 주방가구 상부장, 신발장 설치 후 공사감독이 지정한 단열재 마감벽체 등 취약부위에 안전성 시험을 실시하고 합격하여야 함

- **상부장 추락안전성 시험 순서**
  - 벽장 중앙 전면 끝단에 하중장치 위치
  - 벽장 상부에서 수직으로 하중을 가함(하중 2,230N)
  - 하중이 2,230N에 다다르면 4분간 유지
  - 하중의 제거
  - 이상 유무 조사 및 변위 점검

- **벽 부착 가구의 전도안전성 시험 순서**
  - 가구의 앞면 중앙부의 바닥면에서 1,800mm 높이의 지점(다만, 높이가 1,800 mm 이하인 경우는 가구의 최상부)의 앞방향에 수평으로 서서히 힘을 가하여 4분 이내에 약 735 N의 힘에 도달시킨 후 1분간 유지한 후 전도 유무를 확인

○ 품질검사(시험)

- 국립·공립 시험기관 또는 건설엔지니어링사업자로 하여금 건설공사의 품질관리를 위한 시험·검사 등을 대행하여 시험실시
- KS제품일 경우 제조회사별 품질검사 전문기관에 의뢰한 시험성적서 징구로 갈음

○ 품질검사(시험) 대행 절차(CSI)

- 품질검사 연간단가계약 입력·승인→봉인의뢰 승인→봉인 실시→ 품질검사의뢰 승인

○ 시공자

- 품질검사의 대행기관에 CSI 통하여 품질검사 의뢰(시료의 봉인, 품질검사 의뢰)

○ 건설사업관리기술인, 감리원 검토 및 관리

- CSI 통하여 품질검사 봉인, 품질검사 의뢰 승인, 현장 시료 봉인 입회

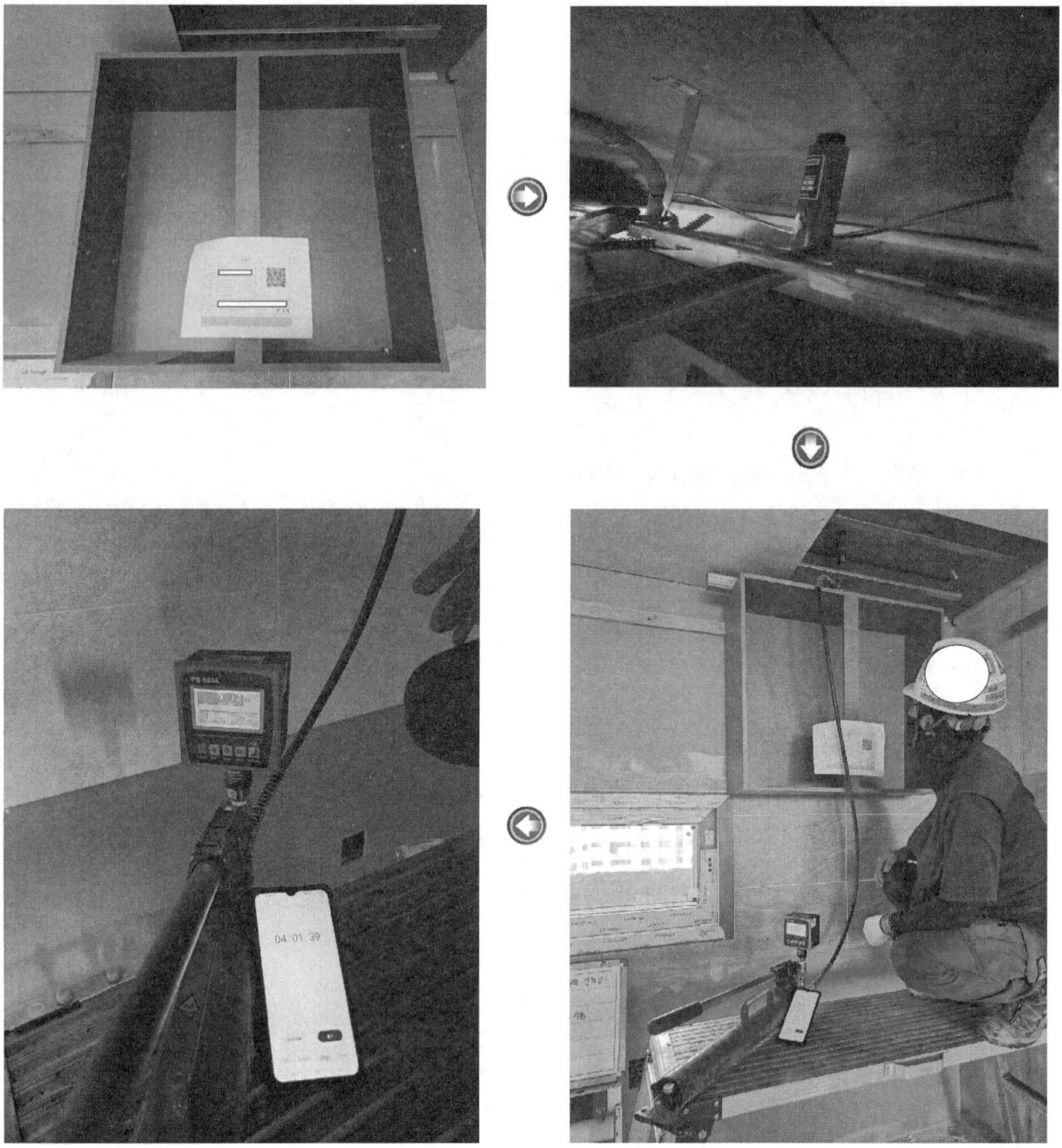

▲ 주방가구 상부장 추락안전성 시험 과정

4.2.15.2 일반 및 주방가구 챔버 시험

○ 법적근거

- 「건설기술진흥법」 제55조(건설공사의 품질관리), 제60조(품질검사의 대행 등) 제1항
- 「건설기술진흥법 시행령」 제91조(품질시험 및 검사), 제97조(품질검사의 대행 등) 제1항
- 「건설기술진흥법 시행규칙」 제53조(품질관리비의 산출 및 사용 기준) 제3항, 제97조(품질검사의 대행의뢰 등) 제1항
- 「건설공사 품질관리 업무지침」 제8조(품질 시험기준)
- 「주택법」 제37조(에너지절약형 친환경주택 등의 건설기준) 및 「주택건설기준 등에 관한 규정」 제65조(건강친화형 주택의 건설기준)
- 「건강친화형 주택의 건설기준」 제4조(의무기준) 제5호 나목, 별표 5 제2호
- 「LHCS 시방서」 가구공사 LHCS 41 57 01 : 2020, 2.2 자재 품질관리
- 시공자의 품질관리계획서 및 품질시험계획서

○ 목적 및 필요성

- 설계도서에서 제시된 기준에 적합한 우수한 제품 확보

○ 품질검사(시험) 기준

- 붙박이 가구 등의 성능평가

시험·검사방법	시험·검사종목	시험기준	시기 및 횟수
KS I 2007 (대형챔버법)	7일 후 TVOC 방출량(mg/㎥)	0.25 이하	제조회사별 마다
	7일 후 HCHO 방출량(mg/㎥)	0.03 이하	
KS M 1998 (소형챔버법)	7일후 TVOC 방출량(mg/㎡·h)	0.10 이하 (실란트의 경우 0.1 이하)	
	7일후 HCHO 방출량(mg/㎡·h)	0.015 이하 (실란트의 경우 0.01 이하)	

※ 품질검사(시험) 방법은 대형챔버법 또는 소형챔버법 중 선택하여 실시

※ 일반 및 주방가구 : 대형챔버법, 시스탬가구의 선반 : 소형챔버법 실시

○ **주요내용**

- 사업주체가 주택법 제15조에 따른 사업계획승인을 받아 주택을 건설하려는 경우에는 에너지 고효율 설비기술 및 자재 적용 등 대통령령으로 정하는 바에 따라 에너지절약형 친환경주택으로 건설
- 500세대 이상의 공동주택을 건설하는 경우에는 다음의 사항을 고려하여 세대 내의 실내공기 오염물질 등을 최소화할 수 있는 건강친화형 주택으로 건설
  - 오염물질을 적게 방출하거나 오염물질의 발생을 억제 또는 저감시키는 건축자재(붙박이 가구 및 붙박이 가전제품을 포함한다)의 사용에 관한 사항
- 의무기준
  - 입주 전에 설치하는 친환경 생활제품의 적용
    - 붙박이가구 등은 별표 5 제2호에 적합
- 붙박이 가구 등의 성능평가
  - 적용제품 : 입주 전에 설치하는 부엌 **주방가구**(물버림대, 조리대, 가스대, 코너대, 벽장 등 시스템 전체), 침실 및 드레스룸 **붙박이장**(몸체와 문짝으로 구성된 것으로 옷을 수납할 수 있는 장), **현관 등의 수납가구**(몸체, 옆판, 뒷판으로 구성된 현관 등에 설치되는 신발장 등), **거실 수납가구**(몸체와 문짝 또는 몸체로 구성된 수납을 목적으로 거실 등에 설치되는 장. 단, 단순 장식목적 선반 등은 제외), **단위세대 내부의 출입문**(현관문 제외)
  - 평가대상물질 : 총휘발성유기화합물(TVOC), 폼알데하이드(HCHO)
  - 평가방법 : KS I 2007(대형챔버법) 또는 KS M 1998(소형챔버법)
  - 적용방법
    - 붙박이가구 등이 다양한 세대면적으로 인하여 대표적인 단위제품 체적의 ±30% 이내의 크기에서 동일한 재료로 제작한 경우에는 해당 붙박이가구 등의 기준을 만족한 것으로 봄
    - KS I 2007에 따라 공동주택 단위세대에 설치되는 붙박이가구의 오염물질방출량을 산정할 때 주거전용면적에 따라 표준모델룸의 부피를 다음과 같이 적용함
      - 85제곱미터 이하 : 40세제곱미터
      - 85제곱미터 초과 : 50세제곱미터
  - 소형챔버법으로 성능평가하는 경우에는 「건강친화형 주택의 건설기준」 별표 1 실내공기 오염물질 저방출 건축자재의 적용 기준함

○ **품질검사(시험)**

- 국립 · 공립 시험기관 또는 건설엔지니어링사업자로 하여금 건설공사의 품질관리를 위한 시험 · 검사 등을 대행하여 시험실시
- KS제품일 경우 제조회사별 품질검사 전문기관에 의뢰한 시험성적서 징구로 갈음

○ **품질검사(시험) 대행 절차(CSI)**

- 품질검사 연간단가계약 입력 · 승인→봉인의뢰 승인→봉인 실시→ 품질검사의뢰 승인

○ **시공자**

- 품질검사의 대행기관에 CSI 통하여 품질검사 의뢰(시료의 봉인, 품질검사 의뢰)
- 건설공인시험연구원(KOLAS)에 시험 의뢰(대형, 소형챔버시험)

○ **건설사업관리기술인, 감리원 검토 및 관리**

- CSI 통하여 품질검사 봉인, 품질검사 의뢰 승인, 현장 시료 봉인 입회
- 건설공인시험연구원(KOLAS)에 시험 의뢰 시 입회자 및 기술책임자 서명

Tip **소형챔버법에 대한 질의 답변**(한국건설기술연구원, 2021.02.01./2022.1.10)

- 소형챔버법의 경우에도 "**단위제품의 체적 ±30% 이내 인정한다는 적용방법**"을 적용해야 하는지 여부?

  소형챔버법은 붙박이 가구를 제작하는 목질판상재 등을 대상으로 하는 것이므로 체적 관련 규정을 적용할 수 없음.

- 소형챔버법의 경우 "**동일한 재료로 제작한 경우에는 단위제품의 체적과 무관하게 1건의 시험만으로 그 성능을 인정**받을 수 있는지" 여부?

  가구를 구성하고 있는 위판, 옆판, 밑판, 선반, 뒷판, 문짝 등 5개 부분을 시험하도록 하고 있습니다. 동일한 소재라 하더라고, 크기와 두께와 노출부위 등이 다르기 때문에 1건의 소형챔버법 시험만으로 그 성능을 인정받을 수 없음

- **"KS M 1998(소형챔버법)"을 통한 시험 및 성적서로 "녹색건축인증 기준"으로 인정**되는 지 여부?

  휘발성유기화합물 및 폼알데하이드의 방출량 평가방법은 「건강친화형 주택 건설기준」 [별표5] 2항에서 정하는 평가기준인 KS I 2007(대형챔버법) 또는 KS M 1998(소형챔버법)을 적용하도록 하고 있음

  KS M 1998(소형챔버법) 적용시 가구의 부위별(필름, 접착제, 판재(종류별), 인조상판 등) 시험성적서와 가구재료목록표를 제출하면 인정이 가능할 것으로 판단됨

4.2.15.3 품질검사 성적서 결과 대비표

○ **법적근거**

- 「건설기술진흥법」 제55조(건설공사의 품질관리), 제60조(품질검사의 대행 등) 제1항
- 「건설기술진흥법 시행령」 제91조(품질시험 및 검사), 제97조(품질검사의 대행 등) 제1항
- 「건설기술진흥법 시행규칙」 제53조(품질관리비의 산출 및 사용 기준) 제3항, 제97조(품질검사의 대행의뢰 등) 제1항
- 「건설공사 품질관리 업무지침」 제8조(품질 시험기준)
- 「주택법」 제37조(에너지절약형 친환경주택 등의 건설기준) 및 「주택건설기준 등에 관한 규정」 제65조(건강친화형 주택의 건설기준)
- 「건강친화형 주택의 건설기준」 제4조(의무기준) 제5호 나목, 별표 5 제2호
- 「LHCS 시방서」 가구공사 LHCS 41 57 01 : 2020, 2.2 자재 품질관리, 3.3 현장 품질관리
- 시공자의 품질관리계획서 및 품질시험계획서

○ **목적 및 필요성**

- 일반 · 주방가구 및 벽 부착 가구의 안전성, 챔버 시험 결과가 기준에 적합한지 여부 검토

○ **품질검사(시험) 기준**

- 4.2.15.1, 4.2.15.2 품질검사(시험) 기준 참조

○ **주요내용**

- 품질검사(시험) 기준에 따라 품질검사 결과를 비교하여 합부 판정함
- 품질검사 대행기관에서 대행한 품질검사 성적서를 첨부하고, 품질검사 성적서 결과 대비표는 품질관리자가 작성하고 건설사업관리기술인, 감리원이 확인 및 서명함

○ **시공자**

- 시공자의 품질관리기술인(품질관리자)이 국립 · 공립 시험기관 또는 건설엔지니어링 사업자로 하여금 건설공사의 품질관리를 위한 시험 · 검사 등을 대행하여 시험 실시한 결과를 CSI 확인하여 품질검사 성적서 결과 대비표 작성 및 서명, 보관

○ **건설사업관리기술인, 감리원 검토 및 관리**

- 품질검사 대행기관의 성적서 결과가 시험 · 검사 기준에 적합여부 확인 및 서명

품질검사 성적서 결과 대비표

현 장 명	공동주택 신축공사	시료 또는 자재 생산자	
의뢰일자	2024년 9월 6일	발급일자	2024년 9월 19일
시 료 명	주방가구 추락 안정성 시험		

시험·검사 종목		시험·검사 방법	단위	시험·검사 기준	시험·검사 결과	합 부 판정
주방가구 추락 안정성 시험	84A Type [101동1901호]	SPS-KHFC004 -6244:2022	kN	2230 이상	이상없음	합격
	84C Type [101동1902호]				이상없음	합격
	84B Type [101동1903호]				이상없음	합격
품질관리 기술인 :			담당 건설사업관리 기술인 : 박 하 용 (서명)			

▲ 주방가구 상부장 추락안전성 시험 품질검사 성적서 결과 대비표 작성 사례

품질검사 성적서 결과 대비표

현장명	○○○○공동주택 신축공사	시료 또는 자재 생산자	
의뢰일자	2022년 06월 07일	발급일자	2022년 08월 22일
시료명	일반가구		

시험·검사 종목	시험·검사 방법	단위	시험·검사 기준	시험·검사 결과	합부 판정
현관 신발장 문짝					
총휘발성유기화합물	KS M 1998 : 2022 소형챔버법 (가구용 구성재)	mg/(m.h)	0.1 이하	0.032	합격
톨루엔		mg/(m.h)	-	0.001	합격
폼알데하이드		mg/(m.h)	0.015 이하	0.004	합격
침실 붙박이장, 현관 신발장 몸통					
총휘발성유기화합물	KS M 1998 : 2022 소형챔버법 (가구용 구성재)	mg/(m.h)	0.1 이하	0.013	합격
톨루엔		mg/(m.h)	-	불검출	합격
폼알데하이드		mg/(m.h)	0.015 이하	0.014	합격
침실 붙박이장 문짝					
총휘발성유기화합물	KS M 1998 : 2022 소형챔버법 (가구용 구성재)	mg/(m.h)	0.1 이하	0.009	합격
톨루엔		mg/(m.h)	-	불검출	합격
폼알데하이드		mg/(m.h)	0.015 이하	0.008	합격
침실 붙박이장, 현관 신발장 몸통					
총휘발성유기화합물	KS M 1998 : 2022 소형챔버법 (가구용 구성재)	mg/(m.h)	0.1 이하	0.021	합격
톨루엔		mg/(m.h)	-	0.002	합격
폼알데하이드		mg/(m.h)	0.015 이하	0.007	합격
품질관리 기술인 : (서명)			건설사업관리 기술인 : 박하용 (서명)		

품질검사 성적서 결과 대비표

현장명	○○○○공동주택 신축공사	시료 또는 자재 생산자	
의뢰일자	2022년 06월 07일	발급일자	2022년 08월 22일
시료명	주방가구		

시험·검사 종목	시험·검사 방법	단위	시험·검사 기준	시험·검사 결과	합부 판정
주방 몸통					
총휘발성유기화합물	KS IM 1998 : 2022 소형챔버법 (가구용 구성재)	mg/(m.h)	0.1 이하	0.087	합격
톨루엔		mg/(m.h)	-	0.001	합격
폼알데하이드		mg/(m.h)	0.015 이하	0.004	합격
주방 몸통					
총휘발성유기화합물	KS M 1998 : 2022 소형챔버법 (가구용 구성재)	mg/(m.h)	0.1 이하	0.010	합격
톨루엔		mg/(m.h)	-	불검출	합격
폼알데하이드		mg/(m.h)	0.015 이하	0.001	합격
주방 도어					
총휘발성유기화합물	KS M 1998 : 2022 소형챔버법 (가구용 구성재)	mg/(m.h)	0.1 이하	0.011	합격
톨루엔		mg/(m.h)	-	0.001	합격
폼알데하이드		mg/(m.h)	0.015 이하	0.002	합격
주방 도어					
총휘발성유기화합물	KS M 1998 : 2022 소형챔버법 (가구용 구성재)	mg/(m.h)	0.1 이하	0.019	합격
톨루엔		mg/(m.h)	-	불검출	합격
폼알데하이드		mg/(m.h)	0.015 이하	0.004	합격
품질관리 기술인 : (서명)			건설사업관리 기술인 : 박하용 (서명)		

▲ 일반 및 주방가구 소형챔버법 품질검사 성적서 결과 대비표 작성 사례

<table>
<tr><td colspan="6">품질검사 성적서 결과 대비표</td></tr>
<tr><td>현장명</td><td colspan="2">○○○○공동주택 신축공사</td><td>시료 또는
자재 생산자</td><td colspan="2"></td></tr>
<tr><td>의뢰일자</td><td colspan="2">2024년 12월 24일</td><td>발급일자</td><td colspan="2">2025년 02월 25일</td></tr>
<tr><td>시료명</td><td colspan="5">일반가구</td></tr>
<tr><td colspan="6"></td></tr>
<tr><td>시험·검사 종목</td><td>시험·검사 방법</td><td>단위</td><td>시험·검사 기준</td><td>시험·검사 결과</td><td>합부
판정</td></tr>
<tr><td colspan="6">현관 신발장</td></tr>
<tr><td>총휘발성유기화합물</td><td rowspan="2">KS I 2007
대형챔버법</td><td>mg/(m.h)</td><td>0.25 이하</td><td>0.013</td><td>합격</td></tr>
<tr><td>폼알데하이드</td><td>mg/(m.h)</td><td>0.03 이하</td><td>0.006</td><td>합격</td></tr>
<tr><td colspan="6">침실 붙박이장</td></tr>
<tr><td>총휘발성유기화합물</td><td rowspan="2">KS I 2007
대형챔버법</td><td>mg/(m.h)</td><td>0.25 이하</td><td>0.007</td><td>합격</td></tr>
<tr><td>폼알데하이드</td><td>mg/(m.h)</td><td>0.03 이하</td><td>0.006</td><td>합격</td></tr>
<tr><td colspan="6"></td></tr>
<tr><td colspan="3">품질관리 기술인 : (서명)</td><td colspan="3">건설사업관리 기술인 : 박하용 (서명)</td></tr>
</table>

▲ 일반가구 대형챔버법 품질검사 성적서 결과 대비표 작성 사례

4.2.15.4 품질검사(시험)대장

○ **법적근거**

- 「건설기술진흥법」 제55조(건설공사의 품질관리) 제2항
- 「건설기술진흥법 시행규칙」 제50조(품질시험 및 검사의 실시), 별지 제42호 서식
- 「건설공사 사업관리방식 검토기준 및 업무수행지침」 제78조(보고서 작성, 제출)제1항제1호다목, 별지 제34호 서식

* 일자, 시험구분, 재료, 시험·검사종목, 시험기준, 시험결과, 시험결과 판정 등을 기재

○ **목적 및 필요성**

- 품질검사대장에 기재된 내용이 품질검사 성적서 결과 대비표와 일치하는 확인

○ **품질검사(시험) 기준**

- 4.2.15.1, 4.2.15.2 품질검사(시험) 기준 참조

○ **주요내용**

- 품질검사(시험) 기준에 따라 시험 · 검사한 결과를 기재하여 적합 여부 확인 · 관리
- 품질검사(시험)대장은 품질검사(시험) 기준 및 품질검사 성적서 결과 대비표와 일치 하는지 확인

○ **시공자**

- 품질검사(시험) 결과를 품질검사(시험)대장에 기재 및 품질관리기술인(품질관리자) 서명

○ **건설사업관리기술인, 감리원 검토 및 관리**

- 품질검사(시험) 기준에 따라 시험 결과의 적합 여부 등 확인 및 서명

품질검사 실시대장(2024년 9월)

○ 공사명 : 공동주택 신축공사
○ 구 분 : 외부의뢰

일련번호	연.월.일	시험·검사 구분	품질검사 대상 재료	건설자재·부재를 공급받은 공장	시험·검사 장소	시험·검사종목		시험기준	시험결과	시험결과 판정	품질관리기술인		건설사업관리 기술인 확인		비고
											성명	서명	성명	서명	
24-09-003	2024-09-19	검사	주방가구 추락 안전성 시험			추락안전성 시험	84A Type [101동1901호]	2230N 이상	이상없음	합격			박하용		
							84C Type [101동1902호]		이상없음	합격			박하용		
							84B Type [101동1903호]		이상없음	합격			박하용		

▲ 주방가구 상부장 추락안전성 시험 품질검사대장 작성 사례

품질검사대장(2022년 08월)

○ 공사명 : 0000공동주택 신축공사
○ 구 분 : 외부의뢰

일련번호	년.월.일	시험·검사 구분	재 료	시험·검사종목	시험기준	시험결과	시험결과 판정	시험·검사자		건설사업관리기술인확인		비고
								성명	서명	성명	서명	
22-8-00	22.08.22	검사	현관 신발장 문짝	총휘발성유기화합물(mg/(m.h))	0.1 이하	0.032	합격			박하용		소형챔버법
				톨루엔(mg/(m.h))	-	0.001	합격			박하용		소형챔버법
				폼알데하이드(mg/(m.h))	0.015 이하	0.004	합격			박하용		소형챔버법
			침실 붙박이장, 현관 신발장 몸통	총휘발성유기화합물(mg/(m.h))	0.1 이하	0.013	합격			박하용		소형챔버법
				톨루엔(mg/(m.h))	-	불검출	합격			박하용		소형챔버법
				폼알데하이드(mg/(m.h))	0.015 이하	0.014	합격			박하용		소형챔버법
			침실 붙박이장 문짝	총휘발성유기화합물(mg/(m.h))	0.1 이하	0.009	합격			박하용		소형챔버법
				톨루엔(mg/(m.h))	-	불검출	합격			박하용		소형챔버법
				폼알데하이드(mg/(m.h))	0.015 이하	0.008	합격			박하용		소형챔버법
			침실 붙박이장, 현관 신발장 몸통	총휘발성유기화합물(mg/(m.h))	0.1 이하	0.021	합격			박하용		소형챔버법
				톨루엔(mg/(m.h))	-	0.002	합격			박하용		소형챔버법
				폼알데하이드(mg/(m.h))	0.015 이하	0.007	합격			박하용		소형챔버법

품질검사대장(2022년 08월)

○ 공사명 : 0000공동주택 신축공사
○ 구 분 : 외부의뢰

일련번호	년.월.일	시험·검사 구분	재 료	시험·검사종목	시험기준	시험결과	시험결과 판정	시험·검사자		건설사업관리기술인확인		비고
								성명	서명	성명	서명	
22-8-00	22.08.22	검사	주방 몸통	총휘발성유기화합물(mg/(m.h))	0.1 이하	0.087	합격			박하용		소형챔버법
				톨루엔(mg/(m.h))	-	0.001	합격			박하용		소형챔버법
				폼알데하이드(mg/(m.h))	0.015 이하	0.004	합격			박하용		소형챔버법
			주방 몸통	총휘발성유기화합물(mg/(m.h))	0.1 이하	0.010	합격			박하용		소형챔버법
				톨루엔(mg/(m.h))	-	불검출	합격			박하용		소형챔버법
				폼알데하이드(mg/(m.h))	0.015 이하	0.001	합격			박하용		소형챔버법
			주방 도어	총휘발성유기화합물(mg/(m.h))	0.1 이하	0.011	합격			박하용		소형챔버법
				톨루엔(mg/(m.h))	-	0.001	합격			박하용		소형챔버법
				폼알데하이드(mg/(m.h))	0.015 이하	0.002	합격			박하용		소형챔버법
			주방 도어	총휘발성유기화합물(mg/(m.h))	0.1 이하	0.019	합격			박하용		소형챔버법
				톨루엔(mg/(m.h))	-	불검출	합격			박하용		소형챔버법
				폼알데하이드(mg/(m.h))	0.015 이하	0.004	합격			박하용		소형챔버법

품질검사대장(2025년 02월)

○ 공사명 : 0000공동주택 신축공사
○ 구　분 : 외부의뢰

일련번호	년.월.일	시험·검사 구 분	재 료	시험·검사종목	시험기준	시험결과	시험결과 판정	시험·검사자		건설사업관리기술인확인		비고
								성명	서명	성명	서명	
25-2-00	25.02.25	검사	현관 신발장	총휘발성유기화합물(mg/(m.h))	0.25 이하	0.013	합격			박하용		대형챔버법
				폼알데하이드(mg/(m.h))	0.03 이하	0.006	합격			박하용		대형챔버법
			침실 붙박이장	총휘발성유기화합물(mg/(m.h))	0.25 이하	0.007	합격			빅하용		대형챔버법
				폼알데하이드(mg/(m.h))	0.03 이하	0.006	합격			박하용		대형챔버법

▲ 일반·주방가구 소형 및 대형챔버법 품질검사대장 작성 사례

4.2.16 가설공사

4.2.16.1 가설기자재 시험

○ **법적근거**

- 「건설기술진흥법」 제55조(건설공사의 품질관리), 제60조(품질검사의 대행 등) 제1항
- 「건설기술진흥법 시행령」 제91조(품질시험 및 검사), 제97조(품질검사의 대행 등) 제1항
- 「건설기술진흥법 시행규칙」 제53조(품질관리비의 산출 및 사용 기준) 제3항, 제97조(품질검사의 대행의뢰 등) 제1항
- 「건설공사 품질관리 업무지침」 제8조(품질 시험기준)
- 「KCS 표준시방서」 거푸집 및 동바리 KCS 14 20 12 : 2022, 2. 자재
- 시공자의 품질관리계획서 및 품질시험계획서

○ **목적 및 필요성**

- 설계도서에서 제시된 기준에 적합한 우수한 제품 확보

○ **품질검사(시험) 기준**

- 조립형 비계 및 동바리 부재

시험·검사방법	시험·검사종목		시험기준		시기 및 횟수
			1종	2종	
KS F 8021	수직재-압축하중(KN)	900mm미만	180 이상	90 이상	제품규격마다 (3개) 공급자 마다
		900~1200	150 이상	70 이상	
		1800~2100	70 이상	30 이상	
		3600이상	25 이상	10 이상	
	연결조인트(KN)	압축하중	180 이상	90 이상	
		인장하중	20 이상		

시험·검사방법	시험·검사종목		시험기준		시기 및 횟수
			1종	2종	
	수평재-휨하중(KN)	600mm 미만	10 이상		
		600~900mm 미만	8 이상		
		900~1200	6 이상		
		1200~1500	5 이상		
		1500~1800	4 이상		
		1800 이상	3 이상		
	가새재-압축하중(KN)	1500 미만	15 이상		
		1500~2400	12 이상		
		2400 이상	8 이상		
	트러스-휨하중(KN)		40이상		

- 강재 파이프 서포트

시험·검사방법	시험·검사종목		시험기준		시기 및 횟수
			평균값(N)	개개값(N)	
KS F 8001	나이프 에지 누름에 의한 압축강도	1종	16,850 이상	15,330 이상	제조회사별 마다 제품규격 마다 (3개)
		2종	14,530 이상	13,220 이상	
		3종	10,970 이상	9,980 이상	
		4종	9,590 이상	8,730 이상	
	평누름에 의한 압축하중		39,200 이상	35,300 이상	

- 콘크리트 거푸집용 합판(KS F 3110)

시험·검사방법	시험·검사종목	시험기준	시기 및 횟수
KS F 3110	판면		제조회사별 마다
	너비, 길이(mm)	±2.0	
	두께(%)	±4.0	
	직각도(mm)	3.0	
	함수율(%)	13 이하	

시험·검사방법	시험·검사종목	시험기준	시기 및 횟수
	접착성(N/㎟)	0.7 이상	
	휨강성 변형량	12mm(1200×2400) : 특급 10.5미만, 1급 10.5~21 이하	
KS F 3101	폼알데하이드 방출량(mg/L)-E_1	평균값 1.5 이하 최대값 2.1 이하	

- **일반구조용 압연 강재**(SS275, 흙막이용 자재, KS D 3503)

시험·검사방법	시험·검사종목	시험기준	시기 및 횟수
KS D 3503	항복강도(N/㎟)	16mm 이하 : 275 이상 16~40 이하 : 265 이상 40~100 이하 : 245 이상 100 초과 : 235 이상	제조회사별 마다 제품규격별 50톤 마다
	인장강도(N/㎟)	410~550	
	연신율(%)	5호 : 21 이상 1A호(강판 5~16) : 18 이상 1A호(강판 16~40) : 21 이상 4호 : 23 이상 2호 : 20 이상 14A호 : 22 이상	
	치수		

- **일반 구조용 각형 강관**(SRT 275, 흙막이용 자재, KS D 3568)

시험·검사방법	시험·검사종목	시험기준	시기 및 횟수
KS B 0802	항복강도(N/㎟)	275 이상	제품규격 100톤 마다 공급자 마다
	인장강도(N/㎟)	410 이상	
	연신율(%)	23 이상	
KS D 3568	치수(변A/mm)	±1.5(%)/100mm 이하 ±1.5	
	치수(변B/mm)	±1.5(%)/100mm 이하 ±1.5	
	변두께(mm)	±15(%)/4mm 미만 ±0.6	

- H형강 말뚝(SHP275, 흙막이용 자재, KS F 4603)

<table>
<tr><th>시험·검사방법</th><th colspan="3">시험·검사종목</th><th>시험기준</th><th>시기 및 횟수</th></tr>
<tr><td rowspan="5">KS F 4603</td><td rowspan="3">화학성분</td><td colspan="2">P(%)</td><td>0.050 이하</td><td rowspan="24">공급자 마다
제품규격 마다</td></tr>
<tr><td colspan="2">S(%)</td><td>0.050 이하</td></tr>
<tr><td colspan="2">Cu(%)</td><td>0.20~0.50</td></tr>
<tr><td colspan="3">탄소당량(%)</td><td>0.40 이하</td></tr>
<tr><td colspan="3">항복점 또는 항복강도(N/㎟)</td><td>16 이하 : 275 이상
16을 넘는 것 : 265 이상</td></tr>
<tr><td rowspan="19">KS D 3502,
KS F 4603</td><td colspan="3">겉모양</td><td>유해한 결함이 없어야 함</td></tr>
<tr><td rowspan="3">치수-변(B)(mm)</td><td colspan="2">100 미만</td><td>±2.0</td></tr>
<tr><td colspan="2">100~200</td><td>±2.5</td></tr>
<tr><td colspan="2">200 이상</td><td>±3.0</td></tr>
<tr><td rowspan="4">치수-높이(H)(mm)</td><td colspan="2">200 미만</td><td>±2.0</td></tr>
<tr><td colspan="2">200~400</td><td>±2.5</td></tr>
<tr><td colspan="2">400~600</td><td>±3.0</td></tr>
<tr><td colspan="2">600 이상</td><td>±4.0</td></tr>
<tr><td rowspan="8">치수-두께(mm)</td><td rowspan="4">t1</td><td>16 미만</td><td>±0.7</td></tr>
<tr><td>16~25</td><td>±1.0</td></tr>
<tr><td>25~40</td><td>±1.5</td></tr>
<tr><td>40 이상</td><td>±2.0</td></tr>
<tr><td rowspan="4">t2</td><td>16 미만</td><td>±1.0</td></tr>
<tr><td>16~25</td><td>±1.5</td></tr>
<tr><td>25~40</td><td>±1.7</td></tr>
<tr><td>40 이상</td><td>±2.0</td></tr>
<tr><td colspan="2" rowspan="2">치수-길이(mm)</td><td>7m 이하</td><td>+40, 0</td></tr>
<tr><td>7m 넘는 것</td><td>1m 또는 그 끝수를 늘릴 때 마다 5</td></tr>
<tr><td colspan="3">무게(%)</td><td>±4</td></tr>
</table>

※ 모양 및 치수의 허용차는 KS D 3502의 6절(모양 및 치수의 허용차)의 b에 따름

○ **주요내용**

- 수평재와 가새재, 트러스는 1종, 2종을 구분하지 않음
- 부재는 휨, 오목함, 균열, 부식 등의 결점 및 이음이 없어야 함
- 시험항목당 3개의 시료를 채취하여 시험 실시
- 콘크리트용 거푸집용 합판은 휨 강성 변형량 시험은 한 로트에서 원형의 합판 5매를 채취하여 시험
- 안전인증 취득제품과 국가통합인증마크(KC마크)가 표시된 제품을 선정하여 사용

○ **품질검사(시험)**

- 국립 · 공립 시험기관 또는 건설엔지니어링사업자로 하여금 건설공사의 품질관리를 위한 시험 · 검사 등을 대행하여 시험실시
- KS제품일 경우 제조회사별 품질검사 전문기관에 의뢰한 시험성적서 및 제조사 Mill Sheet로 갈음

○ **품질검사(시험) 대행 절차(CSI)**

- 품질검사 연간단가계약 입력 · 승인→봉인의뢰 승인→봉인 실시→ 품질검사의뢰 승인

○ **시공자**

- 품질검사의 대행기관에 CSI 통하여 품질검사 의뢰(시료의 봉인, 품질검사 의뢰)

○ **건설사업관리기술인, 감리원 검토 및 관리**

- CSI 통하여 품질검사 봉인, 품질검사 의뢰 승인, 현장 시료 봉인 입회

4.2.16.2 품질검사 성적서 결과 대비표

○ **법적근거**

- 「건설기술진흥법」 제55조(건설공사의 품질관리), 제60조(품질검사의 대행 등) 제1항
- 「건설기술진흥법 시행령」 제91조(품질시험 및 검사), 제97조(품질검사의 대행 등) 제1항
- 「건설기술진흥법 시행규칙」 제53조(품질관리비의 산출 및 사용 기준) 제3항, 제97조(품질검사의 대행의뢰 등) 제1항
- 「건설공사 품질관리 업무지침」 제8조(품질 시험기준)
- 「KCS 표준시방서」 거푸집 및 동바리 KCS 14 20 12 : 2022, 2. 자재
- 시공자의 품질관리계획서 및 품질시험계획서

○ **목적 및 필요성**

- 가설기자재 시험 결과가 기준에 적합한지 여부 검토

○ **품질검사(시험) 기준**

- 4.2.16.1 품질검사(시험) 기준 참조

○ **주요내용**

- 품질검사(시험) 기준에 따라 품질검사 결과를 비교하여 합부 판정함
- 품질검사 대행기관에서 대행한 품질검사 성적서를 첨부하고, 품질검사 성적서 결과 대비표는 품질관리자가 작성하고 건설사업관리기술인, 감리원이 확인 및 서명함

○ **시공자**

- 시공자의 품질관리기술인(품질관리자)이 국립・공립 시험기관 또는 건설엔지니어링 사업자로 하여금 건설공사의 품질관리를 위한 시험・검사 등을 대행하여 시험 실시한 결과를 CSI 확인하여 품질검사 성적서 결과 대비표 작성 및 서명, 보관

○ **건설사업관리기술인, 감리원 검토 및 관리**

- 품질검사 대행기관의 성적서 결과가 시험・검사 기준에 적합여부 확인 및 서명

품질검사 성적서 결과 대비표

현 장 명	공동주택 신축공사	시료 또는 자재 생산자	
의뢰일자	2024년 1월 19일	발급일자	2024년 1월 25일
시 료 명	조립형비계 및 동바리 부재[시스템비계-수직재 MP04]		

시험·검사 종목	시험·검사 방법	단위	시험·검사 기준	시험·검사 결과	합 부 판정
압축하중	KS F 8021	kN	90 이상	105.2	합격
				108.5	합격
				107.5	합격
품질관리기술인 :			건설사업관리기술인 : 박하용(서명)		

품질검사 성적서 결과 대비표

현 장 명	공동주택 신축공사	시료 또는 자재 생산자	
의뢰일자	2024년 1월 19일	발급일자	2024년 1월 25일
시 료 명	조립형비계 및 동바리 부재[시스템비계-수직재 MP09]		

시험·검사 종목	시험·검사 방법	단위	시험·검사 기준	시험·검사 결과	합 부 판정
압축하중	KS F 8021	kN	70 이상	80.2	합격
				77.2	합격
				78.9	합격
품질관리기술인 :			건설사업관리기술인 : 박하용(서명)		

품질검사 성적서 결과 대비표

현 장 명	공동주택 신축공사	시료 또는 자재 생산자	
의뢰일자	2024년 1월 19일	발급일자	2024년 1월 25일
시 료 명	조립형비계 및 동바리 부재[시스템비계-수직재 MP19]		

시험·검사 종목	시험·검사 방법	단위	시험·검사 기준	시험·검사 결과	합 부 판정
압축하중	KS F 8021	kN	30 이상	38.4	합격
				36.9	합격
				39.6	합격

품질관리기술인 :	건설사업관리기술인 : 박하용(서명)

품질검사 성적서 결과 대비표

현 장 명	공동주택 신축공사	시료 또는 자재 생산자	
의뢰일자	2024년 1월 19일	발급일자	2024년 1월 25일
시 료 명	조립형비계 및 동바리 부재[시스템비계-수직재 MP38]		

시험·검사 종목	시험·검사 방법	단위	시험·검사 기준	시험·검사 결과	합 부 판정
압축하중	KS F 8021	kN	10 이상	17.4	합격
				18.2	합격
				17.2	합격

품질관리기술인 :	건설사업관리기술인 : 박하용(서명)

품질검사 성적서 결과 대비표

현 장 명	공동주택 신축공사	시료 또는 자재 생산자	
의뢰일자	2024년 1월 19일	발급일자	2024년 1월 25일
시 료 명	조립형비계 및 동바리 부재[시스템비계-수평재 MH03]		

시험·검사 종목	시험·검사 방법	단위	시험·검사 기준	시험·검사 결과	합 부 판정
휨하중	KS F 8021	kN	10 이상	24.2	합격
				23.7	합격
				24	합격
품질관리기술인 :			건설사업관리기술인 : 박하용 (서명)		

품질검사 성적서 결과 대비표

현 장 명	공동주택 신축공사	시료 또는 자재 생산자	
의뢰일자	2024년 1월 19일	발급일자	2024년 1월 25일
시 료 명	조립형비계 및 동바리 부재[시스템비계-수평재 MH06]		

시험·검사 종목	시험·검사 방법	단위	시험·검사 기준	시험·검사 결과	합 부 판정
휨하중	KS F 8021	kN	8 이상	18.7	합격
				19.3	합격
				18.9	합격
품질관리기술인 :			건설사업관리기술인 : 박하용(서명)		

품질검사 성적서 결과 대비표

현 장 명	공동주택 신축공사	시료 또는 자재 생산자			
의뢰일자	2024년 1월 19일	발급일자	2024년 1월 25일		
시 료 명	조립형비계 및 동바리 부재[시스템비계-수평재 MH09]				
시험·검사 종목	시험·검사 방법	단위	시험·검사 기준	시험·검사 결과	합 부 판정
휨하중	KS F 8021	kN	6 이상	15	합격
				14.8	합격
				14.9	합격
품질관리기술인 :			건설사업관리기술인 : 박하용(서명)		

품질검사 성적서 결과 대비표

현 장 명	공동주택 신축공사	시료 또는 자재 생산자			
의뢰일자	2024년 1월 19일	발급일자	2024년 1월 25일		
시 료 명	조립형비계 및 동바리 부재[시스템비계-수평재 MH12]				
시험·검사 종목	시험·검사 방법	단위	시험·검사 기준	시험·검사 결과	합 부 판정
휨하중	KS F 8021	kN	5 이상	12.6	합격
				12.6	합격
				12.6	합격
품질관리기술인 :			건설사업관리기술인 : 박하용 (서명)		

품질검사 성적서 결과 대비표

현 장 명	공동주택 신축공사	시료 또는 자재 생산자	
의뢰일자	2024년 1월 19일	발급일자	2024년 1월 25일
시 료 명	조립형비계 및 동바리 부재[시스템비계-수평재 MH15]		

시험·검사 종목	시험·검사 방법	단위	시험·검사 기준	시험·검사 결과	합 부 판정
휨하중	KS F 8021	kN	4 이상	11.2	합격
				10.5	합격
				10.5	합격
품질관리기술인 :			건설사업관리기술인 : 박하동 (서명)		

품질검사 성적서 결과 대비표

현 장 명	공동주택 신축공사	시료 또는 자재 생산자	
의뢰일자	2024년 1월 19일	발급일자	2024년 1월 25일
시 료 명	조립형비계 및 동바리 부재[시스템비계-수평재 MH18]		

시험·검사 종목	시험·검사 방법	단위	시험·검사 기준	시험·검사 결과	합 부 판정
휨하중	KS F 8021	kN	3 이상	8.1	합격
				8.7	합격
				8.8	합격
품질관리기술인 :			건설사업관리기술인 : 박하동(서명)		

품질검사 성적서 결과 대비표

현 장 명	공동주택 신축공사	시료 또는 자재 생산자	
의뢰일자	2024년 1월 19일	발급일자	2024년 1월 25일
시 료 명	조립형비계 및 동바리 부재[시스템비계-가새재 1918]		

시험·검사 종목	시험·검사 방법	단위	시험·검사 기준	시험·검사 결과	합 부 판정
압축하중	KS F 8021	kN	12 이상	14.7	합격
				14.9	합격
				14.1	합격

품질관리기술인 :	건설사업관리기술인 : 박하용 (서명)

<table>
<tr><td colspan="6">품질검사 성적서 결과 대비표</td></tr>
<tr><td>현장명</td><td colspan="2">○○○○공동주택 신축공사</td><td>시료 또는 자재 생산자</td><td colspan="2"></td></tr>
<tr><td>의뢰일자</td><td colspan="2">2022년 11월 00일</td><td>발급일자</td><td colspan="2">2022년 12월 29일</td></tr>
<tr><td>시료명</td><td colspan="5">강관 파이프 서포트(V0)</td></tr>
<tr><td colspan="6"></td></tr>
<tr><td>시험·검사 종목</td><td>시험·검사 방법</td><td>단위</td><td>시험·검사 기준</td><td>시험·검사 결과</td><td>합부 판정</td></tr>
<tr><td rowspan="3">평누름에 의한 압축하중</td><td rowspan="3">KS F 8001</td><td rowspan="3">N</td><td rowspan="3">35,300 이상</td><td>48,384</td><td>합격</td></tr>
<tr><td>47,190</td><td>합격</td></tr>
<tr><td>48,510</td><td>합격</td></tr>
<tr><td colspan="3">품질관리 기술인 : (서명)</td><td colspan="3">건설사업관리 기술인 : 박하용 (서명)</td></tr>
</table>

<table>
<tr><td colspan="6">품질검사 성적서 결과 대비표</td></tr>
<tr><td>현장명</td><td colspan="2">○○○○공동주택 신축공사</td><td>시료 또는 자재 생산자</td><td colspan="2"></td></tr>
<tr><td>의뢰일자</td><td colspan="2">2022년 11월 00일</td><td>발급일자</td><td colspan="2">2022년 12월 29일</td></tr>
<tr><td>시료명</td><td colspan="5">강관 파이프 서포트(V2)</td></tr>
<tr><td colspan="6"></td></tr>
<tr><td>시험·검사 종목</td><td>시험·검사 방법</td><td>단위</td><td>시험·검사 기준</td><td>시험·검사 결과</td><td>합부 판정</td></tr>
<tr><td rowspan="3">평누름에 의한 압축하중</td><td rowspan="3">KS F 8001</td><td rowspan="3">N</td><td rowspan="3">35,300 이상</td><td>42,570</td><td>합격</td></tr>
<tr><td>49,260</td><td>합격</td></tr>
<tr><td>47,820</td><td>합격</td></tr>
<tr><td colspan="3">품질관리 기술인 : (서명)</td><td colspan="3">건설사업관리 기술인 : 박하용 (서명)</td></tr>
</table>

<table>
<tr><td colspan="6">품질검사 성적서 결과 대비표</td></tr>
<tr><td>현장명</td><td colspan="2">○○○○공동주택 신축공사</td><td>시료 또는 자재 생산자</td><td colspan="2"></td></tr>
<tr><td>의뢰일자</td><td colspan="2">2022년 11월 00일</td><td>발급일자</td><td colspan="2">2022년 12월 29일</td></tr>
<tr><td>시료명</td><td colspan="5">강관 파이프 서포트(V4)</td></tr>
<tr><td colspan="6"></td></tr>
<tr><td>시험·검사 종목</td><td>시험·검사 방법</td><td>단위</td><td>시험·검사 기준</td><td>시험·검사 결과</td><td>합부 판정</td></tr>
<tr><td rowspan="3">평누름에 의한 압축하중</td><td rowspan="3">KS F 8001</td><td rowspan="3">N</td><td rowspan="3">35,300 이상</td><td>44,520</td><td>합격</td></tr>
<tr><td>44,752</td><td>합격</td></tr>
<tr><td>44,614</td><td>합격</td></tr>
<tr><td colspan="3">품질관리 기술인 : (서명)</td><td colspan="3">건설사업관리 기술인 : 박하용 (서명)</td></tr>
</table>

<table>
<tr><td colspan="6">품질검사 성적서 결과 대비표</td></tr>
<tr><td>현장명</td><td colspan="2">○○○○공동주택 신축공사</td><td>시료 또는 자재 생산자</td><td colspan="2"></td></tr>
<tr><td>의뢰일자</td><td colspan="2">2022년 11월 00일</td><td>발급일자</td><td colspan="2">2022년 12월 29일</td></tr>
<tr><td>시료명</td><td colspan="5">강관 조인트</td></tr>
<tr><td colspan="6"></td></tr>
<tr><td>시험·검사 종목</td><td>시험·검사 방법</td><td>단위</td><td>시험·검사 기준</td><td>시험·검사 결과</td><td>합부 판정</td></tr>
<tr><td rowspan="3">휨하중</td><td rowspan="9">KS F 8001</td><td rowspan="3">N</td><td rowspan="3">2,940 이상</td><td>5,790</td><td>합격</td></tr>
<tr><td>6,240</td><td>합격</td></tr>
<tr><td>6,060</td><td>합격</td></tr>
<tr><td rowspan="3">인장하중</td><td rowspan="3">N</td><td rowspan="3">16,200 이상</td><td>30,360</td><td>합격</td></tr>
<tr><td>28,230</td><td>합격</td></tr>
<tr><td>28,080</td><td>합격</td></tr>
<tr><td rowspan="3">압축하중</td><td rowspan="3">N</td><td rowspan="3">41,200 이상</td><td>57,342</td><td>합격</td></tr>
<tr><td>60,720</td><td>합격</td></tr>
<tr><td>52,614</td><td>합격</td></tr>
<tr><td colspan="3">품질관리 기술인 : (서명)</td><td colspan="3">건설사업관리 기술인 : 박하용 (서명)</td></tr>
</table>

<table>
<tr><td colspan="6">품질검사 성적서 결과 대비표</td></tr>
<tr><td>현장명</td><td colspan="2">○○○○공동주택 신축공사</td><td>시료 또는 자재 생산자</td><td colspan="2"></td></tr>
<tr><td>의뢰일자</td><td colspan="2">2022년 11월 00일</td><td>발급일자</td><td colspan="2">2022년 12월 29일</td></tr>
<tr><td>시료명</td><td colspan="5">단관비계용 강관(2m)</td></tr>
<tr><td colspan="6"></td></tr>
<tr><td>시험·검사 종목</td><td>시험·검사 방법</td><td>단위</td><td>시험·검사 기준</td><td>시험·검사 결과</td><td>합부 판정</td></tr>
<tr><td rowspan="3">인장하중</td><td rowspan="3">KS F 8001</td><td rowspan="3">N</td><td rowspan="3">180,000 이상</td><td>182,400</td><td>합격</td></tr>
<tr><td>197,800</td><td>합격</td></tr>
<tr><td>208,000</td><td>합격</td></tr>
<tr><td colspan="3">품질관리 기술인 : (서명)</td><td colspan="3">건설사업관리 기술인 : 박하용 (서명)</td></tr>
</table>

<table>
<tr><td colspan="6">품질검사 성적서 결과 대비표</td></tr>
<tr><td>현장명</td><td colspan="2">○○○○공동주택 신축공사</td><td>시료 또는 자재 생산자</td><td colspan="2"></td></tr>
<tr><td>의뢰일자</td><td colspan="2">2022년 11월 00일</td><td>발급일자</td><td colspan="2">2022년 12월 29일</td></tr>
<tr><td>시료명</td><td colspan="5">단관비계용 강관(4m)</td></tr>
<tr><td colspan="6"></td></tr>
<tr><td>시험·검사 종목</td><td>시험·검사 방법</td><td>단위</td><td>시험·검사 기준</td><td>시험·검사 결과</td><td>합부 판정</td></tr>
<tr><td rowspan="3">인장하중</td><td rowspan="3">KS F 8001</td><td rowspan="3">N</td><td rowspan="3">180,000 이상</td><td>200,100</td><td>합격</td></tr>
<tr><td>215,700</td><td>합격</td></tr>
<tr><td>198,800</td><td>합격</td></tr>
<tr><td colspan="3">품질관리 기술인 : (서명)</td><td colspan="3">건설사업관리 기술인 : 박하용 (서명)</td></tr>
</table>

품질검사 성적서 결과 대비표

현장명	○○○○공동주택 신축공사	시료 또는 자재 생산자	
의뢰일자	202년 01월 00일	발급일자	2023년 02월 06일
시료명	콘크리트 거푸집용 합판(내부합판/910*1820*12)		

시험·검사 종목		시험·검사 방법	단위	시험·검사 기준	시험·검사 결과	합부 판정
판면		KS F 3110		-	이상없음	합격
굽음 또는 비틀림				경미할 것	경미함	합격
두께			mm	±4%	11.9	합격
길이			mm	±2	1820	합격
너비			mm	±2	910	합격
힘 강성 변형량			mm	13.5~27 이하	20.8	합격
함수율			%	13 이하	9.9	합격
밀도			g/㎤	-	0.56	합격
접착성			N/㎟	0.7 이상	0.9	합격
폼알데아이드 방출량	평균값	KS F 3101	mg/L	1.5 이하	0.2	합격
	최대값		mg/L	2.1 이하	0.3	합격

품질관리 기술인 : (서명)	건설사업관리 기술인 : 박하용 (서명)

<table>
<tr><td colspan="6">품질검사 성적서 결과 대비표</td></tr>
<tr><td>현장명</td><td colspan="2">○○○○공동주택 신축공사</td><td>시료 또는 자재 생산자</td><td colspan="2"></td></tr>
<tr><td>의뢰일자</td><td colspan="2">2024년 12월 11일</td><td>발급일자</td><td colspan="2">2025년 3월 4일</td></tr>
<tr><td>시료명</td><td colspan="5">일반구조물용 각형 강관(SRT 275/ 50*50/흙막이용)</td></tr>
<tr><td colspan="6"></td></tr>
<tr><td>시험·검사 종목</td><td>시험·검사 방법</td><td>단위</td><td>시험·검사 기준</td><td>시험·검사 결과</td><td>합부 판정</td></tr>
<tr><td>두께</td><td>KS D 3568</td><td>mm</td><td>1.7±0.6</td><td>2.22</td><td>합격</td></tr>
<tr><td>인장강도</td><td rowspan="3">KS B 0802</td><td>N/㎟</td><td>410 이상</td><td>456</td><td>합격</td></tr>
<tr><td>항복점</td><td>N/㎟</td><td>275 이상</td><td>318</td><td>합격</td></tr>
<tr><td>연신율</td><td>%</td><td>23 이상</td><td>31</td><td>합격</td></tr>
<tr><td colspan="3">품질관리 기술인 : (서명)</td><td colspan="3">건설사업관리 기술인 : 박하용 (서명)</td></tr>
</table>

▲ 가설기자재 품질검사 성적서 결과 대비표 작성 사례

4.2.16.3 품질검사(시험)대장

○ **법적근거**

- 「건설기술진흥법」 제55조(건설공사의 품질관리) 제2항
- 「건설기술진흥법 시행규칙」 제50조(품질시험 및 검사의 실시), 별지 제42호 서식
- 「건설공사 사업관리방식 검토기준 및 업무수행지침」 제78조(보고서 작성, 제출)제1항제1호다목, 별지 제34호 서식

 * 일자, 시험구분, 재료, 시험·검사종목, 시험기준, 시험결과, 시험결과 판정 등을 기재

○ **목적 및 필요성**

- 품질검사대장에 기재된 내용이 품질검사 성적서 결과 대비표와 일치하는 확인

○ **품질검사(시험) 기준**

- 4.2.16.1 품질검사(시험) 기준 참조

○ **주요내용**

- 품질검사(시험) 기준에 따라 시험 · 검사한 결과를 기재하여 적합 여부 확인 · 관리
- 품질검사(시험)대장은 품질검사(시험) 기준 및 품질검사 성적서 결과 대비표와 일치 하는지 확인

○ **시공자**

- 품질검사(시험) 결과를 품질검사(시험)대장에 기재 및 품질관리기술인(품질관리자) 서명

○ **건설사업관리기술인, 감리원 검토 및 관리**

- 품질검사(시험) 기준에 따라 시험 결과의 적합 여부 등 확인 및 서명

품 질 검 사 대 장(2024년 1월)

○ 공사명 : [redacted] 공동주택 신축공사

○ 구 분 : 외부의뢰

일련번호	연.월.일	시험·검사 구분	재 료	시험·검사종목	시험기준	시 험 결 과	시험결과 판정	시험·검사자		건설사업관리기술인확인		비 고
								성 명	서 명	성 명	서 명	
24-1-037	24-1-25	검사	시스템 비계 [수직재-MP04]	압축하중 (kN)	90 이상	105.2	합격			박하용		
						108.5	합격					
						107.5	합격					
24-1-038	24-1-25	검사	시스템 비계 [수직재-MP09]	압축하중 (kN)	70 이상	80.2	합격			박하용		
						77.2	합격					
						78.9	합격					
24-1-039	24-1-25	검사	시스템 비계 [수직재-MP19]	압축하중 (kN)	30 이상	38.4	합격			박하용		
						36.9	합격					
						39.6	합격					
24-1-040	24-1-25	검사	시스템 비계 [수직재-MP38]	압축하중 (kN)	10 이상	17.4	합격			박하용		
						18.2	합격					
						17.2	합격					
24-1-041	24-1-25	검사	시스템 비계 [수평재-MH03]	휨하중 (kN)	10 이상	24.2	합격			박하용		
						23.7	합격					
						24	합격					
24-1-042	24-1-25	검사	시스템 비계 [수평재-MH06]	휨하중 (kN)	8 이상	18.7	합격			박하용		
						19.3	합격					
						18.9	합격					

품 질 검 사 대 장(2024년 1월)

○ 공사명 : [redacted] 공동주택 신축공사

○ 구 분 : 외부의뢰

일련번호	연.월.일	시험·검사 구분	재 료	시험·검사종목	시험기준	시 험 결 과	시험결과 판정	시험·검사자		건설사업관리기술인확인		비 고
								성 명	서 명	성 명	서 명	
24-1-043	24-1-25	검사	시스템 비계 [수평재-MH09]	휨하중 (kN)	6 이상	15	합격			박하용		
						14.8	합격					
						14.9	합격					
24-1-044	24-1-25	검사	시스템 비계 [수평재-MH12]	휨하중 (kN)	5 이상	12.6	합격			박하용		
						12.6	합격					
						12.6	합격					
24-1-045	24-1-25	검사	시스템 비계 [수평재-MH15]	휨하중 (kN)	4 이상	11.2	합격			박하용		
						10.5	합격					
						10.5	합격					
24-1-046	24-1-25	검사	시스템 비계 [수평재-MH18]	휨하중 (kN)	3 이상	8.1	합격			박하용		
						8.7	합격					
						8.8	합격					
24-1-047	24-1-25	검사	시스템 비계 [가새재-1918]	압축하중 (kN)	12 이상	14.7	합격			박하용		
						14.9	합격					
						14.1	합격					

품 질 검 사 대 장(2023년 2월)

○ 공사명 : 공동주택 신축공사

○ 구　분 : 외부의뢰

일련번호	연.월.일	시험·검사 구분	재 료	시험·검사종목	시험기준	시 험 결 과	시험결과 판정	시험·검사자		건설사업관리기술인확인		비 고
								성 명	서 명	성 명	서 명	
23-2-001	23-2-6	검사	콘크리트 거푸집용 합판	판면	-	이상없음	합 격					
23-2-002			내수합판 (910*1820*12)	굽음 또는 비틀림	경미할 것	경미함	합 격					
23-2-003				두께 (mm)	11.52~12.48 (±4%)	11.9	합 격					
23-2-004				길이 (mm)	1820±2	1820	합 격					
23-2-005				너비 (mm)	910±2	910	합 격					
23-2-006				휨 강성 변형량 (mm)	13.5 ~ 27 이하	20.8	합 격					
23-2-007				함수율 (%)	13 이하	9.9	합 격					
23-2-008				밀도 (g/㎤)	-	0.56	합 격					
23-2-009				접착성 (N/㎟)	0.7 이상	0.9	합 격					
23-2-010				폼알데하이드 방출량 (mg/L) 평균값	1.5 이하	0.2	합 격					
23-2-011				폼알데하이드 방출량 (mg/L) 최대값	2.1 이하	0.2	합 격					

품 질 검 사 대 장(2023년 2월)

○ 공사명 : 공동주택 신축공사

○ 구　분 : 외부의뢰

일련번호	연.월.일	시험·검사 구분	재 료	시험·검사종목	시험기준	시 험 결 과	시험결과 판정	시험·검사자		건설사업관리기술인확인		비 고
								성 명	서 명	성 명	서 명	
23-2-012	23-2-6	검사	콘크리트 거푸집용 합판	판면	-	이상없음	합 격					
23-2-013			내수합판 (1220*2440*12)	굽음 또는 비틀림	경미할 것	경미함	합 격					
23-2-014				두께 (mm)	11.52~12.48 (±4%)	12.1	합 격					
23-2-015				길이 (mm)	2440±2	2440	합 격					
23-2-016				너비 (mm)	1220±2	1220	합 격					
23-2-017				휨 강성 변형량 (mm)	10.5 ~ 21 이하	17.2	합 격					
23-2-018				함수율 (%)	13 이하	9.6	합 격					
23-2-019				밀도 (g/㎤)	-	0.57	합 격					
23-2-020				접착성 (N/㎟)	0.7 이상	0.9	합 격					
23-2-021				폼알데하이드 방출량 (mg/L) 평균값	1.5 이하	0.2	합 격					
23-2-022				폼알데하이드 방출량 (mg/L) 최대값	2.1 이하	0.2	합 격					

품 질 검 사 대 장(2023년 2월)

○ 공사명 : [redacted] 공동주택 신축공사
○ 구　분 : 외부의뢰

일련번호	연.월.일	시험·검사 구분	재료	시험·검사종목		시험기준	시험결과	시험결과 판정	시험·검사자		건설사업관리기술인확인		비고
									성명	서명	성명	서명	
23-2-051	23-2-13	검사	일반구조용 각형강관 (125*75*2.7)	변의길이 (mm)	(A)	125±1.5	125.1	합격					
23-2-052					(B)	75±1.5	75	합격					
23-2-053				두께 (mm)		2.7±0.3	2.92	합격					
23-2-054				인장강도 (N/㎟)		410 이상	462	합격					
23-2-055				항복점 (N/㎟)		275 이상	323	합격					
23-2-056				연신율 (%)		23 이상	34	합격					
23-2-057	23-2-13	검사	시스템동바리 수평재-H3	휨하중 (kN)	1	10 이상	60.97	합격					
23-2-058					2		58.7	합격					
23-2-059					3		62.63	합격					
23-2-060	23-2-13	검사	시스템동바리 수평재-H6	휨하중 (kN)	1	8 이상	19.79	합격					
23-2-061					2		20.52	합격					
23-2-062					3		19.97	합격					
23-2-063	23-2-13	검사	시스템동바리 수평재-H9	휨하중 (kN)	1	6 이상	11.46	합격					
23-2-064					2		11.27	합격					
23-2-065					3		11.69	합격					

품 질 검 사 대 장(2023년 2월)

○ 공사명 : [redacted] 공동주택 신축공사
○ 구　분 : 외부의뢰

일련번호	연.월.일	시험·검사 구분	재료	시험·검사종목		시험기준	시험결과	시험결과 판정	시험·검사자		건설사업관리기술인확인		비고
									성명	서명	성명	서명	
23-2-066	23-2-13	검사	시스템동바리 수평재-H12	휨하중 (kN)	1	5 이상	8.6	합격					
23-2-067					2		8.53	합격					
23-2-068					3		8.49	합격					
23-2-069	23-2-13	검사	시스템동바리 수평재-H15	휨하중 (kN)	1	4 이상	7.17	합격					
23-2-070					2		7.37	합격					
23-2-071					3		7.43	합격					
23-2-072	23-2-13	검사	시스템동바리 수평재-H18	휨하중 (kN)	1	3 이상	5.27	합격					
23-2-073					2		5.19	합격					
23-2-074					3		5.21	합격					
23-2-075	23-2-13	검사	시스템동바리 수직재-P2	압축하중 (kN)	1	180 이상	207.12	합격					
23-2-076					2		191.49	합격					
23-2-077					3		213.81	합격					
23-2-078	23-2-13	검사	시스템동바리 수직재-P4	압축하중 (kN)	1	180 이상	227.53	합격					
23-2-079					2		218.84	합격					
23-2-080					3		194.35	합격					

품 질 검 사 대 장(2023년 2월)

○ 공사명 : [redacted]공동주택 신축공사
○ 구 분 : 외부의뢰

일련번호	연.월.일	시험·검사 구분	재 료	시험·검사종목		시험기준	시 험 결 과	시험결과 판정	시험·검사자		건설사업관리기술인확인		비 고
									성 명	서 명	성 명	서 명	
23-2-081	23-2-13	검사	시스템동바리 수직재-P8	압축하중 (kN)	1	180 이상	181.2	합 격					
23-2-082					2		199.29	합 격					
23-2-083					3		184.12	합 격					
23-2-084	23-2-13	검사	시스템동바리 수직재-P12	압축하중 (kN)	1	120 이상	136.46	합 격					
23-2-085					2		127.73	합 격					
23-2-086					3		136.85	합 격					
23-2-087	23-2-13	검사	시스템동바리 수직재-P17	압축하중 (kN)	1	90 이상	106.4	합 격					
23-2-088					2		97.85	합 격					
23-2-089					3		92.43	합 격					
23-2-090	23-2-13	검사	시스템동바리 가새재-1706	압축하중 (kN)	1	12 이상	25.95	합 격					
23-2-091					2		25.17	합 격					
23-2-092					3		24.42	합 격					
23-2-093	23-2-13	검사	시스템동바리 가새재-1709	압축하중 (kN)	1	12 이상	31.98	합 격					
23-2-094					2		31.77	합 격					
23-2-095					3		30.99	합 격					

품 질 검 사 대 장(2023년 2월)

○ 공사명 : [redacted]공동주택 신축공사
○ 구 분 : 외부의뢰

일련번호	연.월.일	시험·검사 구분	재 료	시험·검사종목		시험기준	시 험 결 과	시험결과 판정	시험·검사자		건설사업관리기술인확인		비 고
									성 명	서 명	성 명	서 명	
23-2-096	23-2-13	검사	시스템동바리 가새재-1712	압축하중 (kN)	1	12 이상	25.2	합 격					
23-2-097					2		24.9	합 격					
23-2-098					3		24.33	합 격					
23-2-099	23-2-13	검사	시스템동바리 가새재-1715	압축하중 (kN)	1	12 이상	24.12	합 격					
23-2-100					2		23.88	합 격					
23-2-101					3		24.15	합 격					
23-2-102	23-2-13	검사	시스템동바리 트러스	휨하중 (kN)	1	40 이상	43.62	합 격					
23-2-103					2		50.4	합 격					
23-2-104					3		50.82	합 격					
23-2-105	23-2-13	검사	시스템동바리 연결조인트	압축하중 (kN)	1	180 이상	200.46	합 격					
23-2-106					2		190.19	합 격					
23-2-107					3		198.93	합 격					
23-2-108				인장하중 (kN)	1	20 이상	36.57	합 격					
23-2-109					2		36.15	합 격					
23-2-110					3		28.94	합 격					

품 질 검 사 대 장(2023년 1월)

○ 공사명 [ ] 공동주택 신축공사

○ 구　분 : 외부의뢰

일련번호	연.월.일	시험·검사 구분	재료	시험·검사종목	시험기준	시험결과	시험결과 판정	시험·검사자 성명	시험·검사자 서명	건설사업관리기술인확인 성명	건설사업관리기술인확인 서명	비고
23-1-001	22-12-29	검사	강재파이프 서포트 (V0)	평누름에 의한 압축하중 (N)	35 300 이상	48 384	합격					
23-1-002						47 190	합격					
23-1-003						48 510	합격					
23-1-004	22-12-29	검사	강재파이프 서포트 (V2)	평누름에 의한 압축하중 (N)	35 300 이상	42 570	합격					
23-1-005						49 260	합격					
23-1-006						47 820	합격					
23-1-007	22-12-29	검사	강재파이프 서포트 (V4)	평누름에 의한 압축하중 (N)	35 300 이상	44 520	합격					
23-1-008						44 752	합격					
23-1-009						44 614	합격					
23-1-010	22-12-29	검사	강관조인트	휨하중 (N)	2 940 이상	5 790	합격					
23-1-011						6 240	합격					
23-1-012						6 060	합격					
23-1-013				인장하중 (N)	16 200 이상	30 360	합격					
23-1-014						28 230	합격					
23-1-015						28 080	합격					
23-1-016				압축하중 (N)	41 200 이상	57 342	합격					
23-1-017						60 720	합격					
23-1-018						52 614	합격					

품 질 검 사 대 장(2023년 1월)

○ 공사명 : [ ] 공동주택 신축공사

○ 구　분 : 외부의뢰

일련번호	연.월.일	시험·검사 구분	재료	시험·검사종목	시험기준	시험결과	시험결과 판정	시험·검사자 성명	시험·검사자 서명	건설사업관리기술인확인 성명	건설사업관리기술인확인 서명	비고
23-1-019	22-12-29	검사	단관비계용 강관 (2m)	인장하중 (N)	180 000 이상	18 2400	합격					
23-1-020						197 800	합격					
23-1-021						208 000	합격					
23-1-022	22-12-29	검사	단관비계용 강관 (3m)	인장하중 (N)	180 000 이상	199 200	합격					
23-1-023						196 100	합격					
23-1-024						201 400	합격					
23-1-025	22-12-29	검사	단관비계용 강관 (4m)	인장하중 (N)	180 000 이상	200 100	합격					
23-1-026						215 700	합격					
23-1-027						198 800	합격					
23-1-028	22-12-29	검사	단관비계용 강관 (6m)	인장하중 (N)	180 000 이상	189 300	합격					
23-1-029						180 100	합격					
23-1-030						183 600	합격					
23-1-031	22-12-29	검사	일반구조용 각형강관 (50*50)	두께 (mm)	1.7±0.6	2.26	합격					
23-1-032				인장강도 (N/㎟)	410 이상	456	합격					
23-1-033				항복점 (N/㎟)	275 이상	318	합격					
23-1-034				연신율 (%)	23 이상	31	합격					

▲ 가설기자재 품질검사대장 작성 사례

4.2.17 제조사 검사 및 철강자재 품질관리

4.2.17.1 제조사 검사증명서 및 철강자재 품질관리

○ 법적근거

- 「건설기술진흥법」 제55조(건설공사의 품질관리), 제60조(품질검사의 대행 등) 제1항
- 「건설기술진흥법 시행령」 제91조(품질시험 및 검사), 제97조(품질검사의 대행 등) 제1항
- 「건설기술진흥법 시행규칙」 제53조(품질관리비의 산출 및 사용 기준) 제3항, 제97조(품질검사의 대행의뢰 등) 제1항
- 「건설공사 품질관리 업무지침」 제8조(품질 시험기준), 제45조의2(건설현장 품질관리 시험 · 검사 등), 제45조의3(기록물 보관 등)
- 시공자의 품질관리계획서 및 품질시험계획서

○ 목적 및 필요성

- 설계도서에서 제시된 기준에 적합한 우수한 제품 확보

○ 철강자재 품질관리 대상

- 철근, H형강, I형강, 강판, PC강선, PC강연선, 구조용 · 기초용 강판, PC강봉, 고장력 볼트, 용접봉 등

○ 품질검사(시험) 기준

- 4.2.1.6(PC강선 · PC강연선), 4.2.3.1(철근), 4.2.7.1.(일반구조용 압연강재), 4.2.7.2(일반구조용 각형 강관), 4.2.7.3(건축용 강제 받침대), 4.2.16.1(가설기자재) 품질검사(시험) 기준 참조

○ 주요내용

- 「건설공사 품질관리 업무지침) 제45조의2에 따라 현장에 반입된 철강 자재(별표 2의 건설공사 품질시험기준에 명시된 철강 자재를 말하며, 이하 같다)에 관한

시험종류, 시험빈도(횟수) 및 방법 등에 관한 품질확인 방법은 이 지침, **한국산업표준**, 법 제44조에 따른 설계 및 시공기준 등을 검토하여 작성한 해당 건설공사 시방규정에 따름

- 공사감독자(건설사업관리기술인, 감리원)와 수요자는 **자재가 현장에 반입**되면 다음 각 호의 사항을 확인하여 필요한 경우 **납품서(인수검사서류)에 기재** 함
  - **송장(운송차량 번호 등 포함)**
  - **현장 반입 일자**
  - **종별, 규격, 수량**
  - **품질확인서류** 〔Mill Sheets, Certificate of Conformance(C of C) 등〕 및 그 밖에 해당 건설공사 시방서에서 요구하는 사항
  - 인수자 및 입회자
  - 그 밖에 철강 자재의 품질관리를 위하여 필요한 사항
- 공사감독자(건설사업관리기술인, 감리원)와 수요자는 다음의 어느 하나에 해당하는 철강 자재는 공사현장에 반입할 수 없음
  - 품질확인서가 없는 경우
  - 해당 건설공사 시방서에서 요구하는 사항을 충족하지 못하는 경우
  - 이 지침, 한국산업표준, 법 제44조에 따른 설계 및 시공기준 등 품질기준을 충족하지 못하는 경우
- 법 제54조에 따른 **현장점검 시 철강 자재**에 대해서는 별지 제13호의2 서식의 점검표에 따라 점검한다. 이 경우 **KS인증을 받지 않은 제품인 경우에는 시험종류, 시험빈도 · 횟수 및 방법, 시험성적서상 시험결과가 해당 건설공사 시방규정에 적합한지 여부**를 확인함
- 공사감독자(건설사업관리기술인, 감리원)와 수요자는 시험을 포함하여 건설현장에 반입되어 공사에 사용된 철강 자재의 품질과 관련된 점검표, 품질시험 기록 등을 해당 사업이 준공되어 계약문서 또는 관계법령에 따라 이관될 때까지 현장에 비치함
- **현장 반입 철강 자재**에 관한 **모든 시험**은 **수요자가 직접 실시**하거나 법 제60조에 따른 품질검사를 대행하는 **국립 · 공립 시험기관 또는 건설엔지니어링사업자에 의뢰하여 실시**한다. 이 경우 공사감독자가 현장 시험과정에 입회하여 시편 채취 방법 등을 결정하고 시험방법의 적절성을 확인함
- 「건설공사 품질관리 업무지침」 제45조의3에 따라 공사감독자(건설사업관리기술

인, 감리원)와 수요자는 철강 자재의 사용과 관련된 다음의 서류를 건설공사 현장에 비치하고 발주청 또는 관계기관의 요구가 있는 경우 제출하여 한다. 다만, 관계법령에 서류의 비치 및 보관에 대하여 규정하고 있는 경우에는 그 내용에 따름

- 자재공급원 승인 관련 서류
- 자재 품질관리 및 품질확인 관련 서류

– 공사감독자와 수요자는 서류가 「건설공사 사업관리방식 검토기준 및 업무수행지침」의 서류와 중복되는 경우 별도로 작성하지 않을 수 있음

– 공사감독자와 수요자는 서류가 건설공사 준공 시 계약문서 또는 관계 법령에 따라 발주청에 인계할 문서 목록에 포함할지 여부를 발주청과 협의하고 그 결과에 따라야 함

– Mill Test certificate란 **철강제품의 품질을 보증**하기 위하여 재료성분 및 제원을 기록하여 **제조사가 제품에 대하여 발행하는 증명서**

○ 품질검사(시험)

– 국립 · 공립 시험기관 또는 건설엔지니어링사업자로 하여금 건설공사의 품질관리를 위한 시험 · 검사 등을 대행하여 시험실시

– KS제품일 경우 제조회사별 품질검사 전문기관에 의뢰한 시험성적서 및 제조사 Mill Sheet로 갈음

○ 품질검사(시험) 대행 절차(CSI)

– 품질검사 연간단가계약 입력 · 승인→봉인의뢰 승인→봉인 실시→ 품질검사의뢰 승인

○ 시공자

– 품질검사의 대행기관에 CSI 통하여 품질검사 의뢰(시료의 봉인, 품질검사 의뢰)

○ 건설사업관리기술인, 감리원 검토 및 관리

– CSI 통하여 품질검사 봉인, 품질검사 의뢰 승인, 현장 시료 봉인 입회

4.2.17.2 품질검사 성적서 결과 대비표

○ 법적근거

- 「건설기술진흥법」 제55조(건설공사의 품질관리), 제60조(품질검사의 대행 등) 제1항
- 「건설기술진흥법 시행령」 제91조(품질시험 및 검사), 제97조(품질검사의 대행 등) 제1항
- 「건설기술진흥법 시행규칙」 제53조(품질관리비의 산출 및 사용 기준) 제3항, 제97조(품질검사의 대행의뢰 등) 제1항
- 「건설공사 품질관리 업무지침」 제8조(품질 시험기준)
- 시공자의 품질관리계획서 및 품질시험계획서

○ 목적 및 필요성

- 철강자재의 제조사 검사증명서가 기준에 적합한지 여부 검토

○ 품질검사(시험) 기준

- 4.2.1.6(PC강선 · PC강연선), 4.2.3.1(철근), 4.2.7.1.(일반구조용 압연강재), 4.2.7.2(일반구조용 각형 강관), 4.2.7.3(건축용 강제 받침대), 4.2.16.1(가설기자재), 4.2.17.1 품질검사(시험) 기준 참조

○ 주요내용

- 철강자재 제조사 검사 증명서는 월 단위로 관리하고 시공자의 품질관리기술인(품질관리자) 및 감리원이 확인하고 서명
- 철강자재 품질검사대장은 일련번호, 연 · 월 · 일, 시험 · 검사 구분, 재료, 시험 · 검사종목, 시험기준, 시험결과, 시험결과 판정을 기재
- 철강자재 품질검사대장은 철강자재 제조사 검사 증명서와 일치하는지 확인

○ 시공자

- 제조사에서 제출한 검사증명서를 확인하여 품질검사 성적서 결과 대비표 작성 및 서명, 보관

○ 건설사업관리기술인, 감리원 검토 및 관리

- 제조사 검사증명서가 시험 · 검사 기준에 적합여부 확인 및 서명

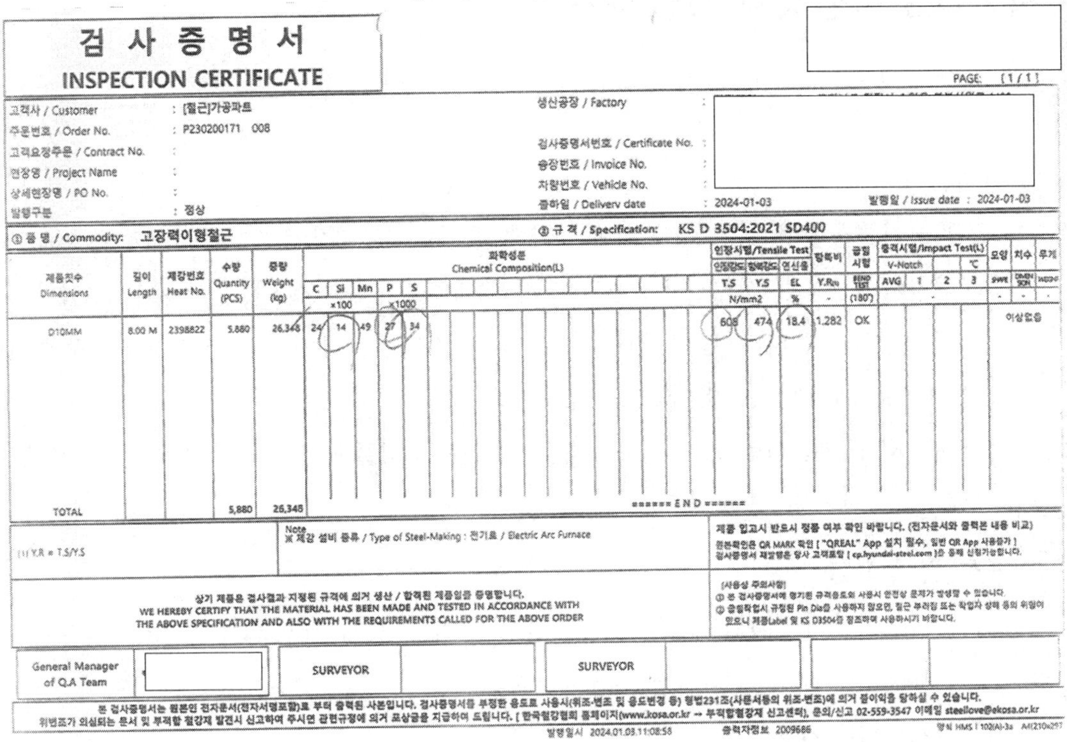

검 사 증 명 서
INSPECTION CERTIFICATE

PAGE: [1 / 1]

고객사 / Customer : [철근]가공파트
주문번호 / Order No. : P230200171 008
고객요청주문 / Contract No. :
현장명 / Project Name :
상세현장명 / PO No. :
발행구분 : 정상

생산공장 / Factory :
검사증명서번호 / Certificate No. :
송장번호 / Invoice No. :
차량번호 / Vehicle No. :
출하일 / Delivery date : 2024-01-03
발행일 / Issue date : 2024-01-03

① 품 명 / Commodity: 고장력이형철근
② 규 격 / Specification: KS D 3504:2021 SD400

제품치수 Dimensions	길이 Length	제강번호 Heat No.	수량 Quantity (PCS)	중량 Weight (kg)	C (×100)	Si (×100)	Mn (×100)	P (×1000)	S (×1000)	인장강도 T.S (N/mm2)	항복강도 Y.S (N/mm2)	연신율 EL (%)	항복비 Y.R(1)	굽힘시험 BEND TEST (180°)	충격시험/Impact Test(L) V-Notch AVG	1	2	3	모양	치수	무게
D10MM	8.00 M	2398822	5,880	26,348	24	14	49	27	34	608	474	18.4	1.282	OK					이상없음		
TOTAL			5,880	26,348																	

====== E N D ======

(1) Y.R = T.S/Y.S

Note
※ 제강 설비 종류 / Type of Steel-Making : 전기로 / Electric Arc Furnace

제품 입고시 반드시 정품 여부 확인 바랍니다. (전자문서와 출력본 내용 비교)
정품확인은 QR MARK 확인 ["QREAL" App 설치 필수, 일반 QR App 사용불가]
검사증명서 재발행은 당사 고객포탈 [cp.hyundai-steel.com]을 통해 신청가능합니다.

상기 제품은 검사결과 지정된 규격에 의거 생산 / 합격된 제품임을 증명합니다.
WE HEREBY CERTIFY THAT THE MATERIAL HAS BEEN MADE AND TESTED IN ACCORDANCE WITH THE ABOVE SPECIFICATION AND ALSO WITH THE REQUIREMENTS CALLED FOR THE ABOVE ORDER

[사용상 주의사항]
① 본 검사증명서에 명기된 규격용도외 사용시 안전상 문제가 발생할 수 있습니다.
② 굽힘작업시 규정된 Pin Dia를 사용하지 않으면, 철근 부러짐 또는 작업자 상해 등의 위험이 있으니 제품Label 및 KS D3504를 참조하여 사용하시기 바랍니다.

General Manager of Q.A Team | SURVEYOR | SURVEYOR

본 검사증명서는 원본인 전자문서(전자서명포함)로 부터 출력된 사본입니다. 검사증명서를 부정한 용도로 사용시(위조·변조 및 용도변경 등) 형법231조(사문서등의 위조·변조)에 의거 불이익을 당하실 수 있습니다.
위변조가 의심되는 문서 및 부적합 철강재 발견시 신고하여 주시면 관련규정에 의거 포상금을 지급하여 드립니다. [한국철강협회 홈페이지(www.kosa.or.kr → 부적합철강재 신고센터), 문의/신고 02-559-3547 이메일 steellove@ekosa.or.kr

발행일시 2024.01.03.11:08:58 출력자정보 2009686 양식 HMS I 102(A)-3a A4(210x297)

▲ 철근 제작자 Mill Seet 사례

4.2.17.3 품질검사(시험)대장

○ **법적근거**

- 「건설기술진흥법」 제55조(건설공사의 품질관리) 제2항
- 「건설기술진흥법 시행규칙」 제50조(품질시험 및 검사의 실시), 별지 제42호 서식
- 「건설공사 사업관리방식 검토기준 및 업무수행지침」 제78조(보고서 작성, 제출)제1항제1호다목, 별지 제34호 서식

  * 일자, 시험구분, 재료, 시험·검사종목, 시험기준, 시험결과, 시험결과 판정 등을 기재

○ **목적 및 필요성**

- 품질검사대장에 기재된 내용이 품질검사 성적서 결과 대비표와 일치하는 확인

○ **품질검사(시험) 기준**

- 4.2.1.6(PC강선 · PC강연선), 4.2.3.1(철근), 4.2.7.1.(일반구조용 압연강재), 4.2.7.2(일반구조용 각형 강관), 4.2.7.3(건축용 강제 받침대), 4.2.16.1(가설기자재), 4.2.17.1 품질검사(시험) 기준 참조

○ **주요내용**

- 품질검사(시험) 기준에 따라 시험 · 검사한 결과를 기재하여 적합 여부 확인 · 관리
- 품질검사(시험)대장은 품질검사(시험) 기준 및 품질검사 성적서 결과 대비표와 일치 하는지 확인

○ **시공자**

- 품질검사(시험) 결과를 품질검사(시험)대장에 기재 및 품질관리기술인(품질관리자) 서명

○ **건설사업관리기술인, 감리원 검토 및 관리**

- 품질검사(시험) 기준에 따라 시험 결과의 적합 여부 등 확인 및 서명

품 질 검 사 대 장(2024년2월)

○ 공사명 : [ ] 공동주택 신축공사

○ 구 분 : 철근 콘크리트용 봉강

일련번호	연.월.일	시험·검사 구분	재료	시험·검사종목	시험기준	시험결과	시험결과 판정	시험·검사자		건설사업관리기술인확인		비고
								성명	서명	성명	서명	
24-2-001	24-2-6	검사	철근 콘크리트용 봉강 (SD400 D10)	겉모양	이상없을 것	이상없음	합격					
24-2-002				치수	이상없을 것	이상없음	합격					
24-2-003				인장강도 (N/㎟)	항복강도의 1.15배 이상	604	합격					
24-2-004				항복점 (N/㎟)	400~520	474	합격					
24-2-005				연신율 (%)	16 이상	17.6	합격			박하용		Mill Sheet
24-2-006				굽힘성	이상없을 것	이상없음	합격					
24-2-007				Si	0.60 이하	0.14	합격					
24-2-008				P	0.045 이하	0.031	합격					
24-2-009				S	0.045 이하	0.02	합격					
24-2-010	24-2-7	검사	철근 콘크리트용 봉강 (SD400 D13)	겉모양	이상없을 것	이상없음	합격					
24-2-011				치수	이상없을 것	이상없음	합격					
24-2-012				인장강도 (N/㎟)	항복강도의 1.15배 이상	600	합격					
24-2-013				항복점 (N/㎟)	400~520	473	합격					
24-2-014				연신율 (%)	16 이상	18.3	합격			박하용		Mill Sheet
24-2-015				굽힘성	이상없을 것	이상없음	합격					
24-2-016				Si	0.60 이하	0.18	합격					
24-2-017				P	0.045 이하	0.015	합격					
24-2-018				S	0.045 이하	0.028	합격					
24-2-028	24-2-19	검사	철근 콘크리트용 봉강 (SD600 D22)	겉모양	이상없을 것	이상없음	합격					
24-2-029				치수	이상없을 것	이상없음	합격					
24-2-030				무게허용차	이상없을 것	이상없음	합격					
24-2-031				인장강도 (N/㎟)	항복강도의 1.08배 이상	801	합격					
24-2-032				항복점 (N/㎟)	600~780	667	합격					
24-2-033				연신율 (%)	10 이상	11.7	합격			박하용		Mill Sheet
24-2-034				굽힘성	이상없을 것	이상없음	합격					
24-2-035				Si	0.060 이하	0.13	합격					
24-2-036				P	0.040 이하	0.022	합격					
24-2-037				S	0.040 이하	0.026	합격					
24-2-038				Ceq	0.67 이하	0.46	합격					

▲ 철근 Mill Sheet 활용 품질검사대장 작성 사례

4.2.18 공동주택 실내공기질 및 소음도 측정

4.2.18.1 신축 공동주택 실내공기질 측정

○ **법적근거**

- 「건설기술진흥법」 제55조(건설공사의 품질관리), 제60조(품질검사의 대행 등) 제1항
- 「건설기술진흥법 시행령」 제91조(품질시험 및 검사), 제97조(품질검사의 대행 등) 제1항
- 「건설기술진흥법 시행규칙」 제53조(품질관리비의 산출 및 사용 기준) 제3항, 제97조(품질검사의 대행의뢰 등) 제1항
- 「건설공사 품질관리 업무지침」 제8조(품질 시험기준)
- 「실내공기질관리법」 제9조(신축 공동주택의 공기질 관리) 및 같은 법 시행규칙 제7조(신축 공동주택의 공기질 측정 등),제7조의2(신축 공동주택의 실내공기질 권고기준)

○ **목적 및 필요성**

- 법령에서 규정한 신축 공동주택의 실내공기질 권고기준에 적합하도록 관리

○ **품질검사(시험) 기준**

시험·검사방법	시험·검사종목	시험기준	시기 및 횟수
실내공기질관리법 시행규칙 제7조의2, 별표 4의2	폼알데하이드	210μg/㎥ 이하	환경오염 공정시험기준
	벤젠	30μg/㎥ 이하	
	루엔	1,000μg/㎥ 이하	
	에틸벤젠	360μg/㎥ 이하	
	자일렌	700μg/㎥ 이하	
	스티렌	300μg/㎥ 이하	
	라돈	148Bq/㎥ 이하	

○ **주요내용**

- 신축되는 공동주택의 시공자는 환경부령으로 정하는 바에 따라 선정된 입주예정

자의 입회하에 완료된 공동주택의 실내공기질을 스스로 측정하거나 **환경부령으로 정하는 자로 하여금 측정**하도록 하여 그 **측정결과를 특별자치시장·특별자치도지사·시장·군수·구청장에게 제출**하고, **입주 개시 전에 입주민들이 잘 볼 수 있는 장소에 공고**하여함

- 신축 공동주택의 시공자는 법 제9조제1항에 따라 실내공기질을 스스로 측정하거나 **측정대행업자로 하여금 측정**하도록 하는 경우에는 「환경분야 시험·검사 등에 관한 법률」 제6조제1항제3호에 따른 환경오염공정시험기준에 따름
  - 신축 공동주택의 실내공기질 측정항목은 「실내공기질관리법 시행규칙」 제7조제3항에 따라 폼알데하이드, 벤젠, 톨루엔, 에틸벤젠, 자일렌, 스티렌, 라돈을 측정
  - 신축 공동주택의 시공자는 「실내공기질관리법 시행규칙」 제7조제4항에 따라 신축 공동주택의 시공자는 법 제9조제1항에 따라 실내공기질을 측정한 경우 별지 제1호의3서식의 주택 실내공기질 측정결과 보고(공고)에 신축 공동주택의 실내공기질 측정결과서 원본을 첨부하여 주민 **입주 7일 전까지 특별자치시장·특별자치도지사·시장·군수·구청장(자치구의 구청장을 말한다. 이하 같다)에게 제출**해야 함
  - 신축 공동주택의 시공자는 「실내공기질관리법 시행규칙」 제7조제5항에 따라 법 제9조제1항에 따라 신축 공동주택의 시공자는 제4항에 따라 작성한 별지 제1호의3서식의 **주택 실내공기질 측정결과 보고(공고)를 주민 입주 7일 전부터 60일간 다음의 장소 등에 주민들이 잘 볼 수 있도록 공고**해야 함

○ **품질검사(시험)**

- 환경부령으로 정하는 자로 하여금 대행측정 실시

○ **품질검사(시험) 대행 절차(CSI)**

- 품질검사 연간단가계약 입력·승인→봉인의뢰 승인→봉인 실시→ 품질검사의뢰 승인

○ **시공자**

- 실내공기질 측정계획서, 측정결과보고서 감리원 또는 건설사업관리기술인에게 제출

○ **건설사업관리기술인, 감리원 검토 및 관리**

- 실내공기질 측정계획서 검토 및 승인, 측정 시 현장 입회, 측정결과보고서 검토

4.2.18.2 공동주택 바닥충격음 측정

○ **법적근거**

- 「건설기술진흥법」 제55조(건설공사의 품질관리), 제60조(품질검사의 대행 등) 제1항
- 「건설기술진흥법 시행령」 제91조(품질시험 및 검사), 제97조(품질검사의 대행 등) 제1항
- 「건설기술진흥법 시행규칙」 제53조(품질관리비의 산출 및 사용 기준) 제3항, 제97조(품질검사의 대행의뢰 등) 제1항
- 「건설공사 품질관리 업무지침」 제8조(품질 시험기준)
- 「주택건설기준 등에 관한 규정」 제14조(바닥구조), 제60조의3(바닥충격음 성능등급 및 기준 등)
- 「공동주택 바닥충격음 차단구조 인정 및 검사기준」 제26조(측정방법)

○ **목적 및 필요성**

- 법령에서 규정한 신축 공동주택의 바닥충격음 기준에 적합하도록 관리

○ **품질검사(시험) 기준**

시험·검사방법	등급	경량충격음(dB)	중량충격음(dB)	비고
		가중 표준화 바닥충격음레벨	A-가중 최대 바닥충격음레벨	
바닥충격음 성능등급 및 기준	1급	$L'_{nT,W} \le 37$	$L'_{iA,Fmax} \le 37$	
	2급	$37 < L'_{nT,W} \le 41$	$37 < L'_{iA,Fmax} \le 41$	
	3급	$41 < L'_{nT,W} \le 45$	$41 < L'_{iA,Fmax} \le 45$	
	4급	$45 < L'_{nT,W} \le 49$	$45 < L'_{iA,Fmax} \le 49$	

* **경량충격음** : 비교적 가볍고 딱딱한 충격에 의한 바닥충격음

* **중량충격음** : 무겁고 부드러운 충격에 의한 바닥충격음

○ **주요내용**

- 공동주택의 세대 내의 층간바닥(화장실의 바닥은 제외한다. 이하 이 조에서 같다)은 다음의 기준을 모두 충족해야 함

- 콘크리트 슬래브 두께는 210㎜[라멘구조(보와 기둥을 통해서 내력이 전달되는 구조를 말한다. 이하 이 조에서 같다)의 공동주택은 150㎜] 이상으로 할 것. 다만, 법 제51조제1항에 따라 인정받은 공업화주택의 층간바닥은 예외로 함
- 각 층간 바닥의 **경량충격음**(비교적 가볍고 딱딱한 충격에 의한 바닥충격음을 말한다) 및 **중량충격음**(무겁고 부드러운 충격에 의한 바닥충격음을 말한다)이 각각 49dB **이하인 구조**일 것. 다만, 다음의 층간바닥은 그렇지 않음
  - ▸ 라멘구조의 공동주택(법 제51조제1항에 따라 인정받은 공업화주택은 제외한다)의 층간바닥
  - ▸ 위의 공동주택 외의 공동주택 중 발코니, 현관, 세탁실, 대피공간, 벽으로 구획된 창고 등 부분의 층간바닥

※ 시행일(2022.8.4.) 이전에 사업계획승인 또는 변경승인을 받았거나 신청한 경우 개정규정에도 불구하고 종전의 규정에 따름

○ 품질검사(시험) 방법

- 공동주택 바닥충격음 차단구조 인정 및 검사기준(국토교통부고시 제2023-494호) 제3장 바닥충격음 차단성능 측정 및 평가방법
- 건물 및 건물 부재의 차음성능 현장 측정방법
  - 제2부 바닥충격음 차단 성능 KS F ISO 16283-2 : 2015
- 건물 및 건물 부재의 차음성능 평가방법
  - 제2부 바닥충격음 차단 성능 KS F ISO 1717-2 : 2020

○ 품질검사(시험)

- 「건설기술진흥법」 제26조에 따라 품질검사를 대행하는 건설엔지니어링사업자로 등록한 기관 또는 「국가표준기본법」 제23조에 따라 한국인정기구로부터 해당 시험항목에 대하여 공인시험기관으로 인정받은 기관에서 실시

○ 시공자

- 바닥충격음 측정계획서, 측정결과보고서 감리원 또는 건설사업관리기술인에게 제출

○ 건설사업관리기술인, 감리원 검토 및 관리

- 바닥충격음 측정계획서 검토 및 승인, 측정 시 현장 입회, 측정결과보고서 검토

108동 1601호/1501호	108동 801호/701호

경량충격음 측정	경량충격음 측정

중량충격음 측정	중량충격음 측정

수음실 측정	수음실 측정

▲ 바닥충격음 측정 전경 사례

항목	측정세대 (음원실/수음실)	경량충격음 ($L'_{nT,W}$)	중량충격음 ($L'_{iA,Fmax}$)	타입	기준
1	108동 1601호/1501호	43 dB	44 dB	84 m^2	주택건설기준 등에 관한 규정 제14조의2 49 dB 이하
2	108동 801호/701호	42 dB	44 dB	84 m^2	
3	108동 802호/702호	43 dB	43 dB	84 m^2	

▲ 바닥충격음 측정 결과 사례

4.2.18.3 공동주택 소음도 측정

○ **법적근거**

- 「건설기술진흥법」 제55조(건설공사의 품질관리), 제60조(품질검사의 대행 등) 제1항
- 「건설기술진흥법 시행령」 제91조(품질시험 및 검사), 제97조(품질검사의 대행 등) 제1항
- 「건설기술진흥법 시행규칙」 제53조(품질관리비의 산출 및 사용 기준) 제3항, 제97조(품질검사의 대행의뢰 등) 제1항
- 「주택법」 제42조(소음방지대책의 수립) 제1항 · 제2항 및 「주택건설기준에 관한 규정」 제9조(소음방지대책의 수립) 제1항
- 「건설공사 품질관리 업무지침」 제8조(품질 시험기준)
- 「공동주택의 소음측정기준」 제19조~제27조

○ **목적 및 필요성**

- 법령에서 규정한 공동주택의 실외 및 실내 소음도 기준에 적합하도록 관리

○ **품질검사(시험) 기준**

시험·검사방법	시험·검사종목	시험기준	시기 및 횟수
공동주택 소음측정 기준	실외 소음도(dB)	65 미만	공동주택의 사용검사 단계
	실내 소음도(dB)	45 이하	

○ **주요내용**

- 사업주체는 공동주택을 건설하는 지점의 소음도(이하 "**실외소음도**"라 한다)가 65dB **미만**이 되도록 하되, 65dB 이상인 경우에는 방음벽 · 방음림(소음막이숲) 등의 방음시설을 설치하여 해당 공동주택의 건설지점의 소음도가 65dB 미만이 되도록 법 제42조제1항에 따른 소음방지대책을 수립해야 함
  - 다만, 공동주택이 「국토의 계획 및 이용에 관한 법률」 제36조에 따른 도시지역(주택단지 면적이 30만 제곱미터 미만인 경우로 한정한다) 또는 「소음 · 진동관리법」 제27조에 따라 지정된 지역에 건축되는 경우로서 다음의 기준을

모두 충족하는 경우에는 그 공동주택의 6층 이상인 부분에 대하여 본문을 적용하지 않음

- ▸ 세대 안에 설치된 모든 창호(窓戶)를 닫은 상태에서 거실에서 측정한 소음도(이하 **"실내소음도"** 라 한다)가 **45dB 이하**일 것
- ▸ 공동주택의 세대 안에 「건축법 시행령」 제87조제2항에 따라 정하는 기준에 적합한 환기설비를 갖출 것

- 실외소음도와 실내소음도의 소음측정기준은 「주택건설기준에 관한 규정」 제9조제2항에 따라 국토교통부장관이 환경부장관과 협의하여 고시한 "공동주택의 소음측정기준" 에 따름

– 실내소음도 예측순서

① 실외소음도의 결정 → ② 창호의 음향감쇠계수 값 결정 → ③ 실외소음도와 창호의 음향감쇠계수 값과의 차이 산출 → ④ 실내흡음력을 제3항의 결과에 보정 → ⑤ 제4항의 결과를 합성하여 실내소음도 산출

○ **품질검사(시험)**

– 「공동주택 소음측정기준」 제28조에 따른 소음측정 및 예측기관에서 실시

○ **시공자**

– 소음도 측정계획서, 측정결과보고서 감리원 또는 건설사업관리기술인에게 제출

○ **건설사업관리기술인, 감리원 검토 및 관리**

– 소음도 측정계획서 검토 및 승인, 측정 시 현장 입회, 측정결과보고서 검토

실외소음도 측정

5층 이하에 대한 기준

- 공동주택의 건설지점의 소음도가 65dB 미만인 경우 적합함
- 실외소음도 측정결과 5층 미만의 저층에 대하여 65dB 미만으로 규정하고 있어, 이 기준보다 조금 낮은 경우, 사업계획승인권자의 담당자 등이 보유하고 있는 기기로 측정한 결과 소음도 차이가 있는 경우에는 사업주체가 제출한 결과보고서는 인정되지 않음

○ 실외소음(낮)

101동 102호

101동 502호

○ 실외소음(밤)

101동 102호

101동 502호

○ 실내소음

104동 2003호 (낮)

104동 2003호 (밤)

▲ 실내 및 실외 소음도 측정 전경 사례

참 고 문 헌

참고문헌

[01] 국토교통부 (2020.06.11.). 주택건설공사 감리업무 세부기준. 국토교통부고시 제2020-438호.

[02] 국토교통부 (2020.12.24.). 건축공사 감리세부기준. 국토교통부고시 제2020-1011호.

[03] 국토교통부 (2022.06.20.). 주택의 설계도서 작성기준. 국토교통부고시 제2022-329호.

[04] 국토교통부 (2023.02.28.). 주택건설공사 감리자지정기준. 국토교통부고시 제2023-105호.

[05] 국토교통부 (2023.06.30.). 건설공사 사업관리방식 검토기준 및 업무수행지침. 국토교통부고시 제2023-370호.

[06] 국토교통부.(2024.10.), 지하안전성평가 표준매뉴얼(개정 4판).

[07] 국토교통부.(2024.12.30.), 강우시, 저온환경 콘크리트 품질관리 관련 안내.

[08] 국토교통부.(2024.12.), 강우시 콘크리트 타설을 위한 가이드라인.

[09] 박하용. (2022.02.16.). 중대재해 예방 시설물 안전점검 길잡이.

[10] 박하용. (2023.02.25.). 시설물 안전점검 및 현장점검 A to Z(개정증보판).

[11] 박하용 · 사영배 · 연별절 · 온성권. (2025.5.10.). 사례중심 건설공사 감리(건설사업관리) 업무 A to Z.

[12] 경기도. (2024.10.). 2024년 경기도 공동주택 품질점검 사례집

[13] 대전광역시 유성구. (2022.09.21.). 2022년 3분기 감리업무수행실태 및 현장점검 계획 통보. 현장점검 체크리스트.

[14] 대전광역시. (2023.01.). 대전광역시 공동주택 품질점검단 현장점검 결과.

[15] 대전광역시 건설관리본부.(2024.03.), 2024 건설공사 품질관리 편람.

[16] (주)무영CM건축사사무소. (2021~2023.). 대전 000아파트 시공계획서 기술검토서.

[17] (주)무영CM건축사사무소. (2021~2023.). 강릉 000아파트 시공계획서 기술검토서.

[18] (주)무영CM건축사사무소. (2021.08.01.). 감리업무절차서(주택법).

[19] (주)무영CM건축사사무소. (2023.01.17.). 대전 000아파트 사전준공점검 체크리스트.

[20] (주)해동설계종합건축사사무소. (2022.). 천안 000아파트 가시설 계측관리 시공계획서와 기술검토의견서.

[21] (주)해동설계종합건축사사무소. (202410.2.). 천안 000아파트 품질관리계획서 및 품질시험계획서와 기술검토의견서.

[22] (주)○○건설주식회사. (2022~2025.). 천안 000아파트 품질검사 성적서 결과 대비표 및 품질검사대장.
[23] (주)○○건설주식회사. (2025.3.). 천안 000아파트 입주자 사전점검 자료.
[24] 충청북도. (2023.) 충청북도 공동주택 품질점검단 체크리스트.
[25] 충청북도. (2023.05.03.). 단양 000공동주택 품질점검 결과.
[26] 충청북도. (2023.09.05.). 충주 000공동주택 품질점검 결과.
[27] 충청북도. (2023.10.30.). 충주 000공동주택 품질점검 결과.
[28] 충청북도. (2024.07.04.). 충주 000공동주택 품질점검 결과.
[29] 충청북도. (2024.10.22.). 제천 000공동주택 품질점검 결과.
[30] 충청북도. (2025.01.23.). 옥천 000공동주택 품질점검 결과.
[31] 충청북도. (2025.04.11.). 청주 오송 000공동주택 품질점검 결과.
[32] 충청북도. (2025.07.10.). 청주 테크노폴리스 000공동주택 품질점검 결과.
[33] 대한건축학회.(2023.04.25.). 건축기술지침 Rev.2, 건축 Ⅰ, Ⅱ.
[34] 한국건설엔지니어링협회. (2023.05.). 주택건설공사 감리업무수행절차서.
[35] 수원시 지역건축안전센터. (2024.03.), 건축공사 안전 · 품질 · 감리 업무매뉴얼.
[36] 한국토지주택공사. (2019.), 스마트 품질시험 핸드북.
[37] 수원시 지역건축안전센터.(2024.03.), 건축공사 안전 · 품질 · 감리 업무매뉴얼.
[38] 법제처. (2012.06.01.), 법제처 12-0237, 공사상 잘못으로 인한 하자의 범위.
[39] 대법원. (2007.01.26.), 대법원 판결 2002다73333, 사용검사전에 발생한 하자.
[40] 대법원. (2014.10.15.), 대법원 판결 2012다18762, 공동주택 하자판정의 기준.
[41] 국토교통부. 건축공사 표준시방서.
[42] 한국토지주택공사. LHCS 시방서.
[43] 나무위키.(2022.). 광주 화정 아이파크 붕괴 사고.
[44] 나무위키.(2023.). 검단신도시 아파트 건설현장 붕괴사고.
[45] 나무위키.(2025.). OECD(경제협력개발기구).
[46] 로톡뉴스.(2025.07.28.). 입주 반년 만에 '쩍'…올림픽파크포레온 벽 균열, 법적 책임은 누구에게?.
[47] 법제처. 국가법령정보센터(www.law.go.kr).
[48] 국가기술표준원. e나라표준인증(standard.go.kr).
[49] 한국건설기술연구원. 국가건설기준센터(www.kcsc.re.kr).
[50] 국어사전. 네이버 국어사전(ko.dict.naver.com).

- 편저자 소개 -

박하용 (朴夏鏞 Ha-Yong, Park)

현재

- ㈜무영CM건축사사무소 전무, 감리(건설사업관리)
- 충청북도 공동주택 품질점검단 위원

학력

- 광운대학교 대학원 재난안전관리전공 공학석사

경력

- ㈜해동설계종합건축사사무소 상무, 감리(건설사업관리)
- ㈜무영CM건축사사무소 상무, 감리(건설사업관리)
- 행정안전부 정부합동안전점검단 단장
- 행정안전부, 국민안전처, 소방방재청, 충청북도, 충북 청주시, 경북 성주군 근무
- 오마이뉴스 시민기자, 충청북도 관광 명예기자

심의·자문

- 前, 용인도시공사 기술자문위원
- 前, 국토교통부, 결과보고서 작성 준수사항 위반자 명단 공표심의위원회 위원
- 前, 한국산업안전보건공단 서울광역본부, 건설업 안전보건지킴이 채용 심사위원
- 前, 서울특별시, 행정처분 심의위원회 위원
- 前, 전라남도 순천시 등 18개 지자체, 재해복구사업 분석·평가 위원

상훈

- 녹조근정훈장('22.6.), 근정포장('14.11.), 대통령 표창('10.12.), 국무총리 표창('97.12.)

저서

- 박하용의 초가(草家)이야기/타임캡슐에서 꺼낸 중년의 삶(사마출판, '24.9.)
- 사례중심 건설공사 감리(건설사업관리) 업무 A to Z(사마출판, '24.5.)
- 시설물 안전점검 및 현장점검 A to Z(개정증보판, 사마출판. '23.2.)
- 사례중심 건설업 및 시설물관리 중대재해 안전보건확보의무 가이드(사마출판, '22.5.)
- 중대재해 예방 시설물 안전점검 길잡이(사마출판, '22.2.)
- 시설물 안전점검 및 현장점검 A to Z(사마출판, '21.10.)
- 미세먼지에 대한 시설물 및 기관별 현장점검 실무(사마출판, '21.9.)

자격

- 건축특급기술자(건축구조/설계, 품질, 건설사업관리)(한국건설기술인협회)
- 일반행정사(행정안전부)
- 재난관리사, 초미세먼지관리사, ESG EXPERT(한국비시피협회)

사례중심 공동주택 건설공사
설계 · 시공 · 검사(시험) 품질관리

초판발행 2025. 09. 25.

편 저 자 박 하 용

발 행 인 이 지 오

저자와의
협의에 의해
인지 첨부를
생략합니다.

발 행 처 사마출판

주 소 서울특별시 중구 퇴계로 45길 19, 402호

등 록 제301-2011-049호

전 화 02-3789-0909

정 가 50,000원

I S B N 979-11-92118-46-8 13530